全国职业技术院校模具制造/模具设计专业教材

模具结构（第二版）

人力资源和社会保障部教材办公室组织编写

中国劳动社会保障出版社

简介

本书主要内容包括模具的基本概念、冷冲压模具的结构、塑料成型模具的结构、金属压铸模具的结构等。

本书由浦学西主编，赵孔祥主审。

图书在版编目（CIP）数据

模具结构/人力资源和社会保障部教材办公室组织编写. —2版. —北京：中国劳动社会保障出版社，2016

全国职业技术院校模具制造/模具设计专业教材

ISBN 978-7-5167-2662-4

Ⅰ. ①模… Ⅱ. ①人… Ⅲ. ①模具 - 结构 - 职业教育 - 教材 Ⅳ. ① TG763

中国版本图书馆 CIP 数据核字（2016）第 195909 号

中国劳动社会保障出版社出版发行

（北京市惠新东街 1 号 邮政编码：100029）

*

北京市白帆印务有限公司印刷装订 新华书店经销

787 毫米 ×1092 毫米 16 开本 18 印张 304 千字

2016 年 8 月第 2 版 2022 年 3 月第 6 次印刷

定价：36.00 元

读者服务部电话：（010）64929211/84209101/64921644

营销中心电话：（010）64962347

出版社网址：http://www.class.com.cn

http://jg.class.com.cn

为了更好地适应全国职业技术院校模具类专业的教学要求，全面提升教学质量，人力资源和社会保障部教材办公室组织有关学校的骨干教师和行业、企业专家，对全国中等职业技术学校和高等职业技术院校模具类专业教材进行了修订和补充开发。教材的修订和开发以人力资源社会保障部颁布的《技工院校模具制造专业教学计划和教学大纲（2016）》与《技工院校模具设计专业教学计划和教学大纲（2016）》为依据，充分调研了企业生产和学校教学情况，广泛听取了教师对现行教材使用情况的反馈意见，吸收和借鉴了各地职业技术院校教学改革的成功经验。

教材体系

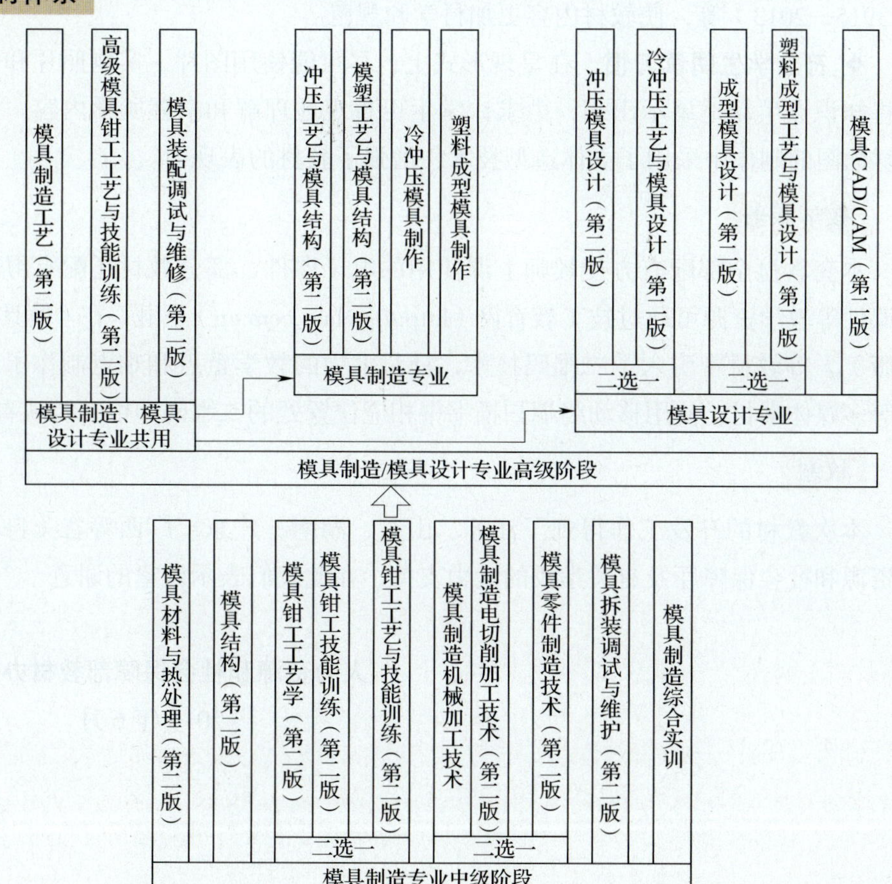

适用对象

模具制造 / 模具设计专业中级、高级两个层次和以下 3 种学制：

- 初中毕业生 3 年学制培养中级工
- 高中毕业生 3 年学制培养高级工
- 初中毕业生 5 年学制培养高级工

编写特色

◆ **紧贴国家职业标准** 紧密贴合《中华人民共和国职业分类大典（2015 年版）》中对模具工等职业的职业能力要求，同时参照了模具工、工具钳工等国家职业技能标准。

◆ **体现行业技术发展** 根据模具行业的最新发展，在教材中充实模具制造、设计方面的新技术，如模具 CAD/CAM/CAE 技术、快速成型技术、多轴数控加工技术、微细加工技术等，体现教材的先进性。

◆ **更新国家技术标准** 采用最新的国家技术标准，如《工模具钢》（GB/T 1299—2014）、《冲压件尺寸公差》（GB/T 13914—2013）、《冲压件角度公差》（GB/T 13915—2013）等，使教材内容更加科学和规范。

◆ **符合学生阅读习惯** 在呈现形式上，尽可能使用图片、实物照片和表格等形式将知识点生动地展示出来，力求让学生更直观地理解和掌握所学内容。尤其是在教材插图的制作中采用了立体造型技术，增强了教材的表现力。

教学服务

本套教材全部配有方便教师上课使用的电子课件，部分教材还配有习题册，电子课件等教学资源可通过技工教育网（http://jg.class.com.cn）下载。在《模具结构（第二版）》等教材中引入了二维码技术，针对书中的教学重点和难点制作了动画、视频等多媒体素材，使用移动终端扫描书中相应位置处的二维码即可在线观看。

致谢

本次教材的开发工作得到了江苏、山东、湖南、广东、广西等省（自治区）人力资源和社会保障厅及有关学校的大力支持，在此我们表示诚挚的谢意。

人力资源和社会保障部教材办公室

2016 年 6 月

目录

第一章　模具的基本概念

第一节　模具的概念与作用

模具的概念

■ 模具与实物

在了解模具之前，我们先通过生活中的一些实物来了解一下模具的功用：肥皂的各种外形花纹、食品厂制作的各种花色糕点、证件上压出的凹凸钢印，都是用模具压制出来的（图 1—1）。

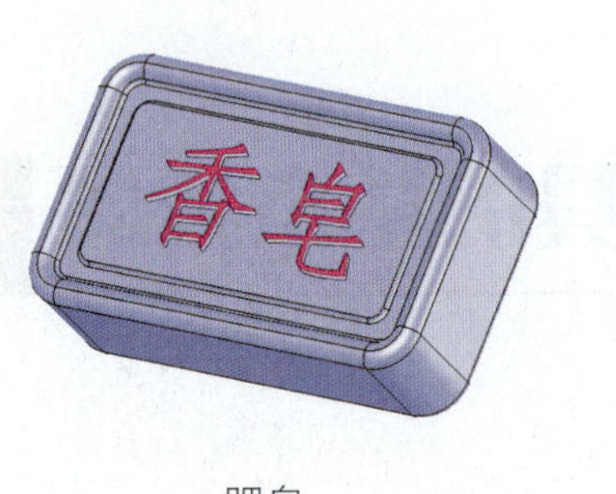

肥皂

食品

钢印章

图 1—1　用模具压制的物品

■ 模具与制件

工业生产中，人们往往采用装在压力设备上的专用工具使金属或非金属材料变形。这一过程，需要压力设备提供压力或动力，有的还需要处于高温状态。上述专用工具统称为模具。用模具使材料变形的制造方法称为模具成型；用模具制造出来的各种零件通常称为制件（图 1—2）。模具成型是实现无切屑加工的主要形式，是一种高效的加工方法。

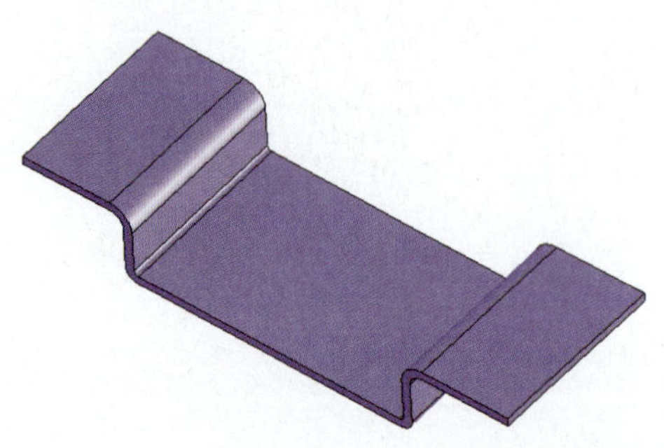

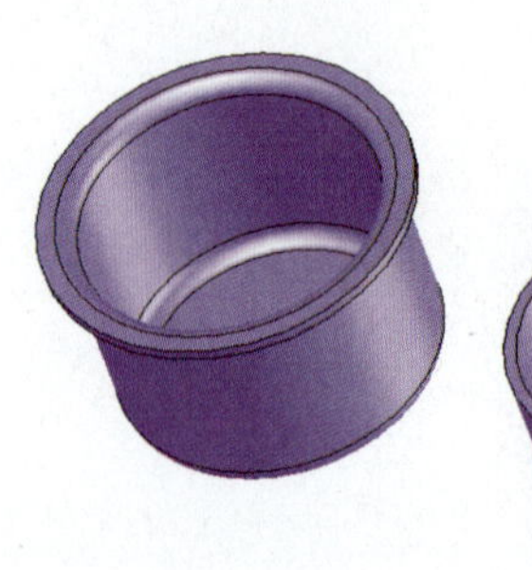

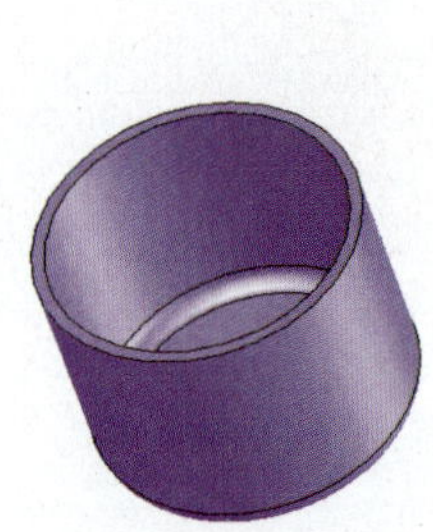

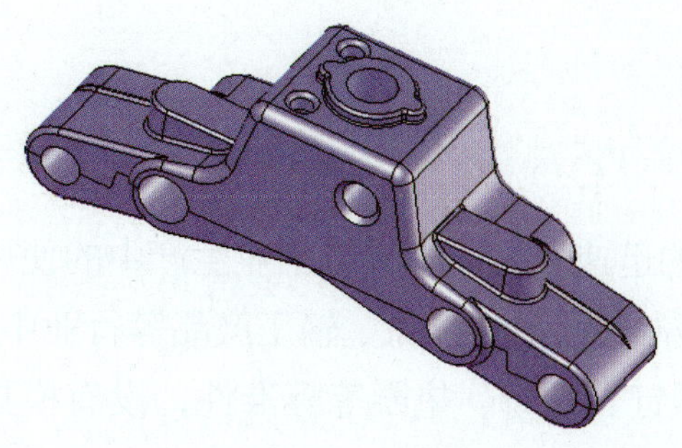

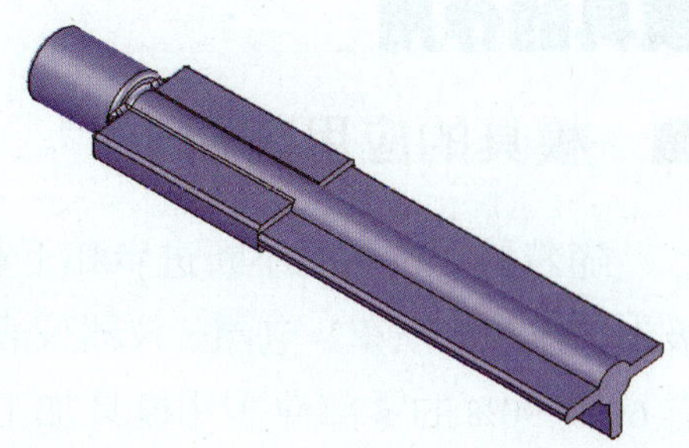

图 1—2　用模具制造的各种零件

压力加工的分类

压力加工按加工性质不同，可分为冷压加工和热压加工两大类。

（1）冷压加工

是材料在常温状态下进行压力变形的一种加工方法。冷压加工采用的压力设备有冲床、液压机等。图 1—3 所示为冷压加工制造出来的零件。

图 1—3　冷压加工的零件

（2）热压加工

是材料经加热后，在高温状态下进行压力变形的一种加工方法。热压加工采用的压力设备有注塑机、压铸机等。图 1—4 所示为热压加工制造出来的零件。

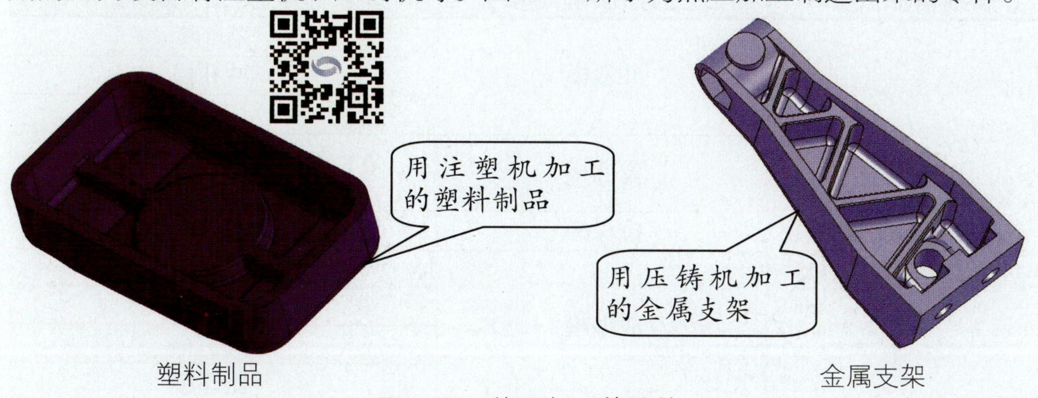

图 1—4　热压加工的零件

① 使用移动终端扫描二维码可在线观看与教材内容对应的动画，下同。

模具的作用

■ 模具的应用范围

随着科学技术的不断进步和工业生产的迅速发展，模具在工业生产中的使用极为广泛，如汽车、电器、仪器仪表、机械制造、航空航天、轻工产品等行业中，有 60%~90% 的零部件需用模具加工。如螺钉、螺母、垫圈等标准件，没有模具就无法大批量生产。新材料的推广应用，如工程塑料、粉末冶金、橡胶、合金压铸、玻璃成型等工艺也需要模具来完成批量生产。

■ 模具成型的特点

模具是实现压力加工的主要工具，也是现代工业生产中应用极为广泛的主要工艺装备。采用模具成型工艺生产零部件，具有高效、节能、成本低、质量高等一系列优点，能适应产品竞争和不断更新换代的需要。因此，模具成型是当代工业生产的重要手段和工艺发展方向。

第二节 模具的种类与制造特点

模具的种类

■ 模具的分类

在工业生产中，模具用途广泛，种类繁多。模具的分类见表 1—1。

表 1—1 模 具 分 类

按结构形式分	按工艺性质进一步分	按工序分
冷冲模	冲裁模	落料模
		冲孔模
		切边模
	弯曲模	弯形模
		卷边模
	拉深模	
	成型模	整形模
		缩口模
		翻边模
		压印模
	冷挤压模	

续 表

按结构形式分	按工艺性质进一步分	按工序分
型腔模	塑料模	注塑模
		挤出模
		压缩模
		吹塑模
	压铸模	
	橡胶模	
	锻模	
	粉末冶金模	
	陶瓷模	

■ 模具的主要结构类型

（1）冷冲模

在常温状态下，利用压力设备的压力使坯料分离或变形，从而制成零件的模具称为冷冲模。冷冲模一般可分为以下几种：

1）冲裁模 将一部分材料与另一部分材料分离的模具称为冲裁模。图 1—5 所示为冲裁模简图。

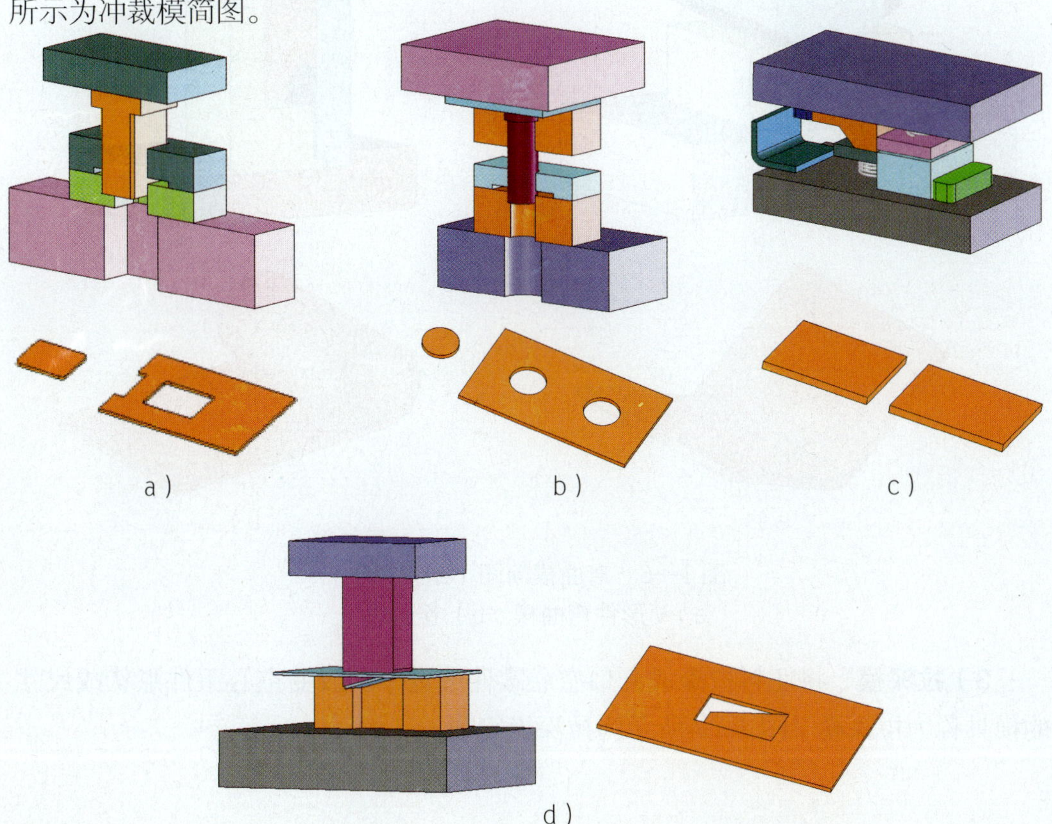

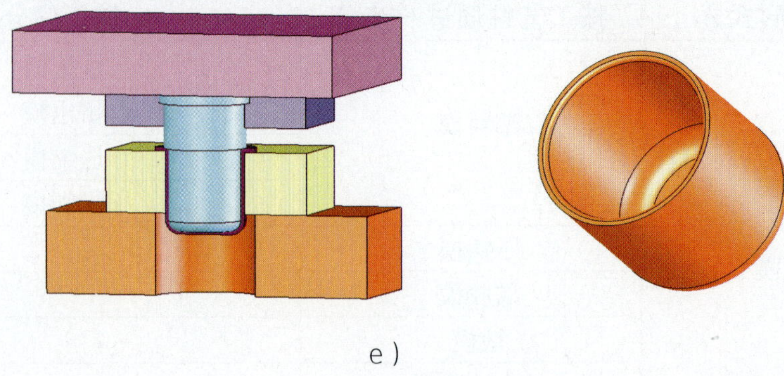

e）

图 1—5　冲裁模简图（剖视图）
a）落料模　b）冲孔模　c）切断模　d）切口模　e）切边模

2）弯曲模　能将坯料弯曲成一定形状的模具称为弯曲模。图 1—6 所示为 V 形件弯曲模和卷边模简图。

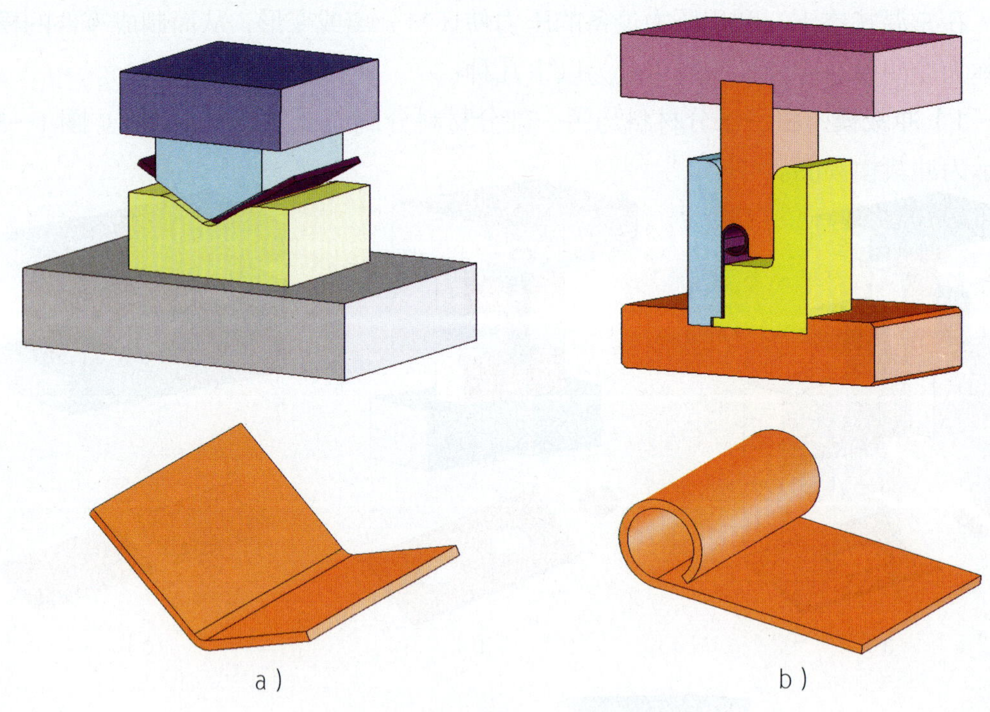

a）　b）

图 1—6　弯曲模简图（剖视图）
a）V 形件弯曲模　b）卷边模

3）拉深模　将坯料拉深成开口空心零件或进一步改变空心工件形状或尺寸的模具称为拉深模。图 1—7 所示为拉深模简图。

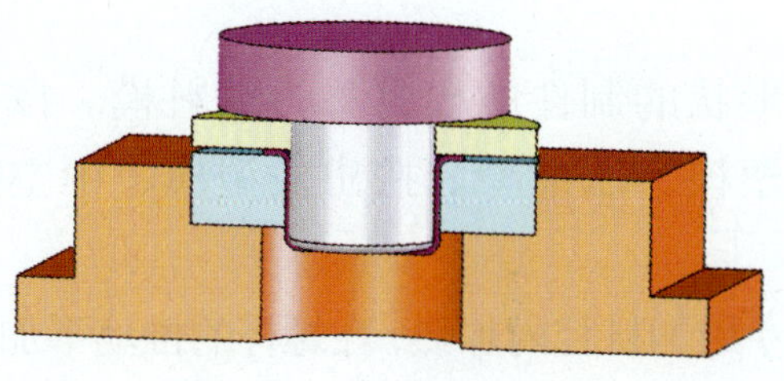

图 1—7　拉深模简图（剖视图）

4）成型模　在冲裁、弯曲或拉深的零件上，进一步改变其局部形状的模具称为成型模。图 1—8 所示为翻边模简图。

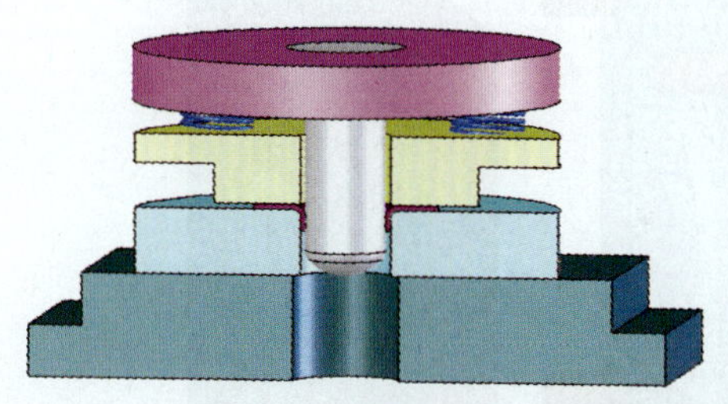
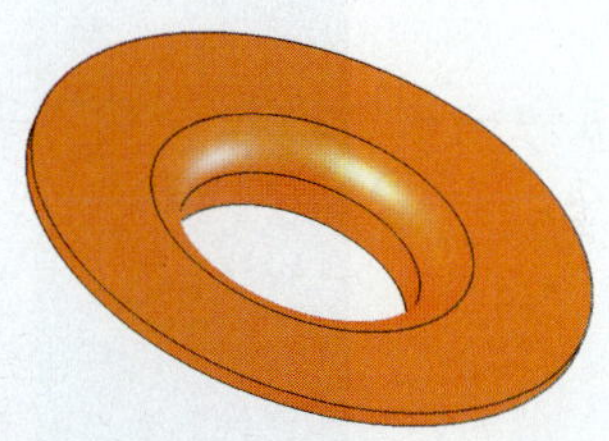

图 1—8　翻边模简图（剖视图）

5）冷挤压模　将较厚的毛坯材料制成薄壁空心零件的模具称为冷挤压模。图 1—9 所示为冷挤压模简图。

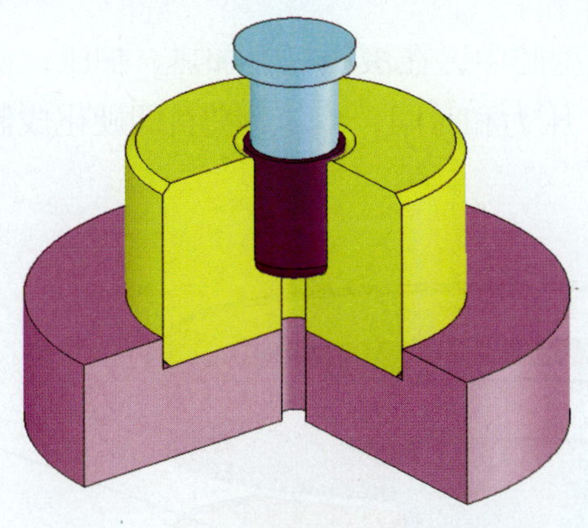
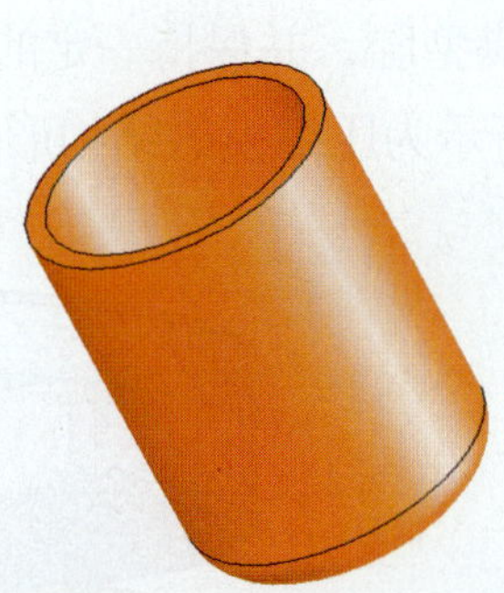

图 1—9　冷挤压模简图（剖视图）

（2）型腔模

利用自身型腔内部形状，使型腔内具有塑性或呈液态状的材料成型的模具称为型腔模。在型腔模成型过程中，一般需把材料放入模具或压力设备的加料装置中，通过压力设备施加的压力，使具有塑性或呈流动液态状的材料充满模具型腔，从而制成零件。这类模具能制成与模具型腔内部形状相同的零件。型腔模按工作性质不同，可分为以下几类：

1）塑料模 将塑料压制成一定形状的制件的模具称为塑料模。按塑料成型的工艺特点，塑料模可分为注塑模、压缩模、挤出成型模、中空吹塑模等。

① 注塑模 将塑料放入注塑机的专用加料腔内加热，在螺杆的推动下加压，使软化的塑料经过浇注系统挤入模具的型腔内，从而制成塑料制件。图1—10所示为注塑模的结构形式。

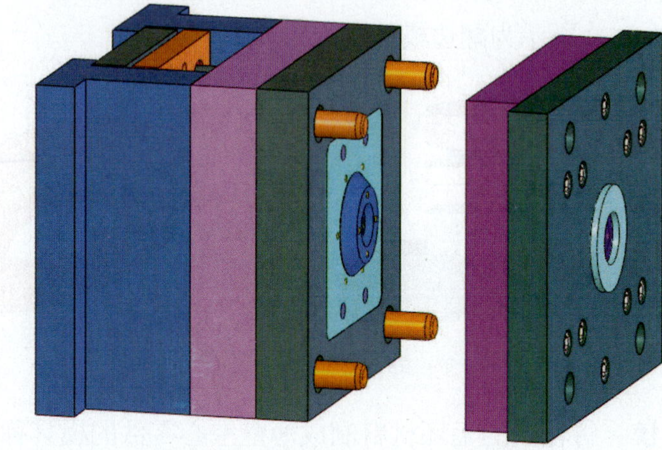

图1—10 注塑模的结构形式

② 压缩模 将塑料放入模具的型腔中，在液压机上加热、加压，使软化的塑料充满型腔，并保持一定的温度、压力和时间，冷却后塑料即硬化成制件。图1—11所示为压缩模的结构形式。

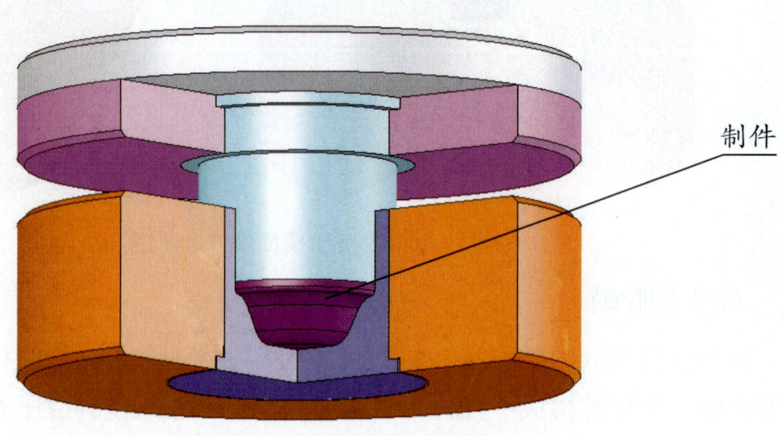

图1—11 压缩模的结构形式（剖视图）

③ 挤出成型模　将塑料放入挤出机的加料筒中，通过加热螺杆使塑料软化，在一定压力下挤出成型，然后在较低的温度下冷却定型。

④ 中空吹塑模　将管状坯料加热后置于模具型腔内，向管状坯料中注入压缩空气，使坯料膨胀贴紧型腔，然后冷却定型得到中空塑件。

2）压铸模　若模具成型过程为：将熔化成液体的有色金属合金浇入压铸机的加料室中，用压铸机活塞加压，使金属液体经浇注系统压入模具型腔内，从而制成零件，则这一过程使用的模具称为压铸模。图 1—12 所示为压铸模的结构形式。

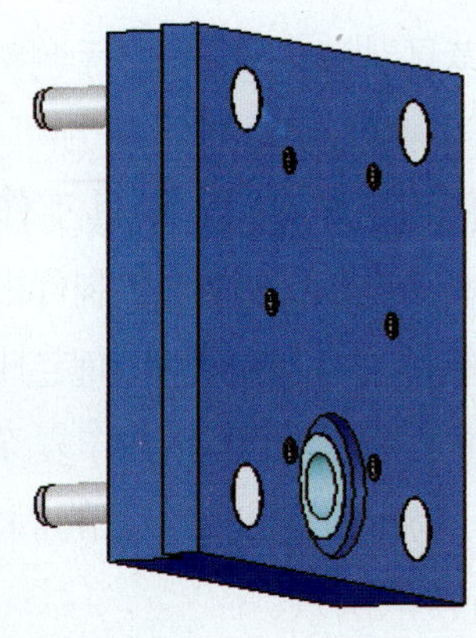

图 1—12　压铸模的结构形式

3）锻模　若模具成型过程为：将金属坯料加热到一定温度，然后放到固定在锻锤上的锻模内施加压力，将坯料锻成一定形状的锻件，则这一过程使用的模具称为锻模。图 1—13 所示为锻模下模的结构形式。

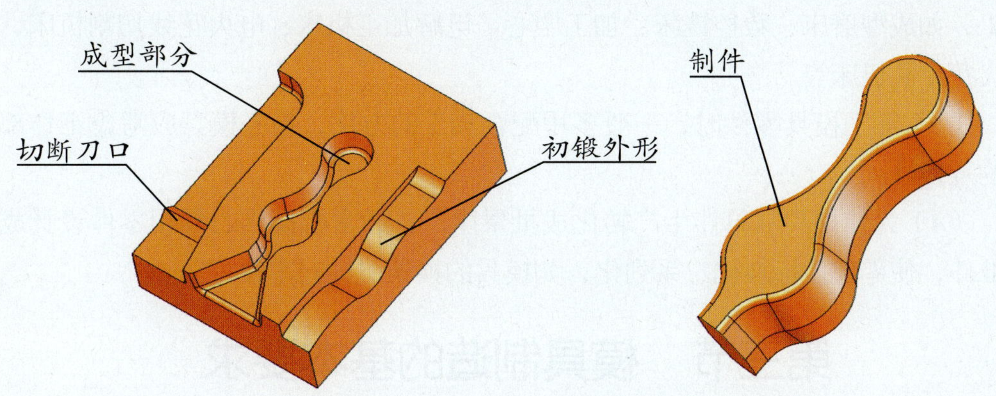

图 1—13　锻模下模的结构形式

除上述模具外，还有很多专用模具，如陶瓷制件模、玻璃制件模等。

模具的制造及工艺特点

■ 模具的制造特点

（1）模具制造一般有多品种、针对单件的特点。由于制件的种类多，模具的种类也较多（即多品种）；但模具又是一种耐用的生产工具，如一套冷冲模可冲制几万到几百万个同样的制件（即单件）。

（2）模具一般需成套制造。同一品种的多套模具的所有零部件要成套生产。

（3）模具装配后必须进行调整和试用。新模具装配后必须经过试压和调整，直到压制出合格制件后，模具方可交付使用。

（4）用试验方法确定模具工作零件尺寸。如弯曲制件在弯曲过程中板料“中性层”的变化和较复杂的成型制件的坯料尺寸都难以准确确定，为了保证模具工作零件的尺寸精度，用试验法来确定其坯料尺寸后，再确定模具的工作零件尺寸。

（5）模具制造的准备工作复杂，制造周期长。模具工既要按设计图样加工、装配模具，还要了解压力加工的简单工艺和压力设备的基本技术参数，并能根据制件的缺陷调试模具。

■ 模具制造的工艺特点

（1）制造模具零件的毛坯，通常用木模、手工造型、砂型铸造或自由锻造加工而成。毛坯的加工余量较大。

（2）加工模具零件，除用普通机床加工外，还需要用高效、精密的设备来加工，如成型磨床、数控铣床、加工中心、电解加工机床、电火花线切割机床、电火花穿孔机床等。

（3）加工模具零件时，一般多用配合加工的方法，精密模具应考虑工作部分的互换性。

（4）为使模具从单件生产转化成批量生产，通常将模具的常用零件设计成标准件，使零部件标准化、系列化，如模具的模架、导向零件等。

第三节　模具制造的基本要求

模具是一种高精度、高效率的工艺装备，是生产制件的专用工具，模具的精度直接影响制件的质量。对于模具精度的基本要求是使模具在足够的寿命期内能够稳定地生产出质量合格的制件。因此，对模具的基本要求是：精度高、质量好、寿命长、安全可靠、成本低。

本节主要介绍影响模具的因素和提高模具精度与寿命的方法。

模具的精度

模具的精度主要是指模具成型零件工作尺寸的精度和成型表面的表面质量。模具精度可分为模具零件本身的精度和装配精度。如凸模、凹模、型芯等的精度都是属于模具零件本身的精度；各零件装配后，面与面或面与线之间的平行度、垂直度，定位及导向配合等精度属于装配精度。通常所讲的模具精度主要是指模具工作零件或成型零件的精度及相互位置精度。

模具的精度越高，则成型的制件精度也越高，但过高的模具精度会受到模具加工技术手段的制约，所以模具精度要与所成型的制件精度相匹配，同时还要考虑现有模具生产条件。今后随着模具加工技术手段的提高，模具精度会有很大的提高，模具工作零件或成型零件的互换性生产将成为现实。

■ 模具的精度要求

一般模具工作尺寸的制造公差应控制在制件尺寸公差的1/3~1/4。此外，制造冲裁模具时还需考虑工作尺寸的制造公差对凸、凹模初始间隙的影响，即应保证凸、凹模工作尺寸的制造公差之和小于凸、凹模最大初始间隙与最小初始间隙之差。模具成型表面的质量应根据制件的要求和模具的性能要求确定。对于一般模具，要求其成型表面的表面粗糙度值 $Ra \leqslant 0.4\ \mu m$。

模具上、下模或动、定模之间的导向精度以及坯料在冲模中的定位精度等对制件质量也有较大的影响，是衡量模具精度的重要指标。此外，为了保证模具的精度，还应注意零件相关表面的平面度、直线度、圆柱度等形状精度和平行度、垂直度、同轴度等位置精度，以及模具装配后零件与零件相关表面之间的平行度、垂直度、同轴度等位置精度。

■ 影响模具精度的因素

（1）模具的原始精度

模具的原始精度即模具的设计和制造精度，它是保证模具有较高精度的基础。模具只有具备足够的原始精度，才能保证具有足够的使用寿命，充分发挥自身的效能。

（2）模具的类型和结构

模具的类型和结构对模具的精度有一定的影响。例如，带有导向装置的模具，其精度要高于无导向装置的敞开式模具。

（3）模具的磨损

模具在使用过程中，成型零件的工作表面在制件成型和起模时因与制件材料的摩擦而产生磨损，这种磨损直接导致成型零件的工作尺寸和制件尺寸发生变化。当磨损量达到一定程度时，制件将产生尺寸超出公差范围或其他质量问题，也就标志着模具失去了应有的精度。模具的定位零件、导向零件和其他有相对运动的零件的磨损，会降低制件的质量或恶化模具的工作状态，也就直接或间接影响模具的精度。

（4）模具的变形

模具受力零件在刚度、强度不足时，会发生弹性变形或塑性变形，从而会降低模具的精度。例如：塑料模、压铸模中的型腔在熔融塑料或金属液的压力作用下的变形，细小型芯在熔融塑料或金属液冲击下的变形，都会降低模具的精度。

（5）模具的使用条件

模具的使用条件，诸如成型设备的刚度和精度、原材料的性能变化、模具的安装和调整是否得当等，都会影响到模具的精度。

■ 模具的精度检查

利用模具生产制件的特点之一是生产效率高、生产批量大，如果将精度不足的模具投入生产，就有可能产生大量的废品。为了避免这种情况，就有必要对模具的精度进行经常而仔细的检查。

（1）模具制造过程的精度检查

为了保证模具具有良好的原始精度，在模具制造过程中就应注意模具的精度检查。首先应严格检查和控制模具零件的加工精度及模具的装配精度，其次应通过试模验收工作综合检查模具的精度状况。只有在试模验收合格后，模具才可以交付用户投入使用。

（2）新模具入库前的精度检查

新模具在办理入库手续前必须进行精度检查。首先应进行外观检查和测量模具成型零件的工作尺寸、表面质量及其他有关指标是否达到设计要求，然后通过试模检验来检查制件的质量是否合乎要求。在判断模具精度是否合格时，要注意模具使用后的磨损对制件尺寸的影响，尤其是对于尺寸精度要求较严的制件，应考虑避免出现试制件的尺寸在规定的公差范围之内，但在模具使用后不久制件的尺寸就超出公差范围的情况。

如果直接使用用户的生产设备进行模具的试模验收工作，新模具入库前的精度检查可以与试模验收工作同时进行。否则，就要注意试模验收所用的设备和用户生产设备之间的差别，有时即使试模验收时的试制件是合格的，但在使用用户的设备进行生产时，由于设备之间存在差别，也有可能生产出不合格产品。此时，在新模具入库前有必要在用户的设备上对模具的精度做重新检查。

新模具精度检查的结果应记载入有关档案卡片，模具入库时应附带几个合格试制件一同入库。

（3）模具使用过程中的精度检查

模具使用时的精度检查包括首件检查、中间检查和末件检查。

有时制件质量不合格的原因可能不在于模具，而是模具安装、调整不当造成的。模具安装、调整不当也是模具磨损和造成模具安全事故的重要原因。因此，在开始生产作业时，应试制、检查几个初期制件，并将检查结果与模具入库前的精度检查结果或上次使用时的末件检查结果相比较，以确认模具安装、调整是否得当。制件的成批生产必须在首件检查合格后才能开始。

在生产过程中，间隔一定时间或生产一定数量的制件后，应对制件进行抽样检查，即进行中间检查。中间检查的目的是了解模具在使用时的磨损速度，评估磨损速度对模具精度和制件质量的影响情况，以预防不合格制件的成批出现。

生产作业终了时，应对最终制造的制件进行检查，同时结合对模具的外观检查，来判断模具的磨损程度和模具有无修理或重磨的必要。此外，通过对首件检查和末件检查的结果进行比较，能够测算模具的磨损速度，以便合理安排下一次作业的制件生产批量，避免模具在下次使用时因中途需要重磨或修理而中断作业所造成的损失。

（4）模具修理后的精度检查

模具在修理时，更换零件和对模具进行拆卸、装配、调整等工作，都有可能使模具的精度发生变化，因此在模具修理结束后必须进行精度检查。检查的方法、要求与新模具入库前的精度检查相同。

模具的材料

模具直接关系到产品的质量、性能、生产率及成本，而模具的质量和使用寿命与制造模具的材料及工艺有着密切的关系。因此，在设计和制造模具时，需要了解模具材料的主要性能及指标，以满足模具制造的各项特性和要求。

■ 模具材料的性能要求和选用原则

模具的使用寿命与模具材料的选用有着密切联系，所以在选用模具材料时，要综合考虑模具的工作条件、性能要求、材质、形状和结构。

（1）模具材料的性能要求

模具材料的性能包括力学性能、高温性能、表面性能、工艺性能及经济性能等。各种模具的工作条件不同，对材料性能的要求也各有差异。

1）对冷作模具要求具有较高的硬度和强度，以及良好的耐磨性，还要具有较高的抗压强度和良好的韧性及耐疲劳性。

2）对热作模具除要求具有一般常温性能外，还要具有良好的耐蚀性、回火稳定性、抗高温氧化性和耐热疲劳性，同时还要求具有较小的热膨胀系数和较好的导热性，模具型腔表面要有足够的硬度，而且既要有韧性，又要耐磨损。

3）压铸模具的工作条件恶劣，因此，一般要求具有较好的耐磨、耐热、抗压缩、抗氧化性能等。

（2）模具材料的选用原则

模具材料的选用一般应遵循以下原则：

1）模具材料应满足模具的使用性能要求。主要从工作条件、模具结构、产品形状和尺寸、生产批量等方面加以综合考虑，确定材料应具有的性能。对形状复杂、尺寸精度要求高的模具，应选用变形小的材料；承受大载荷的模具，应选用高强度材料；承受大冲击载荷的模具，应选用韧性好的材料。

2）模具材料应具有良好的工艺性能。模具材料一般应具有良好的可锻性、切削加工与热处理性能。对于尺寸较大、精度较高的重要模具，还要求具有较好的淬透性、较低的过热敏感性，以及较小的氧化脱碳和淬火变形倾向。

3）模具材料要考虑经济性和市场性。在满足上述两项要求的情况下，选用材料应尽可能考虑到价格低廉、来源广泛、供应方便等因素。

■ 常用模具材料

（1）碳素工具钢

碳素工具钢都是高碳钢，主要牌号有T7、T7A、T8、T8A、T10、T12、T12A等，适用于制造尺寸小、形状简单的冷作模具。

（2）合金工具钢

合金工具钢是在碳钢的基础上加入一种或几种合金元素冶炼而成的钢。常用的合金工具钢有低合金工具钢和高合金工具钢。

1）低合金工具钢　低合金工具钢含有一定的合金元素，模具中常用的牌号有CrWMn、9Mn2V、9SiCr、GCr15、5CrMnMo、5CrNiMo等，适合于各种类型的成型零件。5CrMnMo钢除具有9Mn2V钢的特性，还适用于大型成型设备加工。

2）高合金工具钢　高合金工具钢增加了合金元素，常用的冷作模具钢牌号有Cr12、Cr12MoV，热作模具钢牌号有3Cr2W18、3Cr2W8V等。

（3）高速钢

常用的高速钢有钨系高速钢（WC）W18Cr4V和钼系高速钢（MoC）W6Mo5Cr4V2，适用于制造冷挤压模、热挤压模。

（4）铸铁

铸铁的主要特点是铸造性能好，容易成型，铸造工艺与设备简单。铸铁具有优良的减振性、耐磨性和切削加工性。灰铸铁除可用在制造冲模的上、下模座外，还可以代替模具钢制造模具主要工作部分的受力零件。

（5）硬质合金

硬质合金随着含钴量的增加，承受冲击载荷的能力逐渐提高，但硬度和耐磨性下降。因此，应根据模具的工作条件合理选用。硬质合金可用于制造高速冲模、冷热挤压模等。

（6）新型模具钢

新型模具钢的特点是：具有较高的韧性、冲击韧度和断裂韧度，还具有较好的高温强度、热稳定性及耐热疲劳性等，这些特点均可提高模具的寿命。

模具的使用寿命

■ 模具使用寿命的基本概念

模具的使用寿命是指：模具因磨损或其他原因失效，至不可修复而报废之前所成型的合格制件总数。也可用模具在失效至不可修复而报废前所完成的工作循环次数表示。

模具在使用过程中，其零件将由于磨损或损坏而失效。如果磨损或损坏严重，导致模具无法修复时，模具就应报废。如果模具的零件都具有互换性，零件失效后能够得到更换，那么模具的使用寿命在理论上将是无限的。但是，模具在长时间使用后，零件趋于老化，发生故障的概率大大增加，修理费用随之增加，同时模具经常修理会直接影响制件的生产。因此，当修理模具在经济上并不合理时，也应考虑将其报废。

模具在报废前所完成的工作循环次数或所生产的制件数量称为模具的总使用寿命。

在设计和制造模具时，用户都会提出关于模具使用寿命的要求，这种要求称为模具的期望寿命。确定模具的期望寿命应综合考虑两方面的因素：一是技术上的可能性；二是经济上的合理性。一般而言，当制件生产批量较小时，模具使用寿命只需满足制件生产量的要求就足够了，此时在保证模具使用寿命的前提下，应尽量降低模具的成本；当制件为大批量生产时，即使需要很高的模具成本，也应尽可能地提高模具的使用寿命和使用效率。

■ 影响模具使用寿命的因素

模具的使用寿命是由其所成型的制件是否合格为前提的，如果模具生产的制件报废，那么该模具就没有价值了。对用户来说，总是希望模具好用，而且使用了很长时间仍能成型出合格制件。对于大批量生产，模具使用寿命长短直接影响到生产效率的提高和生产成本的降低，所以模具使用寿命对使用者来说是个非常重要的指标。使用者根据生产批量要求模具达到多长使用寿命，模具制造者就应尽量满足使用者的要求。

（1）制件材料对模具使用寿命的影响

在实际生产中，冲压用原材料的厚度公差不符合要求、材料性能的波动、表面质量差等原因均会造成模具工作零件磨损加剧，甚至崩刃的情况。由于这些制件材料因素会直接降低模具使用寿命，因此，冷冲制件所用的钢板或其他原材料，应在综合考虑模具成本与制件材料成本的前提下，尽量采用成型性能好的材料，以减小冲压变形力，改善模具工作条件。另外，保证材料表面质量和清洁对任何冲压工序都是必要的。为此，材料在加工前应擦洗干净，必要时还要清除表面氧化物和其他缺陷。

对塑料制件而言，不同塑料品种的模塑成型温度和压力是不同的。工作条件不同，对模具的使用寿命就有不同的影响。如以无机纤维材料为填料的增强塑料的模塑成型，模具磨损较大。

模塑成型过程中产生的腐蚀性气体会腐蚀模具表面。同样应在综合考虑各方面成本的前提下，尽量选用模塑工艺性能良好的塑料来成型制件，这样既有利于模塑成型，又有利于提高模具使用寿命。

（2）模具材料对模具使用寿命的影响

模具材料性能及热处理质量是影响模具使用寿命的主要因素。对冲压模具，因工作零件在工作中承受拉伸、压缩、弯曲、冲击摩擦等机械力的作用，所以冲模材料应具备抗变形、抗磨损、抗断裂、耐疲劳、抗软化及抗黏合性的能力。对塑料模和压铸模，因型腔一般比较复杂，表面粗糙度值要求小，且工作时要承受熔体较大的冲击、摩擦和高温的作用，所以要求模具材料具有足够的强度、刚度、硬度和良好的耐磨性、耐腐蚀性、抛光性及热稳定性。

（3）模具热处理对模具使用寿命的影响

模具的热处理质量对模具的性能与使用寿命影响很大。因为热处理的效果直接影响着模具用钢的硬度、耐磨性、抗咬合性、回火稳定性、耐冲击以及抗腐蚀性，这些都是与模具使用寿命直接有关的性质。

通过热处理可以改变模具工作零件的硬度，而硬度对模具使用寿命的影响很大。但并不是硬度越高，模具使用寿命越长。这是因为硬度与强度、韧性及耐磨性等有密切的关系，硬度提高，韧性一般要降低，而抗压强度、耐磨性、抗黏合能力则有所提高。因此，模具热处理后的硬度必须根据冲压工序性质和失效形式而定，应使硬度、强度、韧性、耐磨性、疲劳强度等达到特定模具成型工序所需的最佳配合。

（4）模具结构对模具使用寿命的影响

合理的模具结构是保证模具高使用寿命的前提，因此在设计模具结构时，必须认真考虑模具使用寿命问题。

模具结构对模具受力状态的影响很大，合理的模具结构，能使模具在工作时受力均匀，应力集中小，也不易受偏载，因而能提高模具使用寿命。

为了提高模具使用寿命，在设计模具结构时应注意以下几方面：

1）适当增大模座的厚度，加大导柱、导套直径，以提高模架的刚性。

2）提高模架的导向性能，增加导柱、导套数量。

3）选用合理的模具间隙，保证工作状态下的间隙均匀。一般来说，冲模中采用较大的间隙有利于减小磨损，提高模具使用寿命。

4）尽量使凸模或型芯工作部分长度缩短，并增大其固定部分直径和尾端的承压面积。

5）适当增加冲裁凹模刃口直壁部分的高度，以增加刃磨次数。

6）尽量避免模具成型零件截面的急剧变化及尖角过渡，以减小应力集中或延缓磨损，防止造成模具过早损坏。

7）在冲压成型工序中，模具成型零件的几何参数应有利于金属或制件的变形和流动，尽可能地减小工作零件表面的表面粗糙度值。

8）保持模具的压力中心与压力机、注塑机或压铸机等成型设备的压力中心基本一致。

（5）模具加工工艺对模具使用寿命的影响

模具工作零件需要经过车、铣、刨、磨、钻、冷压、刻印、电加工、热处理等多道加工工序。加工质量对模具的耐磨性、抗断能力、抗黏合能力等都有显著的影响。

为了提高模具使用寿命，在模具加工时可采取如下一些措施 ：

1）采用合理的加工方法和工艺路线，尽可能通过加工设备来保证模具的加工质量。

2）对尺寸和质量要求均较高的模具零件，应尽量采用精密机床（如坐标镗床、坐标磨床等）和数控机床（如三坐标数控铣床、数控磨床、数控线切割机床、数控电火花机床、加工中心等设备）加工。

3）消除电加工表面不稳定的淬硬层（可用机械或电解、腐蚀、喷射、超声波等方法去除），电加工后进行回火，以消除加工应力。

4）严格控制磨削工艺条件和方法（如砂轮硬度、精度、冷却、进给量等参数），防止磨削烧伤和裂纹的产生。

5）注意掌握正确的研磨、抛光方法。抛光方向应尽量与变形金属流动方向保持一致，并注意保持模具成型零件形状的准确性。

6）尽量使模具材料纤维方向与受拉力方向一致。

（6）模具的使用、维护和保管对模具使用寿命的影响

一副模具即使设计合理、加工装配精确、质量良好，但如使用、维护及保管

不当，也会导致模具变形、生锈、腐蚀，使模具失效加快，寿命降低。为此，可采用下述方法以提高模具使用寿命：

1）正确地安装与调整模具。

2）在使用过程中，注意保持模具工作面的清洁，定期清洗模具内部。

3）注意合理润滑与冷却。

4）对冲裁模，应严格控制冲裁凸模进入凹模的深度，并防止误送料、冲叠片，还应严格控制校正弯曲、整形、冷挤等工序中上模的下止点位置，以防模具超负荷。

5）当冲裁模出现 0.1 mm 的钝口磨损时，应立即刃磨，刃磨后要研光，最好使表面粗糙度值 $Ra < 0.1\ \mu m$。

6）选取合适的成型设备，充分发挥成型设备的效能。

7）模具应编号管理，在专用库房里进行存放和保管。模具储藏期间，要注意进行防锈处理，最好使弹性元件保持松弛状态。

最后应该指出的是，对使用者而言，模具的使用寿命当然越长越好。但模具使用寿命的增加，伴随着制造成本的提高，因此设计和制造模具时，不能盲目追求模具的加工精度和使用寿命，应根据模具所加工制件的质量要求和产量，确定合理的模具精度和使用寿命。

■ 提高模具使用寿命的途径

模具磨损的根本原因是模具零件与制件（或坯料）之间或模具零件之间的相互摩擦作用。降低这种摩擦作用，就能降低模具的磨损速度，提高模具的使用寿命。

（1）合理选择模具材料

材料的耐磨性是决定模具零件磨损速度的主要因素之一，材料的耐磨性主要决定于材料的种类和热处理状态。一般情况下，需要耐磨的模具零件都应通过淬火或其他热处理方法提高材料的硬度，材料越硬，耐磨性就越好。

（2）提高模具零件表面质量

首先，要提高零件表面的精加工质量。零件加工越精细，表面粗糙度值越小，则磨损速度就越慢，使用寿命就越高。其次，要尽力避免零件表层材料在加工过程中发生软化现象，防止材料耐磨性的降低。

（3）进行润滑处理

模具的导柱、导套及其他有相对运动的部位应经常加注润滑油。冲压加工时一般应在凸、凹模工作表面或坯料表面涂覆润滑油或润滑剂。变形抗力大的冲压加工，如冷挤压、厚料拉深、变薄拉深等，应对坯料进行表面润滑处理。

（4）防止粘模

如果制件材料与模具材料之间有较强的亲和力，两者之间会产生很强的黏附作用，甚至相互间在高压作用下产生冷焊，这就是所谓的粘模现象。

预防粘模的方法有：采用与制件材料亲和力较小的模具材料；采用可靠的润滑措施，防止润滑膜在高压下被挤破；采用渗氮、碳氮共渗等表面处理方法，改变模具零件表层材料的组织结构。

（5）合理选择模具结构参数和成型工艺条件

在保证制件质量的前提下，对于冲裁模适当加大凸、凹模间隙，对于弯曲模、拉深模适当加大凸、凹模间隙和凹模口部圆角半径，对于冷挤压模适当减小凹模入口角和凸、凹模工作带高度，以及增加制件的起模斜度，这些措施都能提高模具使用寿命。

对于塑料模、压铸模等模具，适当减小成型压力、温度和速度，提高模具温度，既能减小熔融塑料或合金液在充模时对模具成型表面的冲击磨损，又能减小制件对模具的胀模力，从而减小模具在制件起模时的磨损。

（6）表面强化

表面强化的目的是提高模具零件表面的耐磨性。常用的表面强化方法有表面电火花强化、硬质合金堆焊、渗氮、碳氮共渗、渗硫、表面镀铬处理等。

表面电火花强化、硬质合金堆焊常用于冲裁模。渗氮（硬氮化）主要用于热加工模具钢零件的表面强化，此方法除能提高零件的耐磨性外，还能提高零件的耐疲劳性、耐热疲劳性和耐磨蚀性，主要用于压铸模、塑料模等模具。碳氮共渗（气体软氮化）不受钢种的限制，能应用于各类模具。渗硫能减小摩擦因数，提高材料的耐磨性，一般只用于拉深模、弯曲模。表面镀铬主要用于塑料模及拉深模、弯曲模。

安全生产

■ 模具设计、制造和使用过程中出现的安全问题

模具安全技术包括人身安全和设备与模具安全技术两个方面。前者主要是保

护操作者的人身（特别是双手）的安全，也包括降低生产噪声。后者主要是防止设备事故，保证模具与压力机、注塑机等设备不受意外损伤。

发生事故的原因很多，客观上的原因是：冲压设备多为曲柄压力机和剪切机，其离合器、制动器及安全装置容易发生故障；模塑成型设备和压铸机的液压、电器、加热等装置中，一个关联性大的零件发生故障，可能造成其他零件损坏，导致设备失效。但是根据经验统计，主观原因还是主要的，例如：操作者对成型设备的加工特点缺乏必要的了解，操作时又疏忽大意或违反操作规程；模具结构设计不合理或模具没有按要求制造，或未经严格检验导致强度不够或机构失效；模具安装、调整不当；设备和模具缺乏安全保护装置或维修不及时等。

模具在设计、制造、使用过程中易出现的安全问题如下：

（1）操作者疏忽大意，在冲床滑块下降时将手、臂、头等伸入模具危险区。

（2）由于模具结构不合理而造成安全问题：手指容易进入危险区，没有为冲压生产中工件或废料退出过程设计安全结构措施，单个毛坯在模具上定位不准确而需用手校正位置等。

（3）模具的外部弹簧断裂飞出，模具本身具有尖锐的边角。

（4）塑料模具或模塑设备中的热塑料、压缩空气或液压油溢出。

（5）热模具零件裸露在外，电接头绝缘保护不好。

（6）模具安装、调整、搬运不当，尤其是手工起重模具。

（7）压力机的安全装置发生故障或损坏。

（8）在生产中，缺乏适当的交流和指导文件（如操作手册、标牌、图样、工艺文件等）。

事故发生的统计数据表明：在冲压生产中发生的人身事故比一般机械加工多。目前新生产的压力机，国家规定都必须附设安全保护装置才能出厂。压力机用的安全保护装置有安全网、双手操作机构、摆杆或转板护手装置、光电或安全保护装置等。在保障冲压加工的安全性方面，除压力机应具有安全装置外，还必须使所设计的模具具有杜绝人身事故发生的合理结构和安全措施。

■　提高模具安全的方法

在设计模具时，不仅要考虑到生产效率、制件质量、模具成本和使用寿命，同时必须考虑到操作方便、生产安全。

（1）技术安全对模具结构的基本要求

1）不需要操作者将手、臂、头等伸入危险区即可顺利工作。

2）操作、调整、安装、修理、搬运和保管方便、安全。

3）不使操作者有不安全的感觉。

4）模具零件要有足够的强度，应避免有与功能无关的外部凸、凹部分，导向、定位等重要部位要使操作者看得清楚，原则上冲压模具的导柱应安装在下模并远离操作者，模具中心应通过或靠近冲压设备的中心。

（2）模具的安全措施

1）设计自动模 当压力机没有附设的自动送料装置时，可将冲模设计成自动送料、自动出件的半自动或自动模。这是防止发生人身安全事故的有效措施。

2）设置防护装置 设置防护装置的目的是把模具的工作区或其他容易造成事故的运动部分保护起来，以免操作者接触危险区。在设计冲模时可采用下列防护装置：

① 防护挡板 用带槽形窗口的防护挡板将冲压的危险区围起来（一般装在下模上）。防护挡板的结构以安全又不妨碍观察冲压工作情况为原则。

② 防护罩 对于较大的开式冲模，可设置折叠式防护罩或锥形弹簧防护罩（自由状态的间隙小于 8 mm），将凸模围起来。对于其他裸露的可动部分，也要用防护罩罩起来。

3）设置模外装卸机构 对于单个毛坯的冲压，当无自动送料装置时，为了避免手伸入危险区，可以设置模外手动装料的辅助机构，在模外手工装料，然后利用斜面料槽将待冲工件滑到冲模工作位置。

4）防止工件或废料回升 在冲裁模中，落料制件或冲孔废料有时被黏附在凸模端面上带回凹模面造成冲叠片，这不仅会损坏模具刃口，有时还会造成碎块伤人的事故。为此通常在凸模中采用顶料销或通入压缩空气的方法，迫使制件（落料）或废料（冲孔）从凹模中漏下。防止废料回升的措施如图 1—14 所示。

5）缩小模具危险区的范围 在无法安装防护挡板和防护罩时，可通过改进冲模零件的结构和有关空间尺寸，以及提高冲模运动零件的可靠性等安全措施，缩小危险区域，扩大安全操作范围。具体方法如下：

①凡与模具工作需要无关的角部都倒角或设计成一定的铸造圆角。

②手工放置工件时，为了操作安全与取件方便，在模具上开出让位空槽。

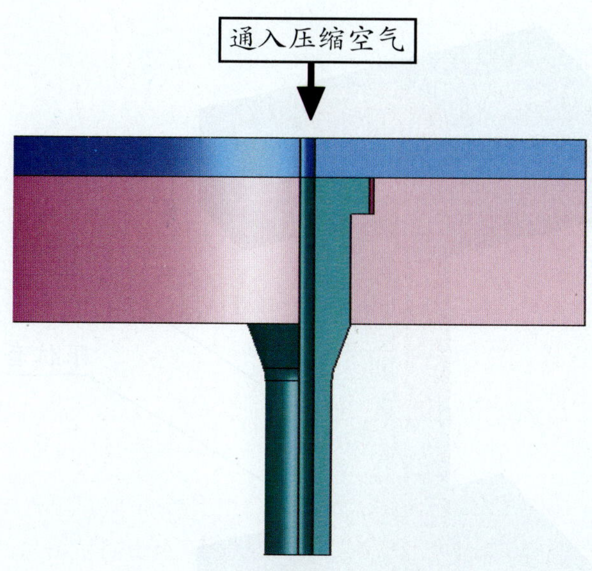

图 1—14　防止废料回升的措施

③当上模在下止点时，使凸模固定板与卸料板之间保持大于 15~20 mm 的空隙，以防压伤手指。当上模在上止点时，使凸模（或弹压卸料板）与下模上平面之间的空隙小于 8 mm，以免手指伸入。

④单面冲裁或弯曲时，将平衡块安置在模具的后面或侧面，以平衡侧压力对凸模的作用，防止因偏载折断凸模而影响操作者的安全。

⑤模具闭合时，上模座与下模座之间的距离不小于 50 mm。

6）模具的其他安全措施

①合理选择模具材料并确定模具零件的热处理工艺规范。

②设置安装块和限位支承装置，如图 1—15 所示。对于大型模具设置安装块不仅给模具的安装、调整带来方便，也增强了安全系数。而且在模具存放期间，能使工作零件保持一定距离，以防上模倾斜和碰伤刃口，并可防止橡胶老化或弹簧失效。而限位支承装置则可限制冲压工作行程的最低位置，避免凸模伸入凹模太深而加快模具的磨损。

③对于重量较大的模具，为便于搬运和安装，应设置起重装置。起重装置可采用螺栓吊钩或焊接吊钩，原则上一副模具使用 2~4 个吊钩，吊钩的位置应使模具起重提升后保持平衡。

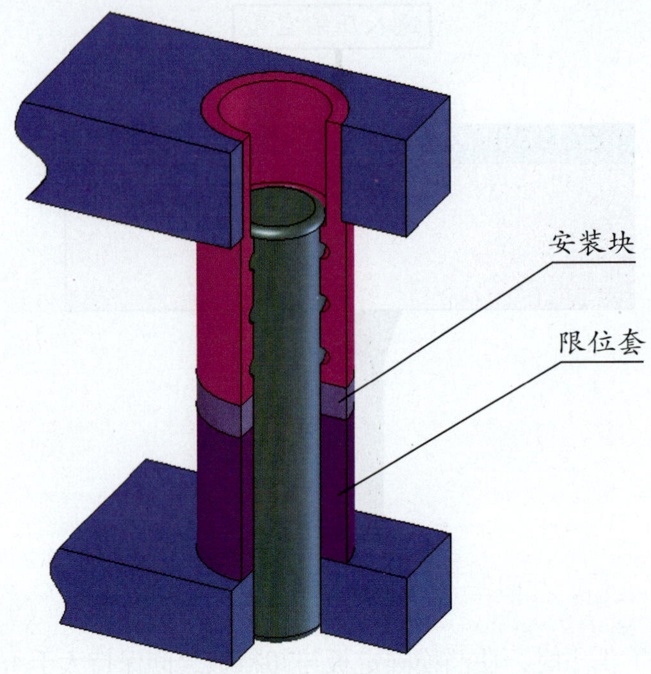

图 1—15　冲模的安装块与限位套的示意图

第二章　冷冲压模具的结构

第一节　冲压加工与冲裁工艺及冲裁间隙

冲压加工简介

基本概念

冲压是利用安装在冲压设备（主要是压力机）上的模具对材料施加压力，使其产生分离或塑性变形，从而获得所需零件（俗称制件）的一种压力加工方法，如图 2—1 所示。

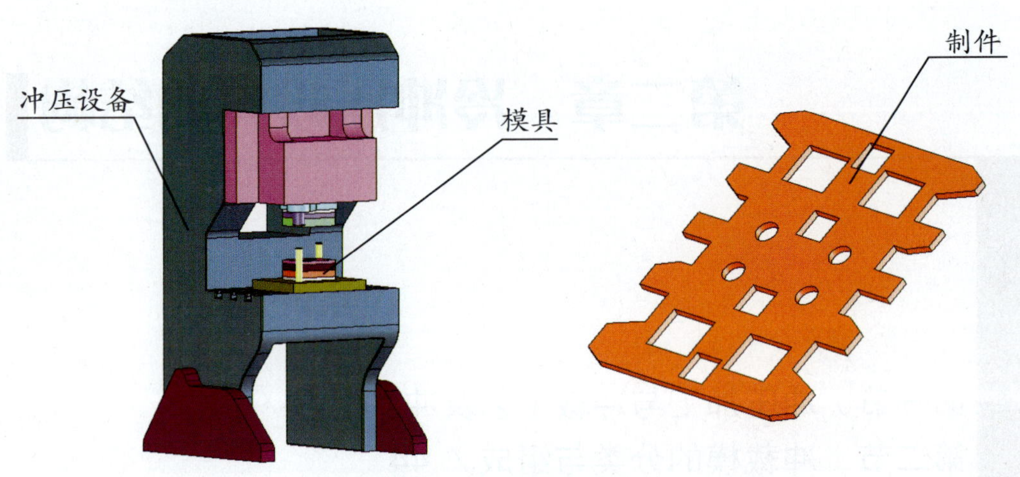

图 2—1　冲压加工方法

冲压加工三要素是冲压模具、冲压设备和冲压材料。冲压材料主要是指各种板料或带料，如钢板、铜板、铝及其合金板料等。冲压所使用的模具称为冲压模具，简称冲模。冲模是将金属或非金属材料批量加工成所需制件的专用工具。冲压设备是指进行冲压加工所必需的各种机械压力机、液压机等。

冲压加工的优点

冲压加工与机械加工、其他塑性加工方法相比，无论在技术方面还是在经济方面都具有以下独特的优点：

（1）冲压加工的生产效率高，且操作方便，易于实现自动化生产。

（2）冲压时，模具保证了制件的尺寸与形状精度，也不会破坏冲压材料的表面质量，而且模具的使用寿命长，制件的质量稳定、互换性好。

（3）可以冲压出尺寸范围较大、形状复杂的零件，如小到钟表的秒针，大到汽车纵梁、覆盖件等。冲压时材料的加工硬化效应使制件的强度和刚度均较高。

（4）冲压一般没有切屑碎料生成，材料的损耗较小，也不需要其他加热设备，因而是一种省料、节能、成本较低的加工方法。

但是，冲压加工所使用的模具一般具有专用性，有时一个复杂零件需要数套模具才能加工成型，且模具制造的精度高，技术要求高，是技术密集型产品。冲压技术在工业生产中，尤其在大批量生产中应用十分广泛，如汽车、拖拉机、电器、仪表、电子、国防及日用品等行业。

■ 冲压设备的分类和代号

（1）冲压设备的分类

冲压设备的类型很多，以适应不同的冲压工艺要求，在我国锻压机械的八大类中，它就占了一半以上。

冲压设备的分类如下：

1）按驱动滑块的动力种类可分为：机械式、液压式、气动式。

2）按滑块的数量可分为：单动式、双动式、三动式。

3）按滑块驱动机构可分为：曲柄式、肘杆式、摩擦式。

4）按连杆数目可分为：单连杆式、双连杆式、四连杆式。

5）按机身结构可分为：开式（图 2—2a）、闭式（图 2—2b）；单拉式、双拉式；可倾式、不可倾式。其中，开式压力机又可分为单柱式（图 2—2c）和双柱式。开式压力机按照工作台结构还可分为可倾台式、固定台式和升降台式（图 2—2d）。

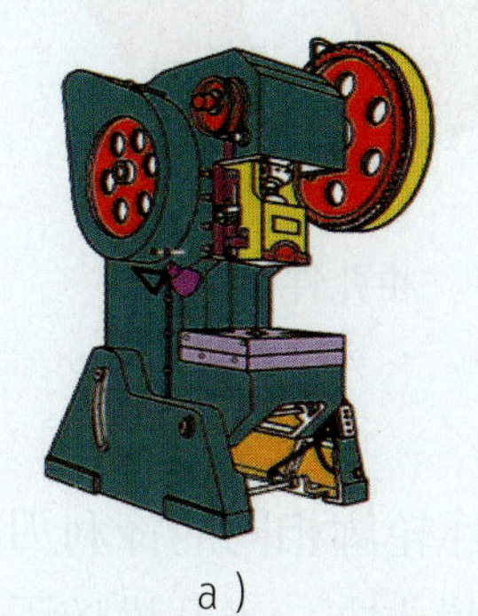

a）　　b）

c）

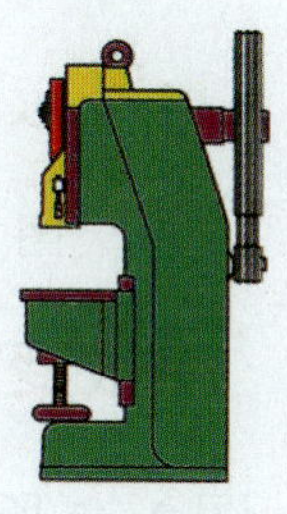

d）

图 2—2　压力机类型

a）开式双柱可倾台式压力机　b）闭式压力机
c）单柱固定台式压力机　d）升降台式压力机

（2）冲压设备的代号

我国压力机械的分类和代号见表 2—1。

表 2—1　　压力机械的分类和代号

序号	类别名称	简称及拼音	代号	序号	类别名称	简称及拼音	代号
1	机械压力机	机 ji	J	5	锻机	锻 duan	D
2	液压机	液 ye	Y	6	剪切机	切 qie	Q
3	自动锻压机	自 zi	Z	7	弯曲校正机	弯 wan	W
4	锤	锤 chui	C	8	其他	他 ta	T

冲裁工艺分析

冲裁就是利用模具使材料相互分离的工序，它包括落料、冲孔、切断、修边、切口等工序。但一般来说，冲裁工艺主要是指落料和冲孔工序。生活中也有类似于落料、冲孔的工序。譬如，将画报上需要的图形剪下来就类似于落料工序，将图形中间不需要的部分裁去就类似于冲孔工序。

使材料沿封闭曲线相互分离，封闭曲线以内的部分作为制件时称为落料，如图 2—3 所示；而封闭曲线以外的部分作为制件时则称为冲孔，如图 2—4 所示。冲裁的应用非常广泛，它既可直接冲制成品零件，又可为其他成型工序制备坯料。根据变形机理的不同，冲裁可分为普通冲裁和精密冲裁两类。

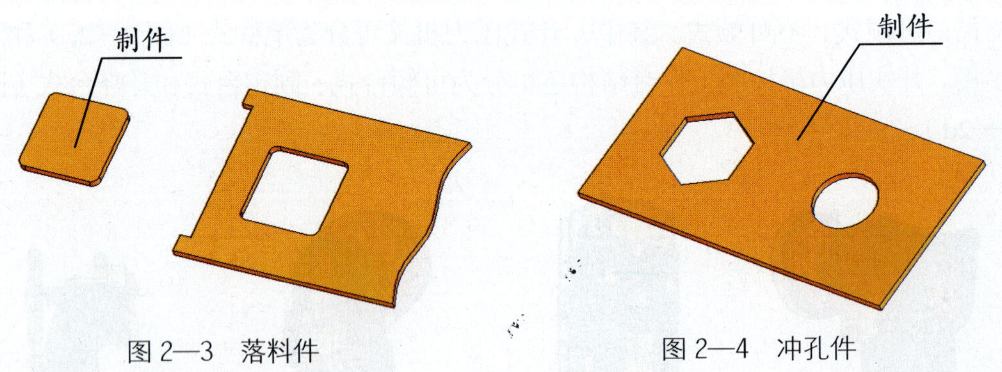

图 2—3　落料件　　图 2—4　冲孔件

冲裁变形过程

图 2—5 所示为冲裁工作示意图，凸模与凹模具有与制件轮廓相同的锋利刃口，且相互之间保持均匀合适的间隙。冲裁时，板料置于凹模上方，当凸模随压力机滑块向下运动时，便迅速冲穿板料进入凹模，使制件与板料分离而完成冲裁工作。

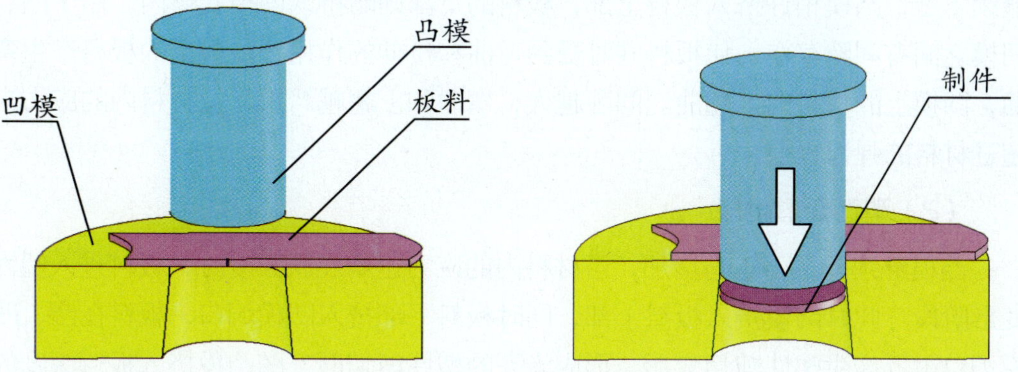

图 2—5　冲裁工作示意图

从凸模接触板料到板料相互分离的过程是在瞬间完成的。如果模具间隙正常，冲裁变形过程大致可分为如下三个阶段，如图 2—6 所示。

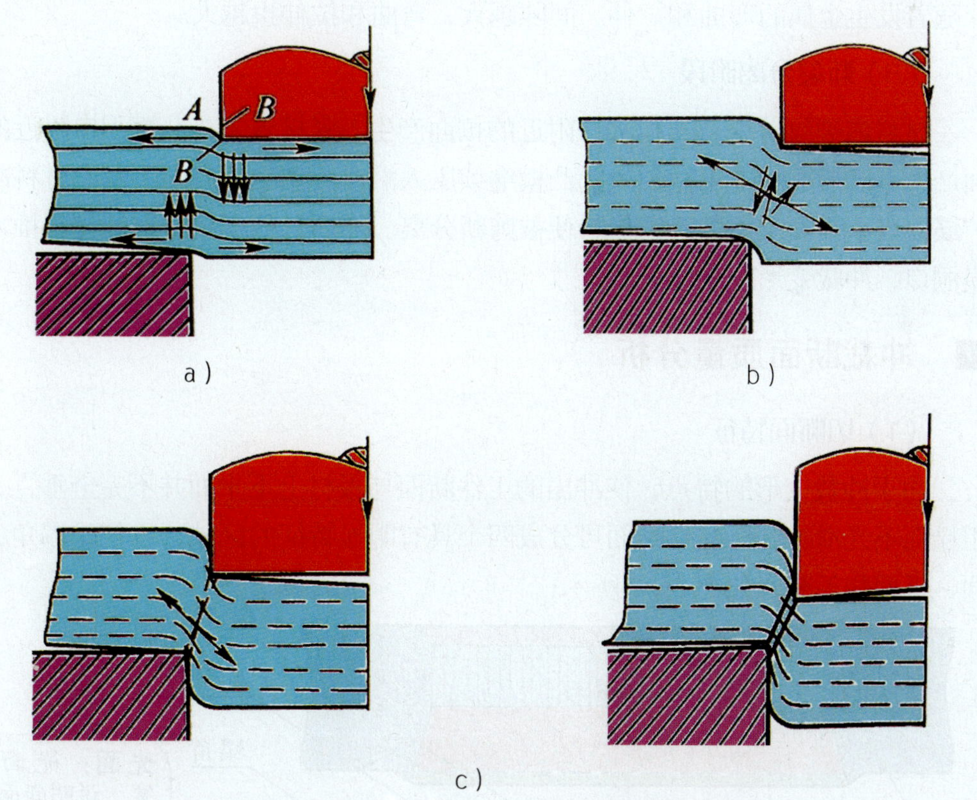

图 2—6　冲裁变形过程

a）弹性变形阶段　b）塑性变形阶段　c）断裂分离阶段

（1）弹性变形阶段

冲裁开始时，板料在凸模的压力下，发生弹性压缩、拉伸和弯曲变形。凸模继续下压，凸模稍许挤入板料上部，板料的下部则略挤入凹模孔口内。由于凸、凹模之间有间隙存在，使板料同时受到弯曲和拉伸的作用，凸模下的板料产生弯曲，凹模上的板料向上翘曲。间隙越大，弯曲和上翘越严重，但材料内的应力未超过材料的弹性极限。

（2）塑性变形阶段

凸模继续向下，压力增加，当材料内的应力达到屈服强度时，板料进入塑性变形阶段。此时凸模挤入板料上部，同时板料下部挤入凹模洞口，板料在凸、凹模刃口附近产生塑性剪切变形，形成光亮的塑性剪切面。随凸模挤入板料深度的增大，塑性变形程度增大，变形区材料硬化加剧，冲裁变形抗力不断增大，直到刃口附近侧面的材料由于拉应力的作用出现微裂纹时，塑性变形阶段便告终，此时冲裁变形抗力达到最大值。由于凸、凹模间有间隙，故在这个阶段中冲裁区还伴随着发生金属的弯曲和拉伸。间隙越大，弯曲和拉伸也越大。

（3）断裂分离阶段

材料内裂纹首先在凹模刃口附近的侧面产生，紧接着才在凸模刃口附近的侧面产生。已形成的上下微裂纹随凸模继续压入沿最大切应力方向不断向材料内部扩展，当上下裂纹重合时，板料便被剪断分离。随后，凸模将分离的材料推入凹模洞口，冲裁变形过程结束。

■ 冲裁断面质量分析

（1）切断面特征

由于冲裁变形的特点，使冲出的工件断面与板材上下平面并不完全垂直，且粗糙而不光滑。制件的切断面可分成四个具有明显特征的区域，它们是塌角、光面、毛面和毛刺，如图 2—7 所示。

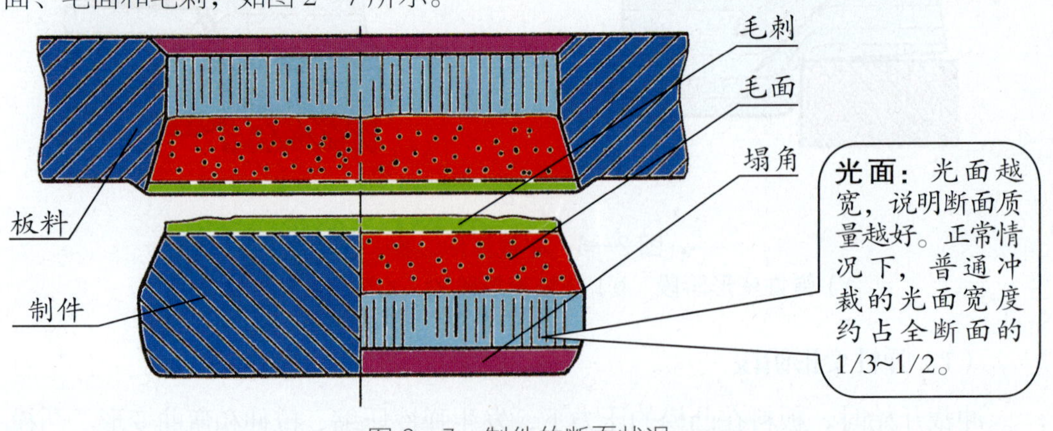

图 2—7　制件的断面状况

（2）切断面特征的形成

塌角：它是由于冲裁过程中刃口附近的材料被牵拉而变形（弯曲和拉伸）的结果。

光面：它是紧邻塌角并与板材平面垂直的光亮部分。在塑性变形过程中凸模（或凹模）挤压切入材料，材料受刃口侧面的剪切和挤压作用就会形成光面。

毛面：它是表面粗糙且带有锥度的部分，是由于刃口处的微裂纹在拉应力作用下不断扩展断裂而形成的。因毛面都是向材料体内倾斜，所以对一般应用的制件，毛面并不影响其使用性能。

毛刺：冲裁毛刺是在刃口附近的侧面上，材料出现微裂纹时形成的，当凸模继续下行时，便使已形成的毛刺拉长并残留在制件上，这也是普通冲裁中毛刺的不可避免性。不过，间隙合适时，毛刺的高度很小，易于去除。毛刺影响制件的外观、手感和使用性能。因此，人们总是希望制件毛刺越小越好。

■ 影响断面质量的因素

制件断面上的塌角、光面、毛面和毛刺四个部分在整个断面上各占的比例不是一成不变的，而是随着材料的力学性能、模具间隙、刃口状态等条件的不同而变化。

（1）材料力学性质的影响

塑性差的材料，断裂倾向严重，毛面增宽，光面、塌角、毛刺较小；反之，塑性较好的材料，光面、塌角、毛刺较大，而毛面则小一些。

（2）模具间隙的影响

模具间隙是影响制件断面质量的主要因素。模具间隙的影响主要有三种情况，如图 2—8 所示。

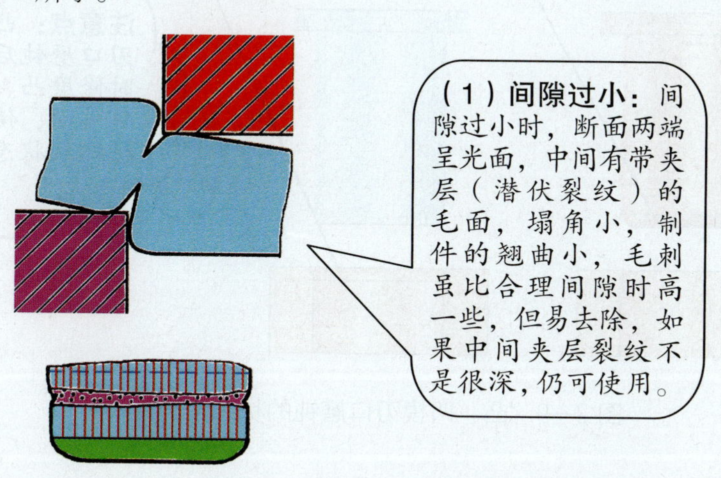

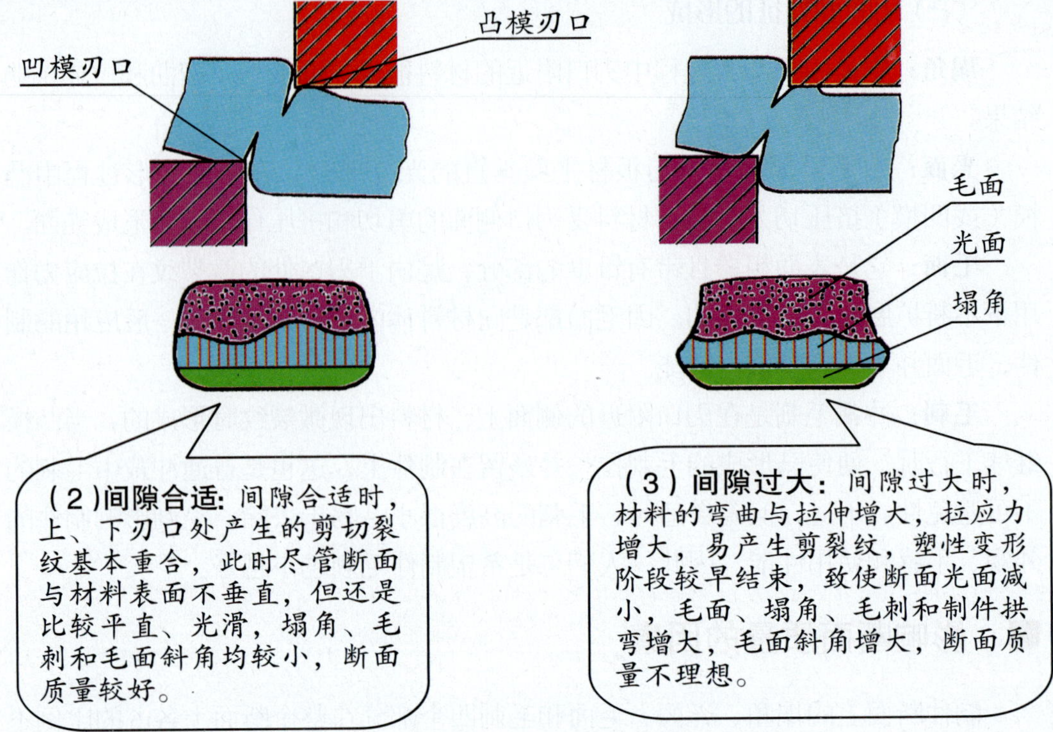

图 2—8 间隙大小对制件断面质量的影响

（3）模具刃口的影响

模具刃口状态对制件的断面质量也有较大的影响。刃口越锋利，拉力越集中，毛刺越小。当刃口磨钝后，压缩力增大，毛刺也增大。小毛刺按照磨损后的刃口形状，会变为根部很厚的大毛刺。凸、凹模刃口磨钝的状态如图 2—9 所示。

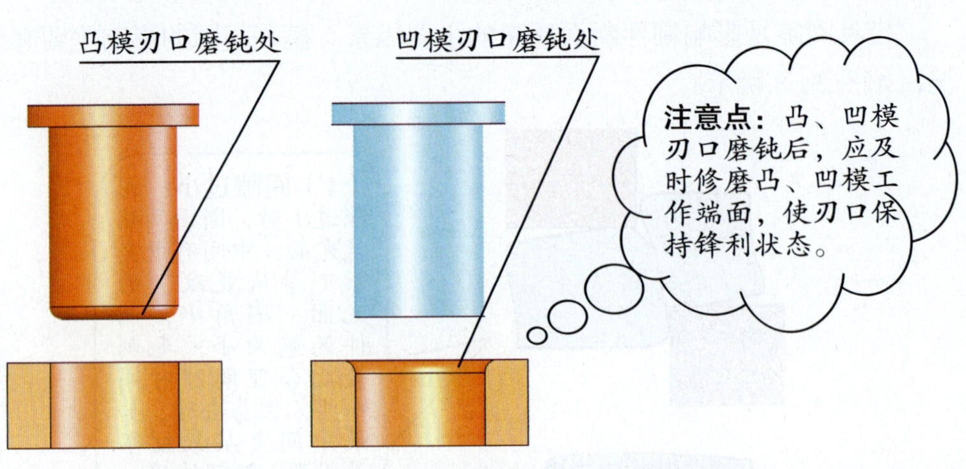

图 2—9 凸、凹模刃口磨钝的状态（剖视图）

提高制件断面质量的途径

由上述分析可知，要提高制件断面质量，就要增大光面的宽度，减小塌角和毛刺高度，并减小制件翘曲。主要有以下几种途径：

（1）选用塑性较好的材料

增大光面宽度的关键在于延长塑性变形阶段，推迟裂纹的产生，这就要求材料的塑性要好，硬质材料要尽量进行退火，使材质均匀。

（2）选择合理的模具间隙值

要选择合理的模具间隙值，并使间隙均匀分布，保持模具刃口锋利；要求光滑断面的部位要与板材轧制方向成直角。

（3）保证凸、凹模刃口锋利及模具结构的合理性

减小塌角、毛刺和翘曲的主要方法是：尽可能采用合理间隙的下限值；保持模具刃口的锋利；合理选择搭边值；采用压料板和顶板等。

制件的排样与搭边

制件在条料上的布置方法叫制件的排样。排样的目的在于合理利用原材料，使排样更经济合理。排样是否合理将影响到材料的利用率、制件质量、生产率、模具结构等。因此，排样是冲裁工艺与模具设计中极其重要的一项工作。

冲裁所产生的废料可分为两类：一类是结构废料，是由制件的形状特点产生的，如图 2—10 所示，由于工件内孔的存在而产生废料，它决定于制件形状，一般不能改变；另一类是工艺废料，是由制件之间和制件与条料的侧边之间的搭边，以及料头、料尾和边余料而产生的废料，它决定于冲压方式和排样方式。

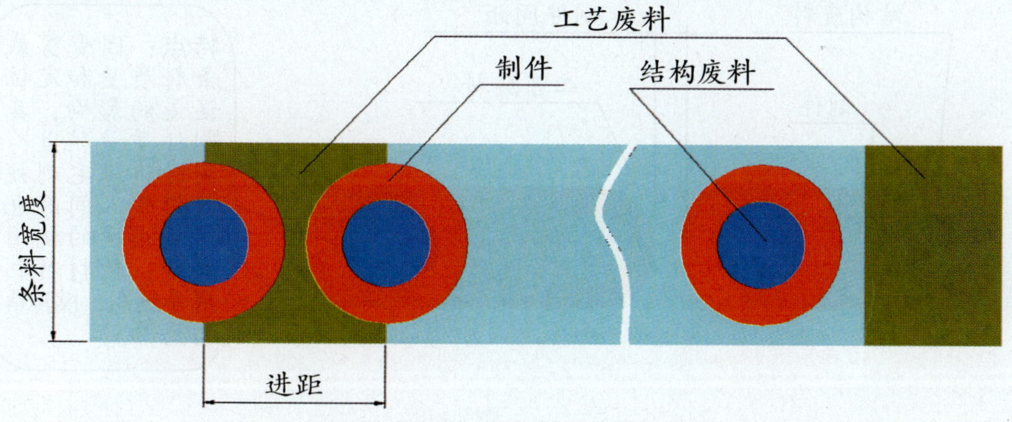

图 2—10　冲裁产生废料的种类

排样

根据材料的利用情况，条料排样方法可分为有废料排样、少废料排样、无废料排样三种。

（1）有废料排样

沿制件轮廓冲裁时，制件之间、制件与条料侧边之间（搭边）都有工艺余料，冲裁后搭边成为废料，如图 2—11 所示。

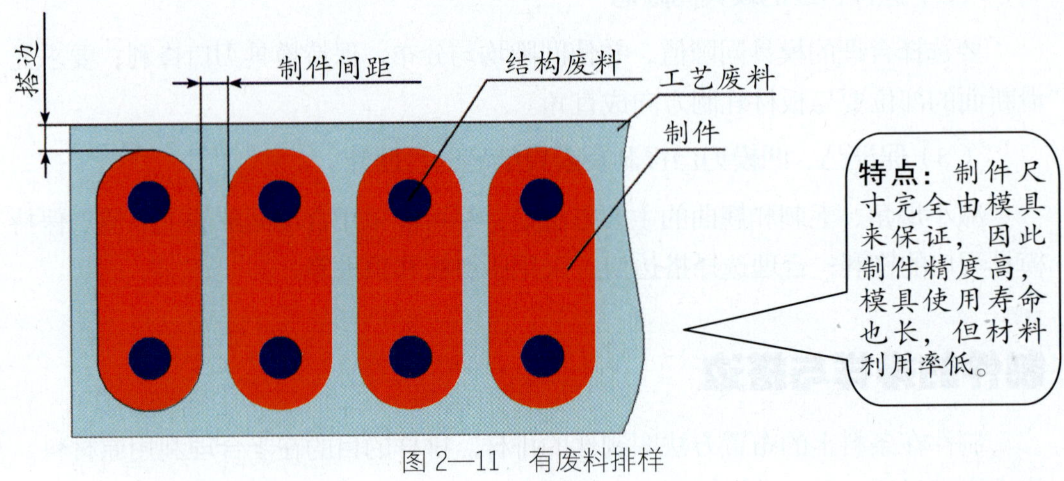

图 2—11　有废料排样

（2）少废料排样

沿制件部分轮廓切断或冲裁时，只在制件之间或制件与条料侧边之间留有搭边，如图 2—12 所示。

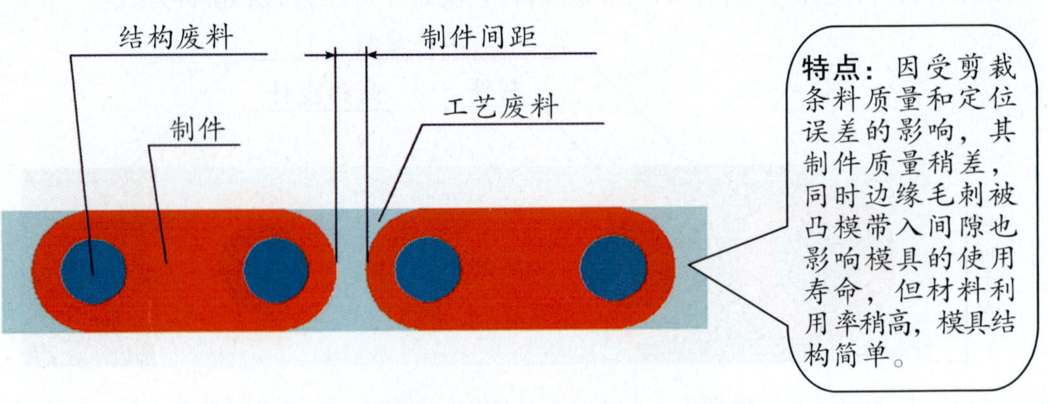

图 2—12　少废料排样

（3）无废料排样

沿直线或曲线切断条料而获得制件，无任何搭边，如图 2—13 所示。

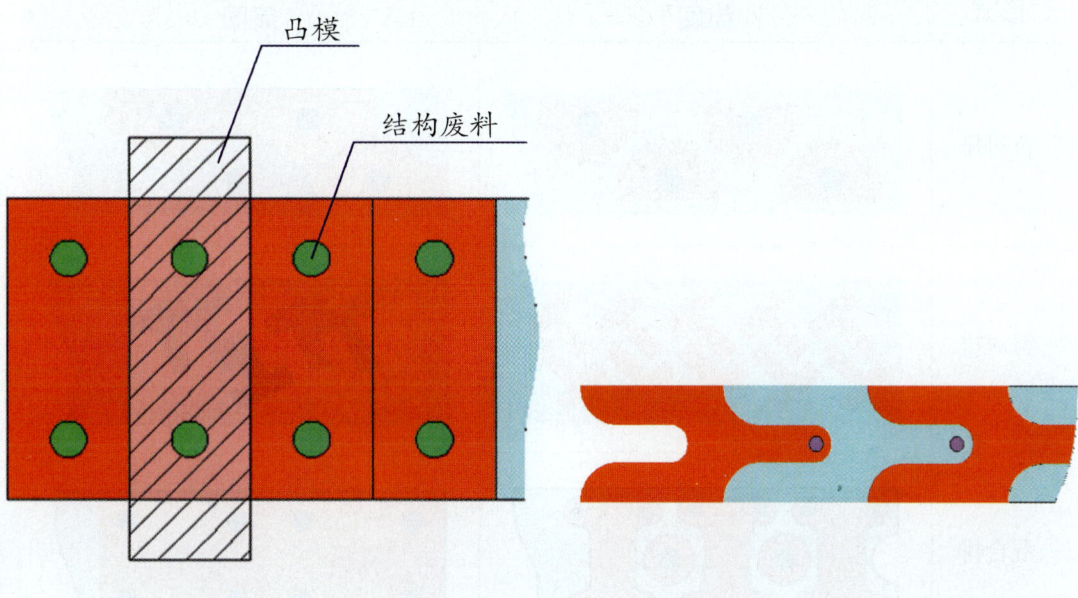

特点：制件的质量和模具使用寿命更差一些，但材料利用率最高。当进距为两倍零件外形大小时，一次切断可获得两个制件，有利于提高劳动生产率。

图 2—13　无废料排样

此外，有废料排样和少、无废料排样还可以进一步按制件在条料上的布置方法加以分类，尽可能地提高材料的利用率。排样的主要形式见表 2—2。

表 2—2　排样的主要形式

排样形式	有废料排样	少、无废料排样
	简图	简图
直排		
斜排		

续表

排样形式	有废料排样	少、无废料排样
	简图	简图
直对排	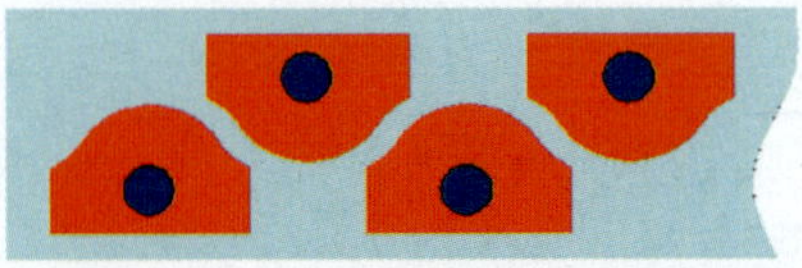	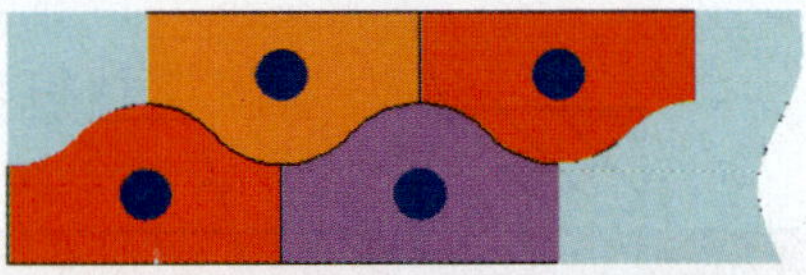
斜对排		
混合排	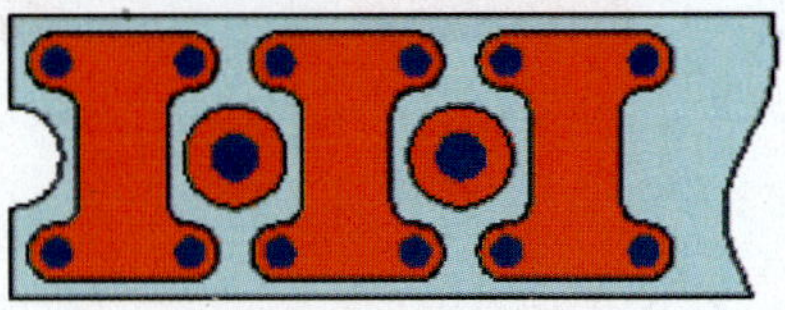	
多排		

在实际冲压生产中，由于零件的形状、尺寸、精度要求、批量大小和原材料供应等方面的不同，不可能提供一种固定不变的合理排样方案。因此，对于形状复杂的制件，通常用纸片剪成 3~5 个样件，然后摆出各种不同的排样方法，经过分析和计算，决定出合理的排样方案。

排样时应遵循的原则是：保证在最低的材料消耗和最高的劳动生产率的条件下得到符合技术条件要求的零件，同时要考虑方便生产操作、冲模结构简单、使用寿命长以及车间生产条件和原材料供应情况等，总之要从各方面权衡利弊，以选出较为合理的排样方案。

■ 搭边

排样时制件之间以及制件与条料侧边之间留下的工艺废料叫搭边。

搭边虽然是废料，但在冲裁工艺中却有很大的作用。它补偿了定位误差和剪板误差，确保冲出合格零件。搭边可以增强条料刚度，方便条料送进，提高劳动生产率。搭边还可以避免冲裁时条料边缘的毛刺被拉入模具间隙，从而提高模具使用寿命。

搭边宽度对冲裁过程及制件质量有很大的影响，因此一定要合理确定搭边数值。搭边过大，材料利用率低；搭边过小，搭边的强度和刚度不够，在冲裁中将被拉断，使制件产生毛刺，有时甚至单边拉入模具间隙，造成冲裁力不均，损坏模具刃口。

（1）影响搭边值的因素

1）材料的力学性能。塑性好的材料，搭边值要大一些；硬度高与强度大的材料，搭边值要小一些。

2）制件的形状与尺寸。制件外形越复杂，圆角半径越小，搭边值越大。

3）材料厚度。材料越厚，搭边值越大。

4）送料及挡料方式。用手工送料，有侧压装置的搭边值可以小一些；用侧刃定距比用挡料销定距的搭边小一些。

5）卸料方式。弹性卸料比刚性卸料的搭边小一些。

6）排样的形式。对排的搭边值大于直排的搭边值。

（2）搭边值的确定

搭边值是由经验确定的。表 2—3 为最小搭边值的经验数值，供设计时参考。

冲裁间隙

冲裁间隙是指冲裁模的凸模与凹模刃口之间的间隙，分单边间隙和双边间隙。凸模与凹模间每侧的间隙称为单边间隙，用 C 表示；两侧间隙之和称为双边间隙，用 Z 表示，如图 2—14 所示。如无特殊说明，冲裁间隙就是指双边间隙。

间隙值的大小对制件质量、模具使用寿命、冲裁力影响很大，是冲裁工艺与模具设计中一个极其重要的工艺参数。

■ 间隙对制件质量的影响

制件的质量主要是指断面质量、尺寸精度和形状误差。断面应平直、光滑，圆角应小，应无裂纹、撕裂、夹层和毛刺等缺陷。零件表面应尽可能平整，尺寸应在图样规定的公差范围之内。

表 2—3 最小搭边值 a 和 a_1 mm

料厚 t	圆形或圆角 $r>2t$ 制件		矩形制件边长 $l\leqslant 50$		矩形制件边长 $l\geqslant 50$ 或圆角 $r\leqslant 2t$	
	制件之间 a_1	侧边 a	制件之间 a_1	侧边 a	制件之间 a_1	侧边 a
0.25 以下	1.4	2.0	2.2	2.5	2.8	3.0
0.25 ~0.5	1.2	1.5	1.8	2.0	2.2	2.5
0.5 ~0.8	1.0	1.2	1.5	1.8	1.8	2.0
0.8 ~1.2	0.8	1.0	1.2	1.5	1.5	1.85
1.2 ~1.6	1.0	1.2	1.5	1.8	1.8	2.0
1.6 ~2.0	1.2	1.5	1.8	2.5	2.0	2.2
2.0 ~2.5	1.5	1.8	2.0	2.2	2.2	2.5
2.5 ~3.0	1.8	2.2	2.2	2.5	2.5	2.8
3.0 ~3.5	2.2	2.5	2.5	2.8	2.8	3.2
3.5 ~4.0	2.5	2.8	2.5	3.2	3.2	3.5
4.0 ~5.0	3.0	3.5	3.5	4.0	4.0	4.5
5.0 ~12	0.6 t	0.7 t	0.7 t	0.8 t	0.8 t	0.9 t

注： 表中所列搭边值适用于低碳钢。对于其他材料，应将表中数值乘以下列系数：
中等硬度钢 0.9，软黄铜、纯铜 1.2，硬钢 0.8，铝 1.3~1.4，硬黄铜 1~1.1，非金属 1.5~2，硬铝 1~1.2。

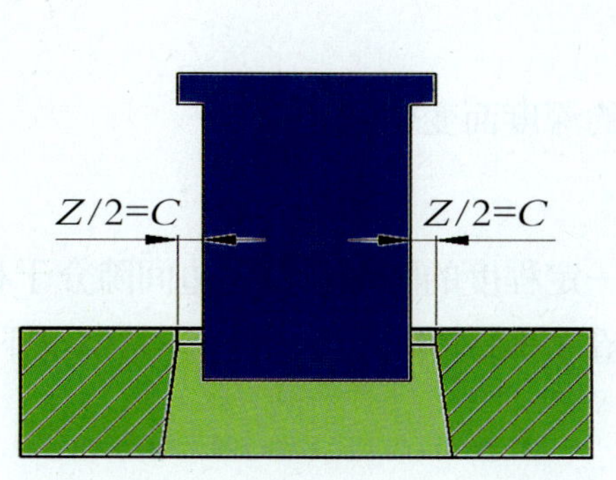

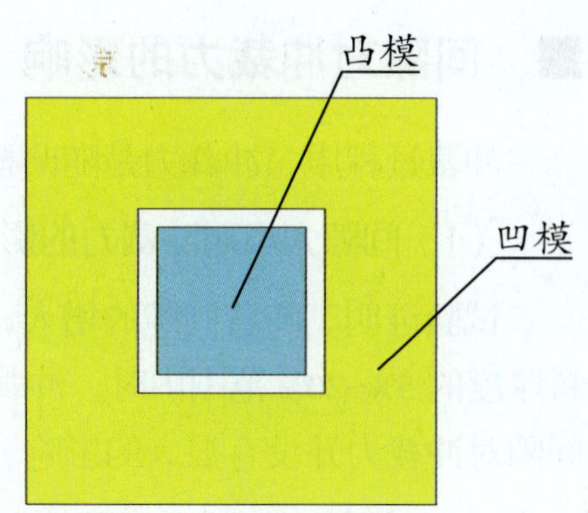

图 2—14　冲裁模间隙

（1）影响制件质量的因素

影响制件质量的因素有：凸、凹模间隙值的大小及间隙的分布是否均匀，凸、凹模刃口的锋利状态，模具结构的合理性与制造精度及板材的塑性等。其中，间隙值大小与凸、凹模间隙分布的均匀程度是直接影响制件质量的主要因素。

间隙对制件断面质量的影响已在前面阐明，这里主要讨论间隙对制件尺寸精度的影响。

（2）间隙对制件尺寸精度的影响

制件的尺寸精度是指制件的实际尺寸与标称尺寸的差值（ δ ），差值越小，精度越高。这个差值包括两方面的偏差：一是冲裁模本身的制造偏差；二是制件相对于凸模或凹模尺寸的偏差。

制件相对于凸模或凹模尺寸的偏差，主要是由冲裁时材料受挤压、拉伸、弯曲等作用引起的变形在制件脱离模具时产生弹性回复而造成的。影响这个偏差值的因素有间隙值、材料性质、工件形状与尺寸等，其中间隙值起主导作用。

（3）间隙值对制件质量的影响

当间隙较大时，材料所受拉伸作用增大，冲裁后因材料的弹性回复使落料件尺寸小于凹模尺寸，冲孔件孔径大于凸模直径。间隙较小时，由于材料受凸、凹模侧向挤压力大的影响，故冲裁后材料的弹性回复使落料件尺寸增大，冲孔件孔径变小。

总之，要想获得较高的制件质量，必须提高模具的制造精度，根据材料合理地选择间隙值。

■ 间隙对冲裁力的影响

冲裁过程中，冲裁力是随凸模进入材料的深度而变化的。

（1）间隙大小对冲裁力的影响

试验证明，随着间隙的增大，冲裁力有一定程度的降低，当单边间隙介于材料厚度的 5%~20% 范围内时，冲裁力降低不超过 5%~10%。因此，在正常情况下，间隙对冲裁力并没有很大的影响。

（2）间隙对卸料力、顶件力的影响

间隙对卸料力、顶件力的影响则比较明显。随间隙增大，卸料力和顶件力都将减小。一般当单边间隙增大到材料厚度的 15%~25% 时，卸料力几乎降到零。间隙继续增大时，制件毛刺增大，卸料力、顶件力迅速增大。

■ 间隙对模具使用寿命的影响

冲裁模的使用寿命是以冲出合格制件的数量来衡量的，分为两次刃磨间的使用寿命与全部磨损后总的使用寿命。影响模具使用寿命的因素很多，有模具间隙，模具材料和制造精度、表面粗糙度，被加工材料的特性，制件轮廓形状和润滑条件等。模具间隙对模具使用寿命的影响主要有以下两种情况：

（1）模具间隙过小

当模具间隙减小时，接触压力（垂直力、侧压力、摩擦力）会随之增大，摩擦距离随之增长，摩擦发热严重，加剧模具磨损，甚至使模具与材料之间产生黏结现象。而接触压力的增大，还会引起刃口的压缩疲劳破坏，使之崩刃。小间隙还会产生凹模胀裂，小凸模折断，凸、凹模相互啃刃等异常损坏，这些都是导致模具使用寿命大大降低的因素。因此，适当增大模具间隙，可使凸、凹模侧面与材料间摩擦减小，并减缓间隙不均匀的不利因素，从而提高模具使用寿命。

（2）模具间隙过大

间隙过大时，板料的弯曲拉伸相应增大，使模具刃口端面上的正压力增大，容易产生崩刃或产生塑性变形使磨损加剧，降低模具使用寿命。同时，间隙过大，会使卸料力、顶件力随之增大，加剧模具的磨损，还会导致顶杆折弯及结构的损坏。另外，间隙分布不均匀，会使接触压力发生位移，以至于增加凸、凹模侧面的磨损，甚至出现崩刃、折断、啃坏等现象，所以间隙是影响模具使用寿命的一个重要因素。

为了提高模具使用寿命，一般需采用较大间隙。若制件精度要求不高时，采用合理大间隙，使 $2C/t$ （t 为材料厚度）达到 15%~25%，模具使用寿命可提高 3~5 倍。若采用小间隙，就必须提高模具硬度与模具制造精度，在冲裁刃口进行充分的润滑，以减少磨损。

降低冲裁力的方法

为实现用小设备冲裁大制件，或使冲裁过程平稳以减小压力机振动，常采用以下方法降低冲裁力。

■　阶梯凸模冲裁

在多凸模冲模中，将凸模设计成不同高度，使凸模工作端面呈阶梯式布置，如图 2—15 所示。这样，各凸模冲裁力的最大峰值不同时出现，可以降低总的冲裁力。

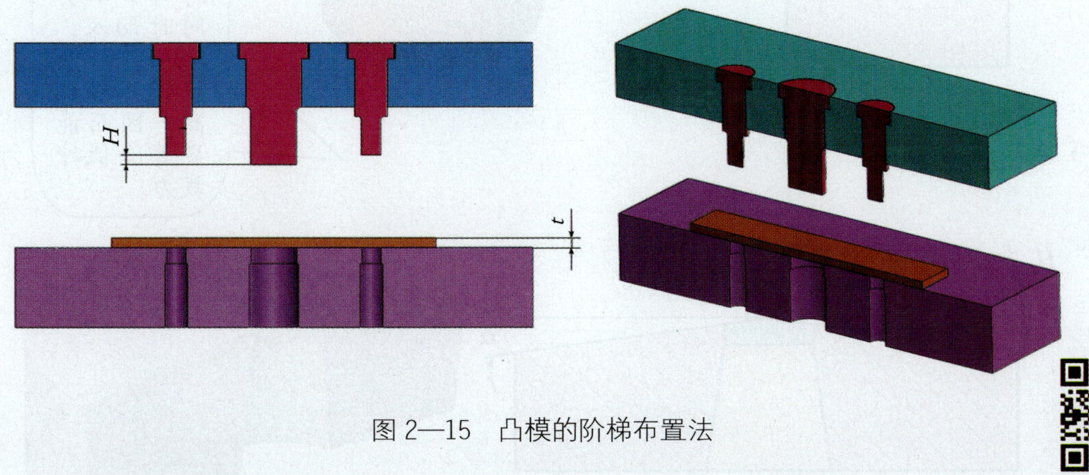

图 2—15　凸模的阶梯布置法

在几个凸模直径相差较大、相距又很近的情况下，为避免小直径凸模由于随材料流动的侧压力而产生折断或倾斜现象，应将小凸模做短一些，以利于提高模具使用寿命。

凸模间的高度差 H 与板料厚度 t 有关，即

$$t \leqslant 3\ \text{mm 时},\ H = t$$

$$t > 3\ \text{mm 时},\ H = 0.5\,t$$

各层凸模的布置要尽量对称，使模具受力平衡。这种模具的缺点是长凸模插入凹模较深，容易磨损，修磨刃口也比较麻烦。

阶梯凸模冲裁的冲裁力一般只按产生最大冲裁力的那一个阶梯凸模进行计算。

■ 斜刃冲裁

用平刃口模具冲裁时，沿刃口整个周边同时冲切材料，故冲裁力较大。可将凸模（或凹模）刃口平面做成与其轴线倾斜一个角度的斜刃，平刃部分的宽度取 0.5~3 mm，如图 2—16 所示。

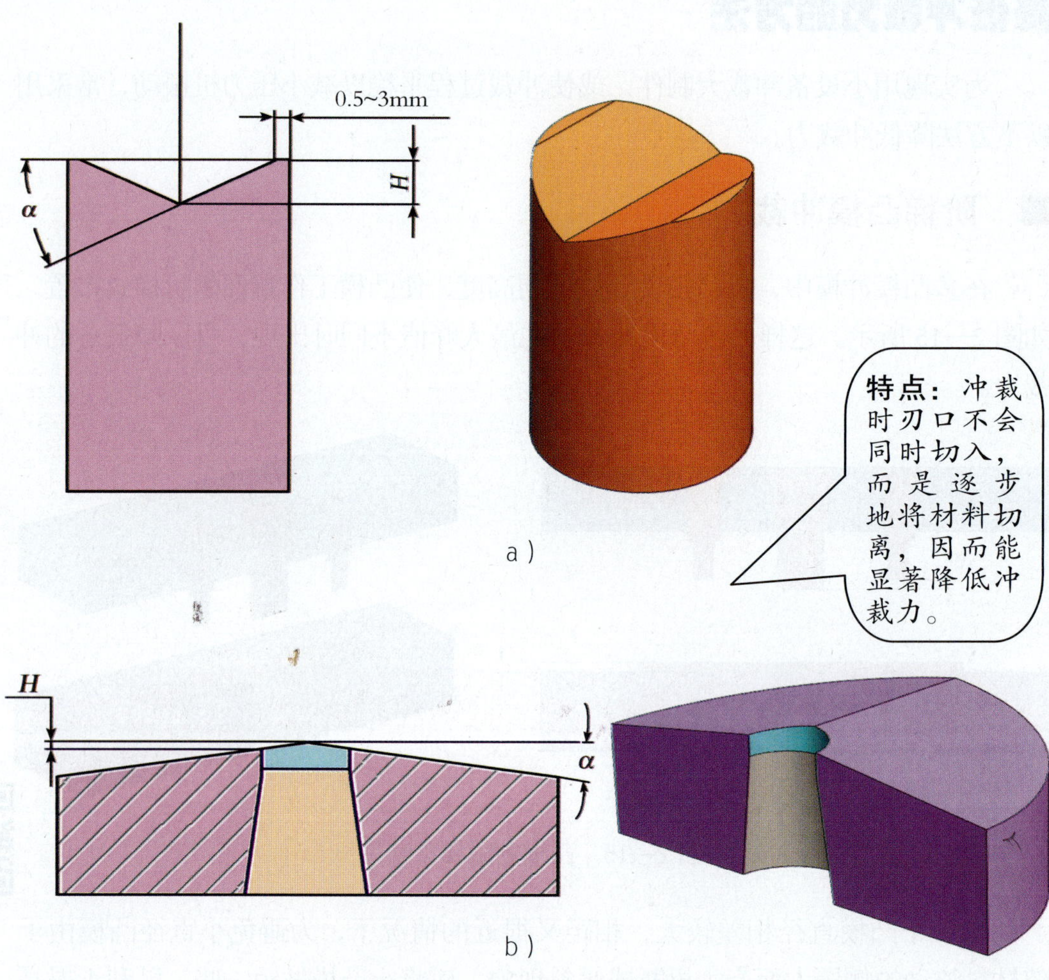

图 2—16　凸、凹模斜刃的主要形式
a）凸模　b）凹模

斜刃主要参数：斜刃角 α 和斜刃高度 H 与板料厚度 t 有关，一般可按表 2—4 选用。

表 2—4　　斜刃参数 H、α 值

材料厚度 t（mm）	斜刃高度 H	斜刃角 α
＜3	$2t$	＜5°
3~10	t	＜8°

各种凸、凹模斜刃的适用范围和主要结构形式见表 2—5。

斜刃配置的原则是：必须保证制件平整，只允许废料发生弯曲变形。因此，落料时凸模应为平刃，将凹模做成斜刃，见表 2—5（1）、（2）。冲孔时则凹模应为平刃，凸模为斜刃，见表 2—5（3）、（4）、（5）。斜刃还应当对称布置，以免冲裁时模具承受单向侧压力而发生偏移，啃伤刃口，见表 2—5（1~5）。向一边斜的斜刃，只能用于切舌或切开，见表 2—5（6）。斜刃模用于大型制件冲裁时，一般把斜刃布置成多个波峰的形式。

表 2—5　凸、凹模斜刃的主要结构形式

适用范围	序号	主 要 形 式
落料用	（1）	
	（2）	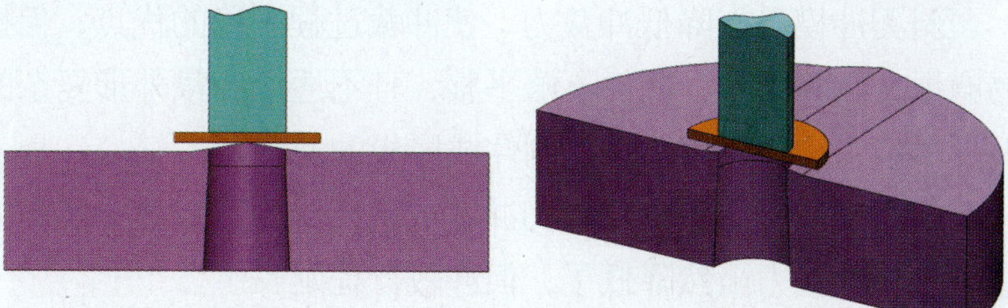
冲孔用	（3）	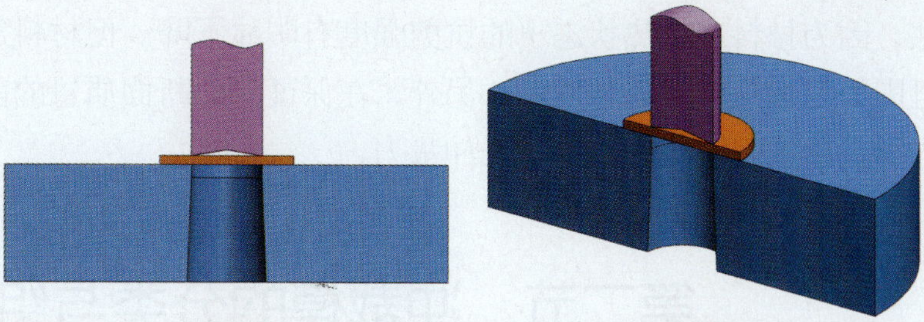
	（4）	

续 表

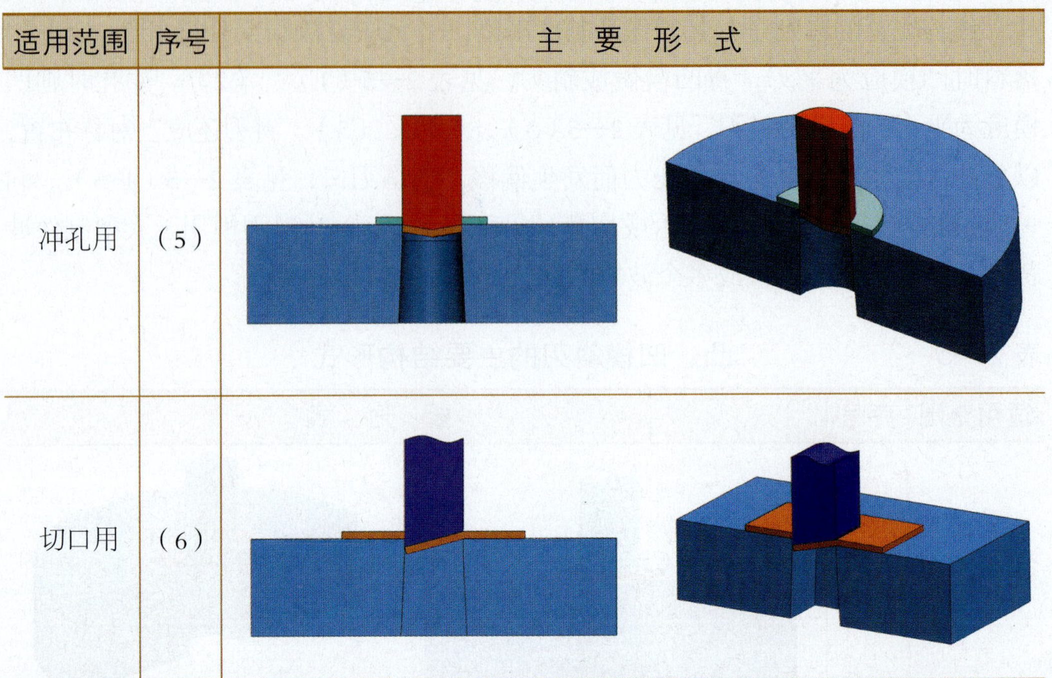

适用范围	序号	主　要　形　式
冲孔用	（5）	
切口用	（6）	

斜刃冲模虽有降低冲裁力、使冲裁过程平稳的优点，但模具制造复杂，刃口易磨损，修磨困难，制件不够平整，且不适于冲裁外形复杂的制件，因此一般情况下尽量不用，只用于大型制件或厚板的冲裁。

最后应当指出，采用斜刃冲裁或阶梯凸模冲裁时，所需的冲裁功并不减少，这是因为冲裁力虽然降低了，但冲裁行程延长了。

除上述两种方法外，将材料加热冲裁也是一种行之有效的降低冲裁力的方法，因为材料在加热状态下的抗剪强度有明显下降。但材料加热后产生氧化皮，且因为要加热，劳动条件差。另外，在保证制件断面质量的前提下，也可通过适当增大冲裁间隙等方法来降低冲裁力。

第二节　冲裁模的分类与组成

冲裁模的分类

用于将板料相互分离的冷冲模称为冲裁模。分离工序是使板料按一定的轮廓线分离，以获得一定的形状、尺寸及较高切断面质量的制件。可以按以下三个主要特征进行分类。

按冲裁工序性质分

（1）落料模（图2—17）

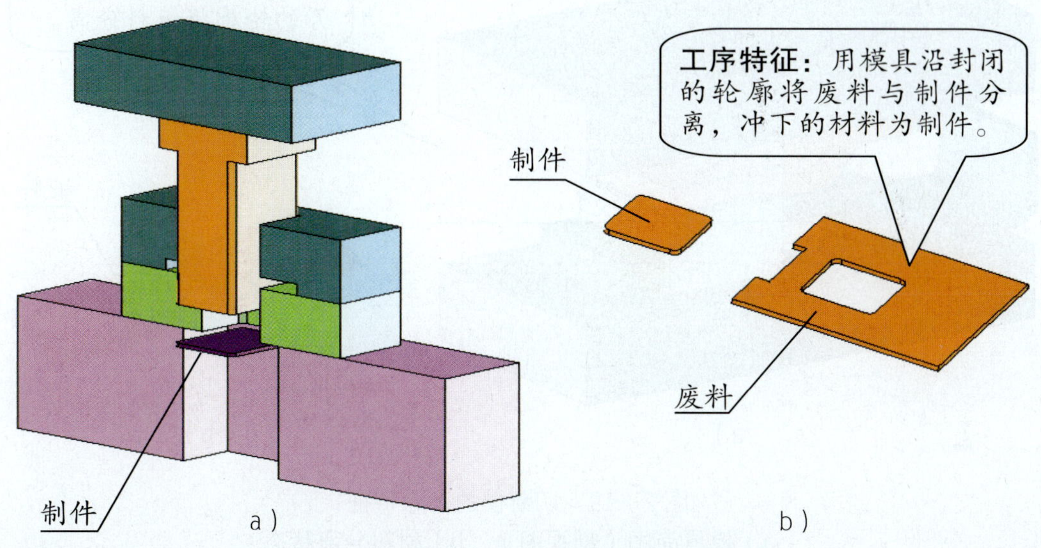

图 2—17　落料模的工序特征
a）模具简图（剖视图）　b）材料分离状态

（2）冲孔模（图2—18）

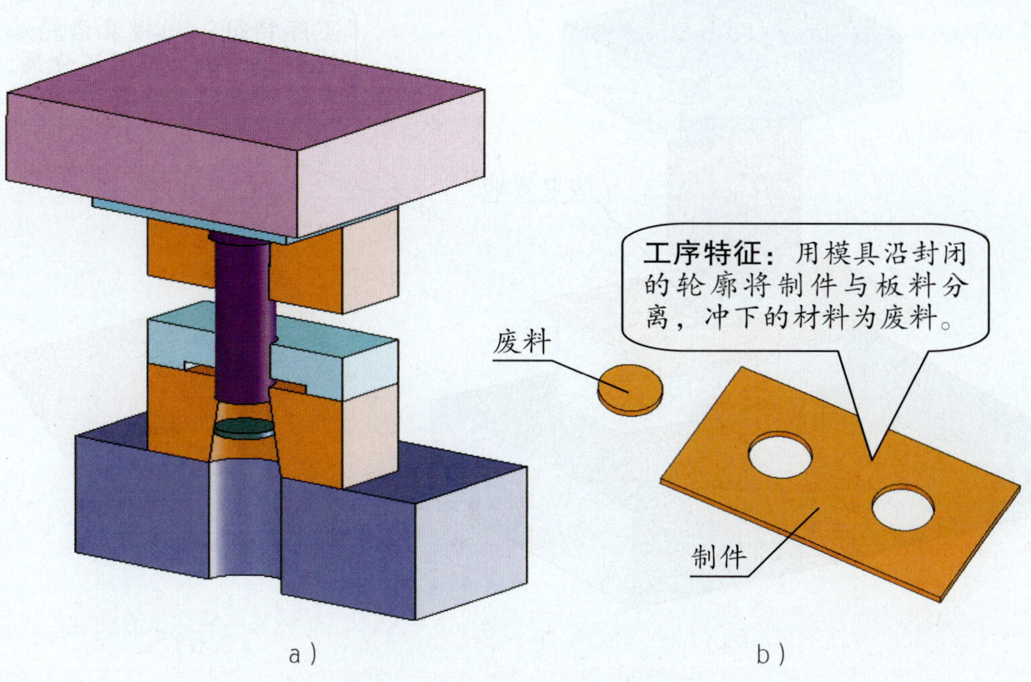

图 2—18　冲孔模的工序特征
a）模具简图（剖视图）　b）材料分离状态

（3）切断模（图 2—19）

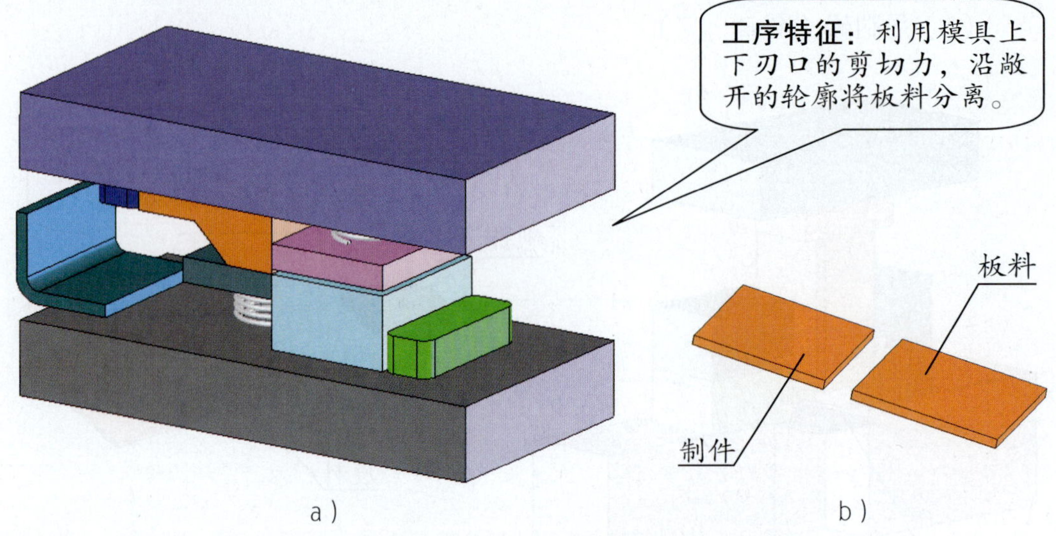

a）　　b）

图 2—19　切断模的工序特征
a）模具简图（剖视图）　b）材料分离状态

（4）切口模（图 2—20）

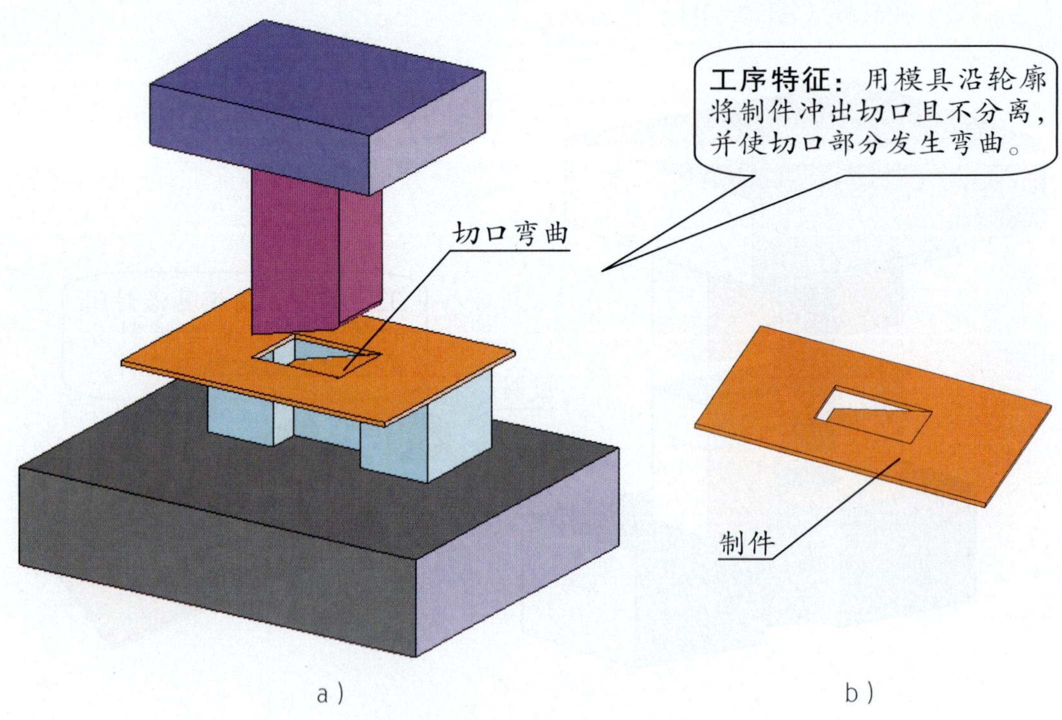

a）　　b）

图 2—20　切口模的工序特征
a）模具简图（剖视图）　b）材料切口呈弯曲状态

（5）切边模（图 2—21）

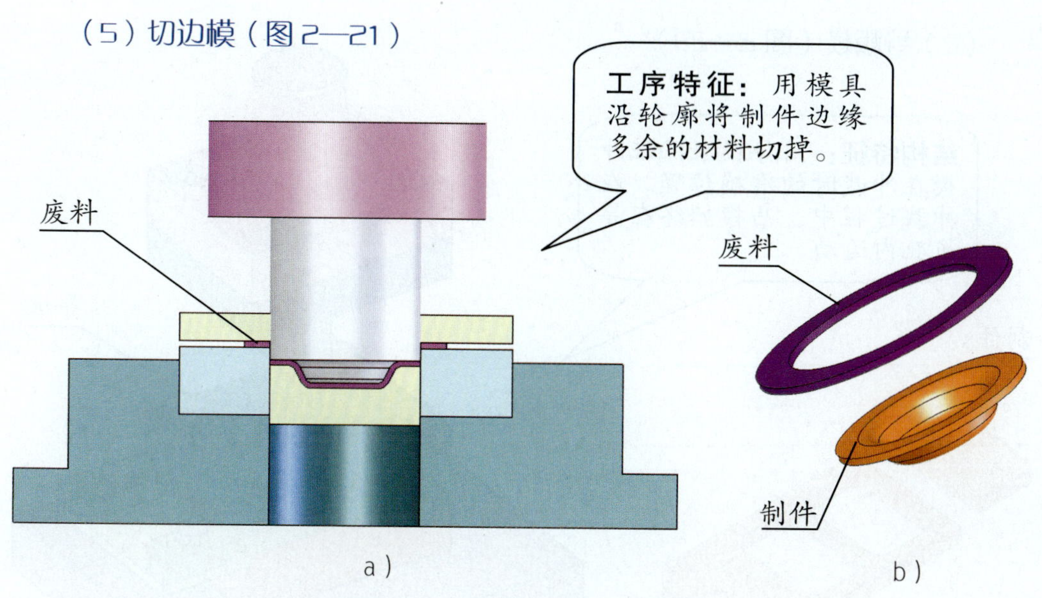

图 2—21　切边模的工序特征
a）模具简图（剖视图）　b）材料呈分离状态

■　按上、下模导向形式分

（1）敞开模（图 2—22）

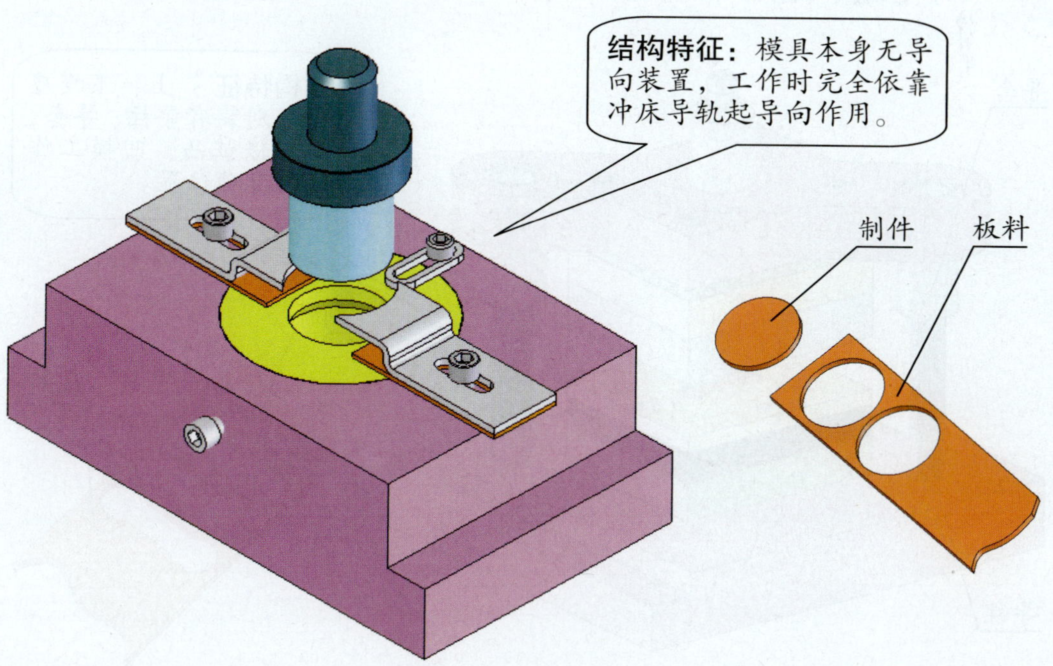

图 2—22　敞开模

（2）导板模（图2—23）

结构特征：用导板来保证冲模在冲裁时的准确位置。在冲裁过程中，凸模始终在导板孔内运动。

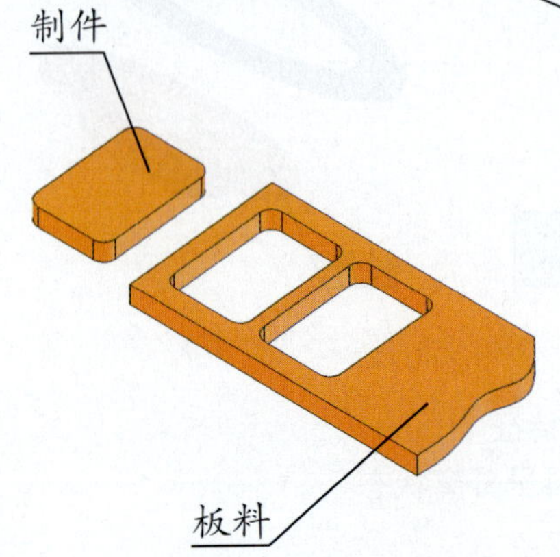

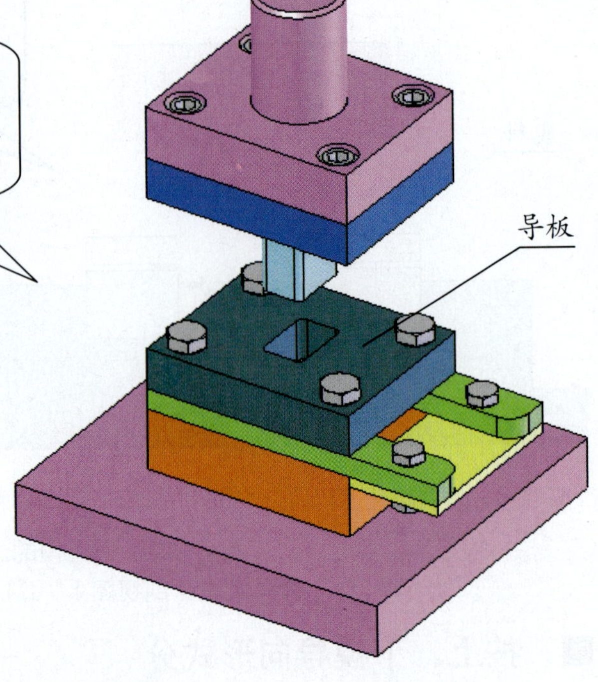

图 2—23　导板模

（3）导柱模（图2—24）

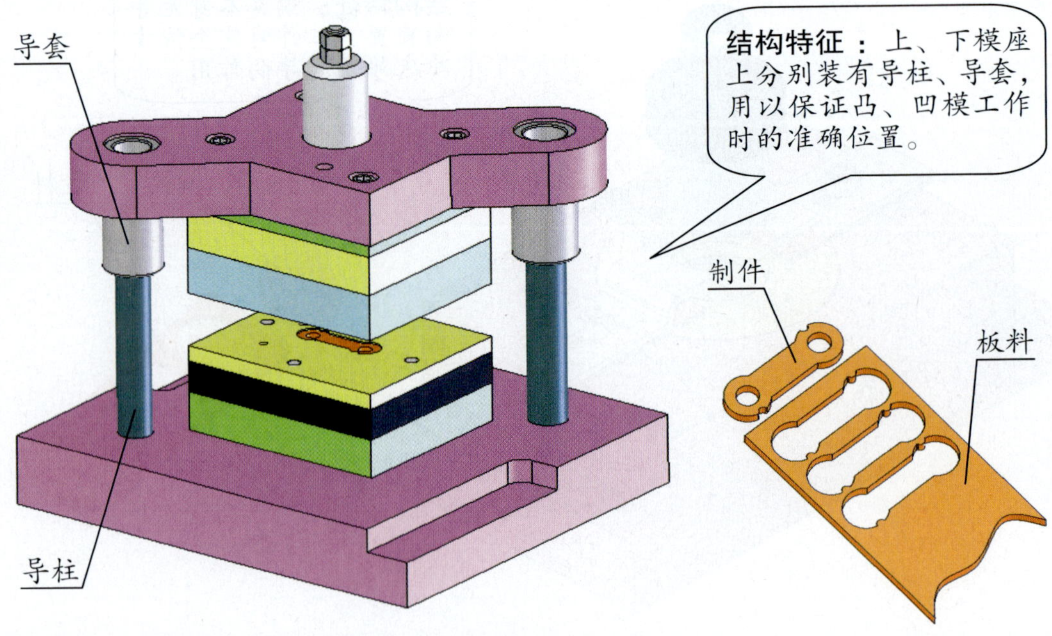

图 2—24　导柱模

按工序的组合形式分

（1）单工序冲裁模（图 2—25）

图 2—25　单工序冲裁模

（2）复合冲裁模（图 2—26）

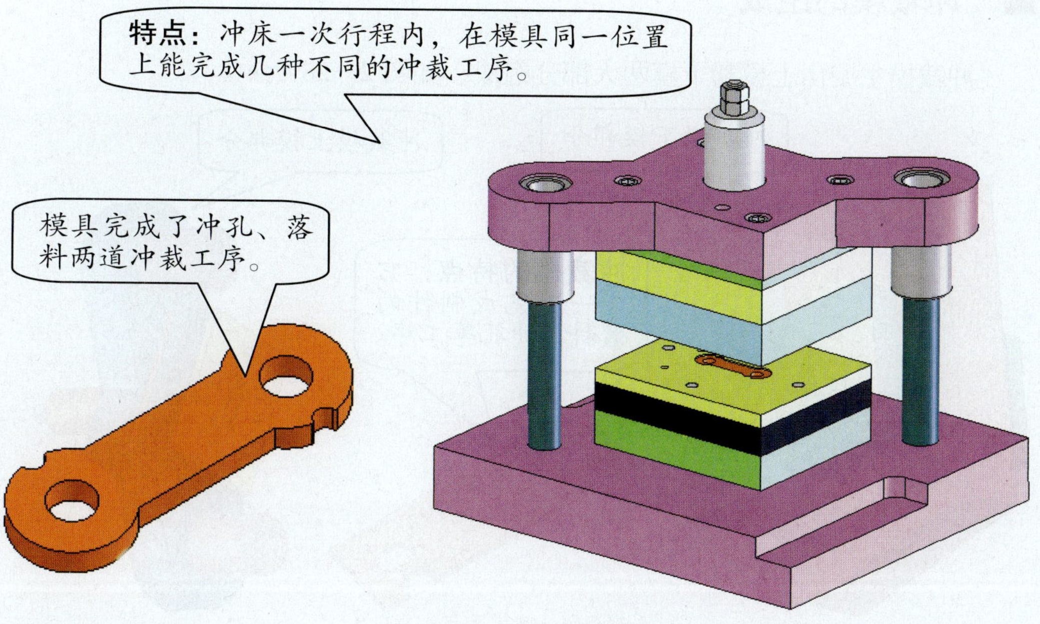

图 2—26　复合冲裁模

（3）级进冲裁模（图 2—27）

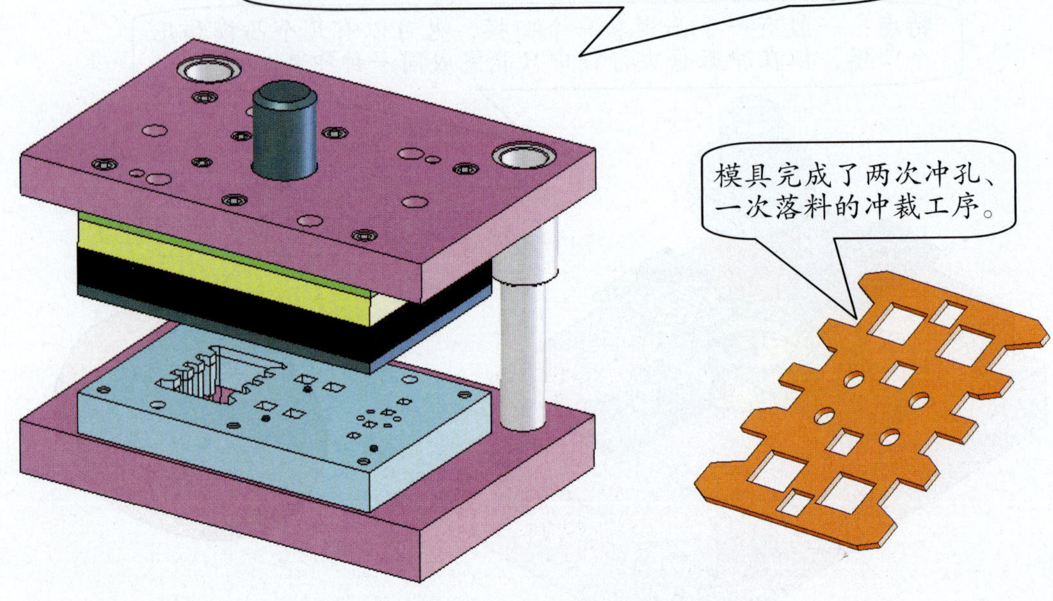

图 2—27　级进冲裁模

冲裁模的组成和基本结构

■ 冲裁模的组成

冲裁模主要由上模和下模两大部分组成，如图 2—28 所示。

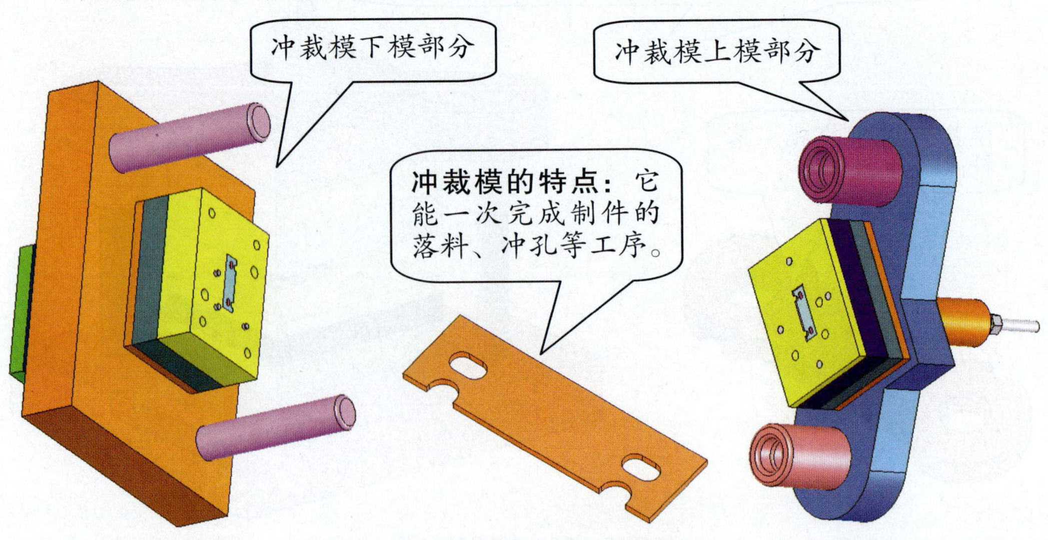

图 2—28　冲裁模的主要组成部分

模具的上模和下模两个部分在压力机上的安装如图 2—29 所示。

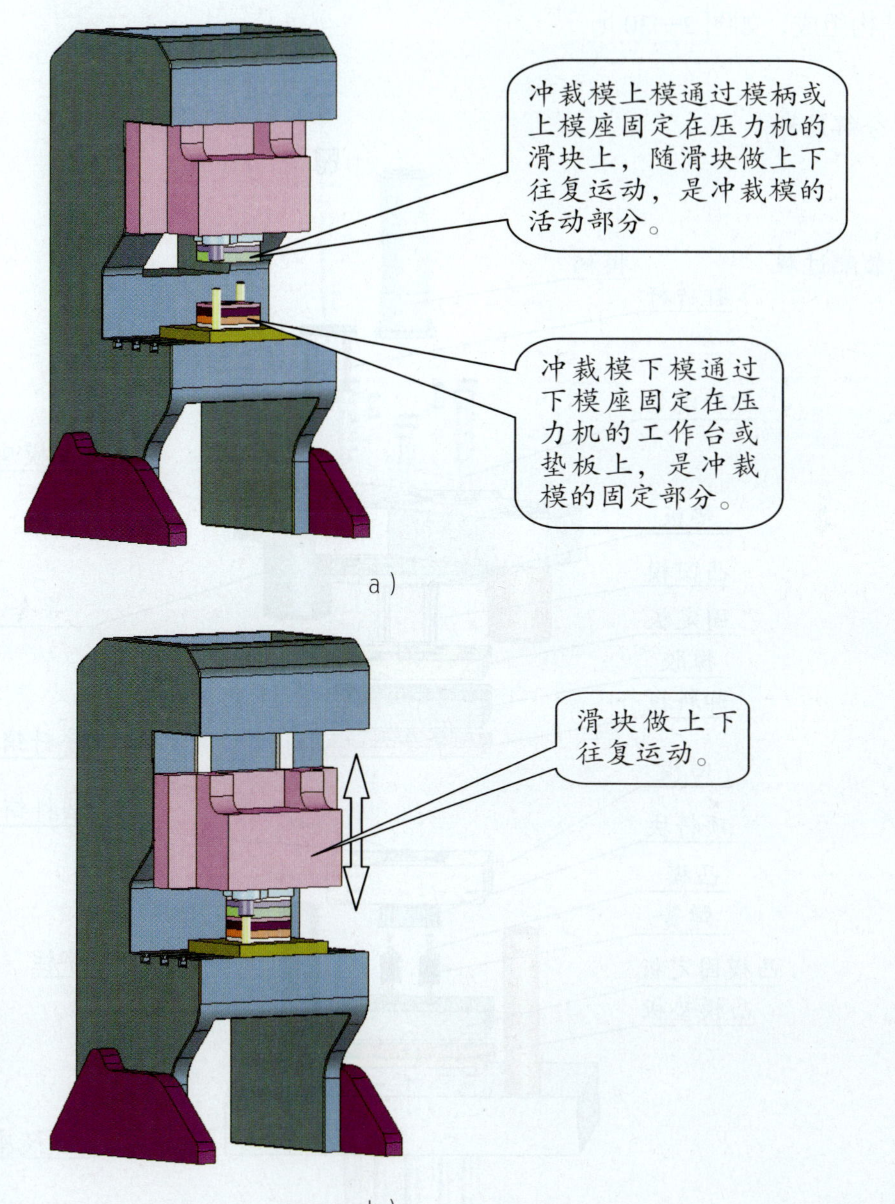

图 2—29 冲裁模在压力机上的安装示意图
a）冲裁模的安装状态 b）冲裁模的合模冲压状态

■ 冲裁模的基本结构及组成

冲裁模由各种模块构成模具的结构，模具的上下往复运动由导柱、导套导向，工作零件凸、凹模分别紧固在固定板内或上下模座上，卸料机构由卸料板、卸料螺钉、橡胶、弹簧、打料杆、推料块等构成，主要作用是将成品或废料从模具中顶出，确保下一循环的冲裁顺利进行。下面我们就从冲裁模分解图来看它的基本结构组成，如图 2—30 所示。

分解过程

装配过程

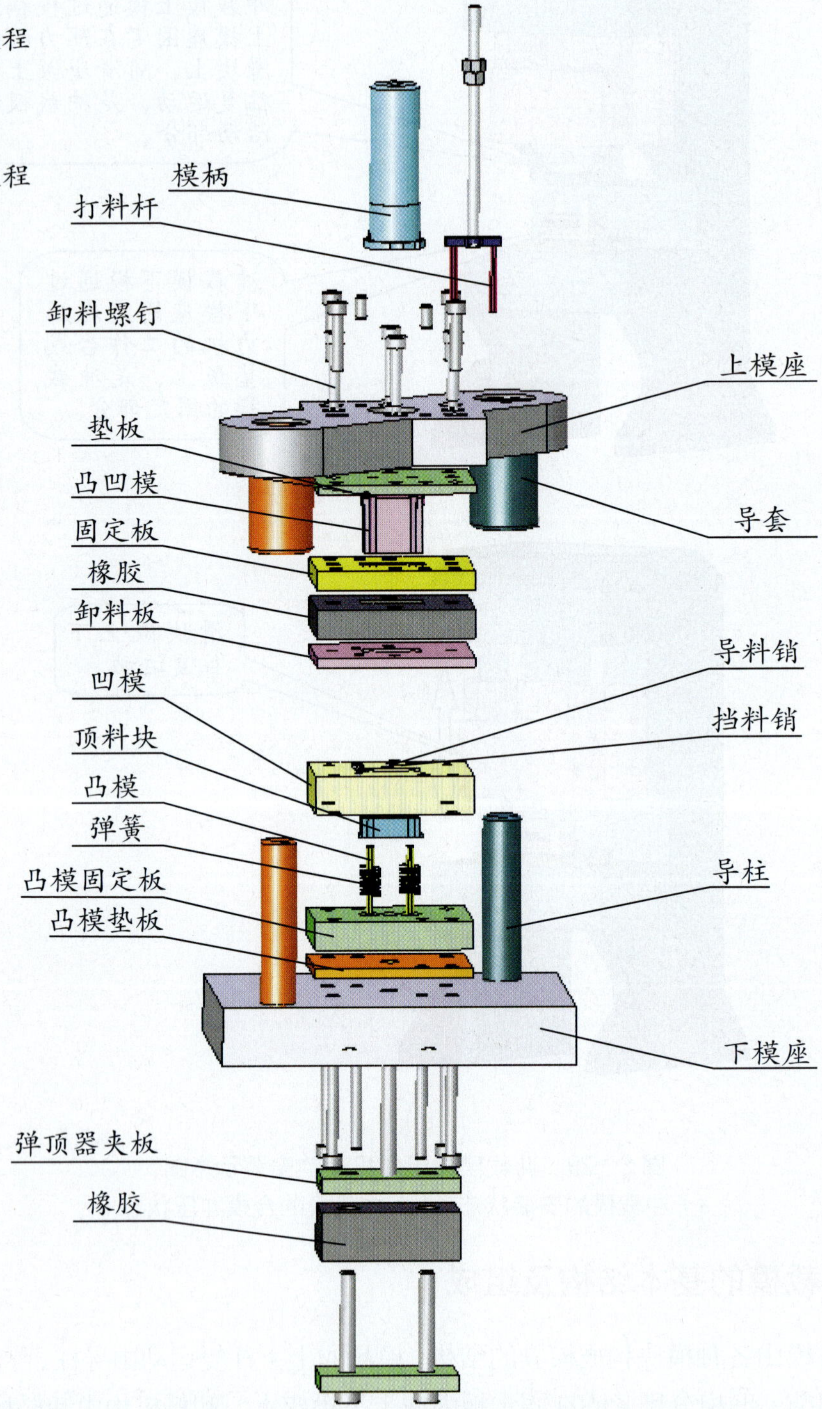

图 2—30　冲裁模基本结构分解图

冲裁模基本结构的组成部分见表 2—6。

表 2—6　　冲裁模基本结构的组成部分

序号	名称	作用	零部件图示
1	工作零件	是冲裁模中最重要的零件，它是直接使坯料产生分离或塑性变形的主要零件。如凸模、凹模、凸凹模	
2	定位零件	是保证板料（或毛坯）在冲裁模中具有准确位置的零件。包括挡料销、定位销、导尺、侧刃、导正销等	
3	卸料压料顶出零件	它们的作用是：从凸模上卸下制件或废料，从凹模内顶出制作或废料。包括卸料板、打料杆、顶料块等，卸料零件兼起压料作用	

续 表

序号	名称	作用	零部件图示
4	导向零件	是保证上、下模正确运动，不至于使上、下模位置产生位移的零件。包括导柱、导套和导板	
5	固定零件	是连接和固定工作零件，使之成为完整模具的零件。包括模座（模板）、垫板、固定板、模柄等零件	
6	紧固零件	是连接和紧固各类零件，使之成为完整模具的零件，也是模具连接压力机的零件，包括各种螺钉、销钉、压板、垫铁等	

第三节　冲裁模的典型结构与特点

由于制件品种多样、零件各异，设计模具时，是根据图样、工艺和设备来确定模具结构的，使得冲裁模也有多种的结构设计。前面我们对冲裁模的分类及结构已经有了一个认识，下面我们就按工序的组合形式，分别对冲裁模的典型结构、工作原理、特点及应用做一剖析。

单工序冲裁模

单工序冲裁模又称简单冲裁模，是指在压力机的一次行程内完成一种冲裁工序的模具，如落料模、冲孔模、切断模、切口模等。

■ 单工序落料模

落料是指用模具沿封闭的轮廓将废料与制件分离，且冲下的材料为制件的工序。根据上、下模的导向形式，落料模分为三种常见的结构。

（1）敞开模

图 2—31 所示为冲裁圆形制件的敞开式落料模（刚性卸料）。其凸、凹模通过紧固件安装在模柄和下模座上，毛坯由导料板导料，定位用可调挡料块来限制板料的步进距离，卸料工作由两块固定卸料板来完成。

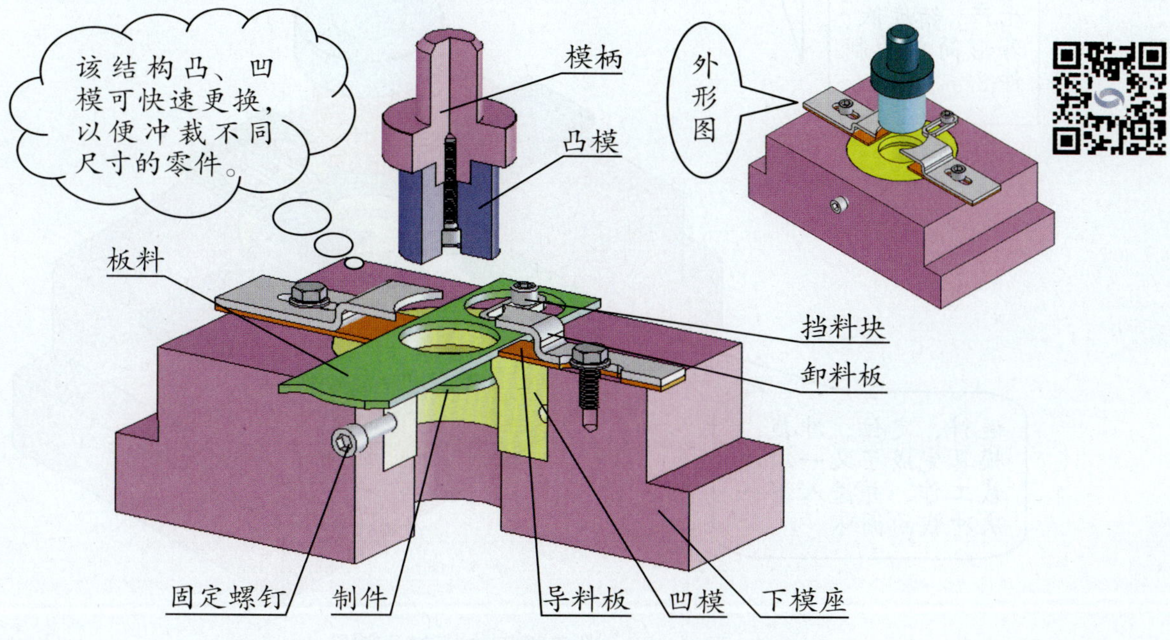

图 2—31　敞开模（刚性卸料）基本结构（剖视图）

1）敞开模的工作状态如图 2—32 所示。

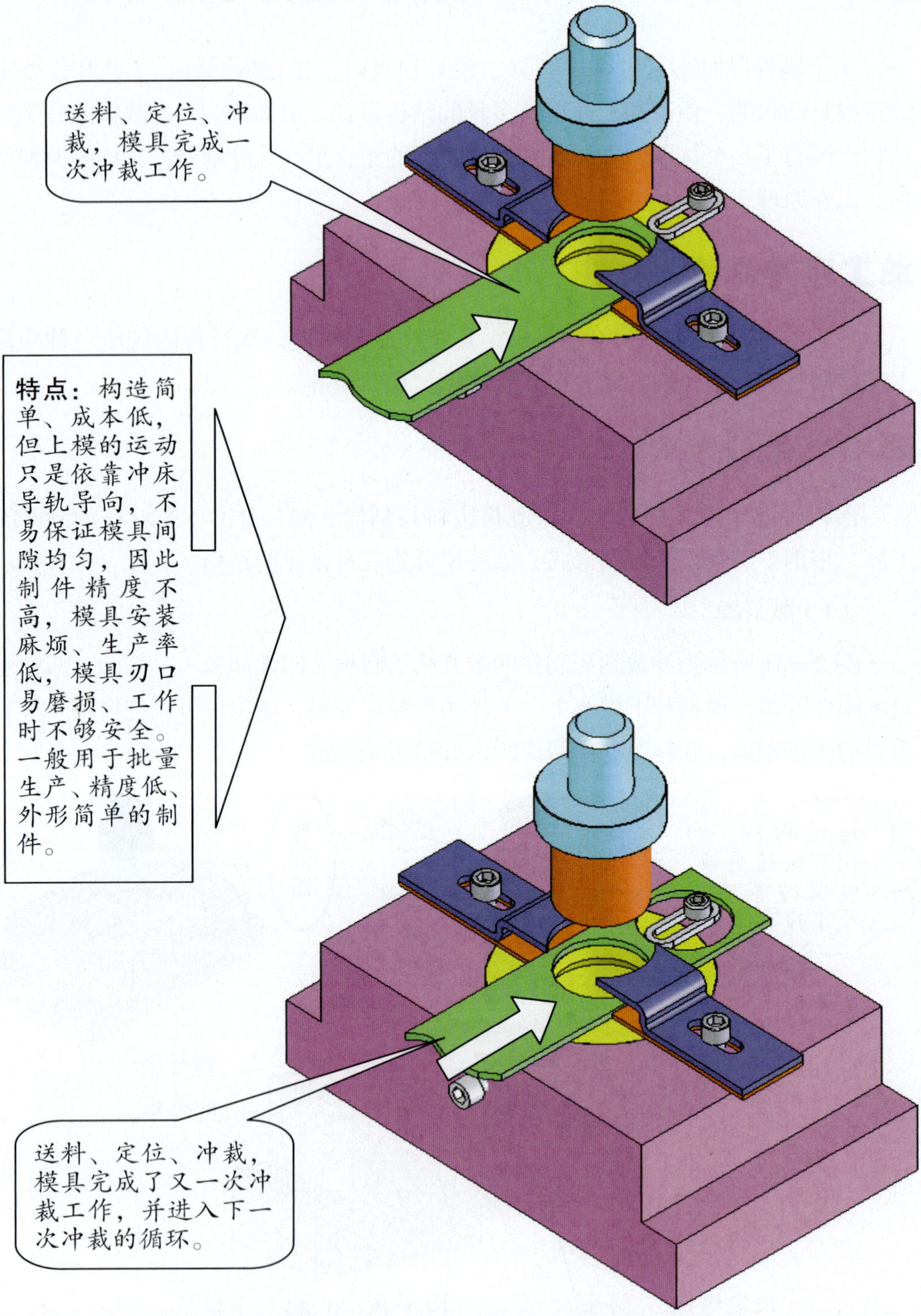

送料、定位、冲裁，模具完成一次冲裁工作。

特点：构造简单、成本低，但上模的运动只是依靠冲床导轨导向，不易保证模具间隙均匀，因此制件精度不高，模具安装麻烦、生产率低，模具刃口易磨损、工作时不够安全。一般用于批量生产、精度低、外形简单的制件。

送料、定位、冲裁，模具完成了又一次冲裁工作，并进入下一次冲裁的循环。

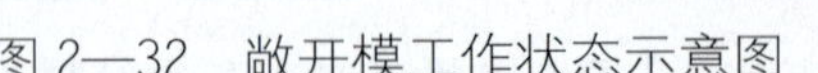

图 2—32　敞开模工作状态示意图

2）敞开模的卸料形式如图 2—33 所示。

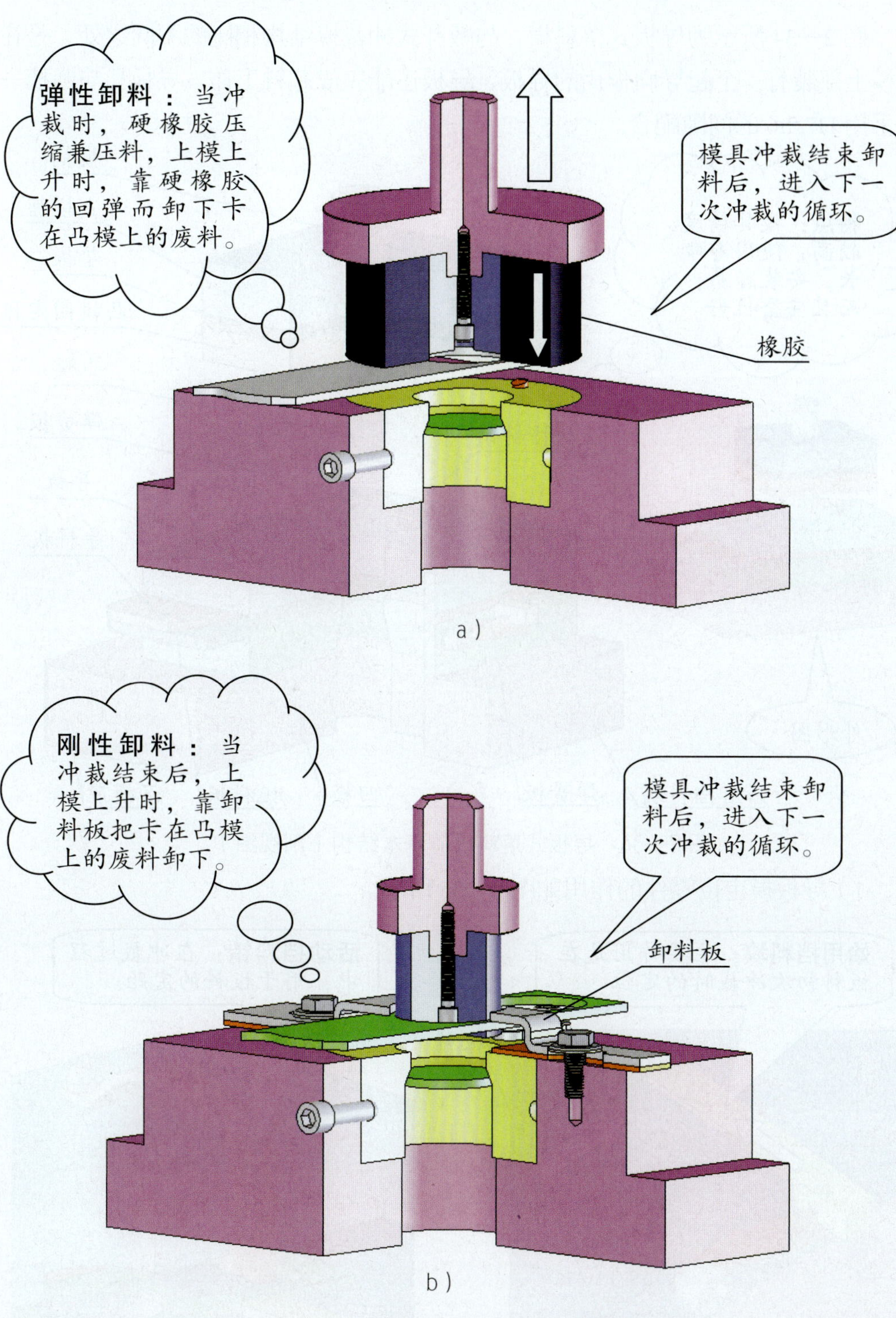

图 2—33　敞开模的卸料形式（剖视图）
a）弹性卸料（橡胶）　b）刚性卸料

（2）导板模

图 2—34 所示为导板式落料模，与敞开式冲裁模结构相比的不同之处，是在凹模上部装有一个起导向作用的导板，导板还能完成卸料工作。导板孔与凸模一般采用 H7/h6 的间隙配合。

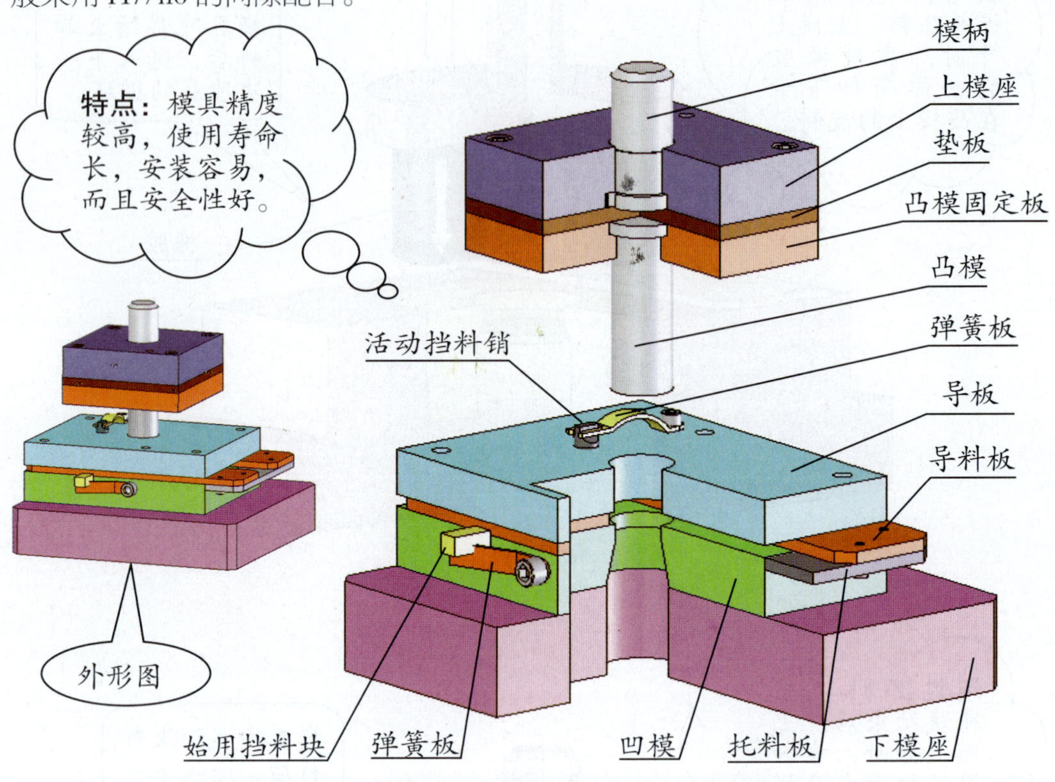

图 2—34　导板式落料模的基本结构（剖视图）

1）导板模定位零件的作用如图 2—35 所示。

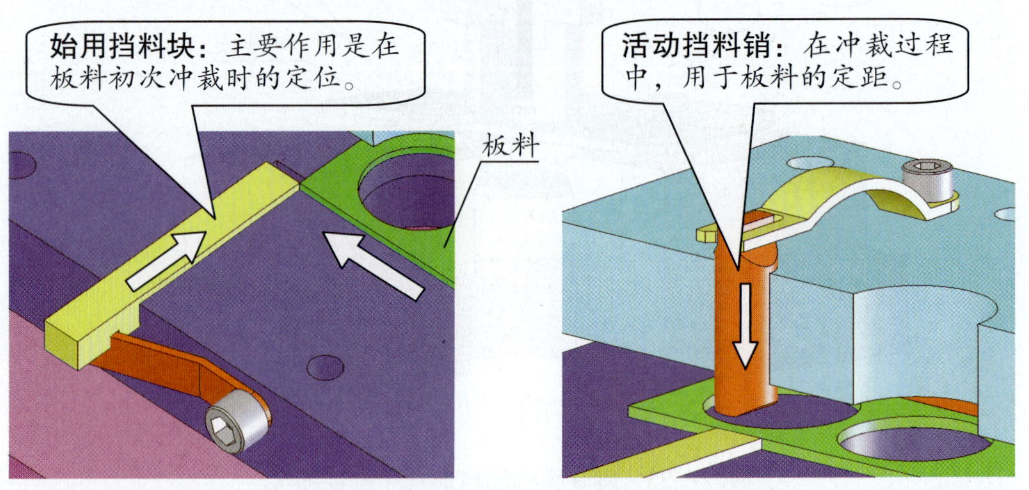

图 2—35　导板模定位零件的作用（剖视图）

2）导板模板料定位的工作状态如图 2—36 所示。

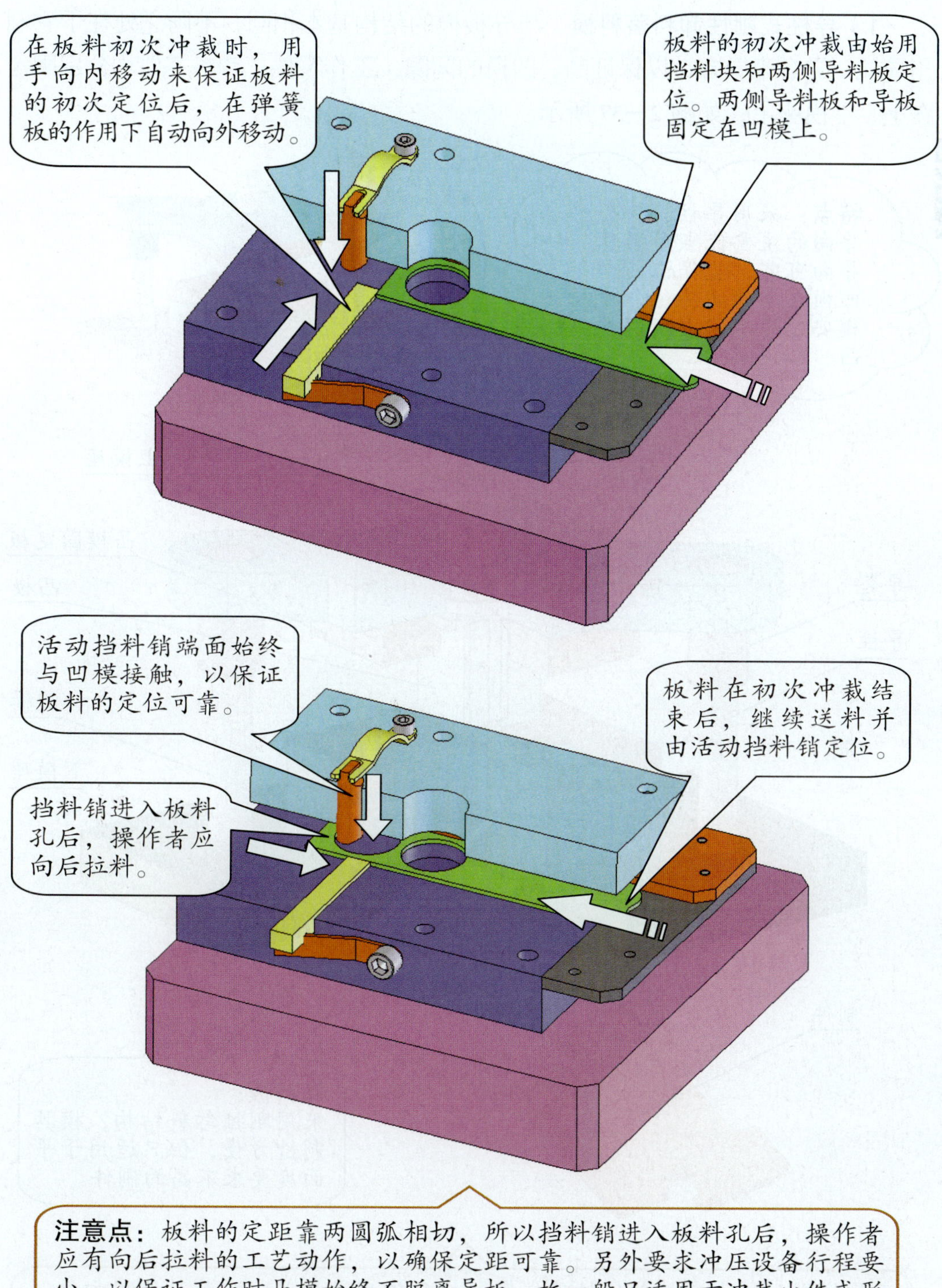

图 2—36　导板模板料定位的工作状态（剖视图）

（3）导柱模

1）导柱式刚性卸料落料模 与导板模的结构基本相同，不同之处在于它利用导柱、导套来导向，以保证凸、凹模的间隙，工作零件、卸料零件均分别固定在上、下模座上，如图 2—37 所示。

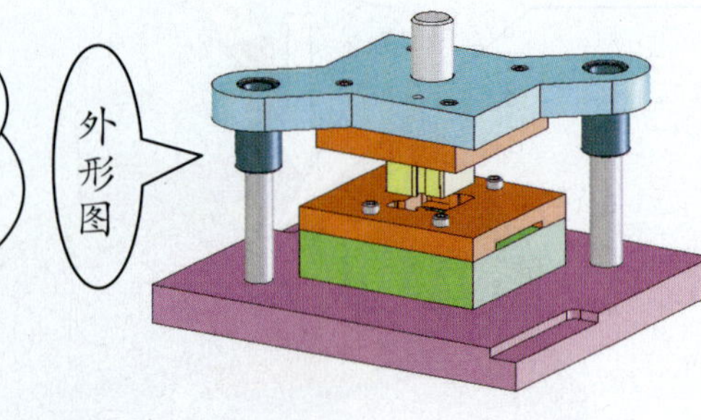

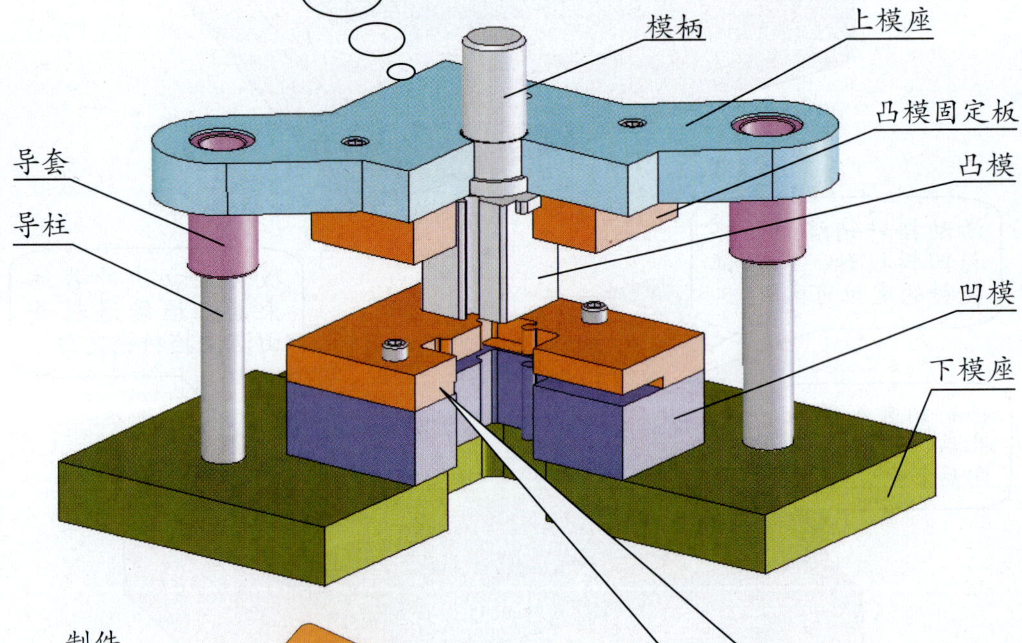

图 2—37 导柱式刚性卸料落料模的基本结构（剖视图）

① 导柱、导套的装配形式如图 2—38 所示。

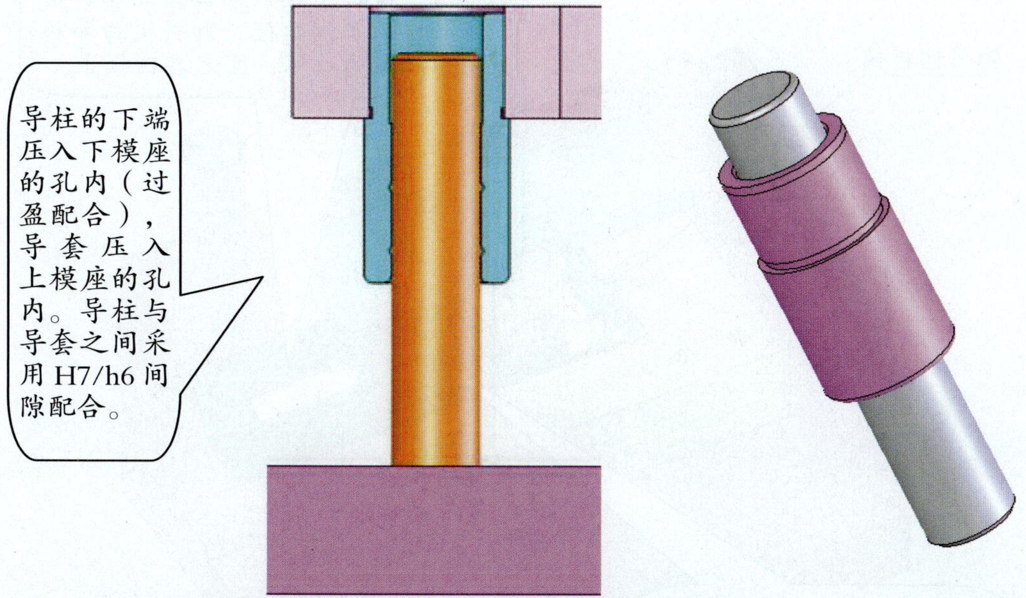

图 2—38　导柱、导套的装配形式（剖视图）

② 钩形挡料销形式如图 2—39 所示。

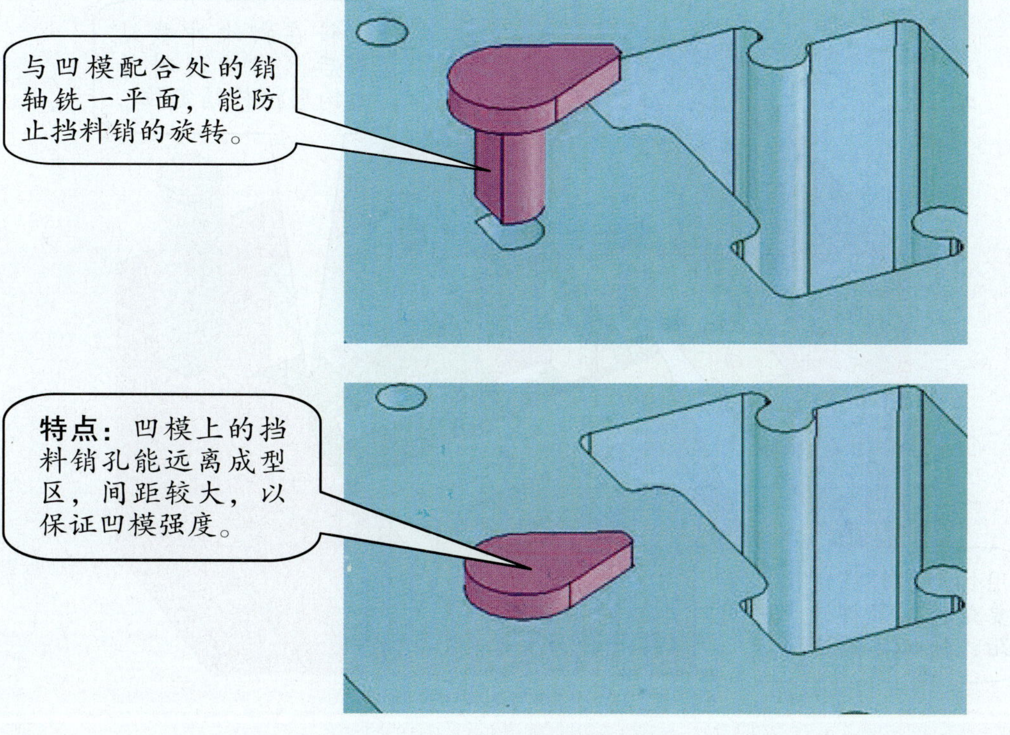

图 2—39　钩形挡料销的形式

③ 导柱模板料定位的工作状态如图 2—40 所示。

钩形挡料销

板料由钩形挡料销和导料板的两侧定位。卸料板与导料板为一体，固定在凹模上。

板料定位后，进入初次冲裁，凸模上升并由卸料板卸料，完成一次冲裁循环。

板料在初次冲裁结束后，继续送料并由钩形挡料销定位。

用钩形挡料销定位，主要是控制带料的步进间距，保证其搭边值。

图 2—40　导柱模板料定位的工作状态（剖视图）

2）导柱式弹顶落料模　与导柱式刚性落料模的结构基本相同，都是利用导柱、导套来导向，其不同点在于由弹性卸料装置卸料和弹性顶件装置顶出制件，结构如图 2—41 所示。

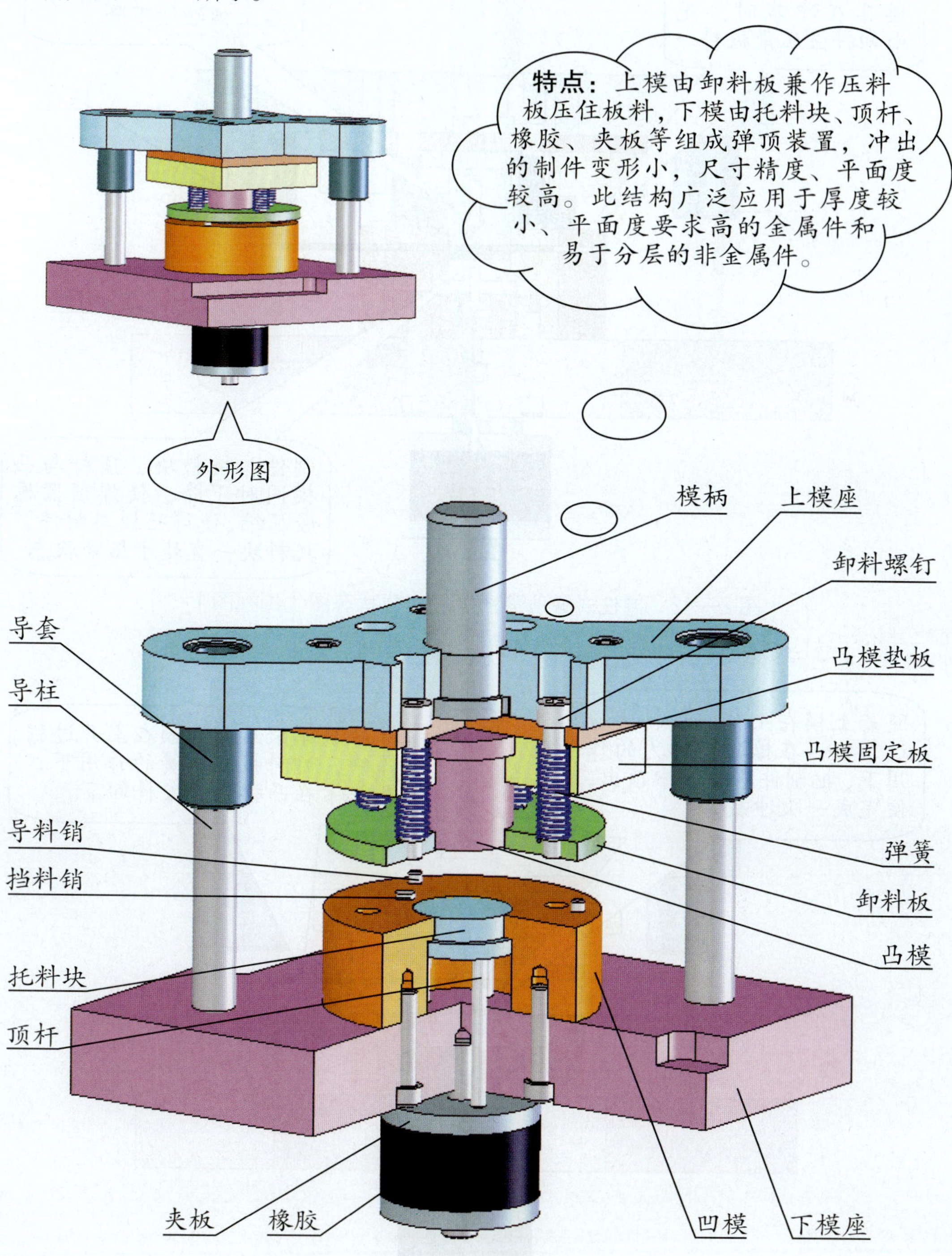

图 2—41　导柱式弹顶落料模的基本结构（剖视图）

① 导柱式弹顶落料模冲裁状态如图 2—42 所示。

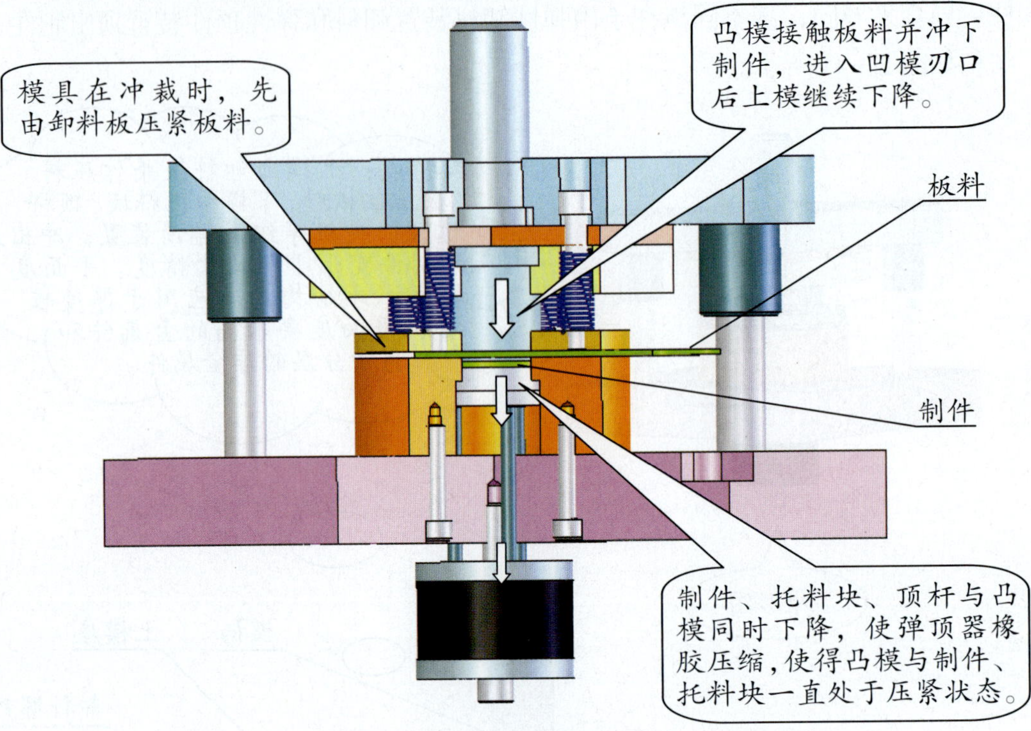

图 2—42　导柱式弹顶落料模的冲裁状态图（剖视图）

② 导柱式弹顶落料模卸料状态如图 2—43 所示。

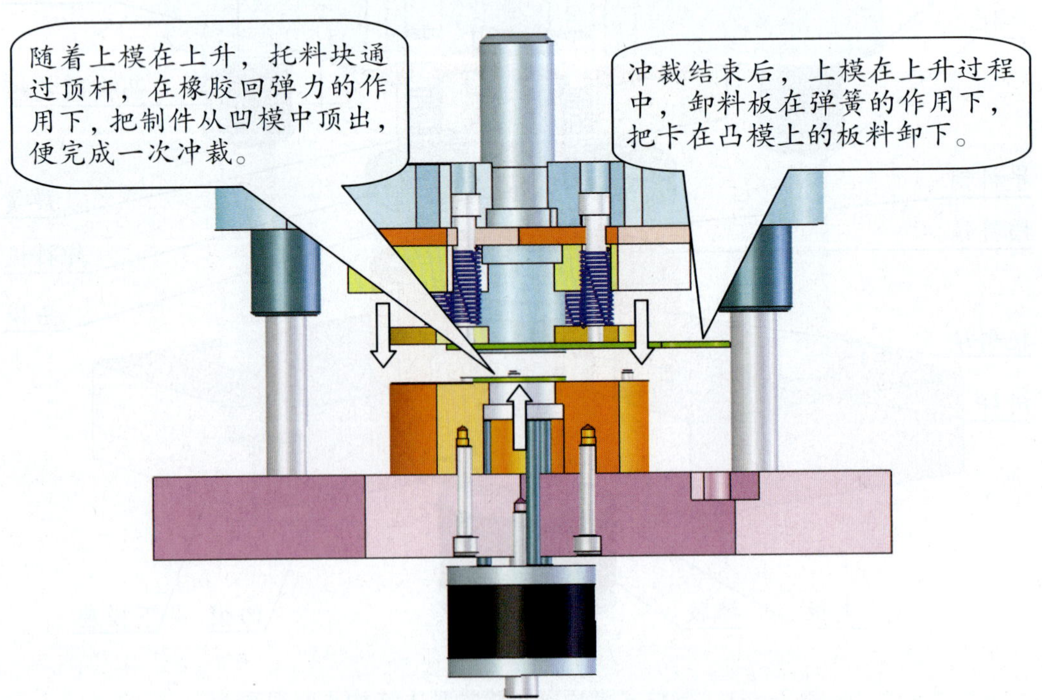

图 2—43　导柱式弹顶落料模的卸料状态图（剖视图）

③ 板料定位示意如图 2—44 所示。

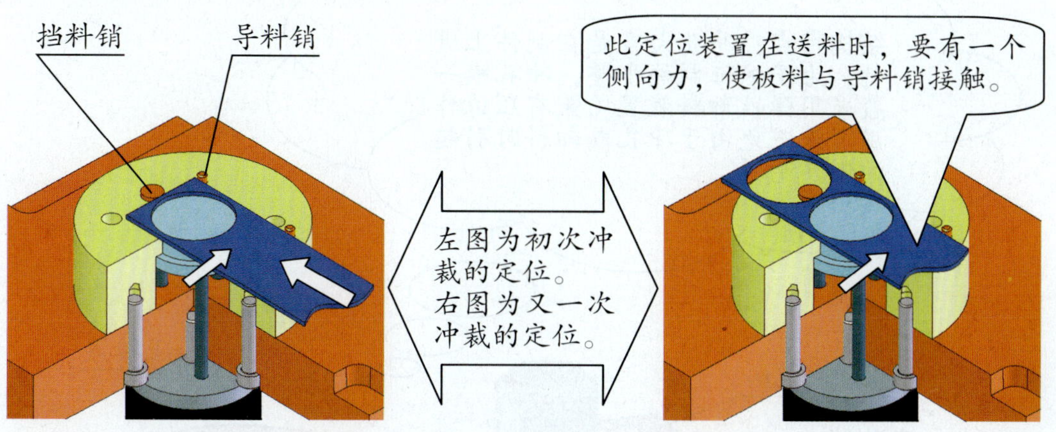

图 2—44　导柱式弹顶落料模的定位示意图（剖视图）

单工序冲孔模

冲孔是指用模具沿封闭的轮廓将废料与制件分离，冲下的材料为废料的工序。

（1）导柱式冲孔模

冲孔模的结构与一般落料模相似，下面就把冲孔模与落料模的不同特点做一分析，如图 2—45 所示。

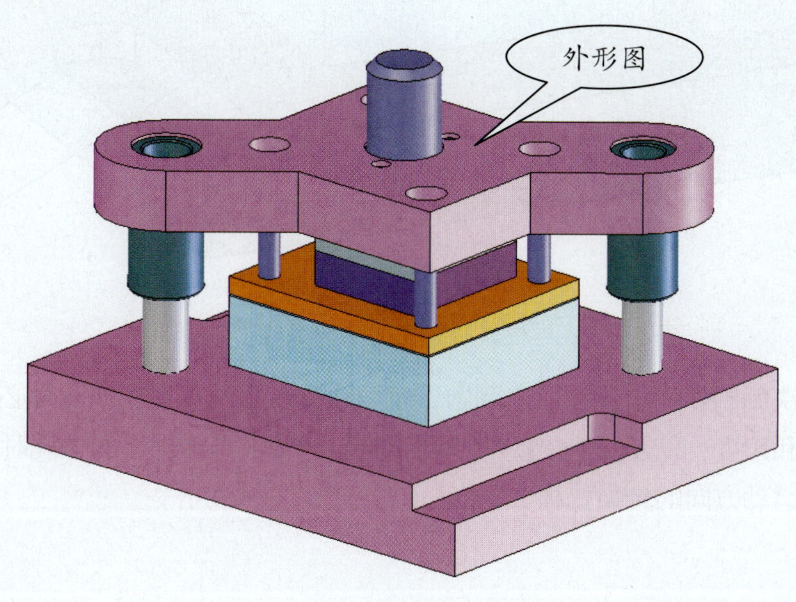

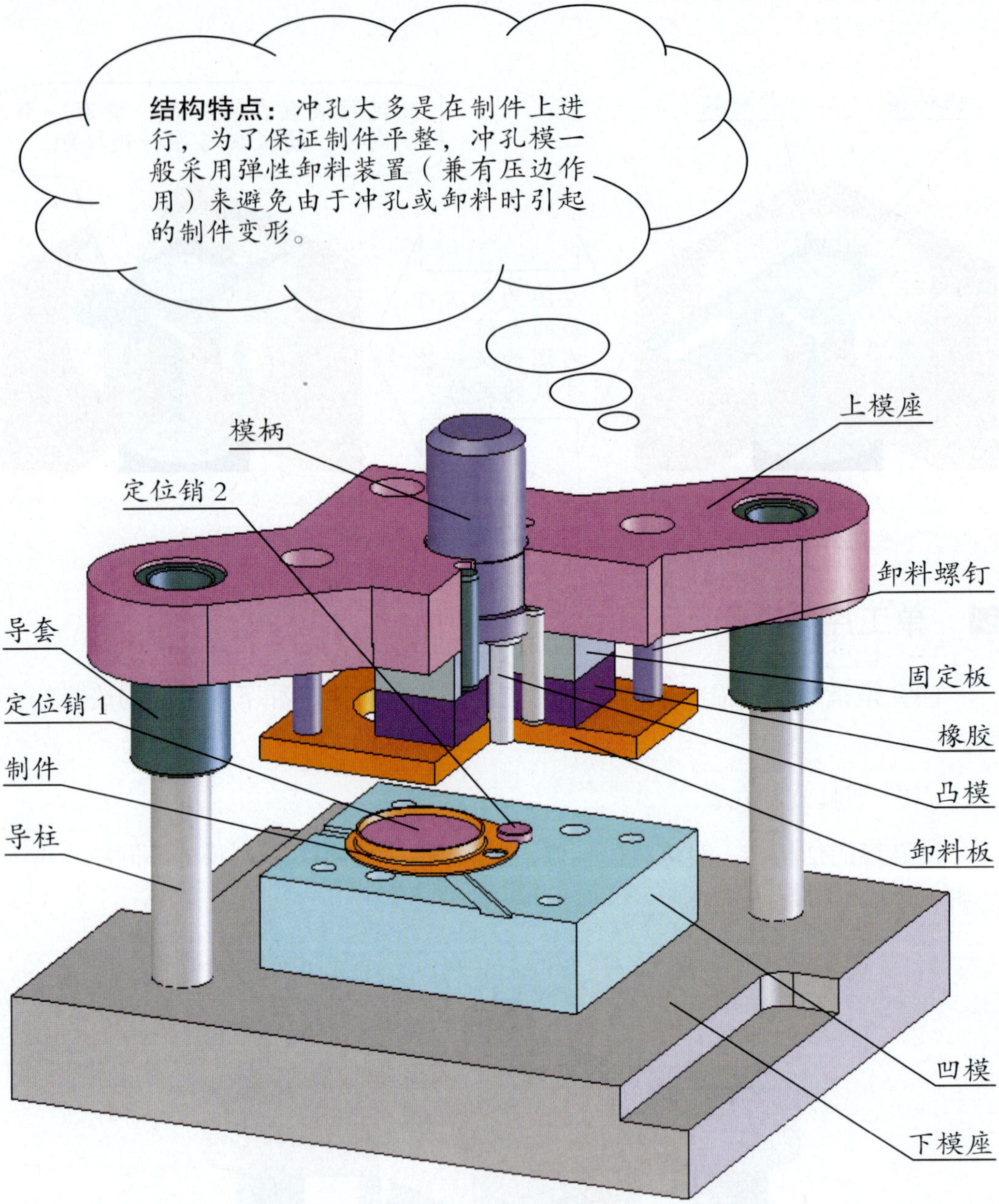

结构特点：冲孔大多是在制件上进行，为了保证制件平整，冲孔模一般采用弹性卸料装置（兼有压边作用）来避免由于冲孔或卸料时引起的制件变形。

上模座
模柄
定位销 2
卸料螺钉
导套
固定板
定位销 1
橡胶
制件
凸模
导柱
卸料板
凹模
下模座

图 2—45　导柱式冲孔模的结构组成（剖视图）

要解决好制件的定位和取出问题，就要注意以下两点：冲小孔时必须考虑凸模的强度和刚度，以及快速更换凸模的结构。冲裁成型零件上的侧孔时，需考虑凸模水平运动方向的转换机构。

导柱式冲孔模的定位原理如图 2—46 所示。

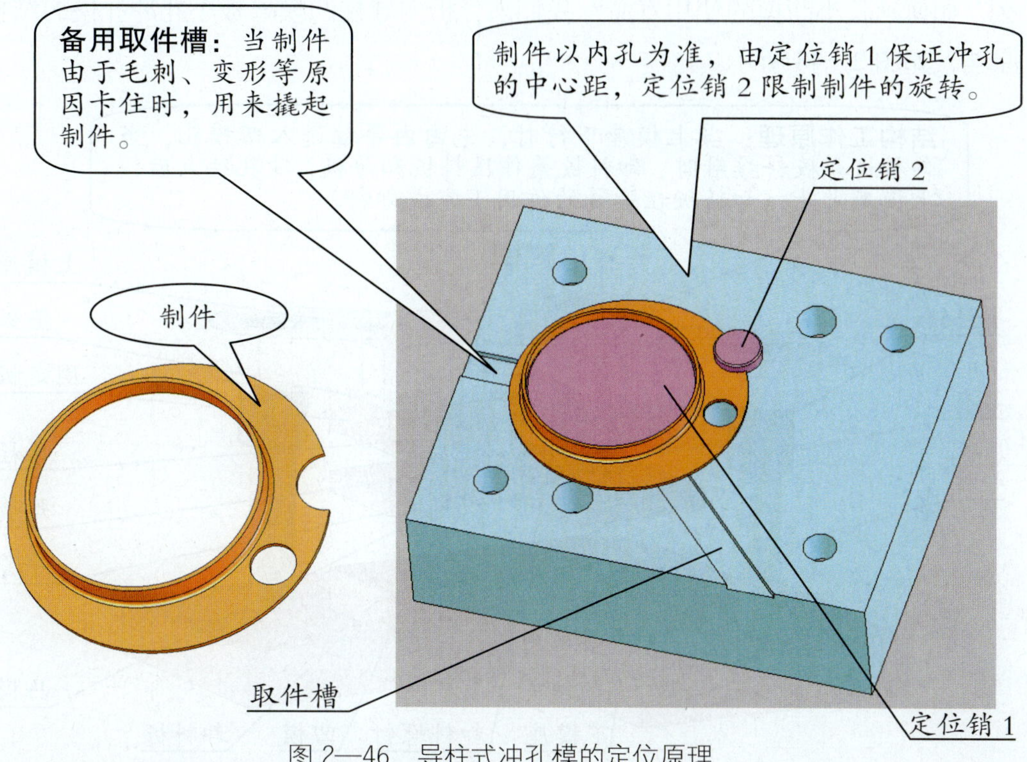

图 2—46　导柱式冲孔模的定位原理

（2）内导柱凸模导板小孔冲孔模

内导柱凸模导板小孔冲孔模与导柱式冲孔模的结构形式类似，其不同点是，内导柱凸模导板小孔冲孔模的卸料板兼有压料板、导板三种功能，由上模座上增加的导柱、导套导向，完成压料、导向、卸料三次动作，图 2—47 所示为其外形图和制件图。

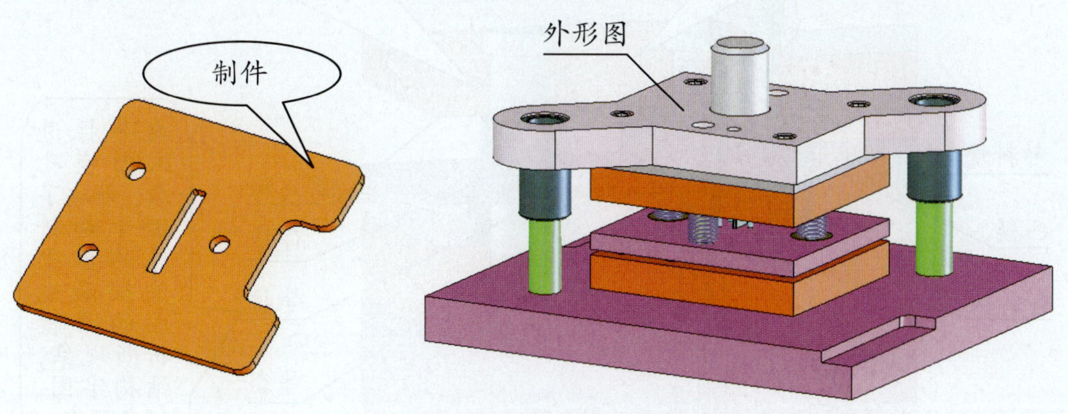

图 2—47　内导柱凸模导板小孔冲孔模外形

由于受板料平面度误差或间隙不匀等方面的影响，小凸模最容易折断。那么，如何延长小凸模的使用寿命？我们来分析内导柱凸模导板小孔冲孔模的结构原理，如图 2—48 所示。

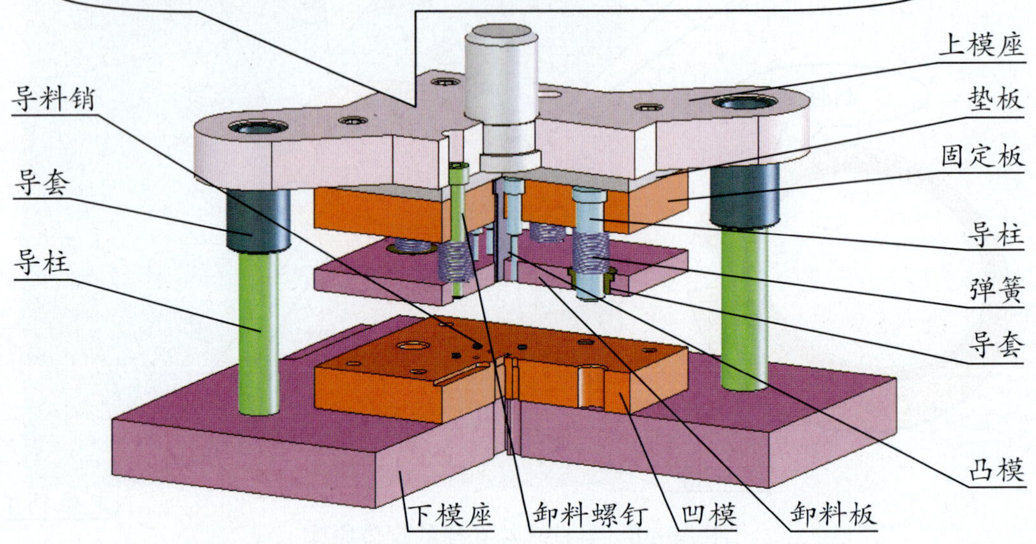

图 2—48　内导柱凸模导板小孔冲孔模的结构（剖视图）

内导柱、导套的结构特点如图 2—49 所示。

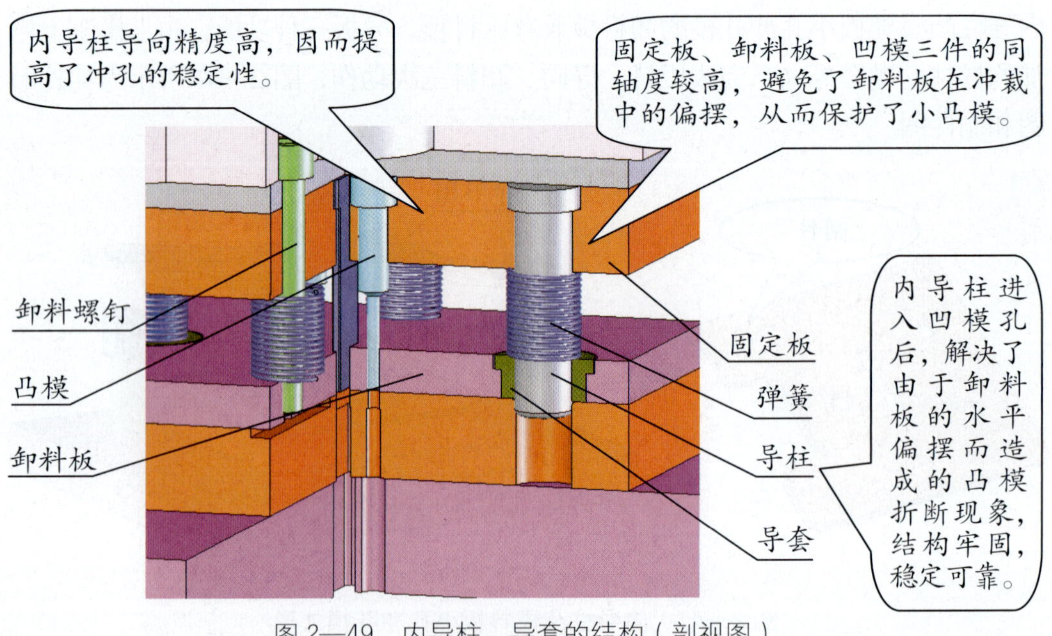

图 2—49　内导柱、导套的结构（剖视图）

复合模

冲床一次行程内，在模具同一位置上能完成几个不同的冲裁工序，这种模具称为复合冲裁模。复合模属于多工序模，它可在同一个位置上，同时实现对板料内孔及外形的冲裁。复合模在结构上的特点是具有一个既为落料凸模又为冲孔凹模的凸凹模。

根据凸凹模在模具中的装配位置不同，分为正装复合模和倒装复合模两种。

正装复合模

凸凹模装在上模座的称为正装复合模，结构原理如图 2—50 所示。

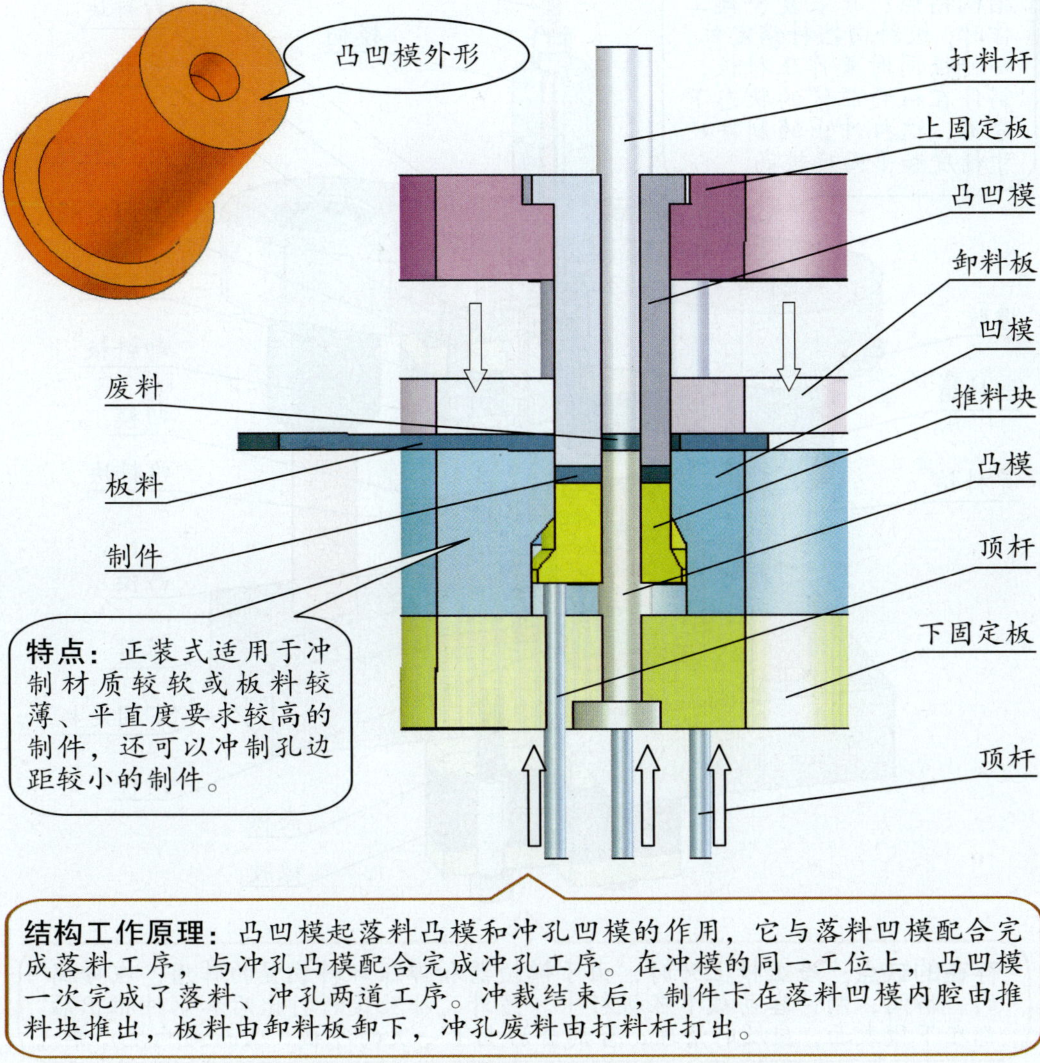

凸凹模外形

打料杆

上固定板

凸凹模

卸料板

凹模

废料

推料块

凸模

板料

制件

顶杆

下固定板

顶杆

特点：正装式适用于冲制材质较软或板料较薄、平直度要求较高的制件，还可以冲制孔边距较小的制件。

结构工作原理：凸凹模起落料凸模和冲孔凹模的作用，它与落料凹模配合完成落料工序，与冲孔凸模配合完成冲孔工序。在冲模的同一工位上，凸凹模一次完成了落料、冲孔两道工序。冲裁结束后，制件卡在落料凹模内腔由推料块推出，板料由卸料板卸下，冲孔废料由打料杆打出。

图 2—50　正装复合模的结构原理图（剖视图）

图 2—51 所示为连接片正装复合模的结构组成。

左图为正装复合模外形。
右图为凸凹模外形。

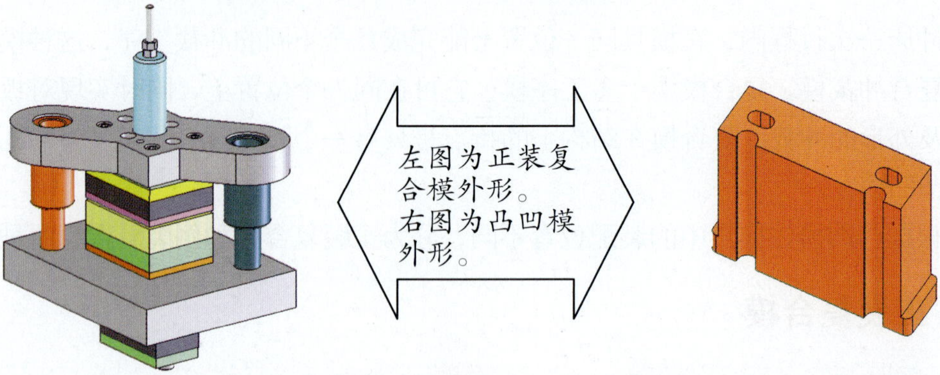

结构特点： 正装复合模工作时，板料由挡料销定位，卸料板同时兼作压料板，制件在板料压紧的状态下分离，这样冲出的制件尺寸精度和平面度较高。

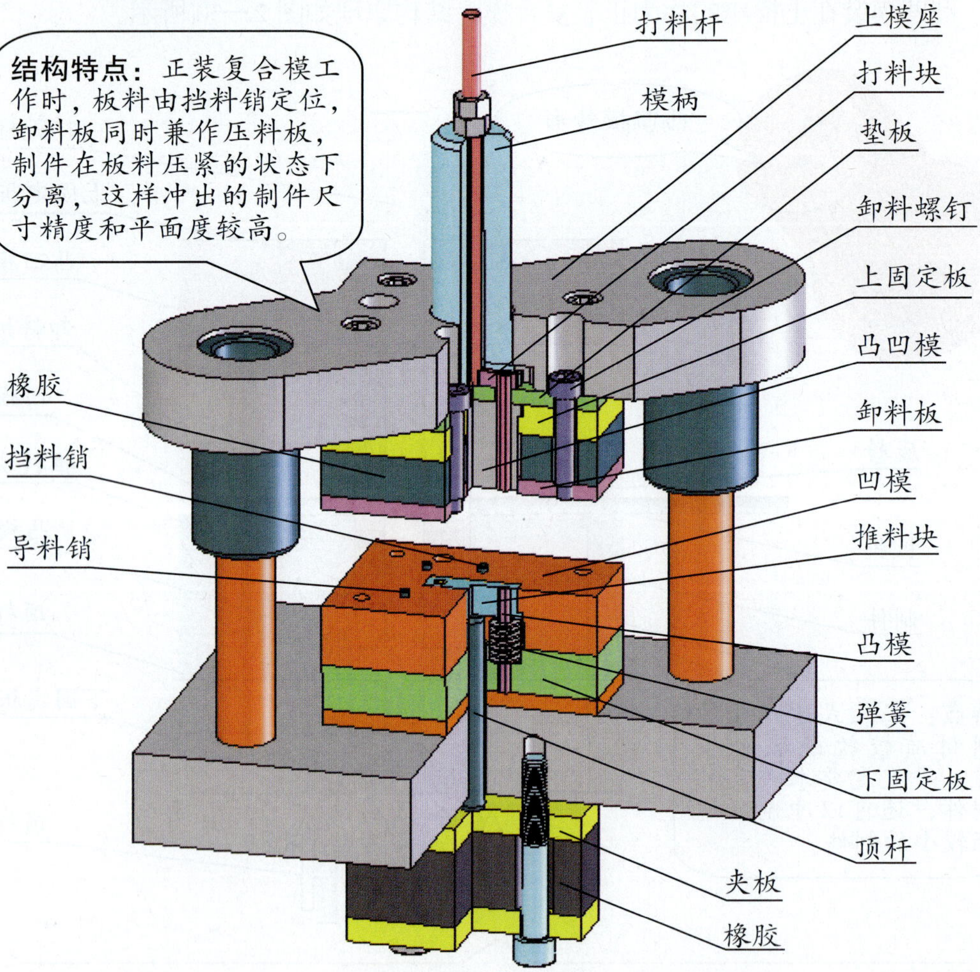

打料杆
上模座
打料块
模柄
垫板
卸料螺钉
上固定板
凸凹模
橡胶
卸料板
挡料销
凹模
导料销
推料块
凸模
弹簧
下固定板
顶杆
夹板
橡胶

存在的缺点： 当上模上升时，由于弹顶器和弹压卸料装置的作用，在分离的一瞬间，制件容易被卡在板料中。另外，冲孔废料打出后和制件推出后都在下模表面，应及时清理，否则会影响下一次的冲裁，从而影响生产率。

图 2—51　连接片正装复合模的结构组成（剖视图）

■ 倒装复合模

凸凹模装在下模座的称为倒装复合模，结构原理如图 2—52 所示。

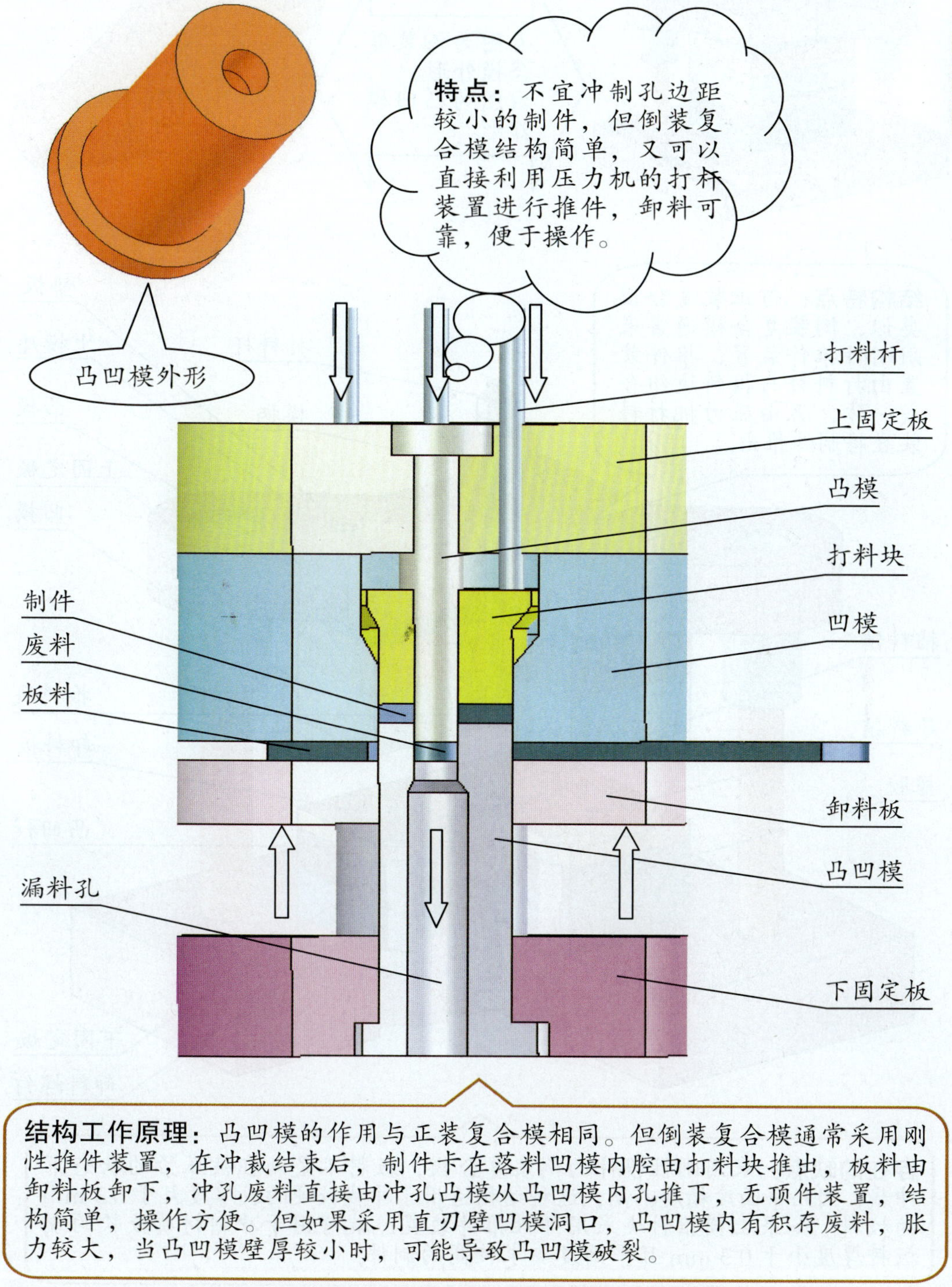

特点：不宜冲制孔边距较小的制件，但倒装复合模结构简单，又可以直接利用压力机的打杆装置进行推件，卸料可靠，便于操作。

凸凹模外形

打料杆

上固定板

凸模

打料块

凹模

制件

废料

板料

卸料板

凸凹模

漏料孔

下固定板

结构工作原理：凸凹模的作用与正装复合模相同。但倒装复合模通常采用刚性推件装置，在冲裁结束后，制件卡在落料凹模内腔由打料块推出，板料由卸料板卸下，冲孔废料直接由冲孔凸模从凸凹模内孔推下，无顶件装置，结构简单，操作方便。但如果采用直刃壁凹模洞口，凸凹模内有积存废料，胀力较大，当凸凹模壁厚较小时，可能导致凸凹模破裂。

图 2—52　倒装复合模的结构原理图（剖视图）

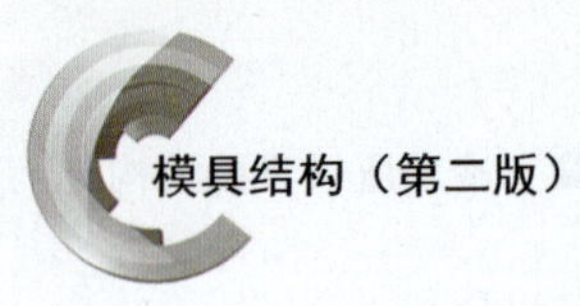

图 2—53 所示为定位片倒装复合模的结构组成。

左图为倒装复合模外形。
右图为凸凹模外形。

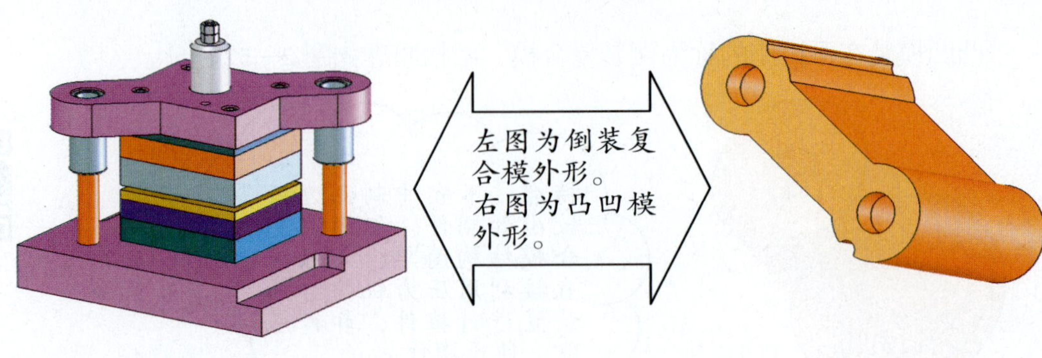

结构特点：与正装复合模类似，倒装复合模通常采用刚性推件装置，推件装置由打料杆与推料块组合成一体，再由压力机打料装置将制件推出。
垫板
打料杆
上模座
模柄
凸模
上固定板
凹模
挡料销
推料块
导料销
卸料板
橡胶
凸凹模
下固定板
卸料螺钉

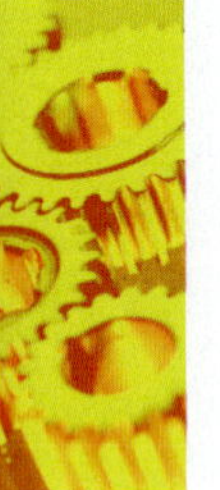

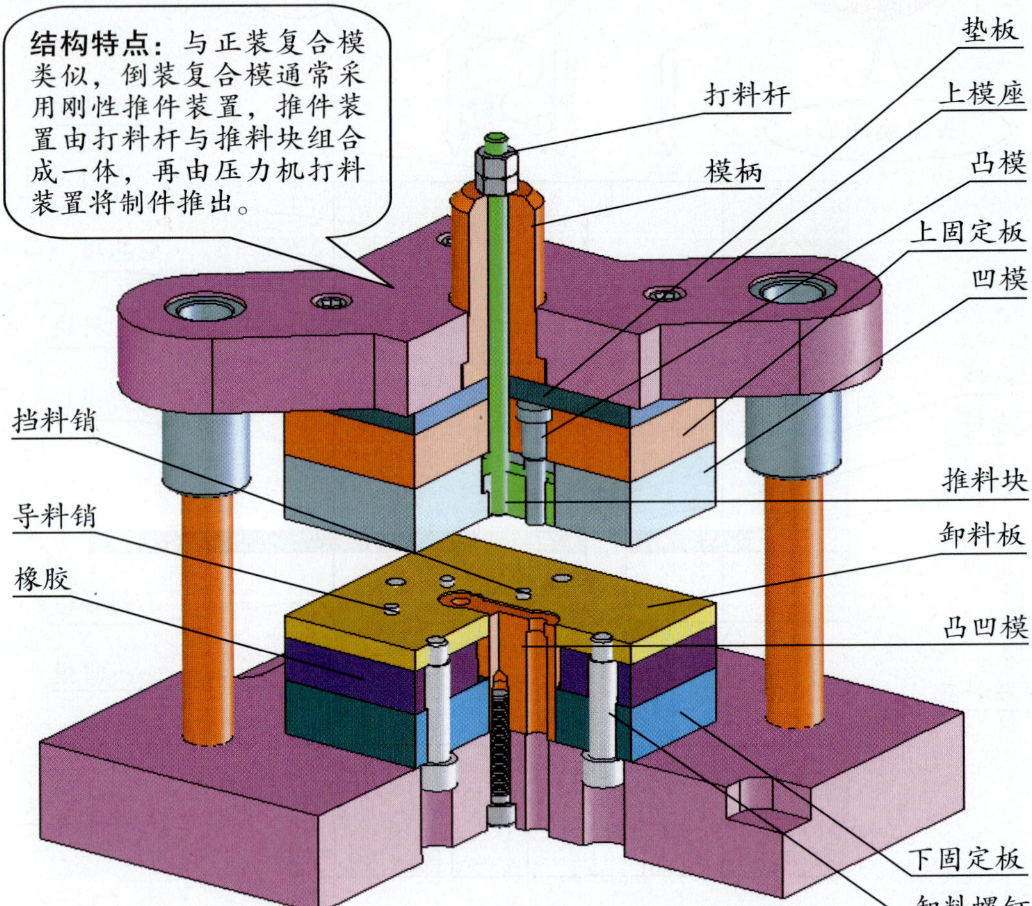

存在的缺点：采用刚性推件的倒装复合模，板料不是处在被压紧的状态下冲裁，因而平面度精度不高，这种结构适用于冲裁较硬的或厚度大于 0.3 mm 的板料。如果上模推料块采用弹性推件装置，就可用于冲制材质较软的或板料厚度小于 0.3 mm 且平面度要求较高的制件。

图 2—53　定位片倒装复合模的结构组成（剖视图）

■ 正、倒装复合模特点综述

我们可以从图 2—54 和图 2—55 两种复合模的结构分析中看出，两者各有优点。总之，用复合模冲裁制件，生产率较高，制件的内孔与外缘的相对位置精度高，板料的定位精度要求比较低，冲模的外形尺寸较小，还可利用废料来冲裁。但复合模结构复杂，制造精度要求高，成本高，主要用于生产批量大、精度要求高的制件。

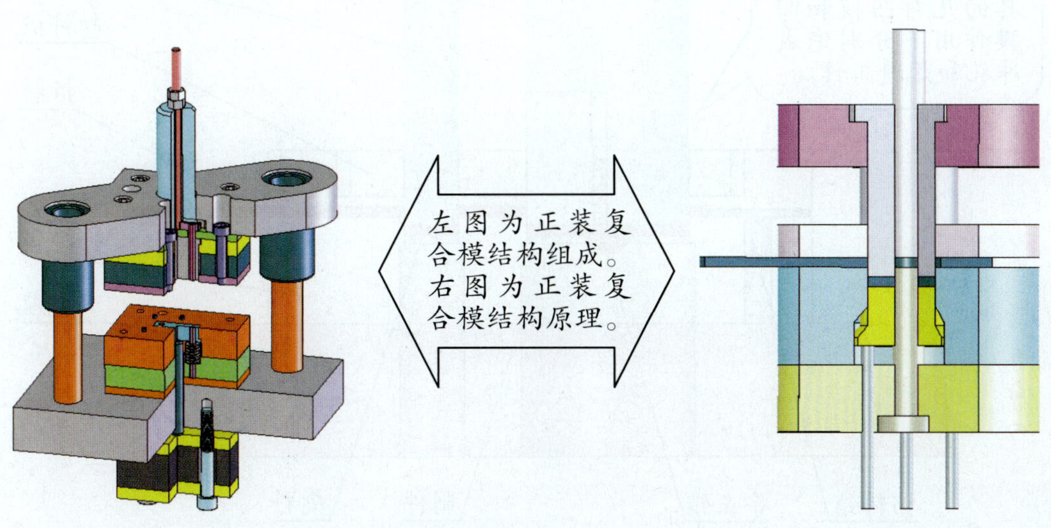

图 2—54　正装复合模的结构组成与原理（剖视图）

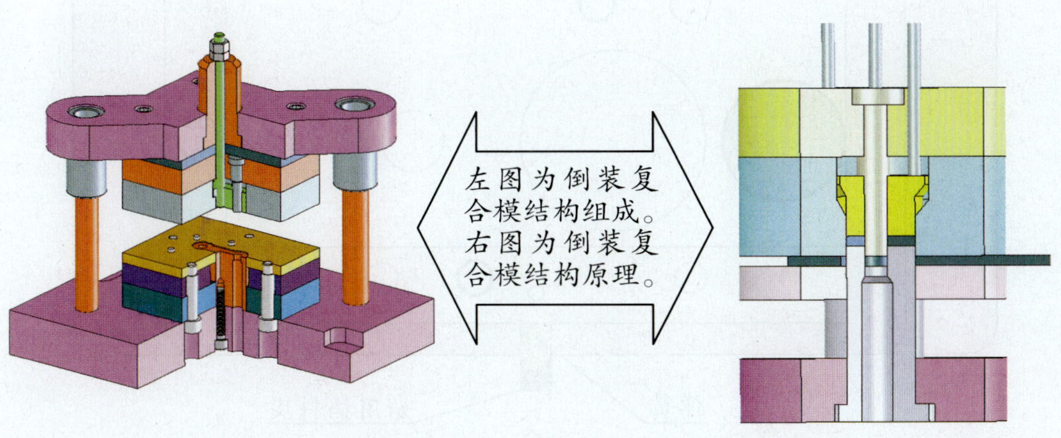

图 2—55　倒装复合模的结构组成与原理（剖视图）

级进模

级进模又称连续模。所谓“级进”是指在冲床滑块的一次行程中，按一定的顺序，在模具的不同位置上完成两种以上的冲裁或弯曲工序。

级进模工作部分的结构组成如图 2—56 所示。

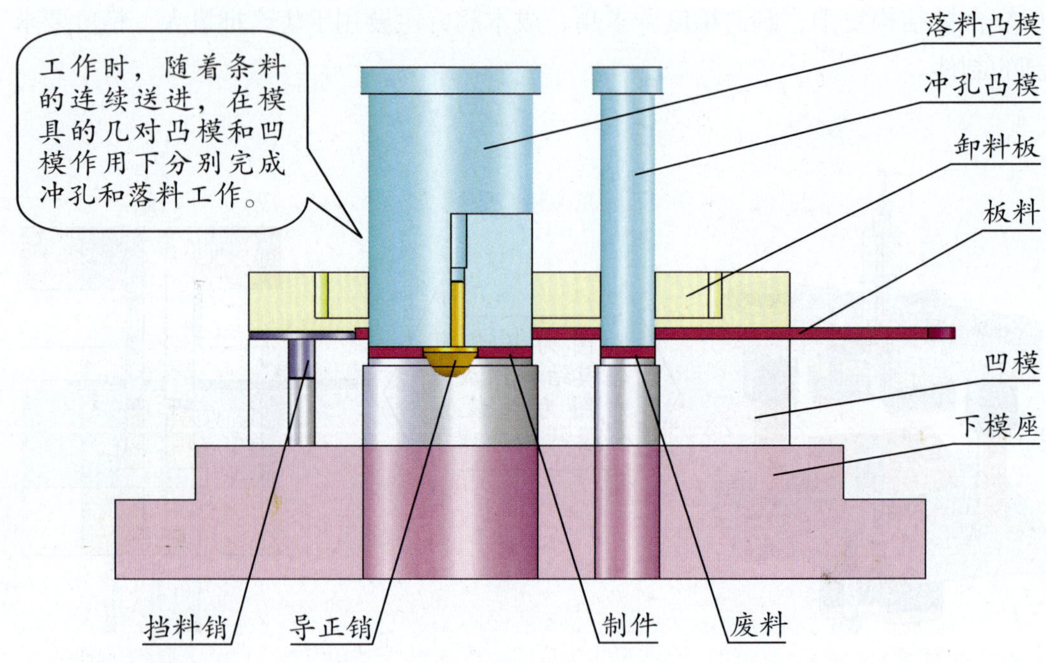

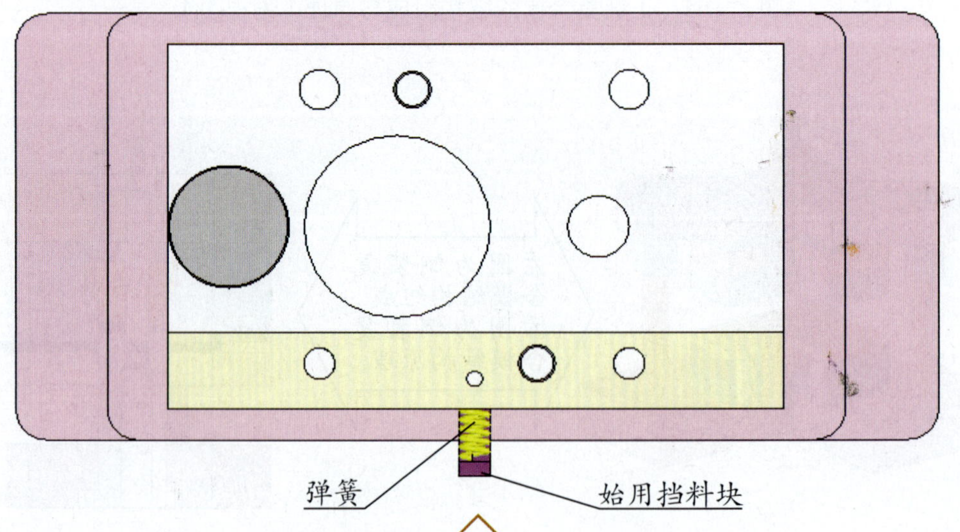

图 2—56　级进模的结构组成（剖视图）

级进模板料的定位原理如图 2—57 所示。

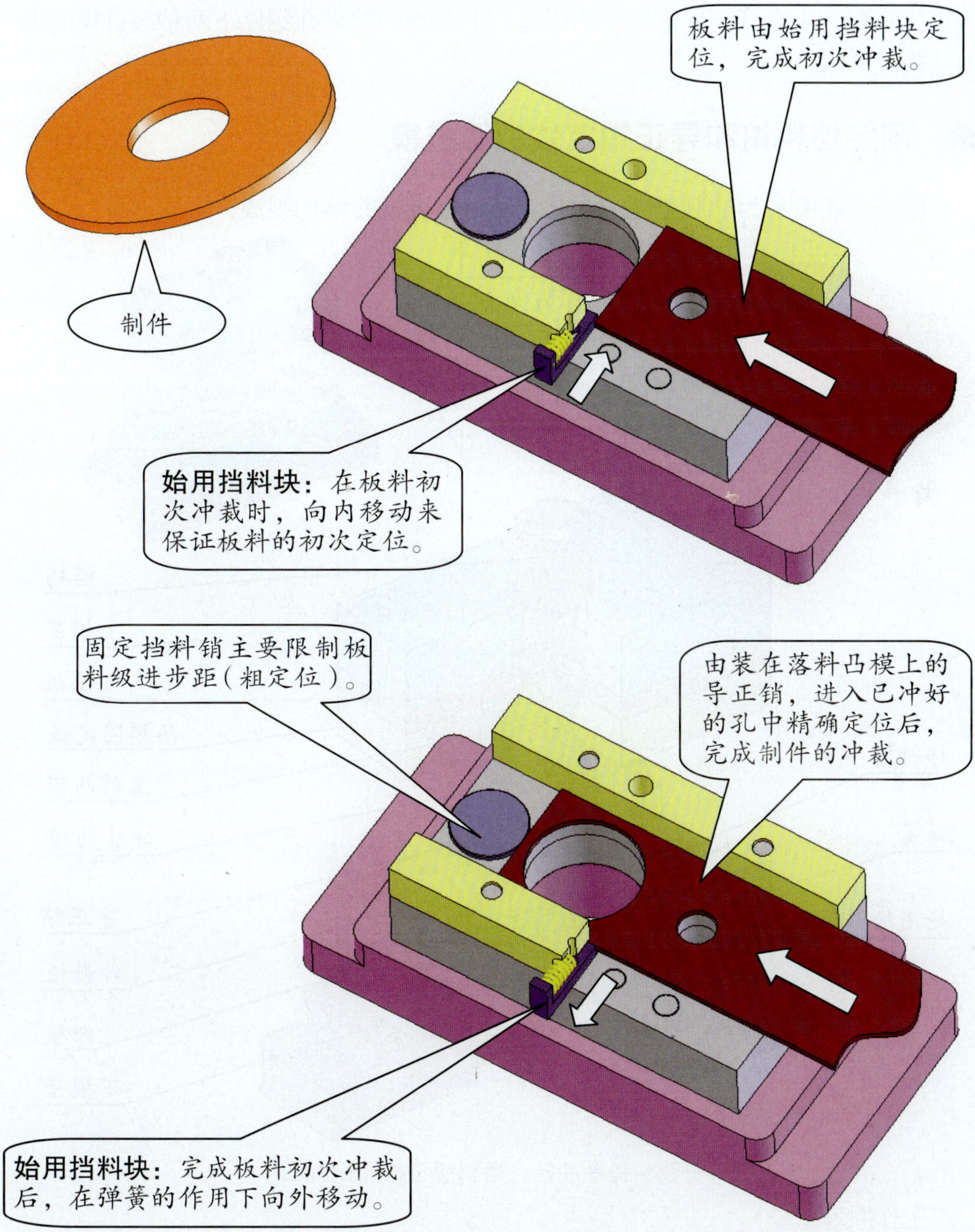

板料由始用挡料块定位，完成初次冲裁。

制件

始用挡料块：在板料初次冲裁时，向内移动来保证板料的初次定位。

固定挡料销主要限制板料级进步距（粗定位）。

由装在落料凸模上的导正销，进入已冲好的孔中精确定位后，完成制件的冲裁。

始用挡料块：完成板料初次冲裁后，在弹簧的作用下向外移动。

图 2—57　级进模板料的定位原理（剖视图）

级进模不但可以完成冲裁工序，还可完成成型工序（如弯曲、拉深等），甚至装配工序。许多需要多工序冲压的复杂制件可以在一副模具上成型，因而它是一种多工序高效率的冲模。

由于级进模工位数较多，因而用级进模冲制零件，必须解决板料或带料的准确定位问题，才有可能保证制件的质量，下面我们就来介绍以下两种级进模的典型结构。

■ 固定挡料销和导正销定位的级进模

图 2—58 所示为冲制垫圈的冲孔、落料级进模的结构组成。

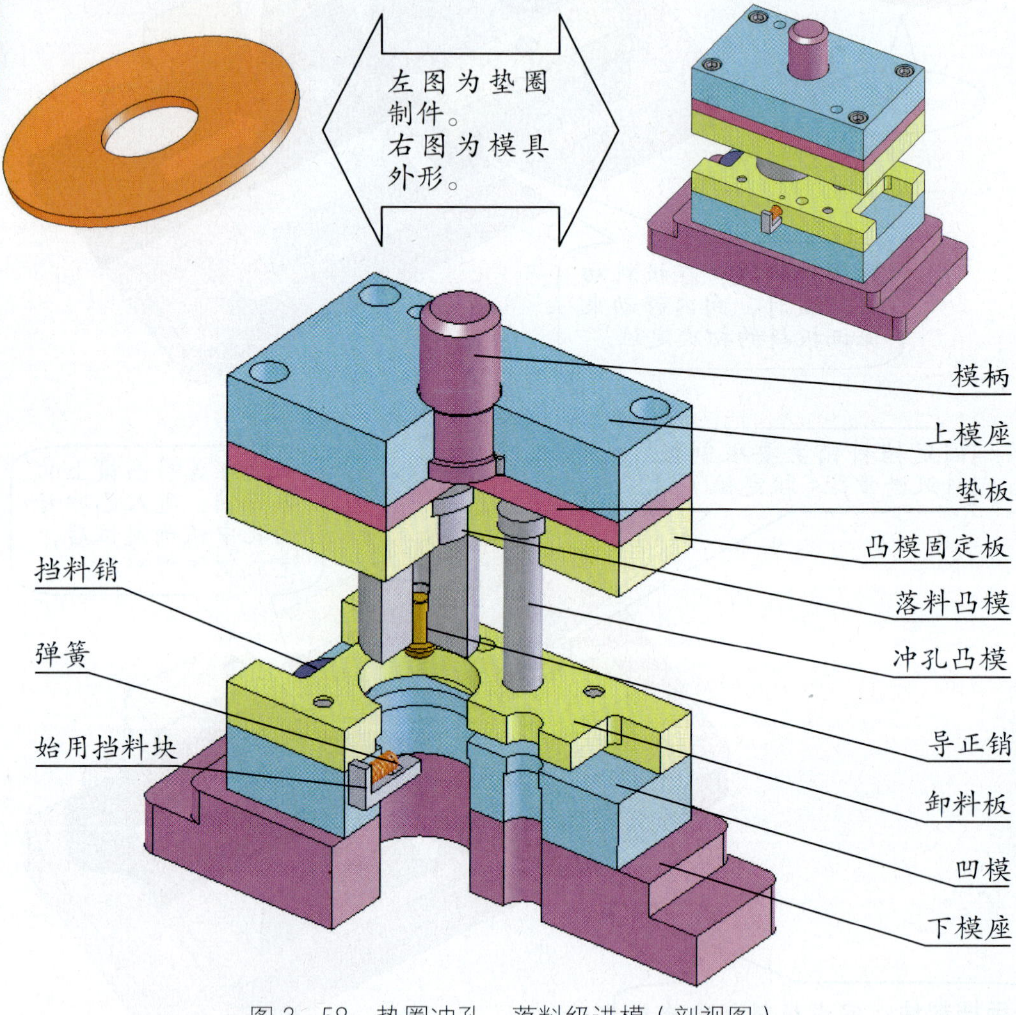

图 2—58　垫圈冲孔、落料级进模（剖视图）

工作原理：

（1）初次冲裁时，始用挡料块向内移动，使板料定位后进行冲孔。

（2）始用挡料块在弹簧的作用下复位，板料级进步距由固定挡料销初始定距。

（3）在凸模尚未接触板料时，由装在落料凸模上的导正销进入垫圈内孔中，进行精确定位，保证孔与外圆的同轴度。

（4）在落料的同时，又在冲孔工位上冲孔。

（5）冲床的每次行程可得一个制件。

■ 双侧刃定距的冲孔落料级进模

侧刃实际上是一个具有特殊功用的凸模，它用一对侧刃代替了始用挡料块、固定挡料销和导正销来控制板料的步进距离。

（1）双侧刃定距冲孔、落料级进模的结构

图 2—59 所示为冲制接触片的双侧刃定距冲孔、落料级进模的结构组成。

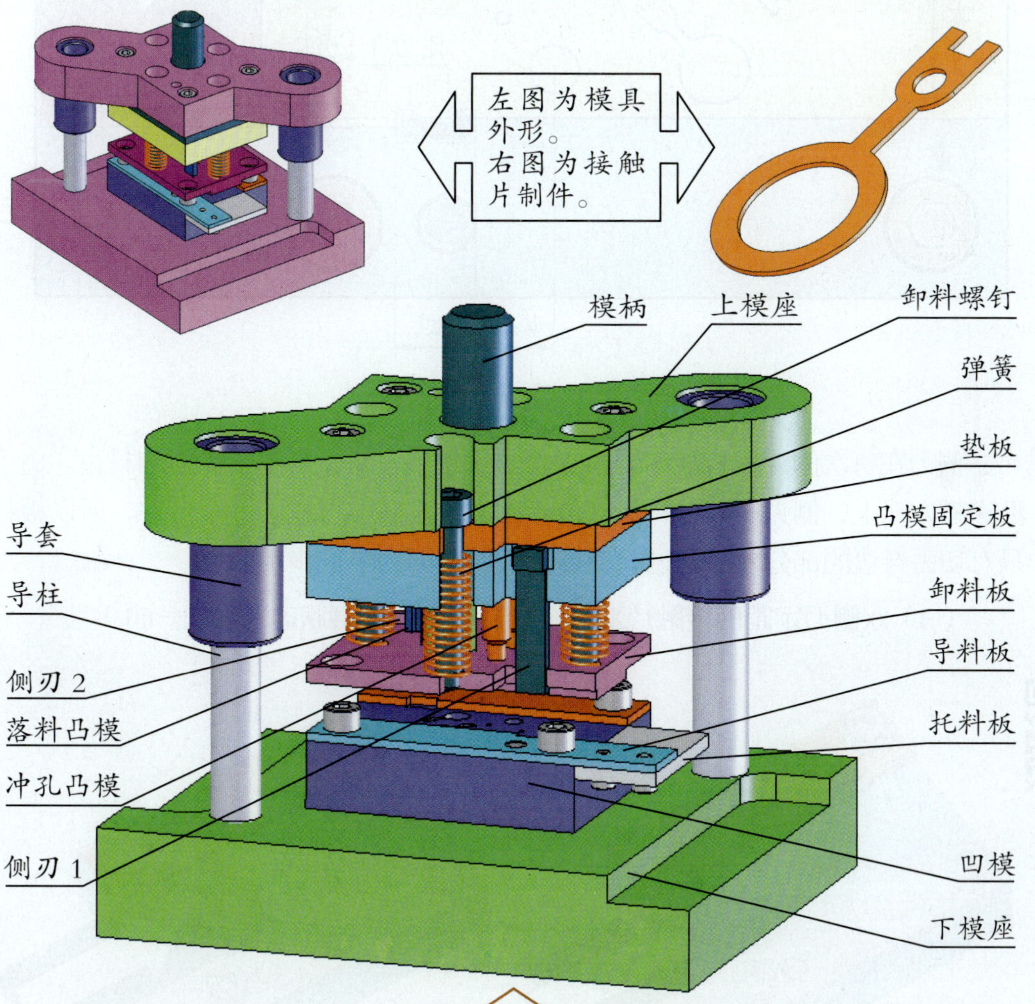

结构特点：该结构卸料形式与冲孔模、落料模相似，采用弹性卸料装置，冲出的制件变形小。但板料的定位方式有所不同：它用侧刃 1 替代始用挡料块、固定挡料销、导正销来控制板料的级进步距。侧刃 2 可以在板料尾端定位，从而减少板料的损耗，提高材料的利用率。

图 2—59 双侧刃定距的接触片冲孔、落料级进模（剖视图）

（2）双侧刃定距的原理（图2—60）

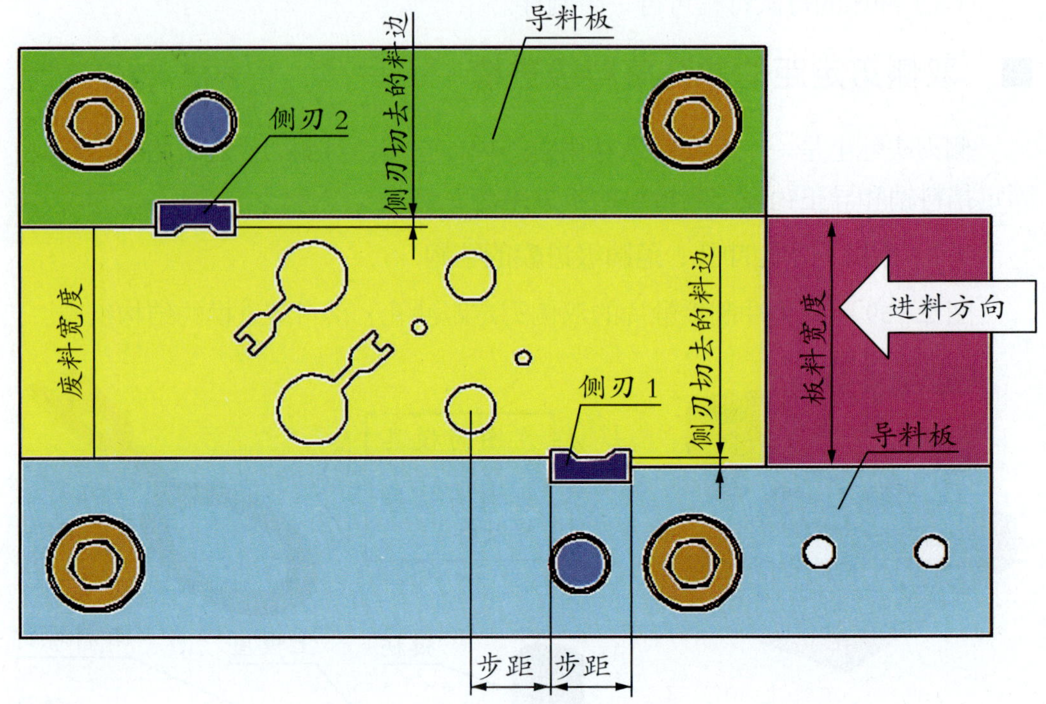

图 2—60　双侧刃定距原理图

侧刃在每次的冲压行程中，沿板料边缘切下一块长度等于步距的料边。由于沿送料方向上，侧刃前后导料板宽度不同，前宽后窄形成了一个台肩，所以板料只有切去料边的部分才能通过，而通过的距离即为级进步距。

（3）双侧刃定距的接触片冲孔、落料级进模冲裁状态（图2—61）

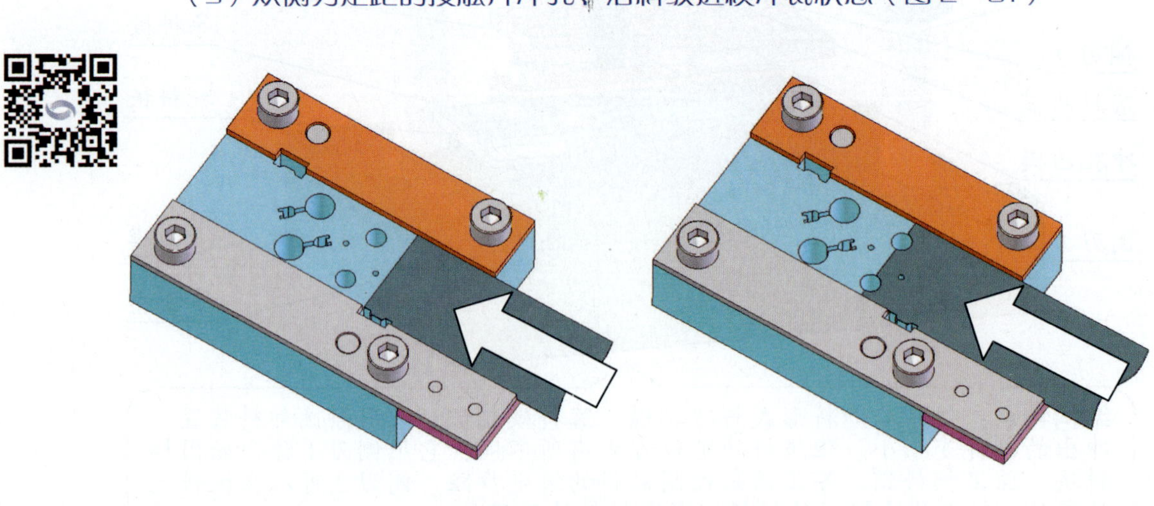

（1）　　　　　　　　　　　　（2）

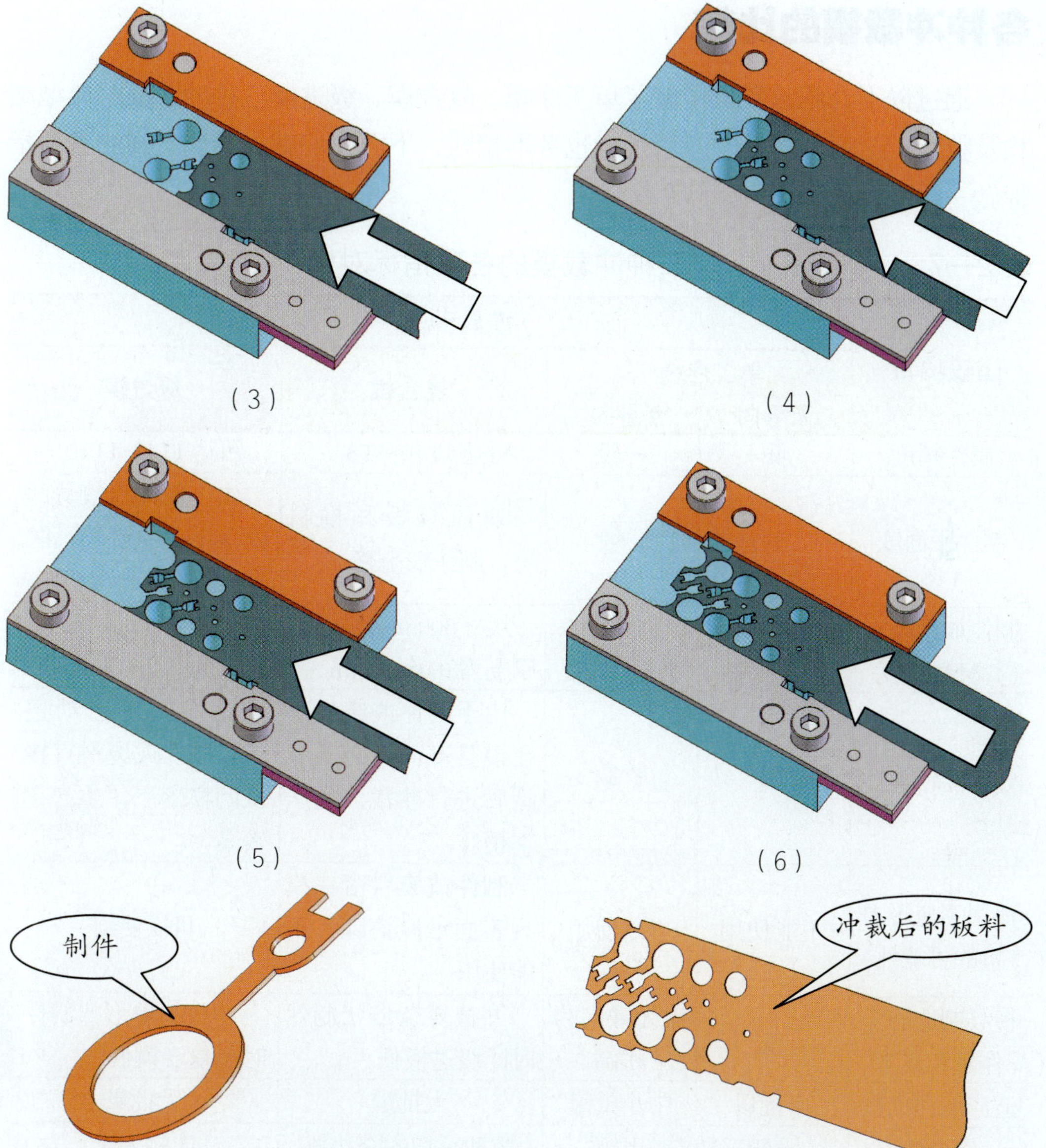

图 2—61　双侧刃定距的接触片冲孔、落料级进模冲裁状态

级进模的优缺点

侧刃定距结构的特点：侧刃定位的连续冲裁模操作方便，定位准确，生产率高。缺点是模具结构复杂，而且因切去料边而增加了材料损失。它主要用于薄料（厚度小于 0.5 mm）或不便使用挡料销和导正销定位的情况，适用于大批量、精度较高的制件的生产。

级进模的主要缺点是模具制造复杂，结构尺寸大，成本高，在冲裁较厚的制件时有拱弯现象。

各种冲裁模的比较

通过以上介绍，我们了解了单工序模、复合模、级进模三种冲裁模的典型结构及特点，这三种模具的应用场合也各不相同，下面我们就把它们之间的各项指标做一对比，见表 2—7。

表 2—7　　三种冲裁模的各项指标对比

比较项目	模具种类			
	单工序模		复合模	级进模
	无导向	有导向		
制件精度	低	一般	可达 IT10~IT8	可达 IT13~IT10
制件平面度	差	一般	有压料板和推料块，制件较平整	由于制件直接从凹模落下，要求较高时需平整
制件最大尺寸和材料厚度	尺寸和厚度不受限制	中小型尺寸、厚度较大	尺寸 300 mm 以下，厚度为 0.05~3 mm	尺寸 250 mm 以下，厚度为 0.1~6 mm
生产率	低	较低	由于制件或废料落在模具表面，必须清除后进行冲裁，生产率稍低	工序间可自动送料，制件或废料直接从凹模落下，生产率较高
使用高速压力机的可能性	不能使用	可以使用	制件或废料落在模具表面难以清除，不能使用	可以使用
模具制造的工作量和成本	低	比无导向的稍高	冲裁复杂形状制件时比级进模低	冲裁简单形状制件时比复合模低
适应制件批量	小批量	中小批量	大批量	大批量
安全性	需要采取安全措施		需要采取安全措施	比较安全

第四节　冲裁模常见零部件的结构形式

通过学习前面冲裁模的结构可知，尽管各类冲裁模的结构形式和复杂程度不同，但每一副冲裁模都是由一些能协同完成冲压工作的基本零部件构成的。这些零部件按其在冲裁模中所起作用不同，可分为工艺零件和结构零件两大类，见表 2—8。

表 2—8　　冲裁模零部件的分类

按作用分类	作　用	零部件分类
工艺零件	是直接参与完成工艺过程并与板料或制件直接发生作用的零件	包括工作零件、定位零件、卸料与推出零部件等
结构零件	是将工艺零件固定连接起来构成模具整体，对冲模完成工艺过程起保证和完善作用的零件	包括支承与固定零件、导向零件、紧固件及其他零件等

应该指出，不是所有的冲裁模都具备上述各类零件，尤其是简单的冲裁模，但是工作零件和必要的支承件是不可缺少的。

冲裁模的种类很多，组成模具的零件更是多种多样，而模具制造一般又属于单件或小批量生产，这就给模具生产带来了许多困难。我国已对各类冷冲模共同具有的零件实行标准化，如图 2—62 所示，有圆形凸、凹模及固定板，上、下模座，导柱，导套，模柄等。但是也有许多零件需要根据制件或模具的结构来制造，下面就分析一下工艺零件的作用，看一看它们的零部件结构形式。

图 2—62　标准化零件

工作零件的结构形式

工作零件是直接参与冲压工作的零件，凸模、凹模的材料应具有足够的韧性和较高的强度，常用碳素工具钢 T8A 和 T10A。形状复杂时可采用合金工具钢 Cr12 和 Cr12Mo 等材料，以提高凸模、凹模的耐磨性，为了提高模具的使用寿命，也可采用硬质合金。

工作零件的稳定与否会直接影响到制件的质量，所以，要根据模具结构和冲裁力，合理地选择凸、凹模的结构形式。

■ 凸模、凹模

常见的凸模、凹模形式有表 2—9 所列的几种。

表 2—9　　常见的凸模、凹模形式

名称	形式	特　　点	工作零件结构
凸模	台肩式	这种凸模加工简单，装配修磨方便，是一种经济实用的凸模形式	
	无台肩式	为简化制造过程，常将形状复杂的中、小型凸模，在长度方向制成相同的断面	
	护套式	当冲孔直径较小（近似于板料厚度）时，常采用此结构，以保护凸模不易折断	
	整体式	常用于大、中型复杂形状的凸模，装配时，用固定板和螺钉直接与上模座紧固	

续 表

名称	形式	特　　点	工作零件结构
凹模	台肩镶块式	主要用于制件较大但冲孔数量较少的模具，用固定板固定，可节省材料，也适用于易损的凹模，便于更换	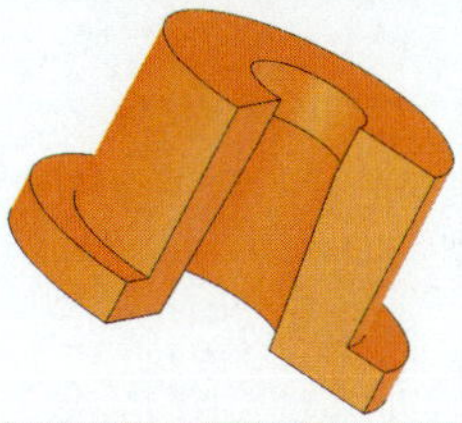
	整体式	适用于冲孔数量较多、形状复杂的模具，精度高。它可用螺钉直接固定在下模座上	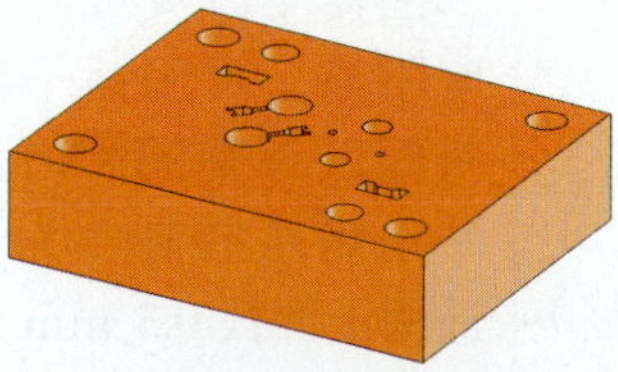

■　凹模刃口形式

凹模刃口的形式直接影响到模具间隙和制件的质量，应根据制件精度，合理选择凹模的刃口形式。表 2—10 所示为常见的凹模刃口形式。

表 2—10　　常见的凹模刃口形式

刃口形式	特点与应用范围	结构形式
过渡孔柱形刃口	刃口的强度较高。修磨后工作部分尺寸不变，但洞口易积存废料或制件。一般用于形状复杂和精度要求较高的制件	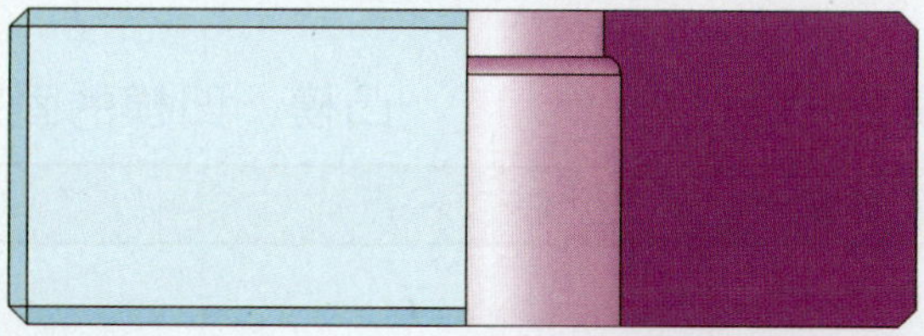
锥形刃口	刃口强度较差，修磨后工作部分的尺寸略有增大。一般只适用于精度要求不高的小型制件和冲裁形状中等复杂、冲裁薄料及凹模厚度较薄的制件	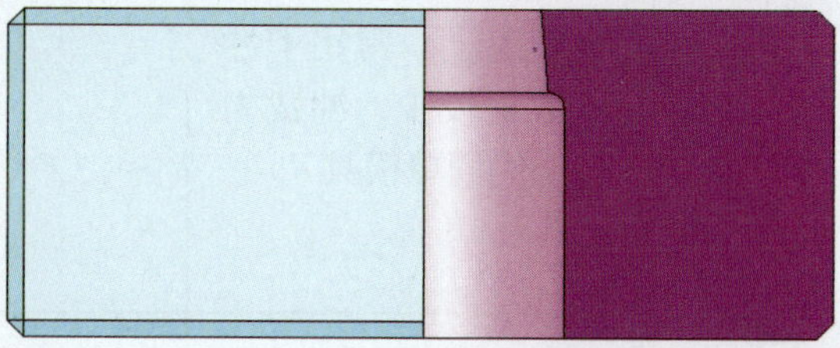 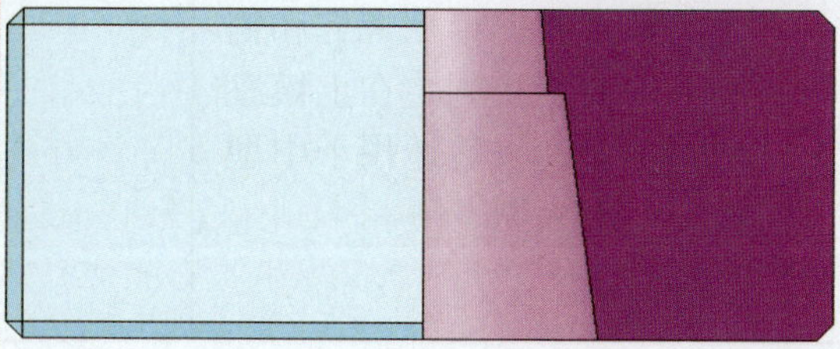

续 表

刃口形式	特点与应用范围	结构形式
锥形刃口		
柱形刃口（可调整）	凹模不淬火或淬火硬度不高，可用锤子敲打斜面以调整间隙，直至冲出满意的制件为止。适用于冲裁 0.5 mm 以下的薄料和精度要求不高的制件	锤子敲打斜面
通孔柱形刃口	刃口的强度高。修磨后工作部分尺寸不变，适用于有推料装置出料的模具。一般用于形状复杂和精度要求较高的制件	

■ 凸模、凹模的固定形式（表 2—11）

表 2—11　　凸模、凹模的固定形式

工作零件	特　点	固定形式（局部剖视图）
凸模	将凸模直接固定在上模座上，常用于冲压数量较少、冲裁力较小的简单模具	
	将凸模用螺钉和销钉直接固定在上模座上，一般适用于中型和大型零件	

续 表

工作零件	特　　点	固定形式（局部剖视图）
凸模	凸模与固定板采用 H7/m6 配合，固定部分有台阶。常用于零件形状简单、板材较厚的制件	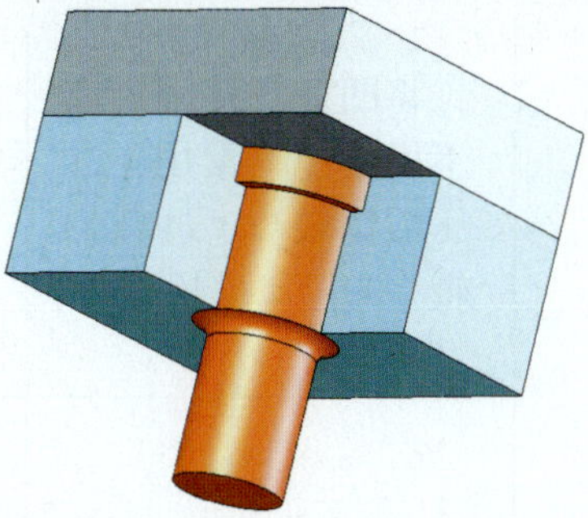
	凸模为无台阶式，全长尺寸、形状相同，在装配时采用铆接方法，然后磨平即可。适用于形状复杂的零件，便于加工磨削	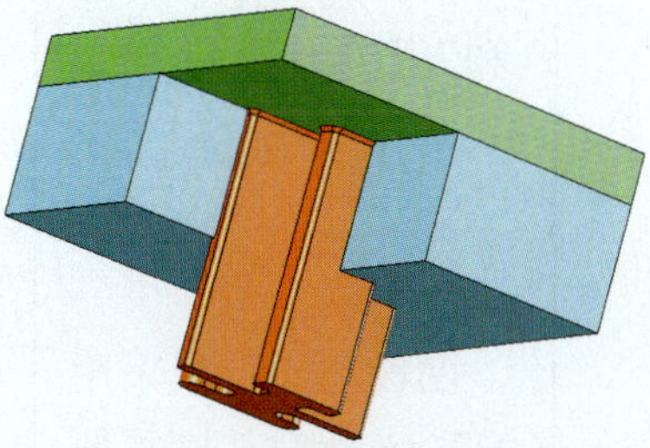
	该结构为快速更换形式，用定位螺钉将凸模顶在钢球上，使钢球卡住凹槽。适用于多凸模或快换孔径，更换较方便	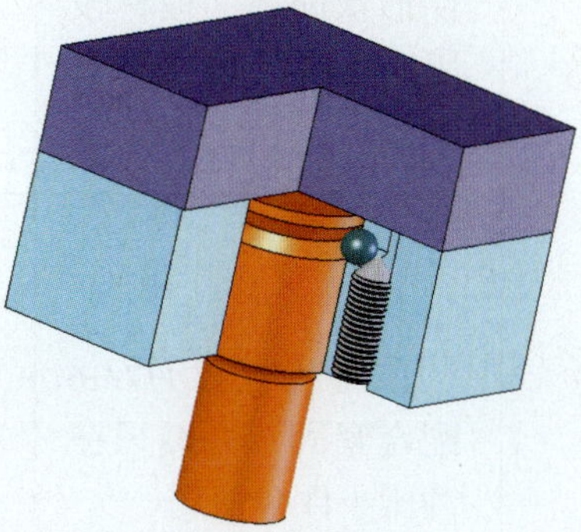
	该结构为快速更换的固定形式，它把凸模镶配在螺纹套内，更换时，只需拧下螺纹套即可。适用于孔径小、易折断的凸模，更换较方便	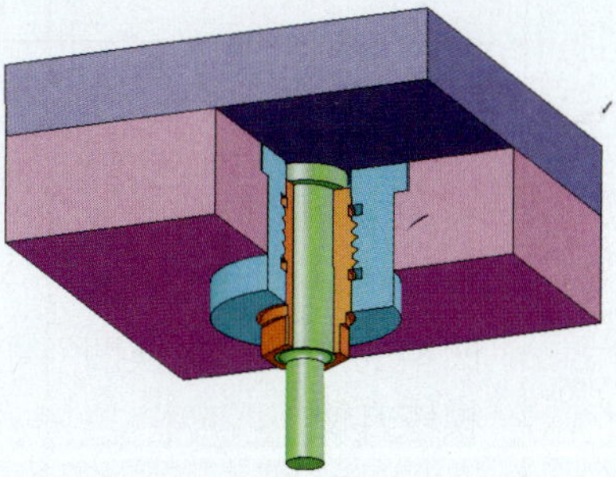

续 表

工作零件	特　　点	固定形式（局部剖视图）
凹模	将凹模直接固定在下模座上，常用于冲压数量较少、冲裁力较小的简单模具	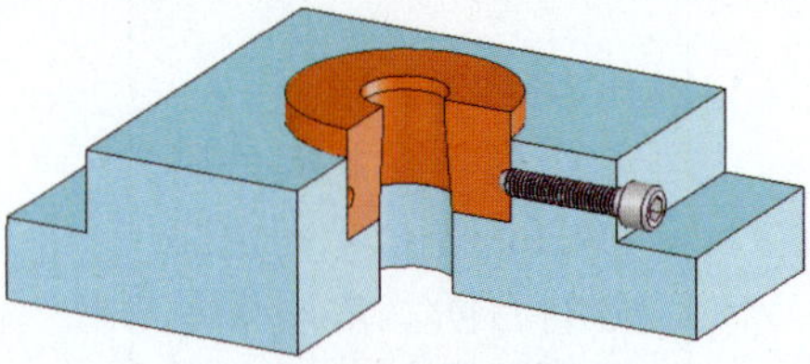
	将凹模用螺钉和销钉直接固定在下模座上，一般适用于中型和大型零件	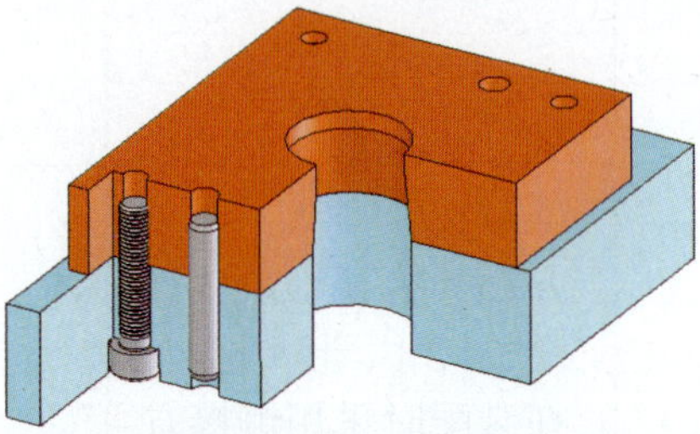
	凹模与固定板采用H7/m6配合，固定部分有台阶。常用于零件形状简单、板材较厚的制件	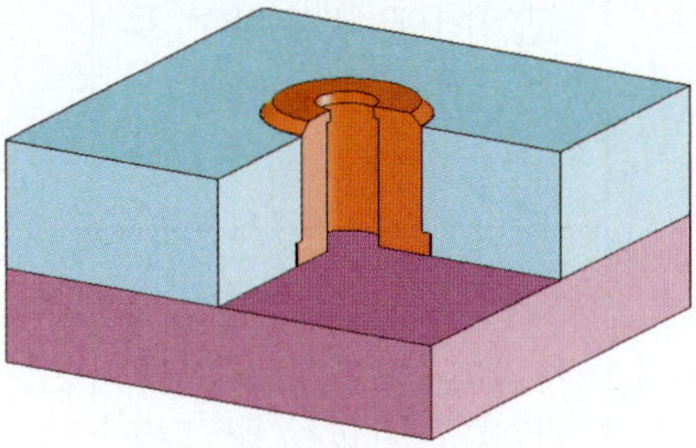
	该结构仅靠H7/r6配合紧固，一般只在冲压小件时使用	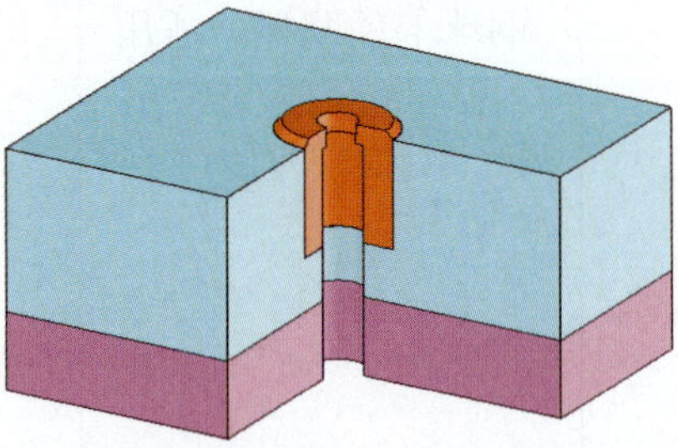
	这种结构中，螺钉顶在钢球上，使钢球卡住凹槽。适用于多凹模的模具，更换凹模较方便	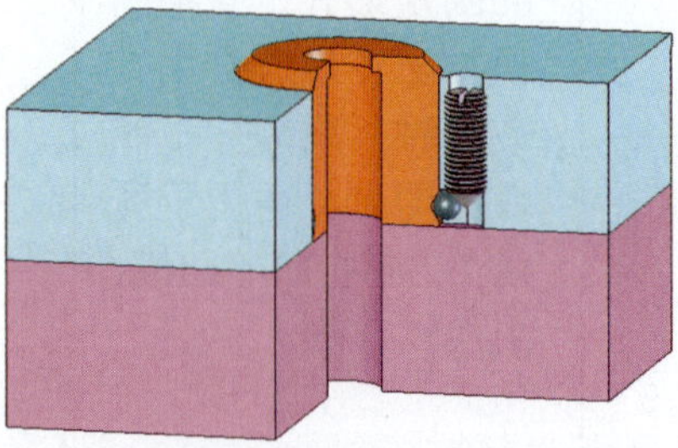

在模具装配中，对形状复杂的零件和多凸模冲模，广泛采用低熔点合金或高分子塑料固定凸模、凹模和导套等模具零件，使模具制造和装配大为简化，如图2—63所示。

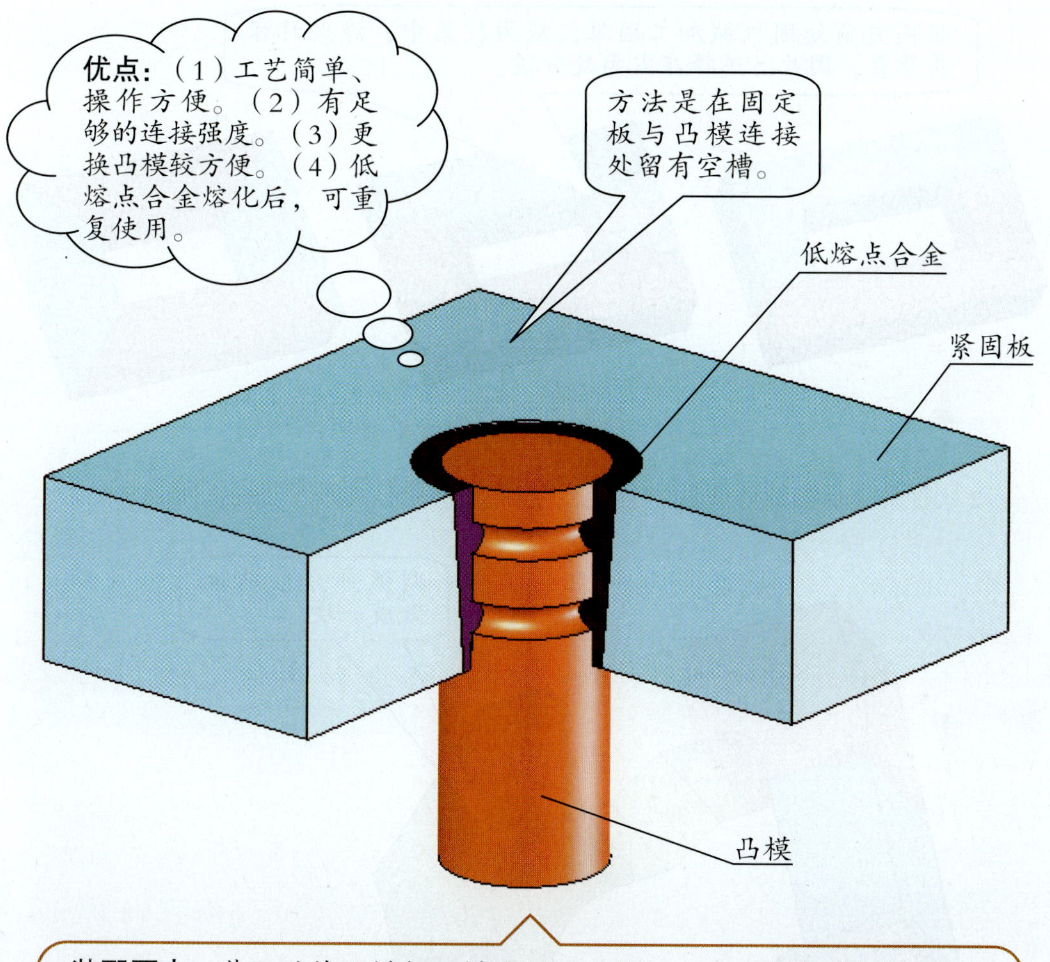

装配要点：装配时将凸模与凹模的间隙调整好，然后向空槽内倒入低熔点合金，当合金冷却后体积膨胀即把凸模紧固。

图2—63　粘接固定形式

■ 凸模、凹模的镶块结构

对于大型和复杂形状的冲模，采用镶块结构较为合理，这不但可少用贵重的工具钢以节约成本，也可使模具在易损部位损坏时只更换局部模块，并且还能解决无法锻造大钢料、热处理变形等问题。采用镶块结构的模具成型部分可采用成型磨削，使制造简单化。但这种制造方法会使模具的装配比较困难，且会有一定的积累误差，难以达到较高的精度。

（1）镶块分段

在镶块分段时，应考虑以下几点：

1）尖角处分段如图 2—64 所示。

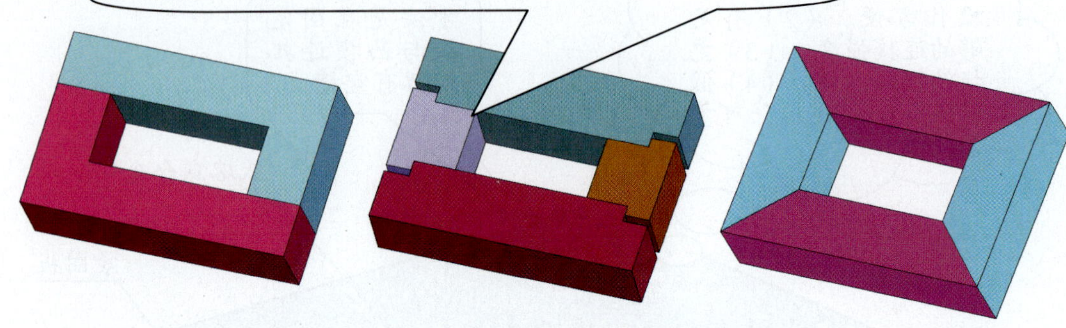

图 2—64　凹模镶块尖角处的分段形式

2）圆弧、易损部分应独立分段，正确的分段形式如图 2—65 所示。

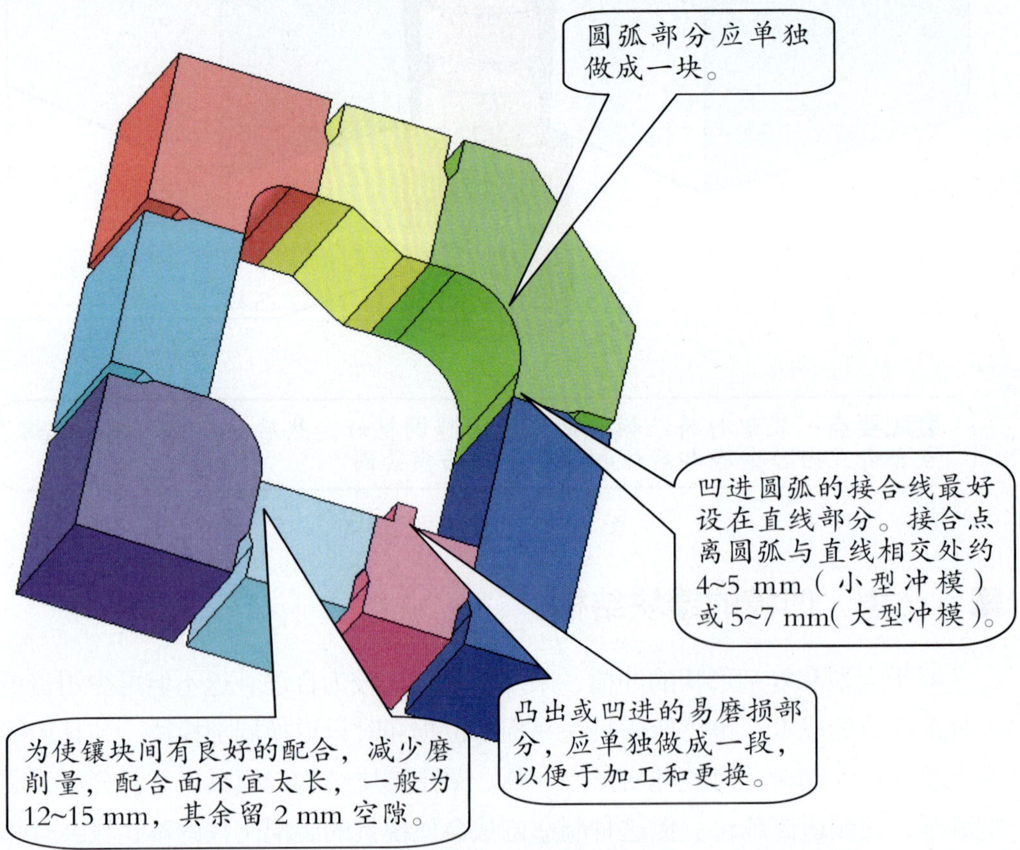

图 2—65　凹模镶块圆弧、易损部分正确的分段形式

在模具制造过程中，镶块形式的分段决定了模具的使用寿命和精度，图 2—66 所示为凹模镶块圆弧、易损部分不正确的分段形式。

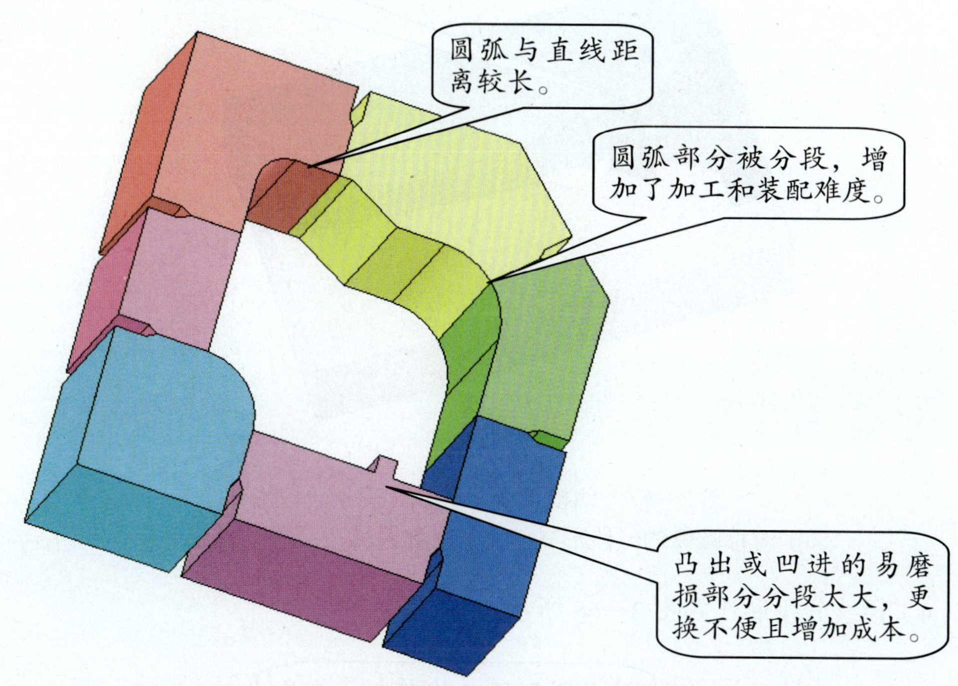

图 2—66　凹模镶块圆弧、易损部分不正确的分段形式

3）对称线分段如图 2—67 所示。

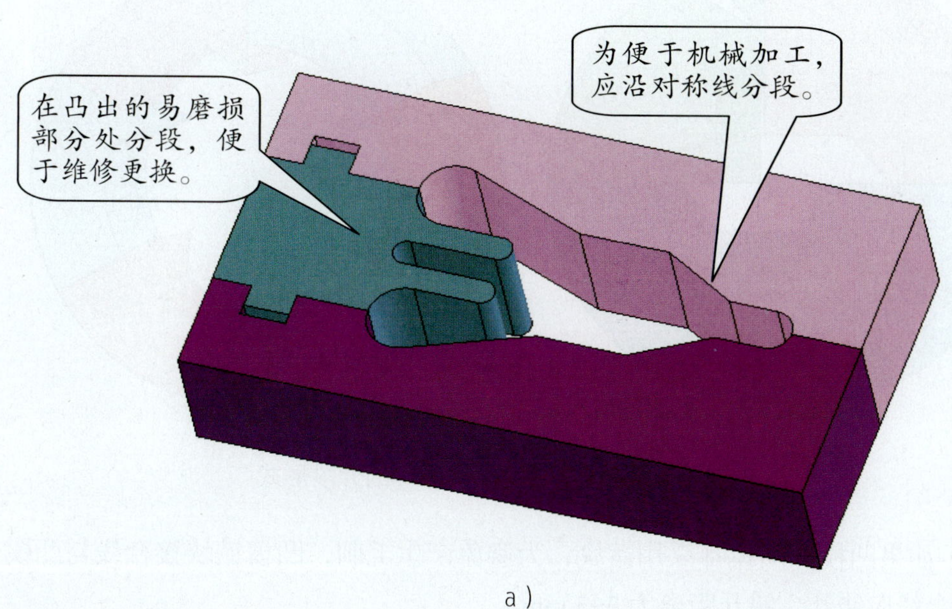

a）

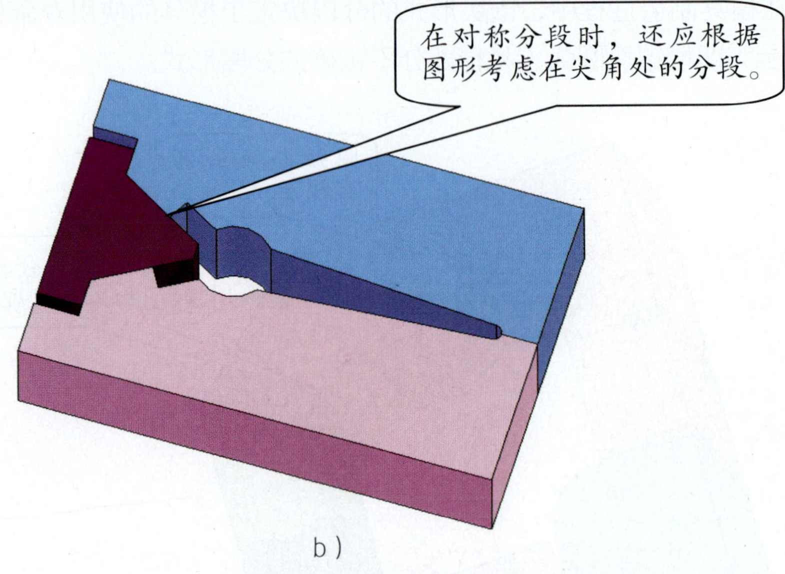

b）

图 2—67 凹模镶块对称线正确的分段形式

a）对称圆弧的分段形式 b）对称圆弧、尖角的分段形式

4）径线分段形式如图 2—68 所示。

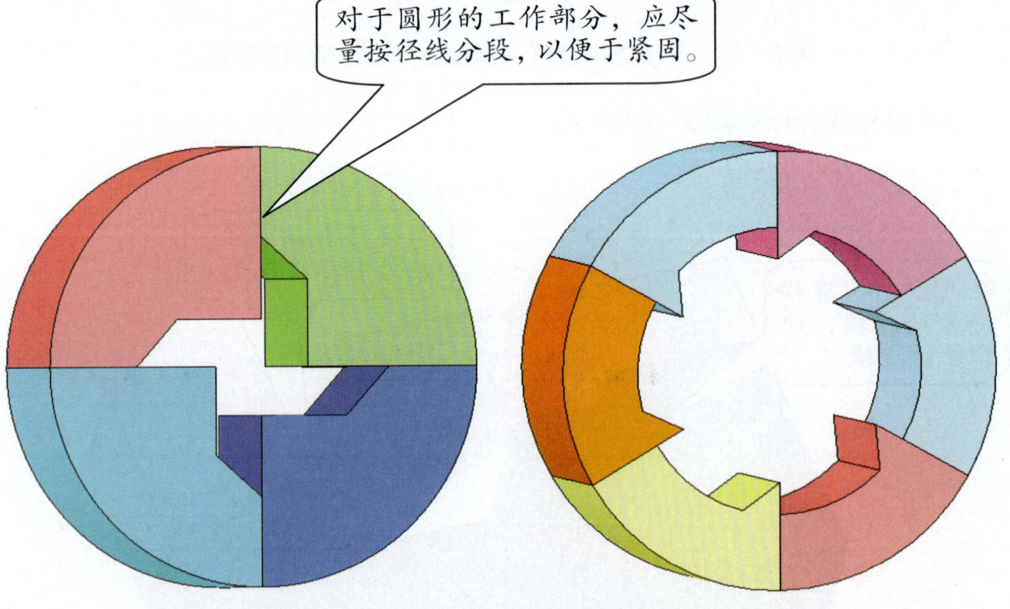

图 2—68 凹模镶块圆形径线正确的分段形式

5）如果凹模和凸模都采用镶块，为避免产生毛刺，凹模镶块接合线与凸模镶块接合线应错开，错开距离为 3~5 mm。

(2) 镶块的紧固

镶块的紧固常用的有如下几种方法:

1) 框套热套法　这种方法多用于圆形镶块模，如图 2—69 所示。

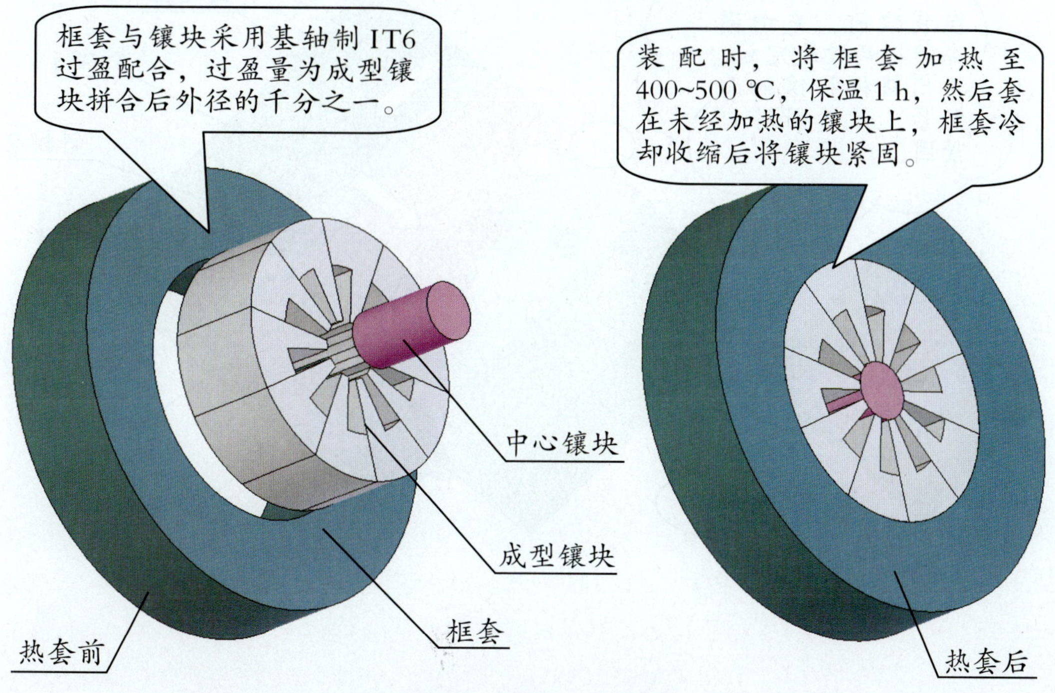

图 2—69　镶块的热套紧固

2) 框套螺钉紧固法　这种方法多用于中小镶块模。螺钉通过框套将镶块拉紧或顶紧，使镶块间获得紧密配合，如图 2—70 所示。

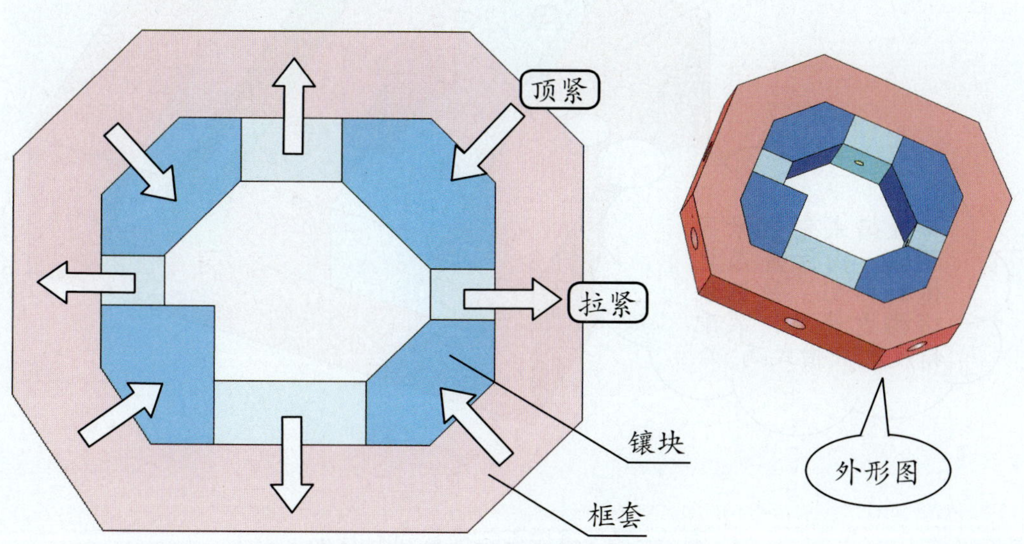

图 2—70　镶块用螺钉紧固的方法

3）斜楔紧固法 这种方法多用于两半对合的镶块模，如图 2—71 所示。

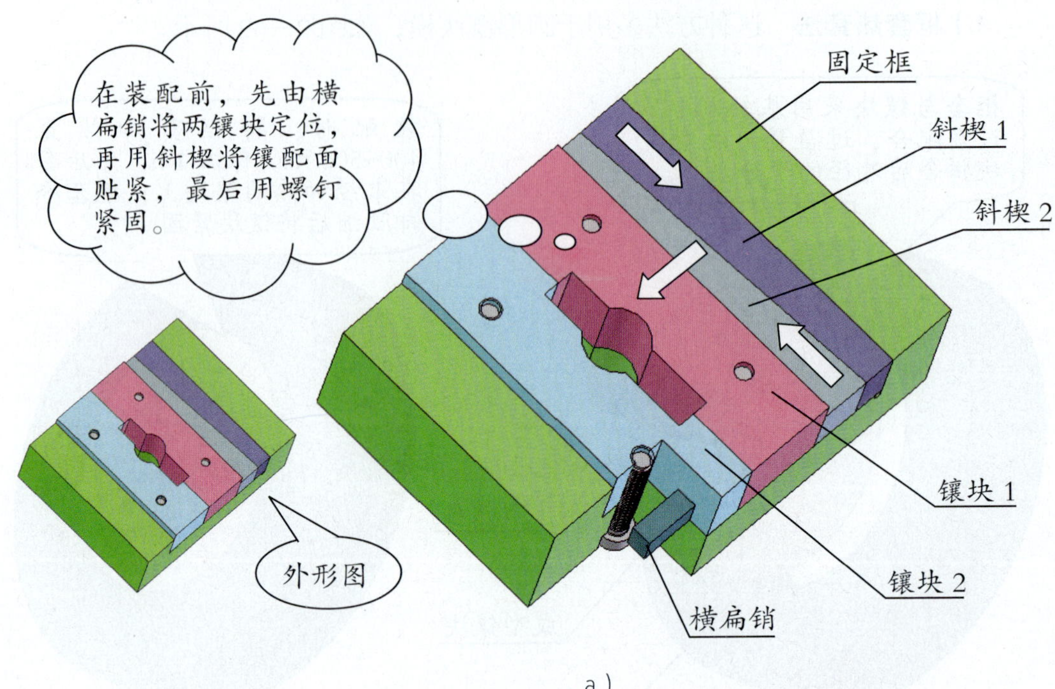

a）

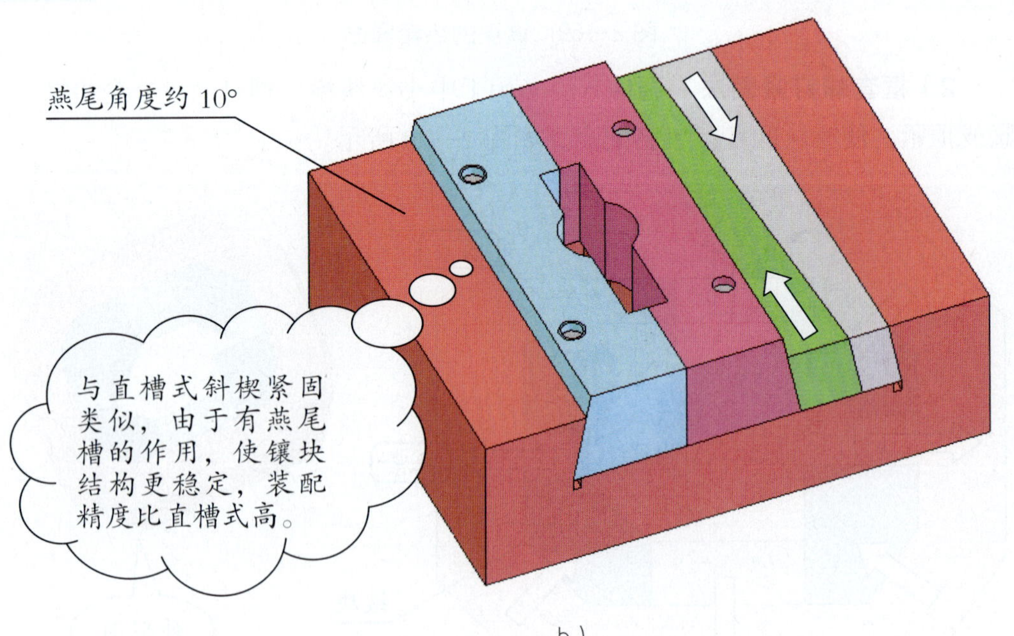

b）

图 2—71 镶块用斜楔紧固的方法

a）直槽式斜楔紧固（局部剖） b）燕尾槽式斜楔紧固

4）镶块用螺钉、销钉紧固 这种方法一般用于中、大型镶块模。常用的固定形式如图 2—72 所示。

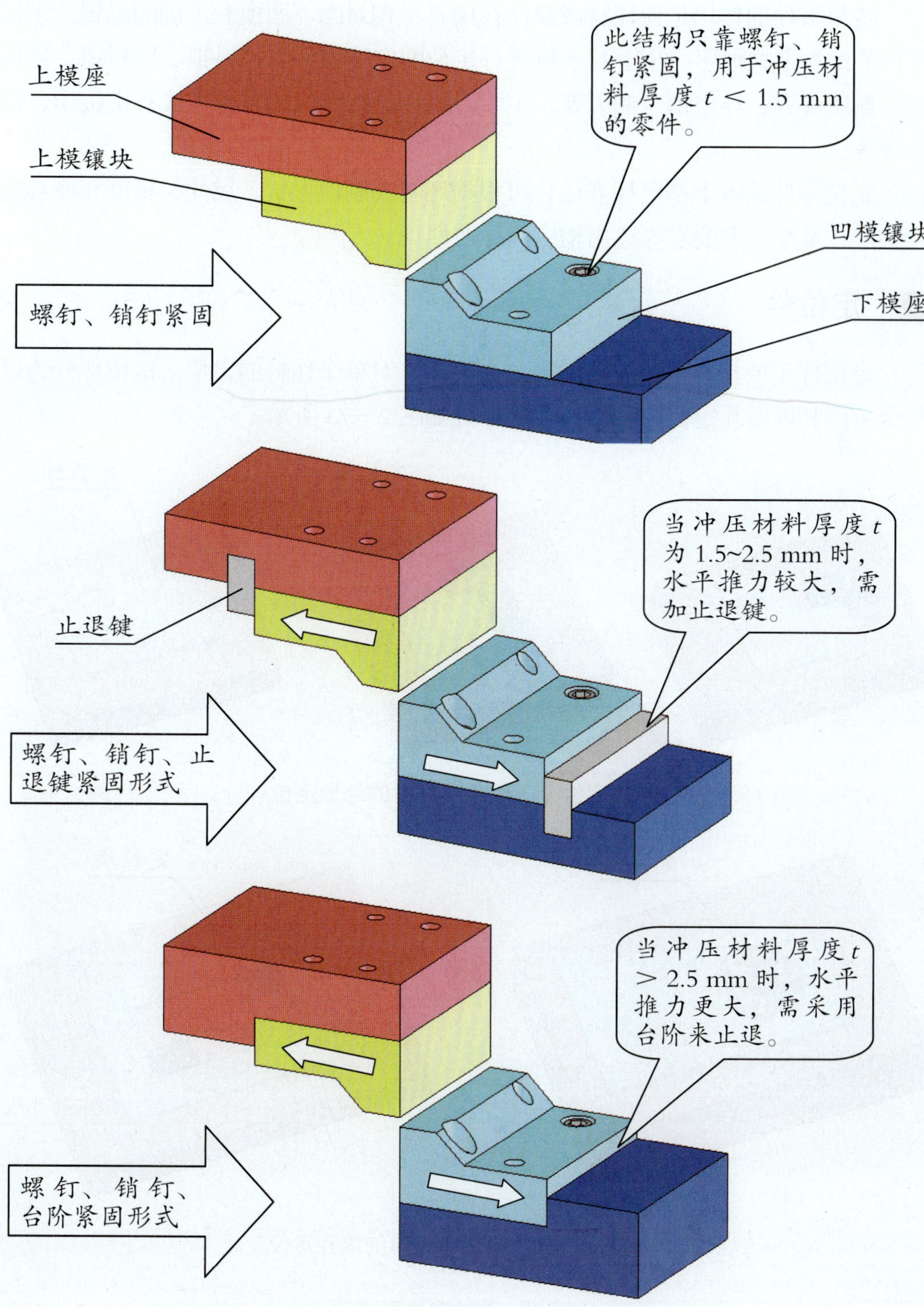

图 2—72 镶块用螺钉、销钉紧固的方法

定位零件的结构形式

定位零件的作用是使坯料或制件在模具上相对凸、凹模有正确的位置。定位零件的结构形式很多，用于对条料进行定位的定位零件有挡料销、导料销、导料板、侧压装置、导正销、侧刃等，用于对制件进行定位的定位零件有定位销、定位板等。

定位零件基本上都已标准化，可根据坯料或制件形状、尺寸、精度和模具的结构形式及生产率要求等选用相应的标准件。

■ 定位件

定位件主要指定位板或定位销，一般用于对单个坯料的定位。定位件分为以外缘定位和以内孔定位两种，其主要形式如图 2—73 所示。

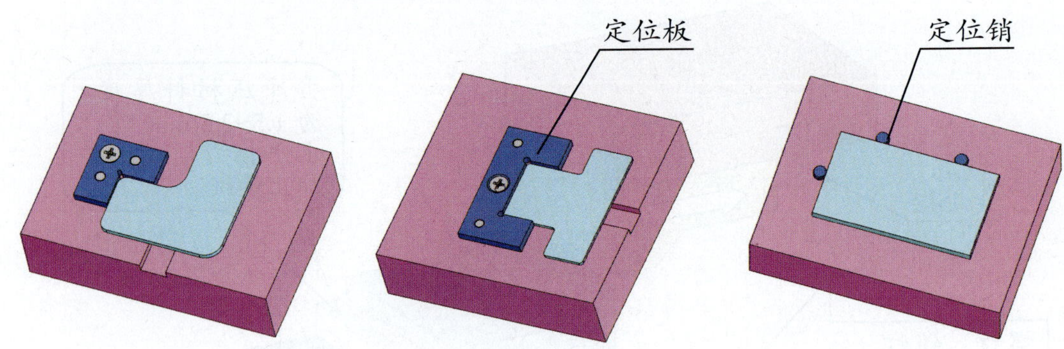

外缘定位：一般用于坯料的外形定位

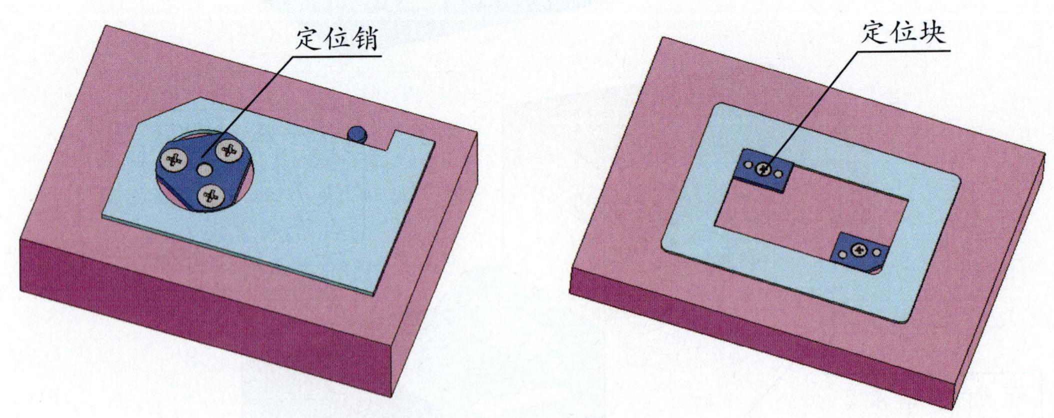

内孔定位：一般用于坯料的内孔定位

图 2—73　定位形式

■ 导料件

主要指导料板和侧压板，导料件的主要作用是使板料或条料有正确的送料方向。

（1）导料板的形式

1）用于有弹性卸料板的导料板形式如图 2—74 所示。

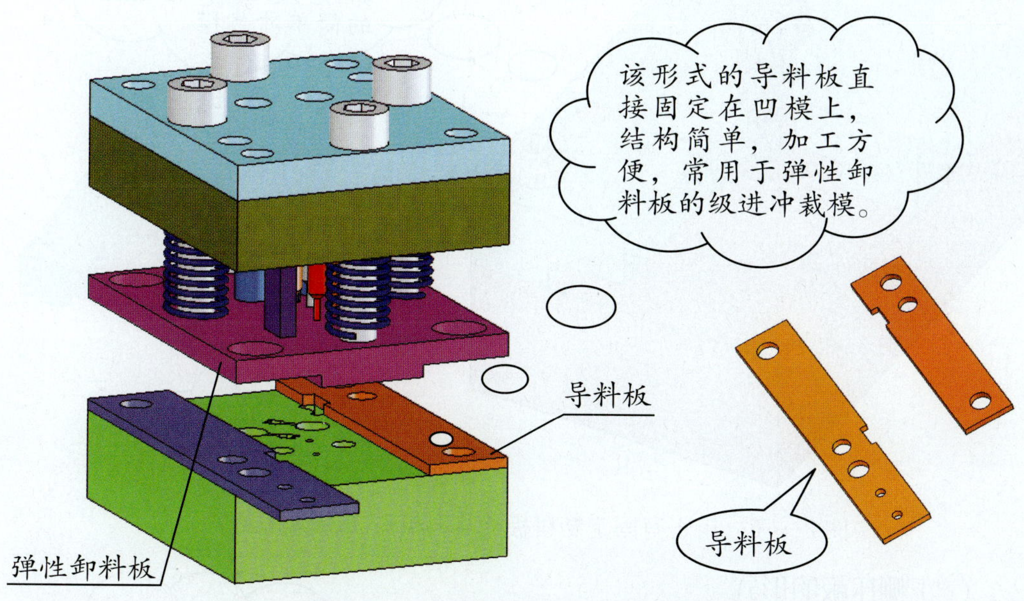

图 2—74　用于有弹性卸料板的导料板形式

2）用于有刚性卸料板的导料板形式如图 2—75 所示。

图 2—75　用于有刚性卸料板的导料板形式

3）用于有固定卸料板的导料板形式如图 2—76 所示。

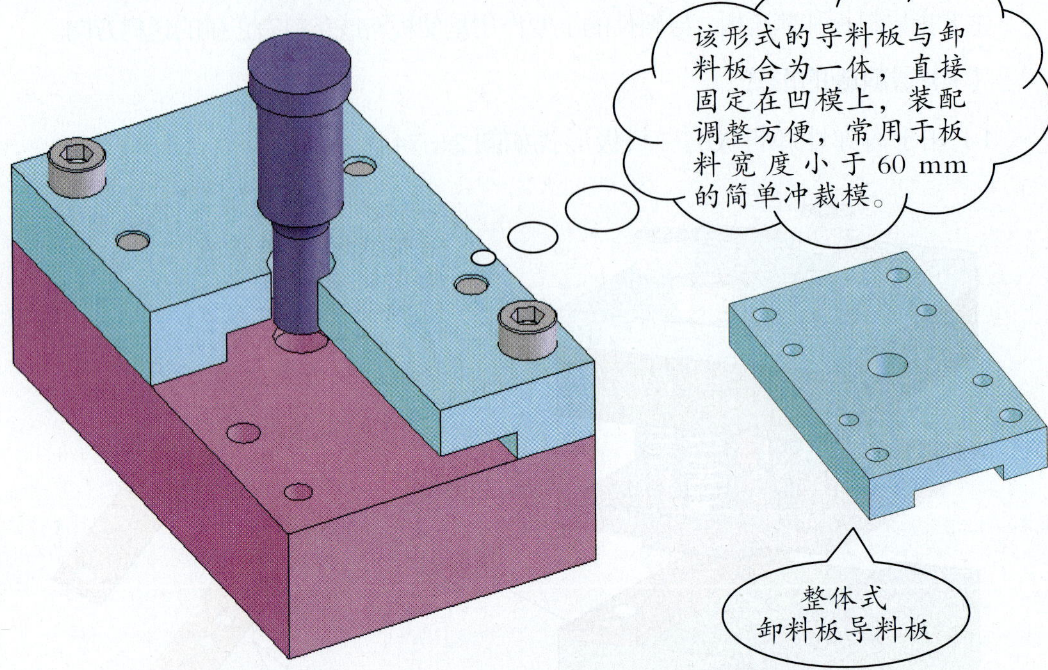

图 2—76　用于有固定卸料板的导料板形式（整体式）

（2）侧压板的形式

1）弹簧片侧压形式如图 2—77 所示。

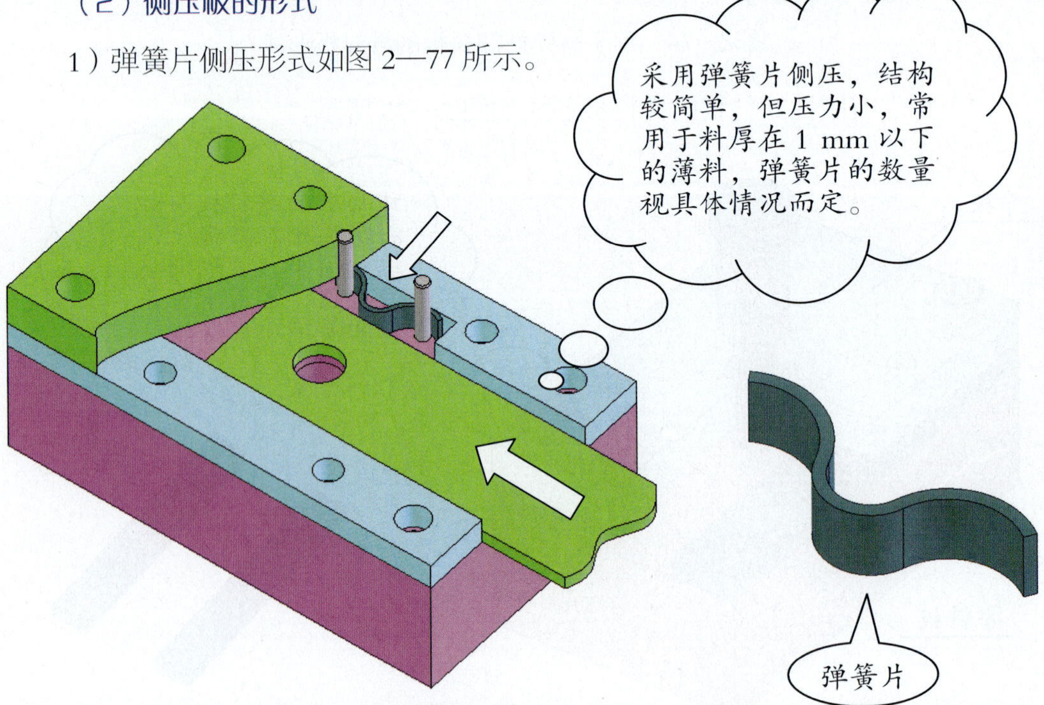

图 2—77　弹簧片侧压形式

2）弹簧侧压板的侧压形式如图 2—78 所示。

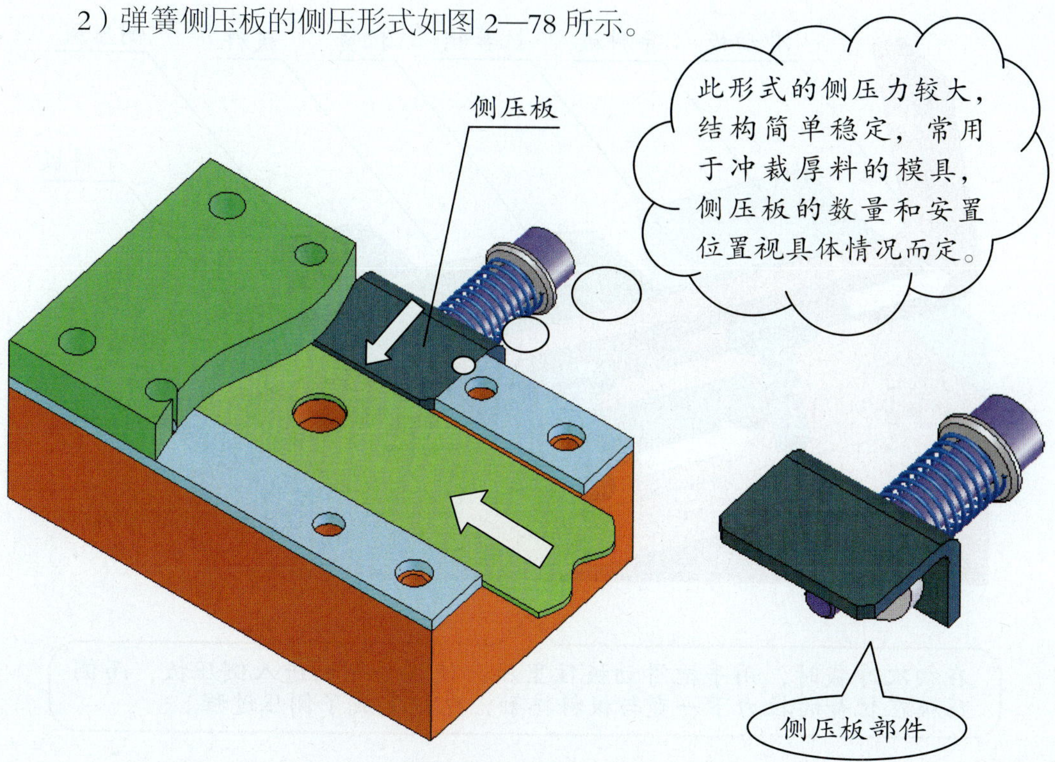

图 2—78　弹簧侧压板的侧压形式

3）拉簧侧压板的侧压形式如图 2—79 所示，结构原理如图 2—80 所示。

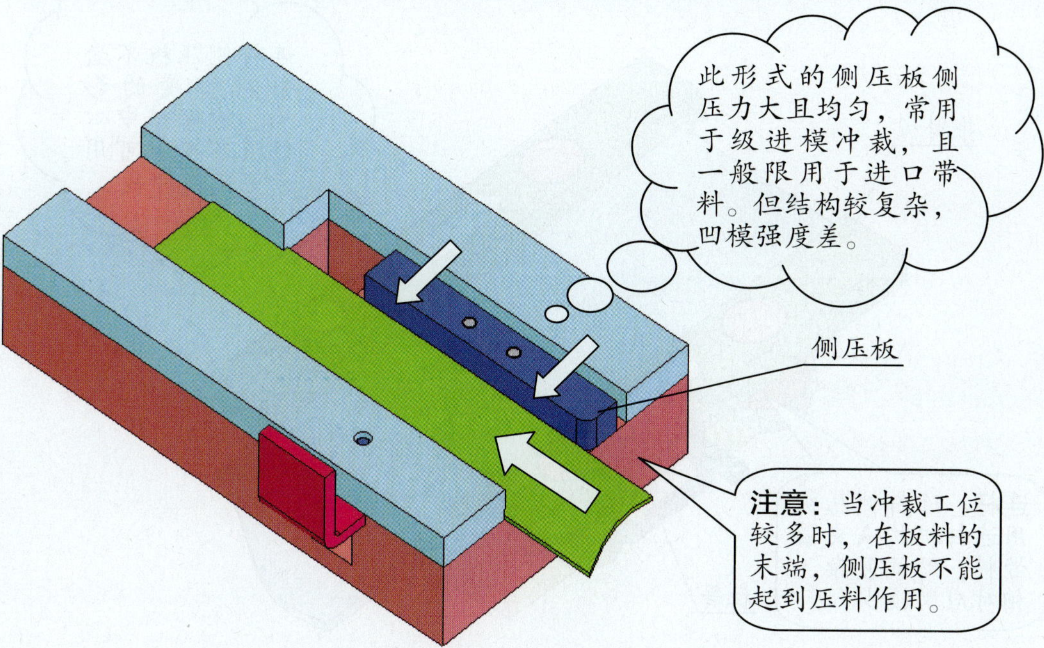

图 2—79　拉簧侧压板的侧压形式

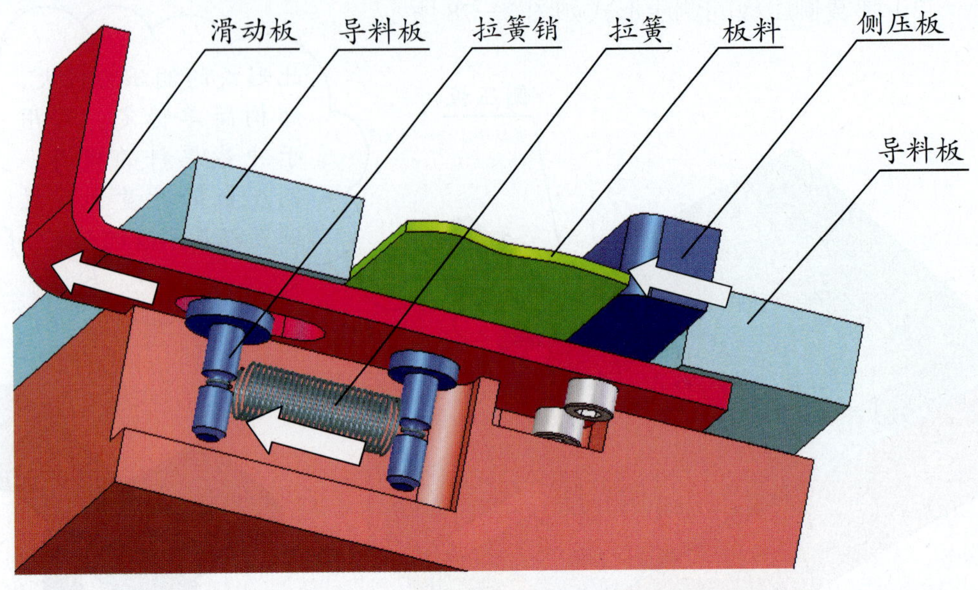

图 2—80　拉簧侧压板的结构原理图

4）连杆侧压板的侧压形式如图 2—81 所示。

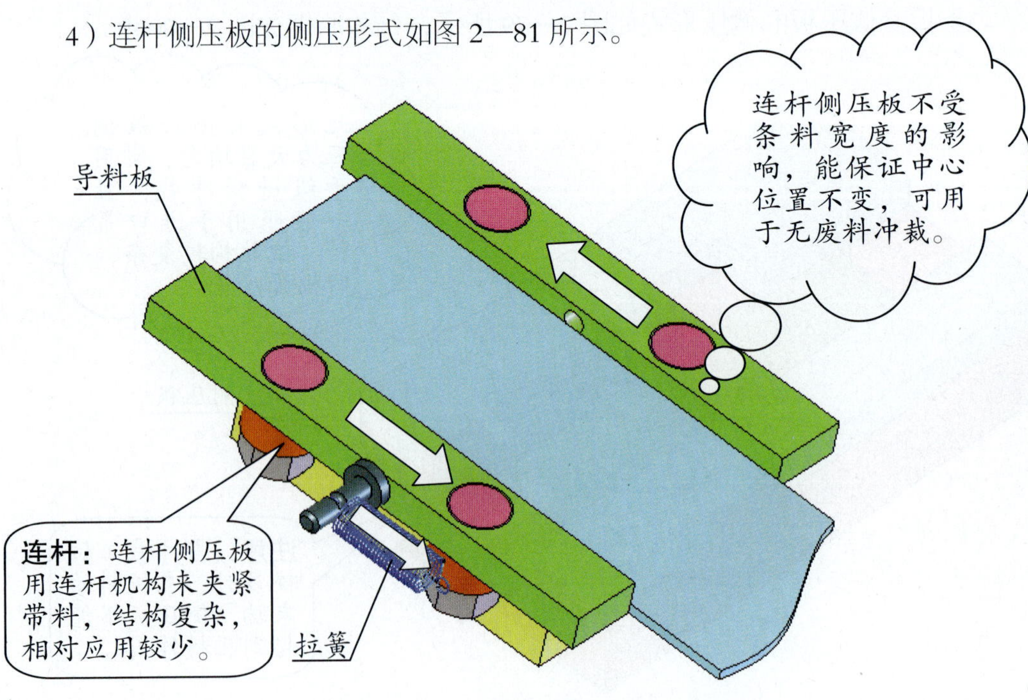

图 2—81　连杆侧压板的侧压形式

挡料件

挡料件的作用是控制条料或带料送料时的步进距离。主要有固定挡料销、活动挡料销、自动挡料销、始用挡料块和定距侧刃等。

（1）固定挡料销

固定挡料销结构简单，常用的为圆柱形式，如图 2—82a 所示。当挡料销孔离凹模刃口太近时，为了保证凹模的强度，挡料销可移离一个步距，也可以采用钩形挡料销，如图 2—82b 所示。

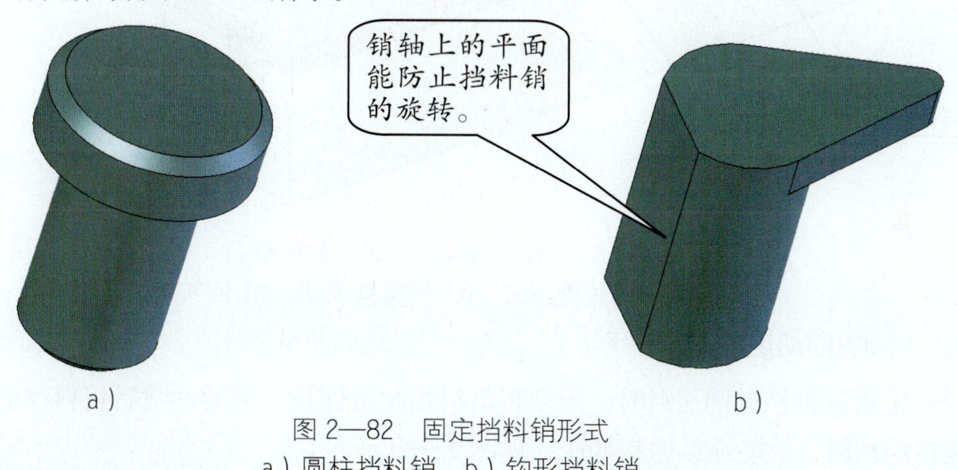

图 2—82　固定挡料销形式
a）圆柱挡料销　b）钩形挡料销

（2）活动挡料销

这种挡料销后端带有弹簧或弹簧片，挡料销能自由活动，如图 2—83 所示。这几种挡料销常用在带弹性卸料的结构中，在复合模中最常见。

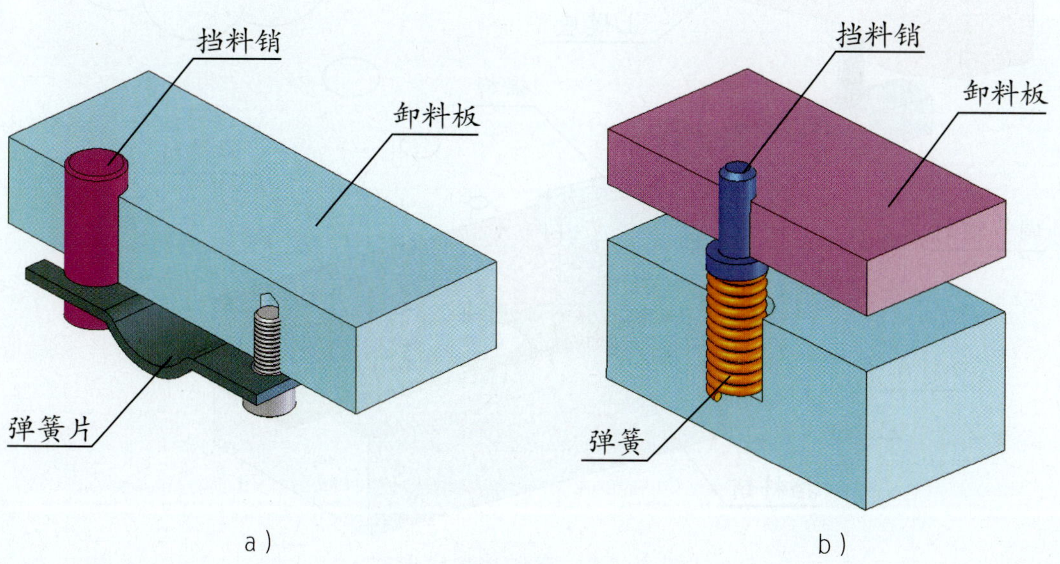

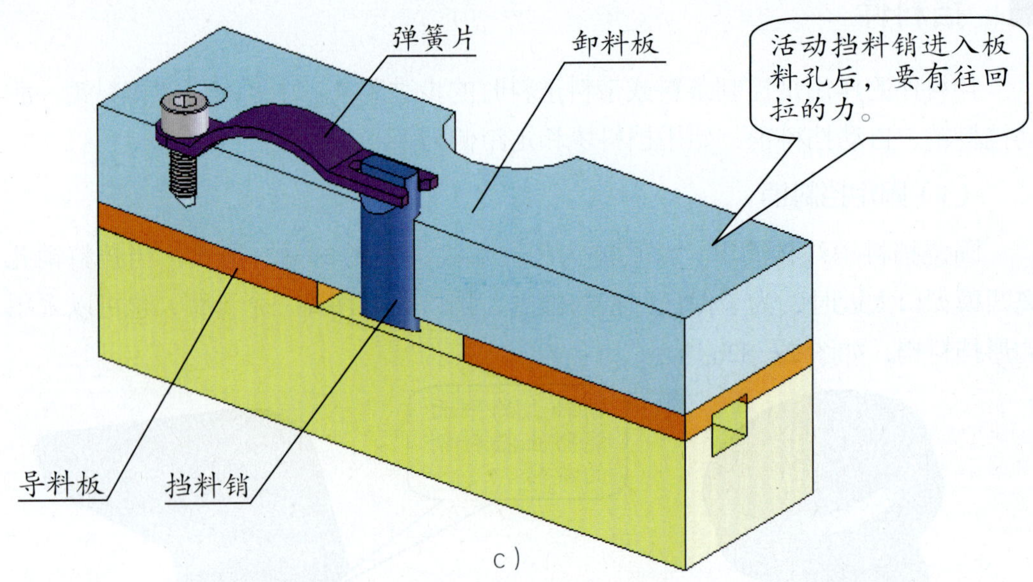

图 2—83　活动挡料销形式（剖视图）
a）弹簧片弹顶式　b）弹簧弹顶式　c）回带式

（3）自动挡料销

采用这种挡料销送料时，无须将带料抬起或回拉，只要冲裁后将料往前推便能自动挡料，故能连续送料冲压，如图 2—84 所示。

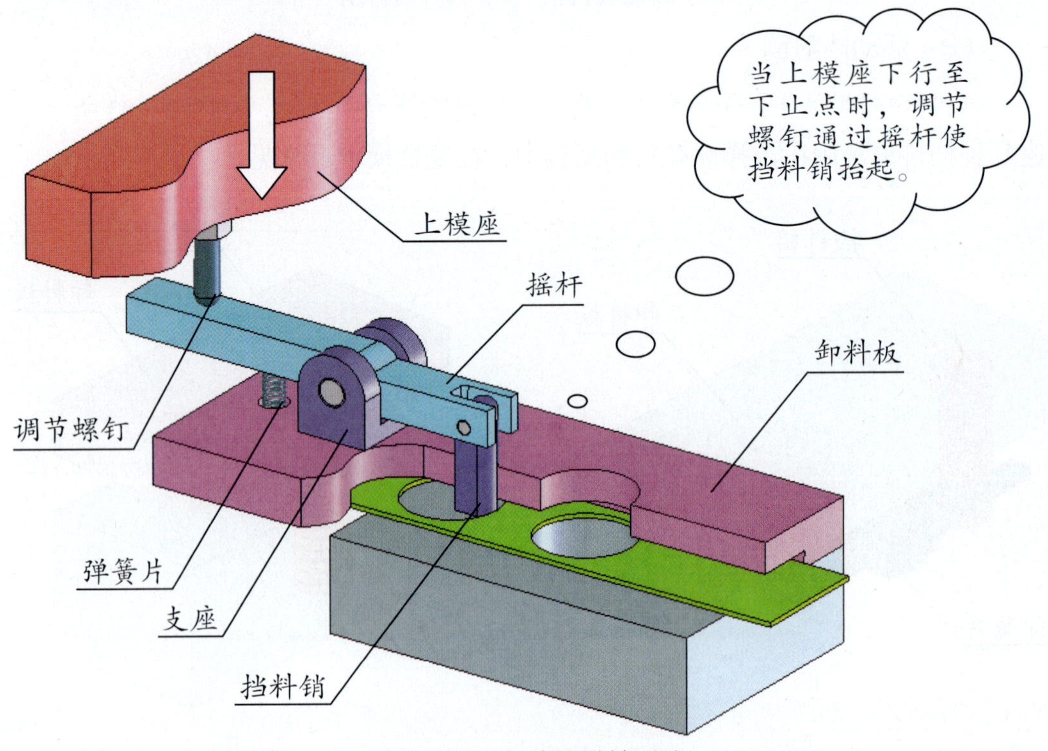

图 2—84　自动挡料销形式

（4）始用挡料块

始用挡料块有时又称为临时挡料块，用于带料在级进模上冲压时的首次定位。级进模有数个工位，有的结构往往就需要用始用挡料块完成带料的首次挡料。始用挡料块的数目视级进模的工位数而定。常用的始用挡料块结构形式如图 2—85 所示。

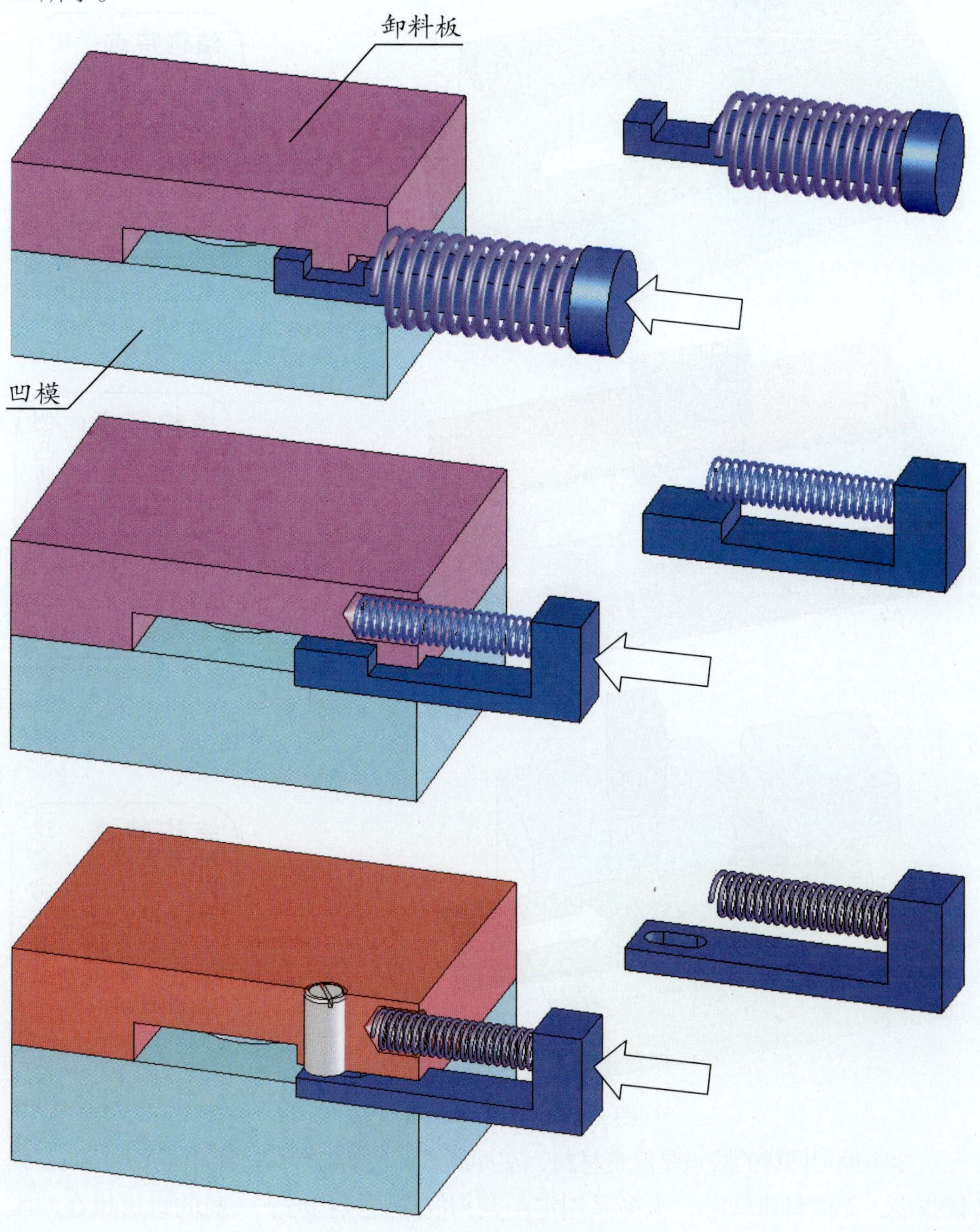

图 2—85　始用挡料块形式

（5）定距侧刃

定距侧刃是以切去带料边少量材料而达到挡料目的。定距侧刃的挡料形式如图 2—86 所示。

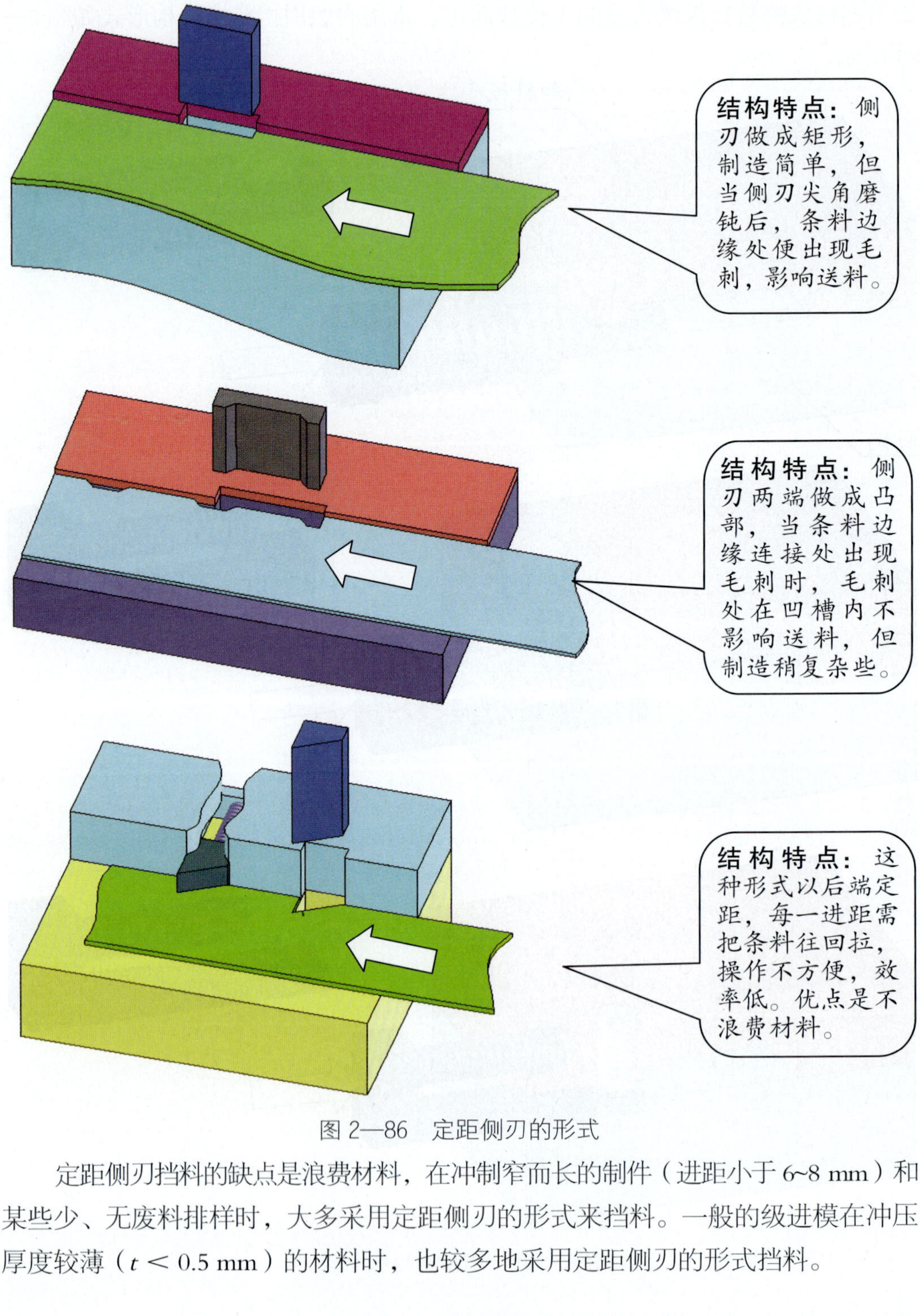

结构特点：侧刃做成矩形，制造简单，但当侧刃尖角磨钝后，条料边缘处便出现毛刺，影响送料。

结构特点：侧刃两端做成凸部，当条料边缘连接处出现毛刺时，毛刺处在凹槽内不影响送料，但制造稍复杂些。

结构特点：这种形式以后端定距，每一进距需把条料往回拉，操作不方便，效率低。优点是不浪费材料。

图 2—86　定距侧刃的形式

定距侧刃挡料的缺点是浪费材料，在冲制窄而长的制件（进距小于 6~8 mm）和某些少、无废料排样时，大多采用定距侧刃的形式来挡料。一般的级进模在冲压厚度较薄（$t < 0.5$ mm）的材料时，也较多地采用定距侧刃的形式挡料。

■ 导正销

（1）导正销的装配形式

导正销多用于级进模中，装在第二工位以后的凸模上，如图 2—87 所示。

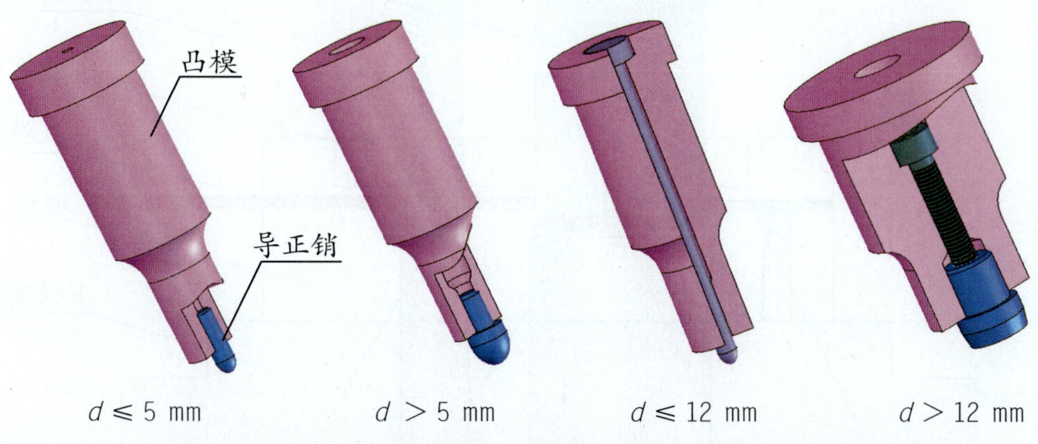

图 2—87　导正销的形式

工作原理：冲压时，由固定挡料装置限制板料级进步距（粗定位），再将导正销插入已冲好的孔中（二次定位），以保证内孔与外形相对位置的精度。

注意点：对于薄料（$t < 0.3$ mm），导正销插入孔内会使孔边弯曲，而不能起到正确的定位；此外，孔的直径太小时（$d < 1.5$ mm）导正销易折断，也不宜采用，应考虑采用其他定位方式。

（2）导正销的间隙

导正销的头部分为直线与圆弧两部分。直线部分的高度不宜太大，否则不易脱件；同时也不能太小，会影响定位精度。直线部分一般取 0.5~1 t。由于冲孔后弹性变形收缩，导正销直径比冲孔凸模直径小 0.04~0.20 mm，导正销的间隙见表 2—12。

表 2—12　　　　导正销的间隙　　　　mm

凸模直径 / 料厚	1.5~6	6~10	10~16	16~24	24~32	32~42	42~60
＜ 1.5	0.04	0.06	0.06	0.08	0.09	0.10	0.12
1.5~3	0.05	0.07	0.08	0.10	0.12	0.14	0.16
3~5	0.06	0.08	0.10	0.12	0.16	0.18	0.20

（3）凸模、导正销及挡料销之间的位置示意（图 2—88）

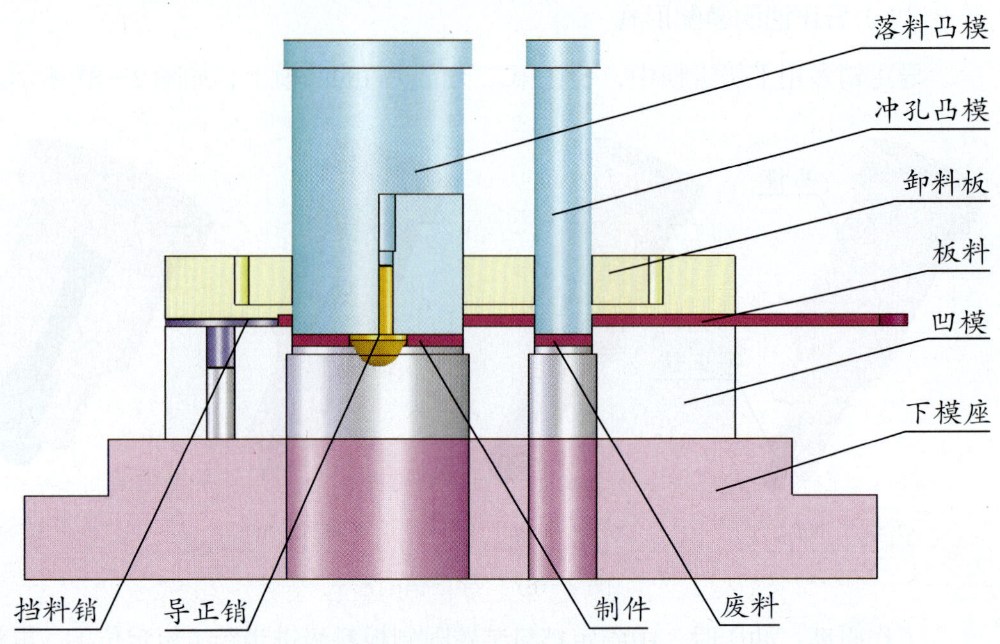

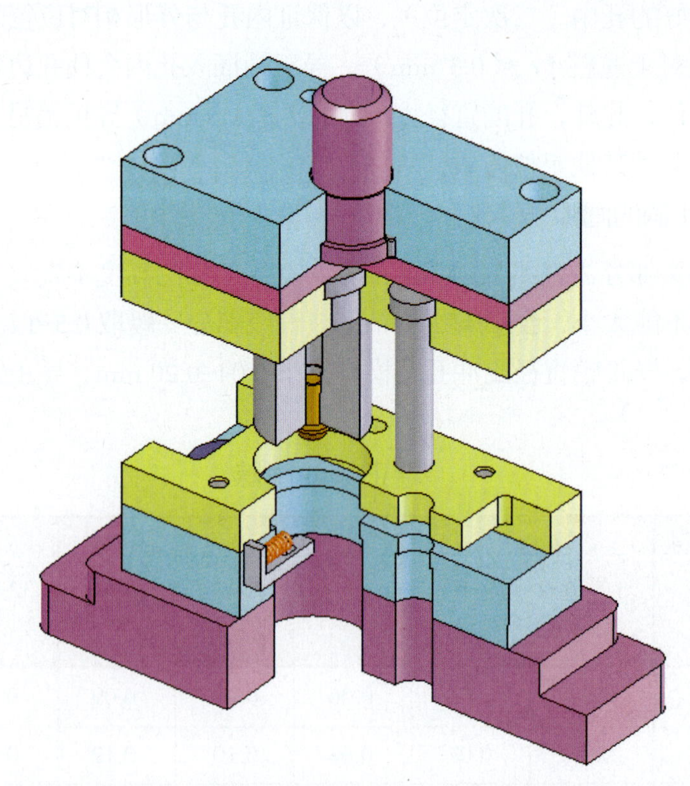

图 2—88　凸模、导正销及挡料销的位置示意图

卸料装置的结构形式

■ 推件装置

推件装置有刚性和弹性两种形式。

（1）刚性推件装置（图 2—89）

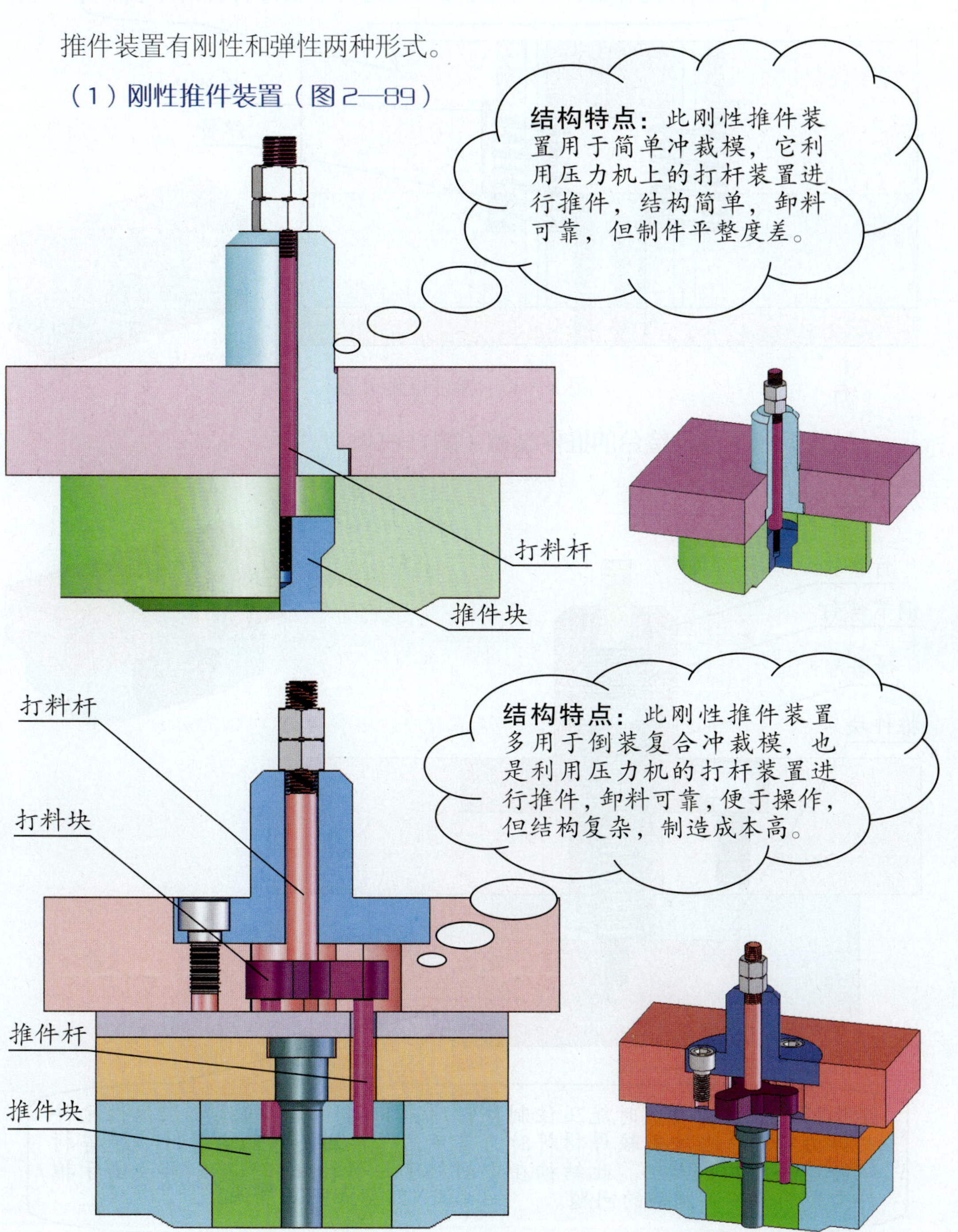

图 2—89 刚性推件装置

（2）弹性推件装置（图 2—90）

结构特点：冲裁时，推件块压住板料，冲出的制件平整，但弹性元件的弹力有限，此结构适用于较薄材料的冲裁。

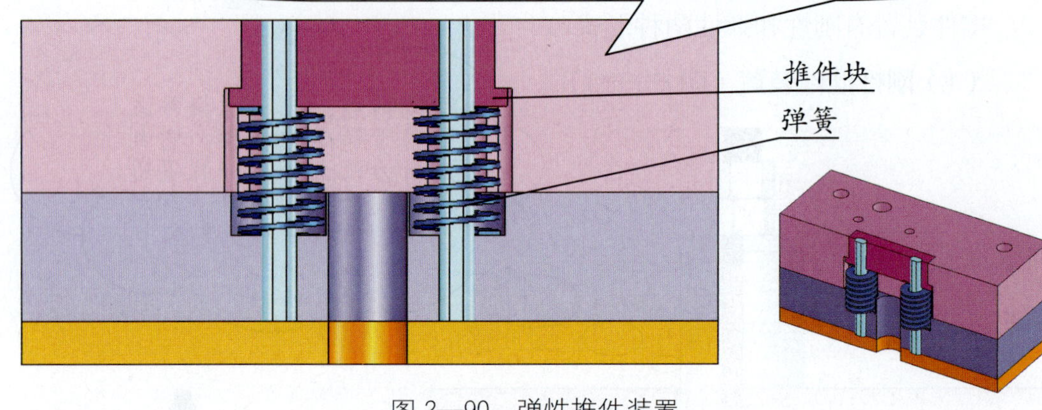

图 2—90　弹性推件装置

（3）刚性、弹性结合的推件装置（图 2—91）

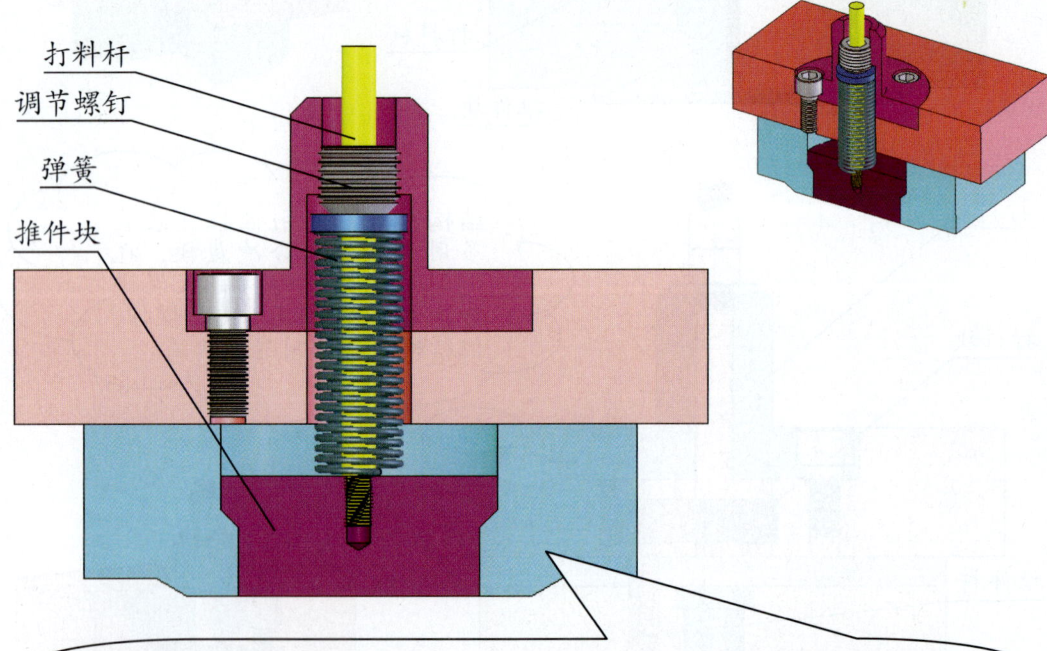

结构特点：它在冲裁时能压住制件，冲出的制件质量较高。但弹性元件的弹力有限，当冲裁较厚材料时力量不足（要用足够的力量冲裁较厚材料会造成结构庞大）。此结构在中间加了一根打料杆，可以解决由于推件力大而推不下制件的问题。

图 2—91　刚性、弹性结合的推件装置

卸料装置

卸料装置也有刚性（即固定卸料板）和弹性两种形式。

（1）弹性卸料板形式（图 2—92）

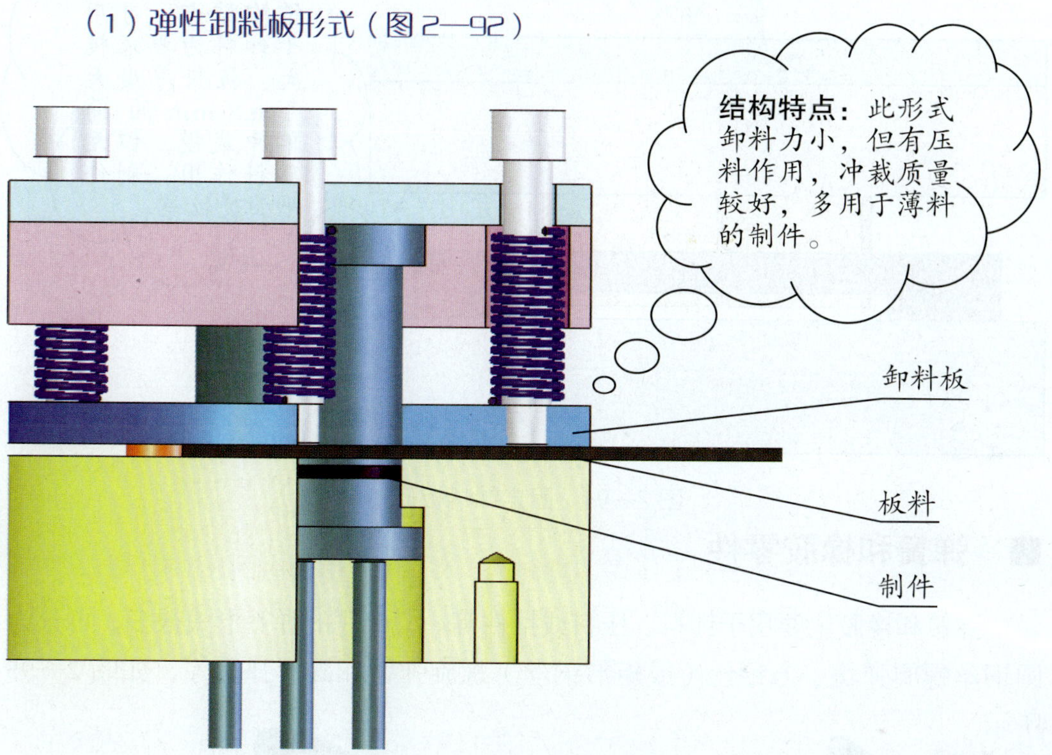

图 2—92　弹性卸料板形式

（2）刚性、弹性结合的卸料形式（图 2—93）

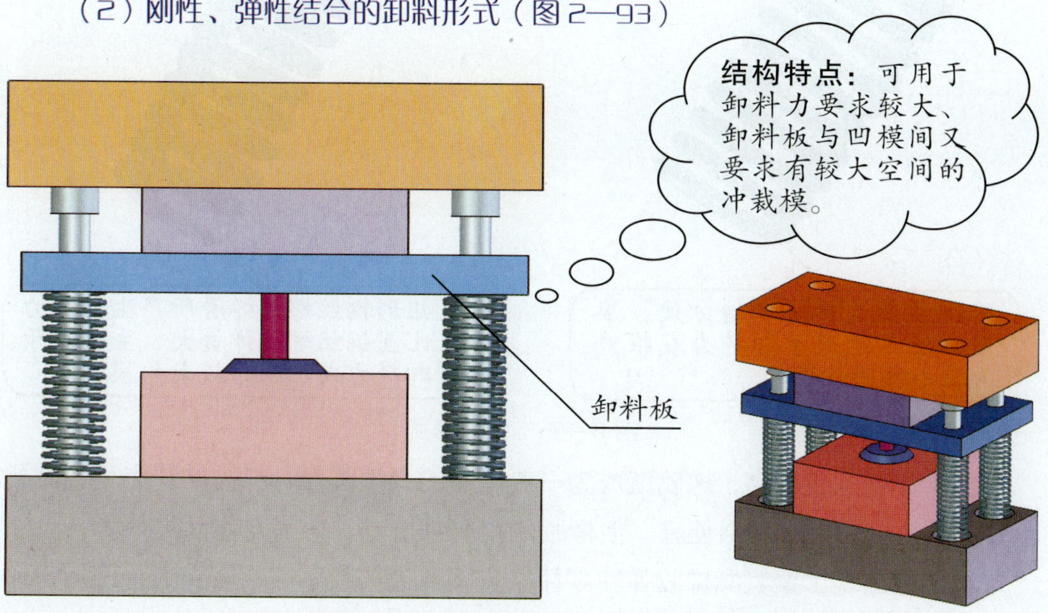

图 2—93　刚性、弹性卸料板形式

（3）固定卸料板的形式（图 2—94）

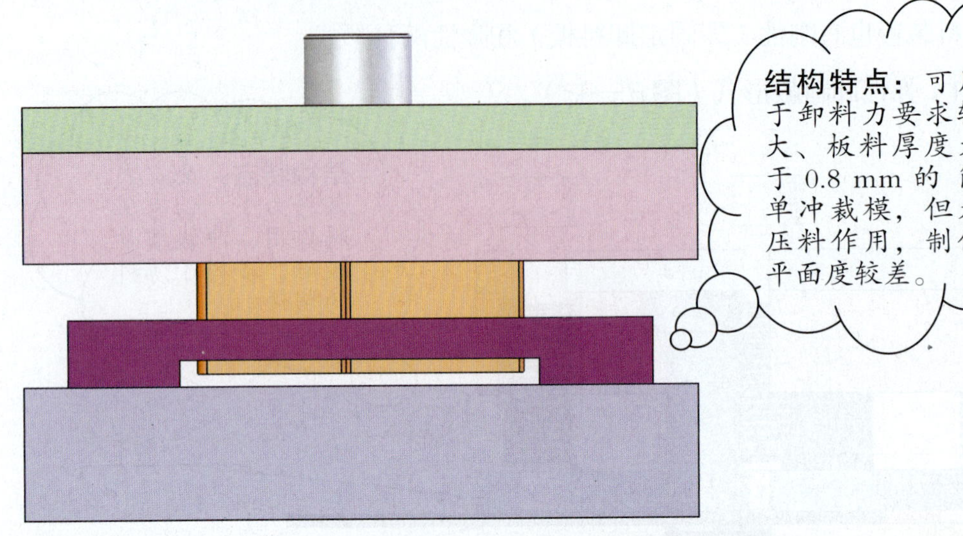

图 2—94　固定卸料板形式

■ 弹簧和橡胶零件

弹簧和橡胶主要用于卸料、压料或推件等。模具用的弹簧形式很多，可分为圆钢丝螺旋弹簧、方钢丝（或矩形钢丝）螺旋弹簧和碟形弹簧等，如图 2—95 所示。

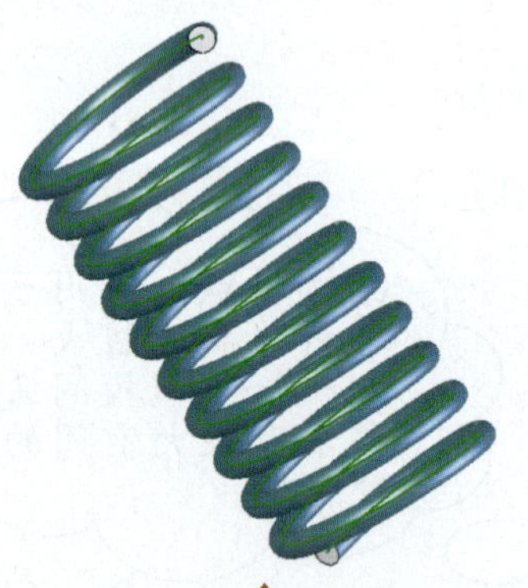

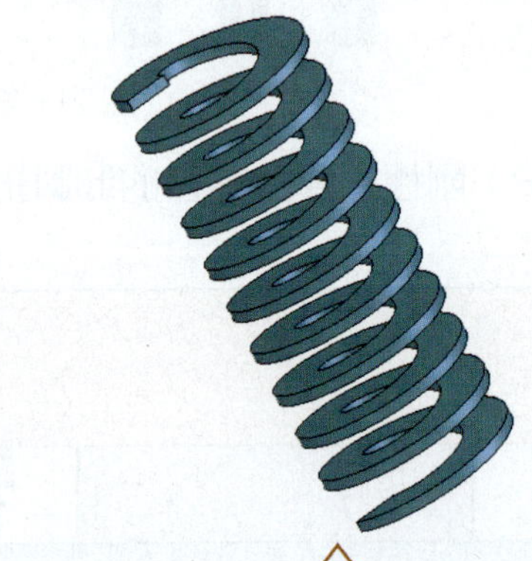

圆钢丝螺旋弹簧制造方便，应用广泛，适用于卸料力或推件力较小的冲裁模。

矩形钢丝螺旋弹簧所产生的压力比圆钢丝螺旋弹簧大，主要用于卸料力或压料力较大的模具。

图 2—95　弹簧形式

由于弹簧的成本高，橡胶就成为一般冲模的弹性零件材料被广泛应用，其优点是使用十分方便，价格便宜。但橡胶的耐腐蚀性差，容易老化而失效。

近年来出现了聚氨酯橡胶弹性零件。它比普通橡胶零件的压力大，使用寿命也长，不易老化，但价格较贵。

导向、固定与紧固零件的结构形式

■　导向零件

在大批量生产中为便于装模或在精度要求较高的情况下，模具都采用导向装置，以保证精确的导向。

(1) 导柱和导套导向

常见的导柱和导套布置形式有以下几种：

1）导柱布置在模座中部两侧的形式如图 2—96 所示。

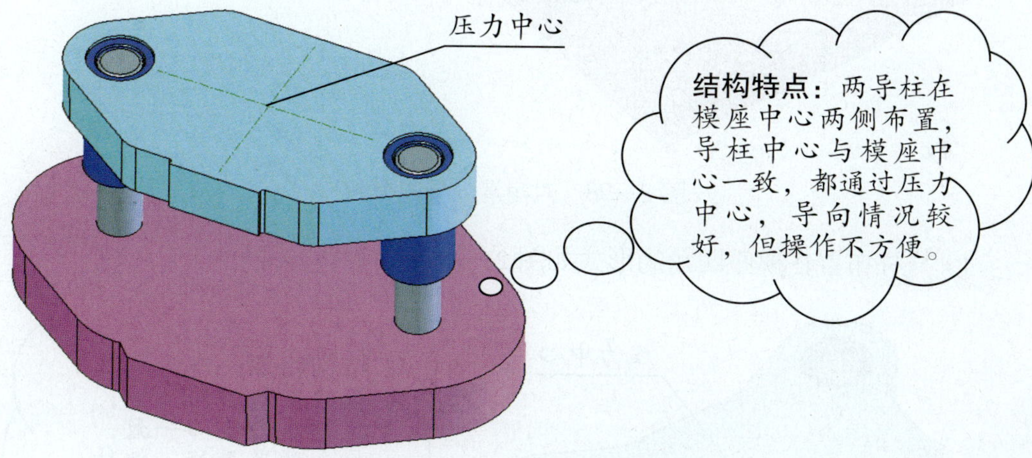

图 2—96　中间滑动导向模架

2）导柱布置在模座后侧的形式如图 2—97 所示。

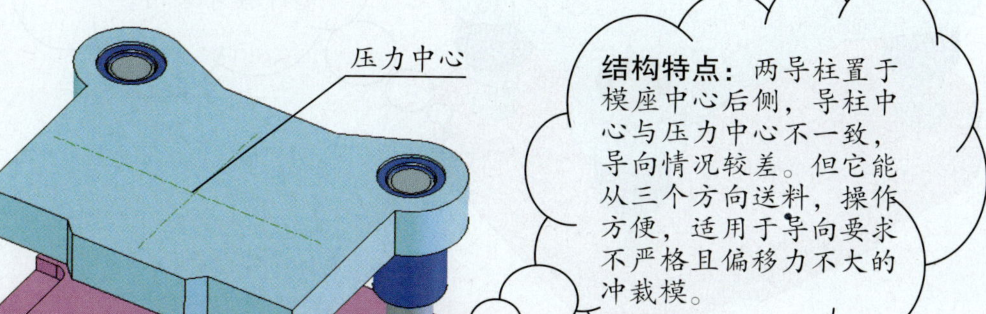

图 2—97　后侧滑动导向模架

3）导柱布置在模座对角的形式如图 2—98 所示。

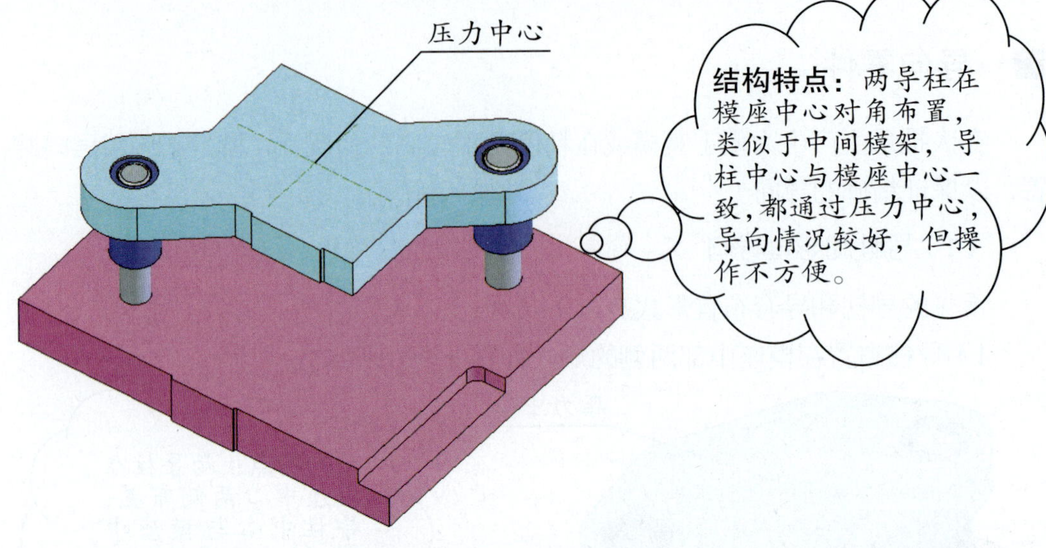

图 2—98　对角滑动导向模架

4）导柱布置在模座四角的形式如图 2—99 所示。

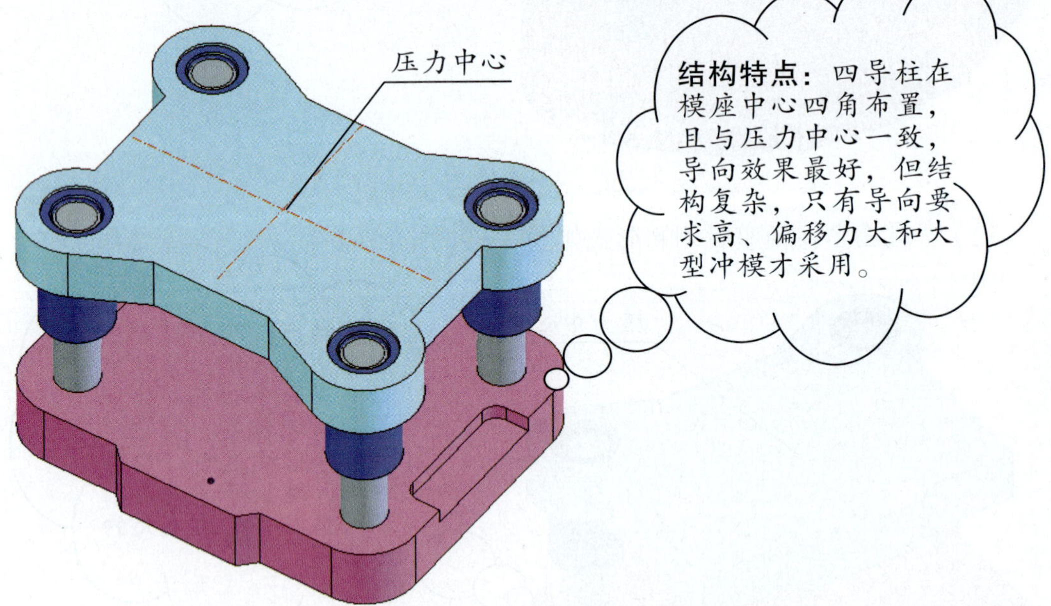

图 2—99　四角滑动导向模架

就以上四种形式而言，为了保证冲裁模的冲裁质量，导柱导套的配合精度大多为 H6/h5 或 H7/h6，适合于一般冲裁模的导向精度。由于导柱模广泛应用，故导柱、导套已标准化，它和上、下模板组成了标准模架，选用时，应根据冲裁模的结构和要求合理选择标准模架。

5）滚珠导套导向的形式如图 2—100 所示。

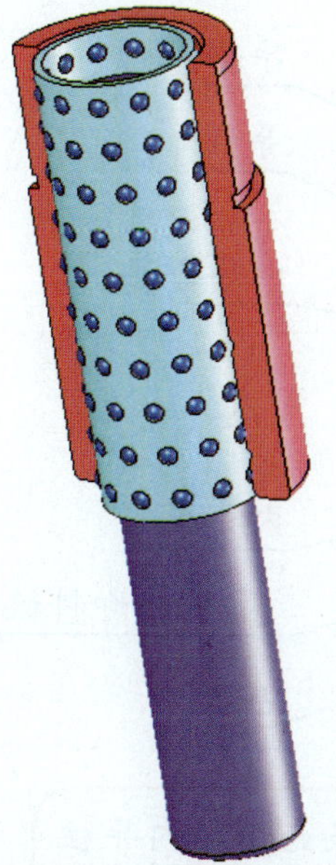

结构特点： 左图导柱、滚珠导套、导套间不但没有间隙，反而有 0.01~0.02 mm 的过盈量。它适用于冲裁薄料 $t \approx 0.1$ mm 或精密冲裁模、无间隙冲裁模、硬质合金模或高速冲裁模等。

钢球保持架： 滚珠装在保持架内，为了减少磨损，保持架中心与滚珠孔有一倾角 α（一般为 5°、6° 54′ 和 26° 几种）。为了保证均匀接触，滚珠公差不超过 0.003 mm。

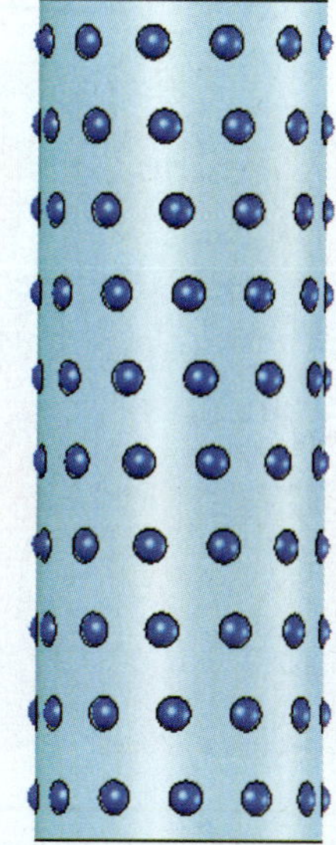

图 2—100　滚珠导套导向

（2）导板导向的形式（图 2—101）

结构特点： 固定卸料板又起凸模导向作用，导板与凸模采用 H6/h6 配合。

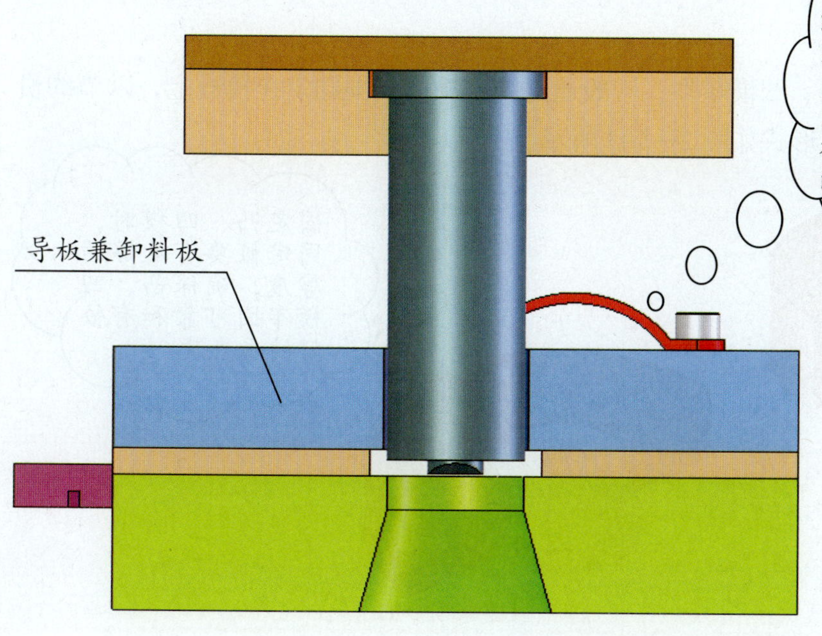

图 2—101　导板导向的形式

（3）内导柱导向的形式（图 2—102）

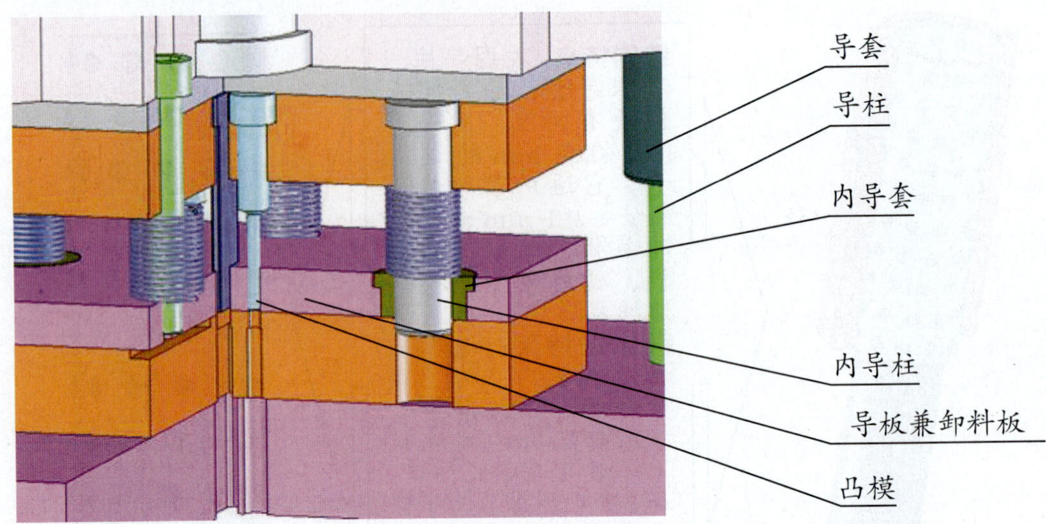

结构特点：为了更好地保护凸模不易折断，导板兼卸料板始终在内导柱的导向下保护凸模。在凸模尚未进入凹模时，先由内导柱进入凹模导孔内定位，使凸模在整个冲裁过程中始终有导向而不易折断。导板孔与凸模一般采用 H7/h6 的间隙配合。

图 2—102　内导柱导向的形式

■ 固定与紧固零件

（1）固定板

对于小型的凸、凹模零件，一般通过固定板间接地固定在模板上，以节约贵重的模具钢，固定形式如图 2—103 所示。

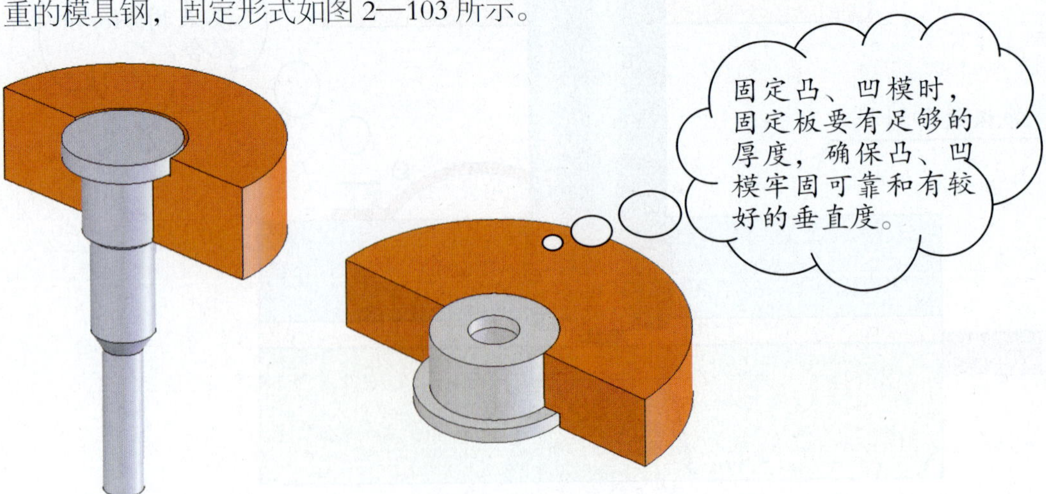

图 2—103　凸、凹模的固定形式

（2）垫板

当制件的材料较厚而外形尺寸又较小时，在冲裁过程中，由于凸、凹模后端面对模板有较大的单位压力，因此，需采用垫板来保护模板。

（3）模板

模板分带导柱和不带导柱两种情况，按其形状有适用于圆形、正方形或长方形模具的，可按冷冲模国家标准或企业标准，选择合适的形式和尺寸。

（4）模柄

模柄主要用于固定上模，其形式如图 2—104 所示。

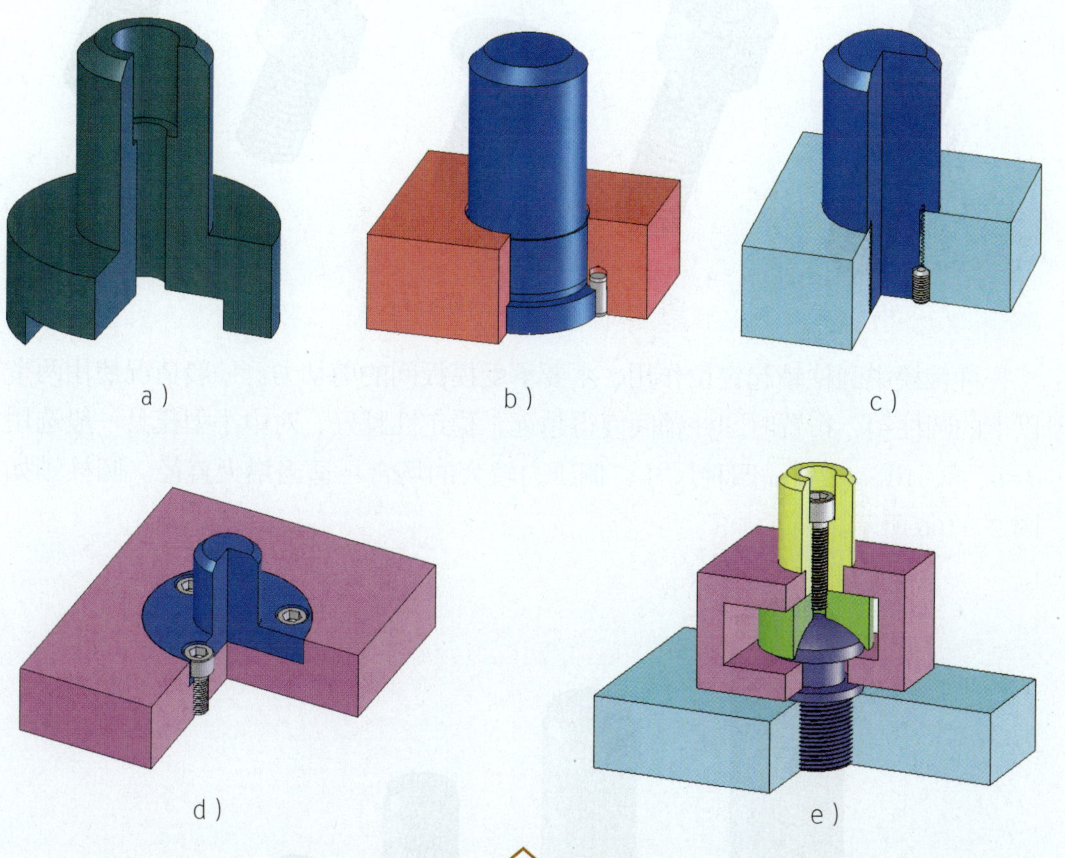

图 a 为模柄与上模板做成整体，用于小型冲裁模。图 b 为模柄采用压入式，图 c 为模柄采用螺纹旋入，均适用于中小型模具。图 d 为模柄带法兰以螺钉固定，适用于较大的冲裁模或有刚性推件装置的冲裁模。图 e 为浮动式模柄，适用于有精确导向的冲裁模，但导向装置不允许脱开，采用此形式可避免压力机导向不精确的影响。

图 2—104　模柄结构的形式

a）整体式　b）压入式　c）旋入式　d）法兰式　e）浮动式

（5）螺钉和销钉

螺钉是紧固模具零件用的，冲模中多采用内六角头或圆头螺钉，如图 2—105 所示。螺钉主要承受拉应力，其尺寸及数量一般根据经验确定，小型和中型模具采用 M6、M8、M10 或 M12 等，选用 4~6 个，要按位置具体布置而定。大型模具可选 M12、M16 或更大规格，选用过大的尺寸会给攻螺纹带来困难。

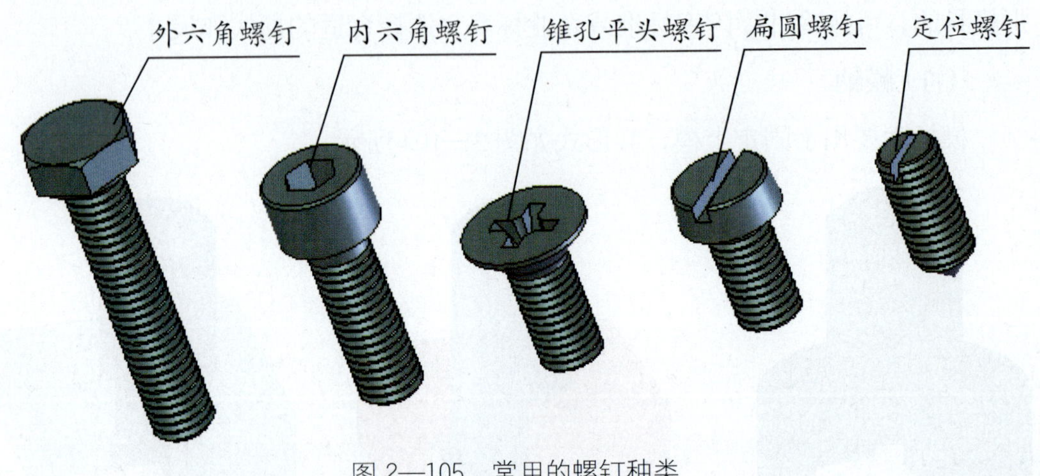

图 2—105　常用的螺钉种类

冲裁模中圆柱销起定位作用，主要承受模板间的剪切力。一般情况使用两个以上的圆柱销，布置时圆柱销间离得越远，稳定性越好，对中小型模具一般选用 d=6、8、10、12 mm 四种尺寸，侧压力较大的场合可适当增大直径。圆柱销如图 2—106 所示。

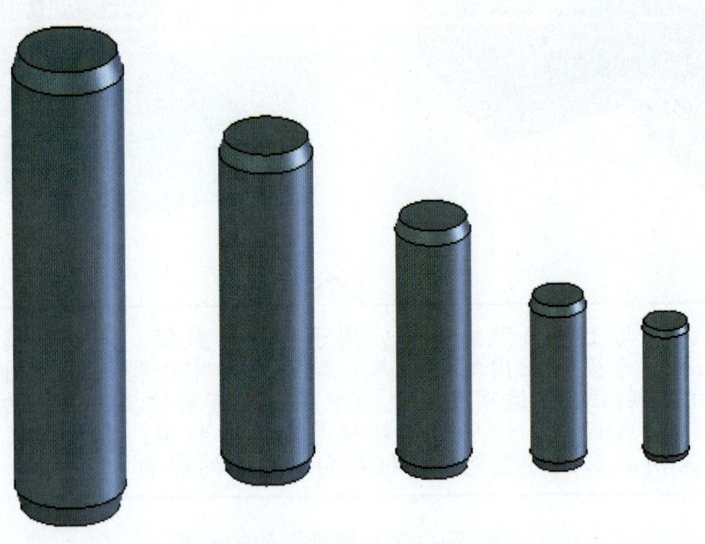

图 2—106　常用的圆柱销种类

第五节　弯曲模、拉深模、挤压模的结构与特点

弯曲工艺

弯曲是使材料产生塑性变形，形成有一定角度形状零件的冲压工序。用弯曲方法加工的零件种类很多，如自行车车把、汽车的纵梁、桥、电器零件的支架、门窗铰链、配电箱外壳等。弯曲的方法也很多，可以在压力机上利用模具弯曲，也可在专用弯曲机上进行折弯、滚弯或拉弯等。

■　弯曲过程

弯曲 V 形件的变形过程如图 2—107 所示。在弯曲的开始阶段，坯料呈自由弯曲，如图 2—107a 所示。随着凸模的下压，坯料与凹模工作表面逐渐靠紧，弯曲半径由 r_0 变为 r_1，弯曲力臂也由 l_0 变为 l_1，如图 2—107b 所示。凸模继续下压，坯料弯曲区逐渐减小，直到与凸模 3 点接触，这时的曲率半径已由 r_1 变成了 r_2；此后，坯料的直边部分则向与以前相反的方向弯曲，如图 2—107c 所示。到行程终了时，凸、凹模对坯料进行校正，使其圆角、直边与凸模全部靠紧，如图 2—107d 所示。

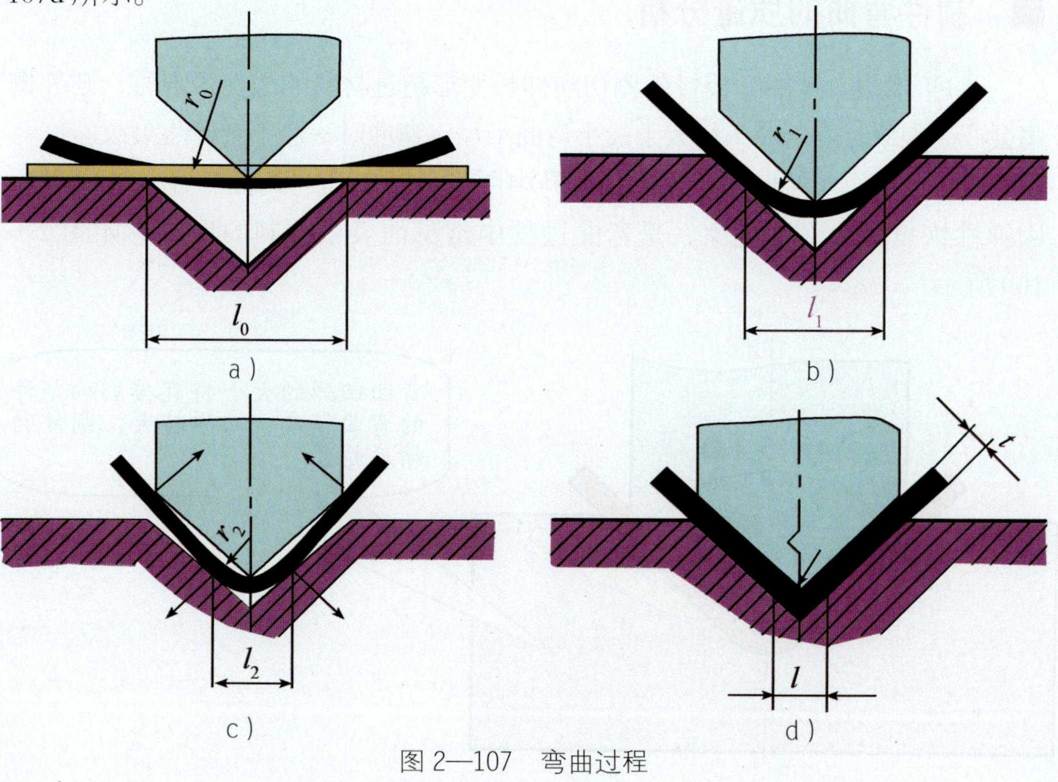

图 2—107　弯曲过程

■ 弯曲变形特点

（1）弯曲变形只发生在制件弯曲的圆角附近，直线部分不产生塑性变形。

（2）弯曲变形后，内层材料缩短，外层材料伸长，而中间有一层材料弯曲变形后长度不变的则称为中性层。

（3）从制件弯曲变形区域的横截面来看，窄板（板宽 B 与料厚 t，$B<2t$）断面略呈扇形，宽板（$B>2t$）横截面仍为矩形，如图 2—108 所示。

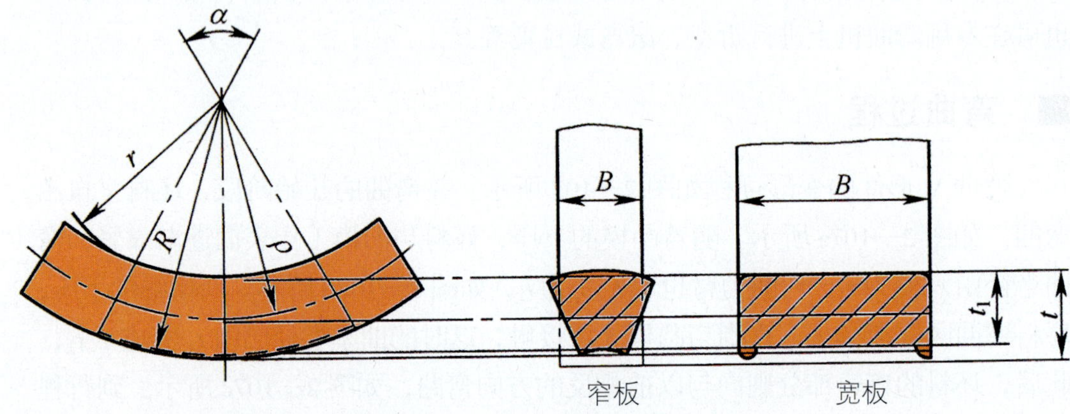

图 2—108 弯曲变形后的横截面变化

■ 制件弯曲的质量分析

（1）弯裂。弯曲时板料外侧切向伸长变形超过材料的塑性极限时，则外侧将会产生裂纹。当弯曲半径大于最小弯曲半径，弯曲时一般不会产生裂纹。

（2）回弹。弯曲时弯曲件在模具中所形成的夹角与弯曲半径，在出模后因弹性恢复而改变的现象，是弯曲过程中常见而又难控制的现象，如图 2—109 所示。

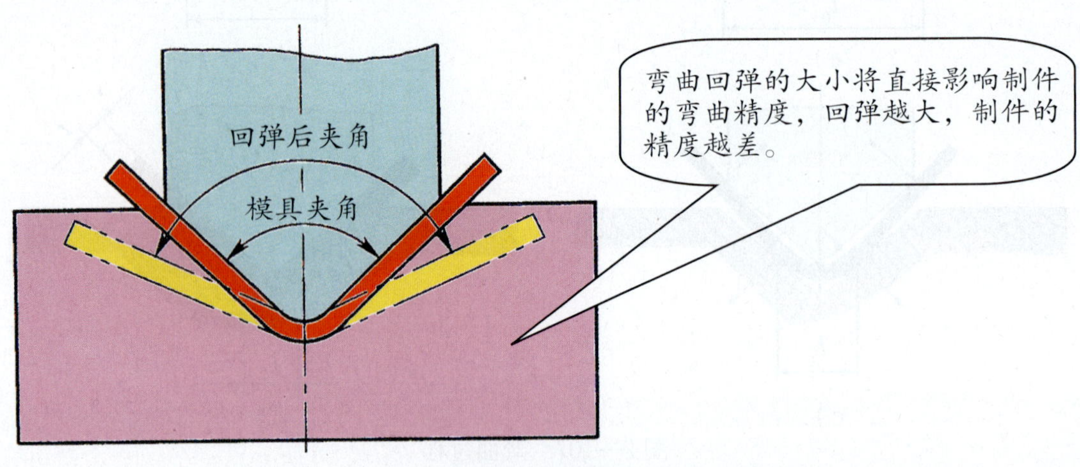

图 2—109 制件的弯曲回弹

（3）偏移。偏移是制件在弯曲过程中沿制件的长度方向产生移动，使制件直边尺寸发生变化的现象（红色区域），如图 2—110 所示。

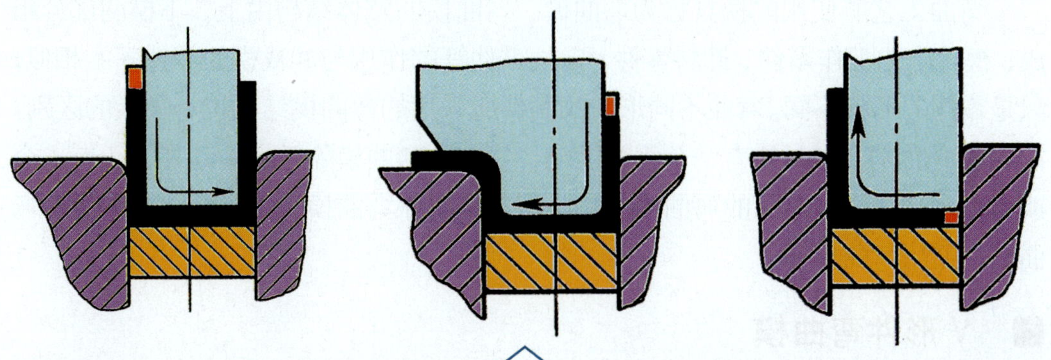

解决偏移的方法：消除坯料在弯曲过程中的偏移，常采用压料装置（也起顶件作用），也可以用模具上的定位销插入坯料的孔（或工艺孔）内定位等方法。

图 2—110　制件弯曲时的偏移量

制件弯曲的工艺性

（1）制件的弯曲圆角半径不宜小于最小弯曲半径，也不宜过大。因为过大时，受到回弹的影响，弯曲角度与圆角半径的精度都不易保证。

（2）制件弯曲的直边高度 h 应大于两倍料厚，否则不易成型。

（3）对阶梯形坯料进行局部弯曲时，应减小不弯曲部分的长度 B，以免撕裂，如图 2—111a 所示。假如制件的长度不能减小，则应在弯曲部分与不弯曲部分之间加工出槽，如图 2—111b 所示。

（4）弯曲有孔的坯料时，孔边到弯曲区的距离应大于 1~2 t，如图 2—111c 所示。

（5）制件的弯曲半径应左右一致，以保证弯曲时板料的平衡，防止产生滑动，如图 2—111d 所示。

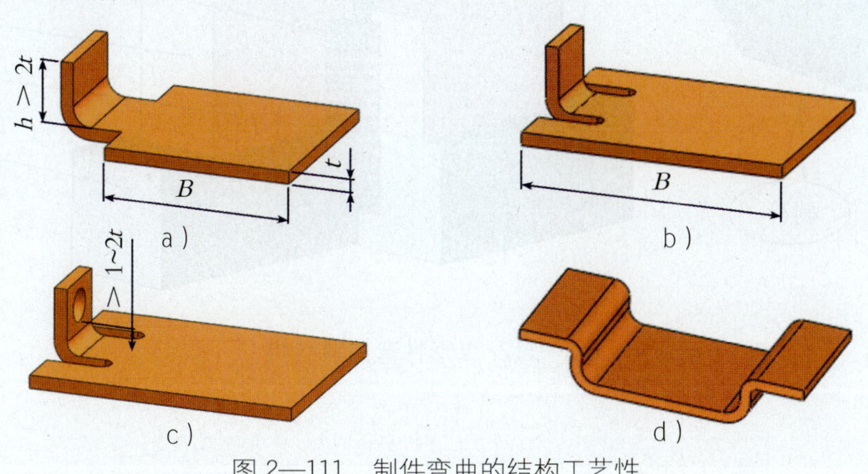

图 2—111　制件弯曲的结构工艺性

弯曲模的结构与特点

弯曲工艺所使用的模具称为弯曲模。弯曲模的整体结构由上、下模两部分组成，模具中的工作零件、卸料零件、定位零件等的作用与冲裁模的零件基本相似，只是零件的形状不同。弯曲不同形状的制件所采用的弯曲模结构也有较大的区别。简单的弯曲模工作时只有一个垂直运动，复杂的弯曲模除垂直运动外，还有一个或多个水平动作。常见的弯曲模结构类型有单工序弯曲模、级进弯曲模、复合弯曲模和通用弯曲模等。

■ V形件弯曲模

V形件弯曲模的基本结构如图2—112所示。凸模装在模柄的槽内并用销钉固定，凹模通过螺钉和销钉直接固定在下模座上，托料块和弹簧组成顶出装置和压料装置，坯料由两定位板定位。

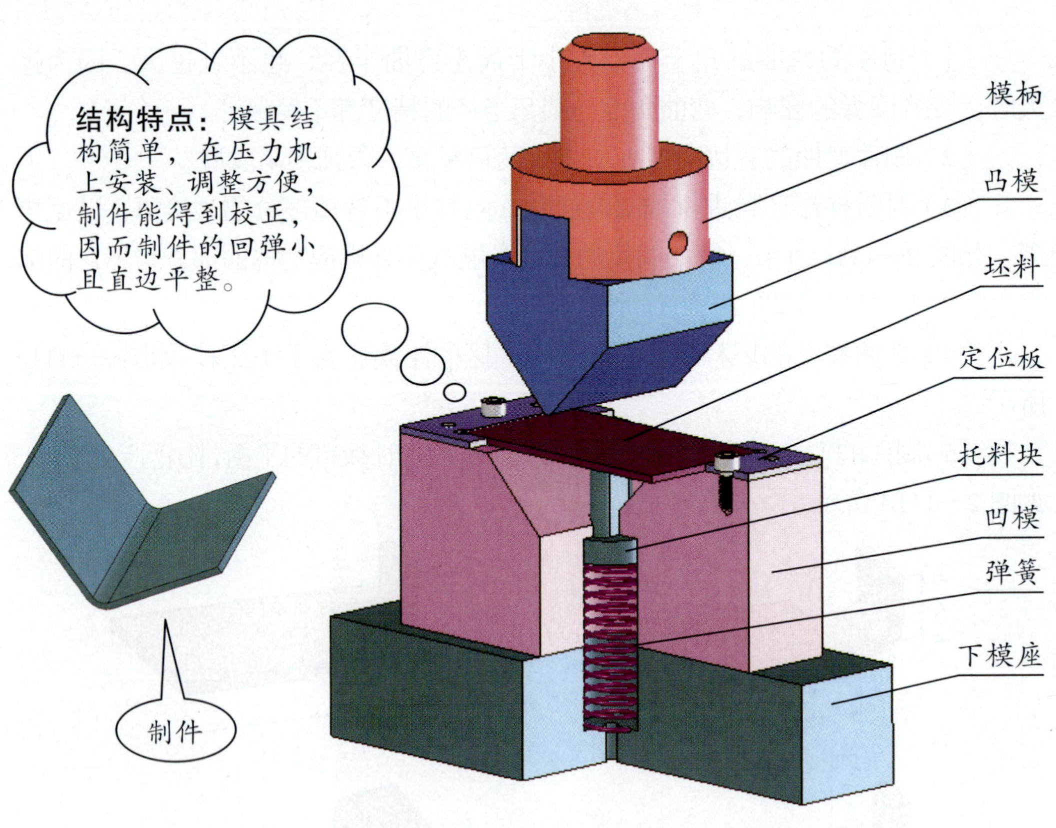

图2—112　V形件弯曲模结构

V 形件弯曲模压料、弯曲和顶出的工作原理如图 2—113 所示。

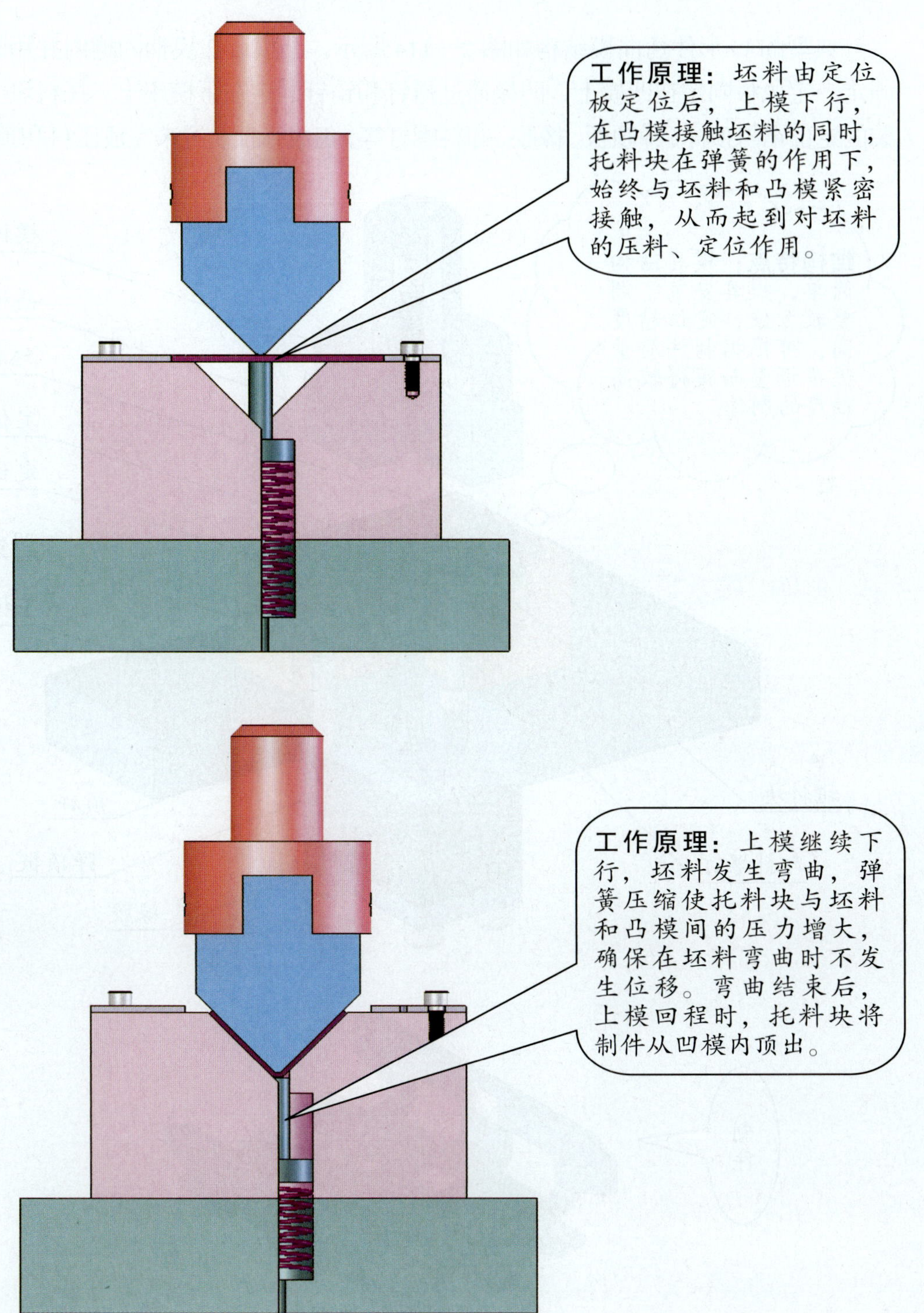

图 2—113　压料、弯曲和顶出的工作原理

■ U形件弯曲模

典型的U形件弯曲模结构如图2—114所示。凸模装在模柄的槽内并用螺钉固定。定位板固定在凹模上，凹模通过螺钉和销钉固定在下模座上。托料块上所装的定位销与顶杆、弹顶板、橡胶、卸料螺钉等，组成弹顶装置来完成压料和顶出。

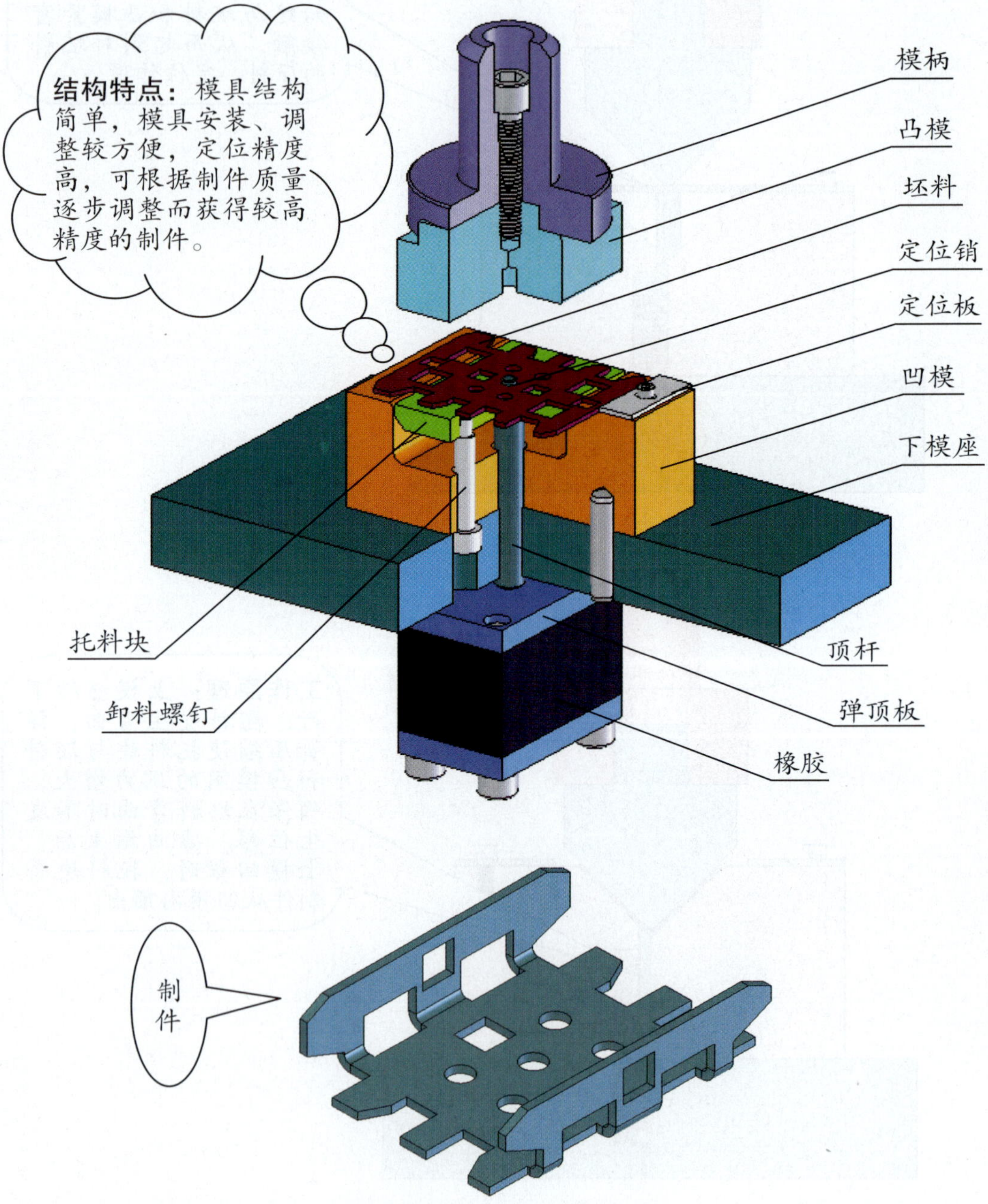

图2—114 U形件弯曲模结构

U 形件弯曲模定位、压料、弯曲和顶出的工作原理如图 2—115、图 2—116、图 2—117、图 2—118 所示。

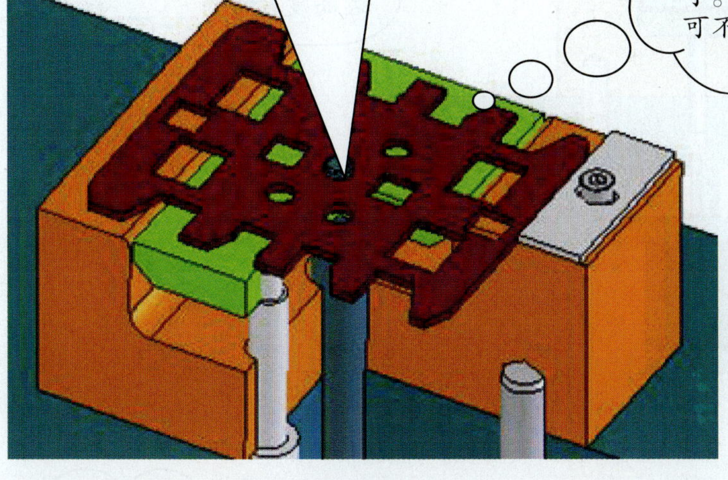

图 2—115　坯料的定位

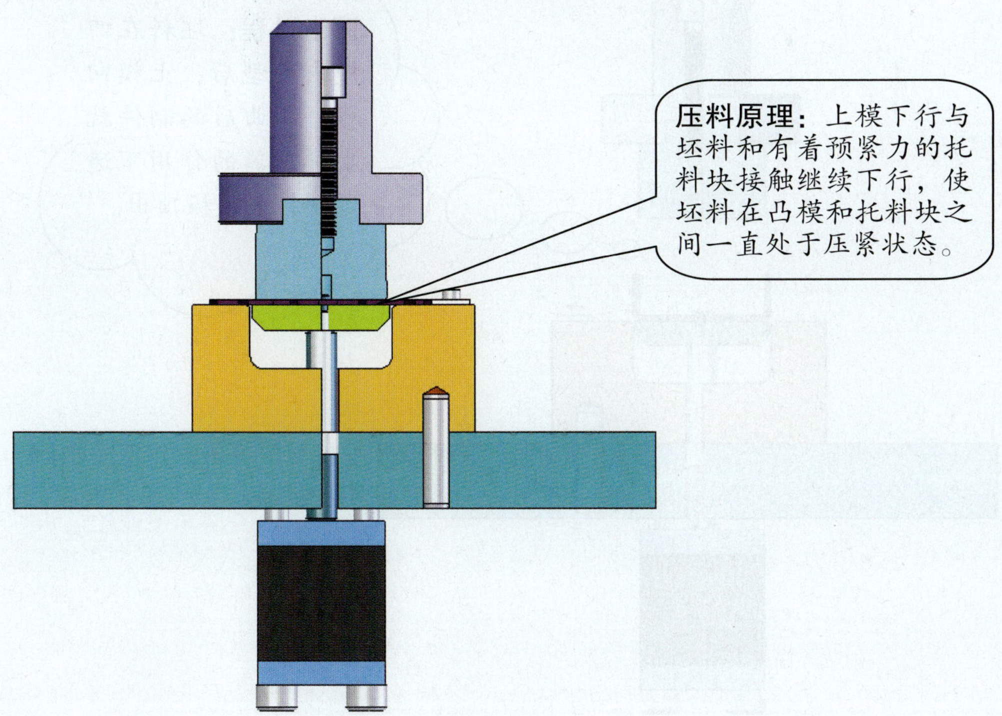

图 2—116　坯料的压料

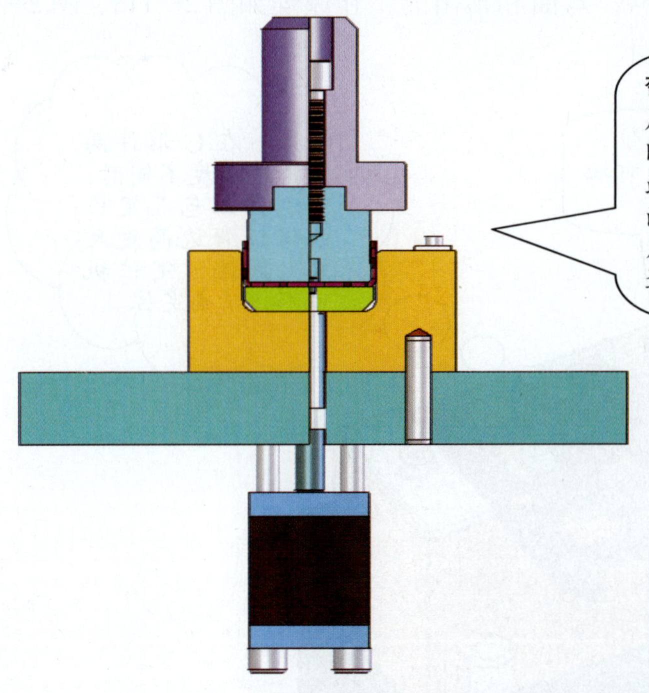

图 2—117　坯料的弯曲过程

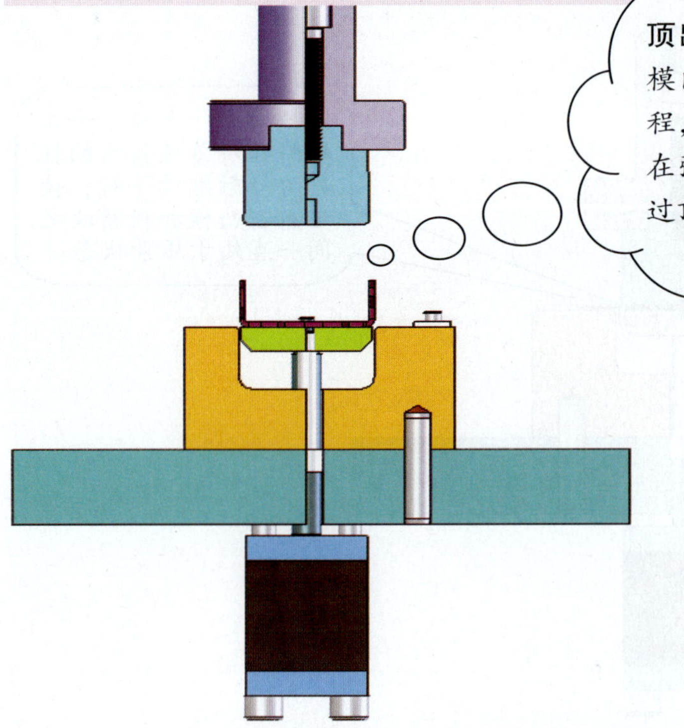

图 2—118　U 形件的顶出过程

■ 落料、冲孔、弯曲级进模

U 字形落料、冲孔、弯曲级进模主要用以弯制侧壁带孔的 U 形制件，它的结构特点如图 2—119 所示。模具的工作零件是冲孔凸模、冲孔切断凹模、弯曲凸模及切断弯曲凸凹模；定位零件是定位块和导料板（与卸料板做成了一体）；压料装置由打料杆、顶料杆及弹簧组成，推件装置由打料杆和弹簧构成。

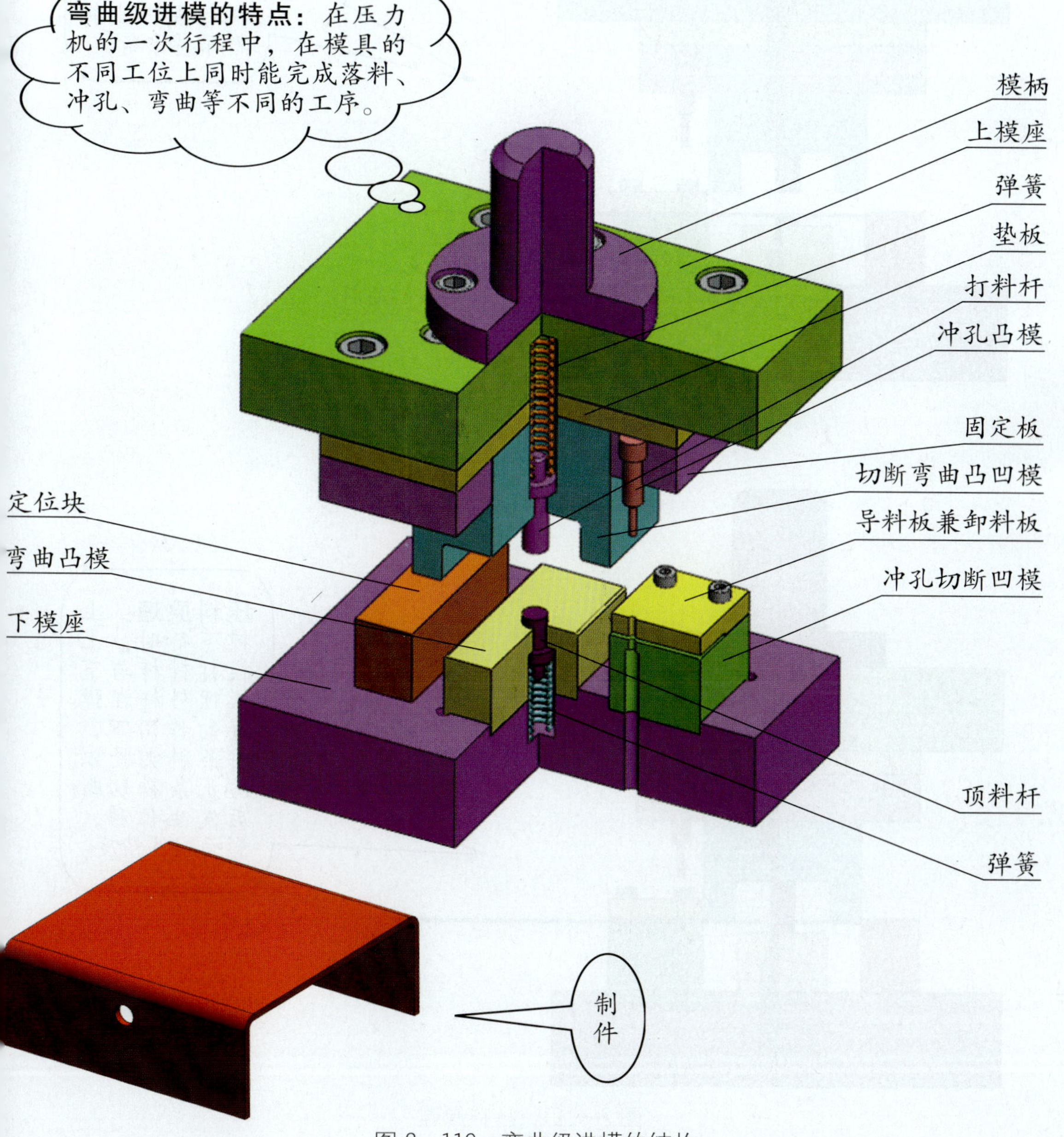

图 2—119　弯曲级进模的结构

落料、冲孔、弯曲级进模工作原理如图 2—120~ 图 2-124 所示。

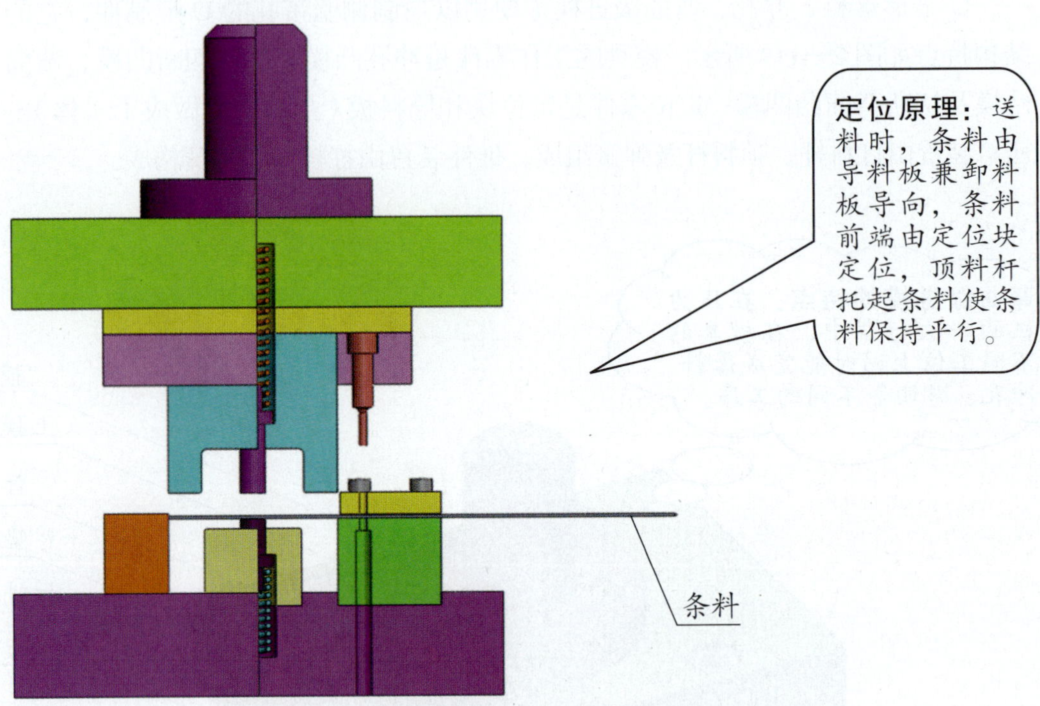

图 2—120　坯料的定位

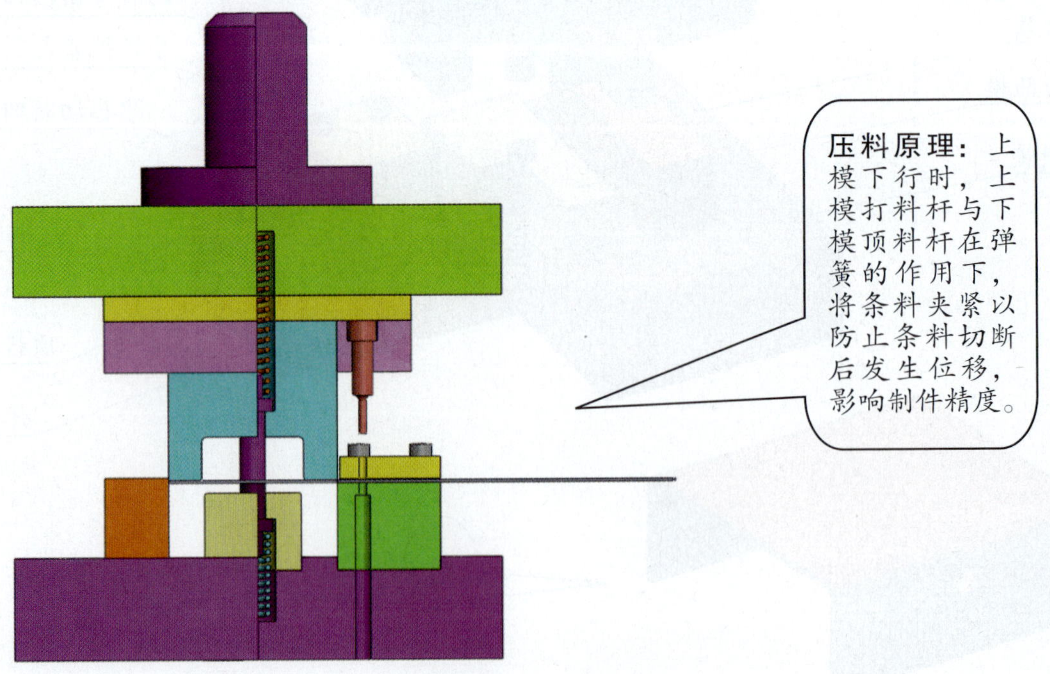

图 2—121　压料原理

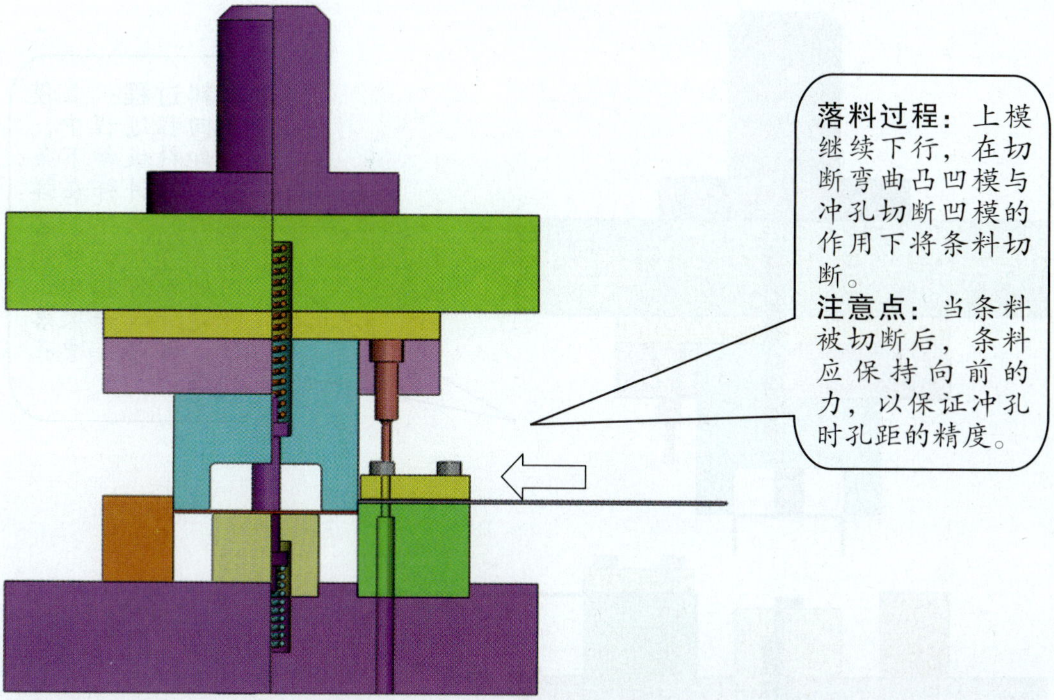

落料过程：上模继续下行，在切断弯曲凸凹模与冲孔切断凹模的作用下将条料切断。
注意点：当条料被切断后，条料应保持向前的力，以保证冲孔时孔距的精度。

图 2—122 落料过程

弯曲、冲孔过程：上模继续下行，在切断弯曲凸凹模与凸模的作用下，将切断后的坯料压弯成型。与此同时，冲孔凸模在条料上冲出孔。

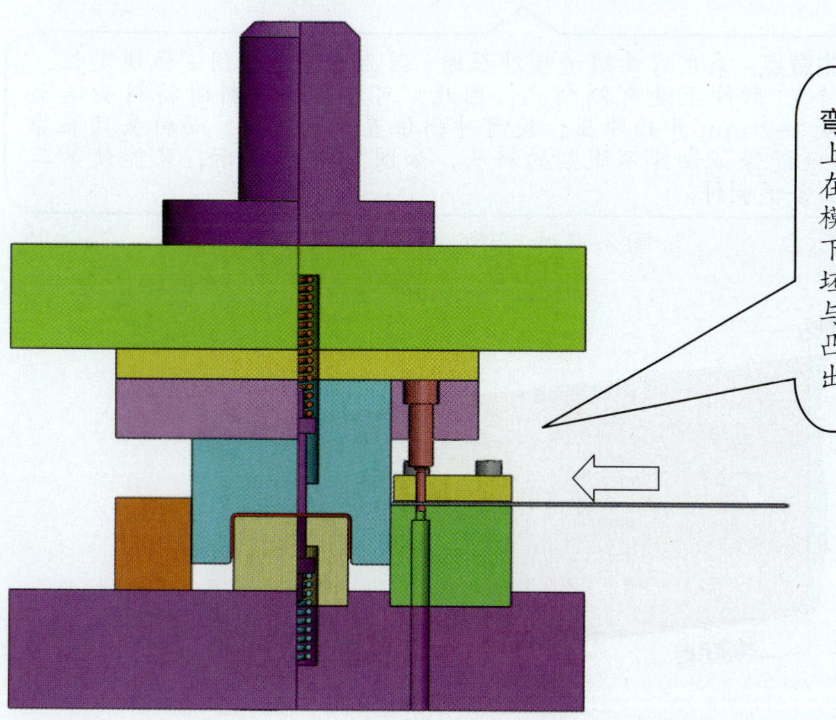

图 2—123 弯曲、冲孔过程

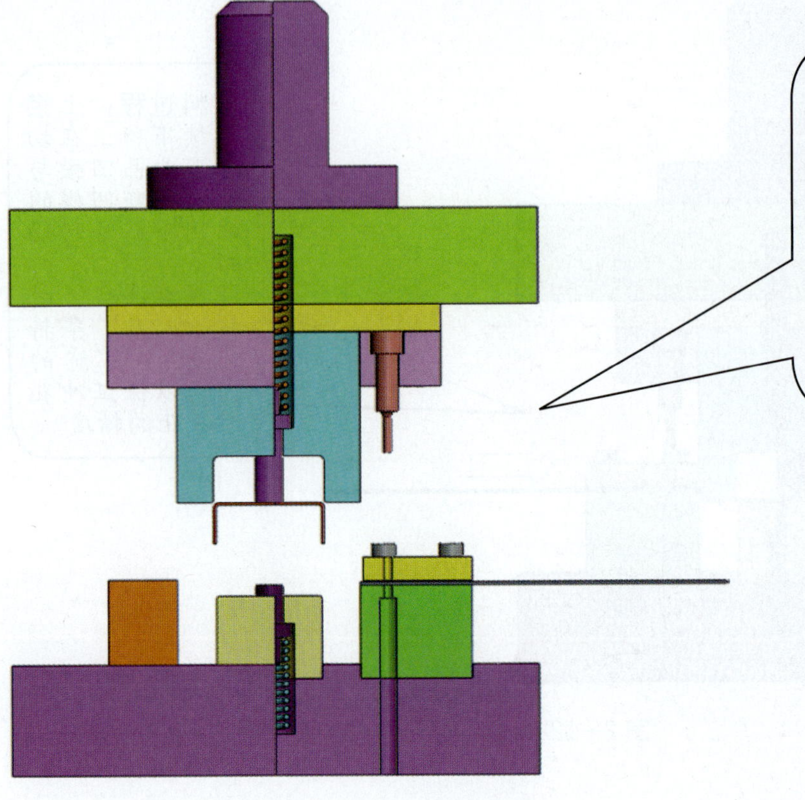

卸料过程：上模在回程过程中，由卸料板卸下条料，打料杆在弹簧的作用下，将卡在弯曲凸凹模内的制件推出，即完成了一次落料、弯曲、冲孔过程。

首次送料时的注意点：采用弯曲级进模冲压时，因为首次送料用定位块定位，所以冲出的首个U形件上没有侧向孔。因此，可在首次送料时将料头送至切断凹模刃口处1~2 mm开始冲压，便可冲出位置正确的孔，而料头只浪费1~2 mm，这样既能保证切掉不规则的料头，如图2—125所示，又能使第二次开始均可冲出合格制件。

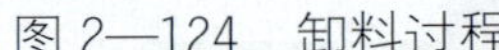

图2—124　卸料过程

图2—125　条料的首次定位

拉深工艺

拉深是把一定形状的平板坯料或空心件通过拉深模制成各种开口空心件的冲压工序。用拉深的方法可以制成筒形、阶梯形、盒形、球形、锥形等各种复杂形状的薄壁零件，如图 2—126 所示。

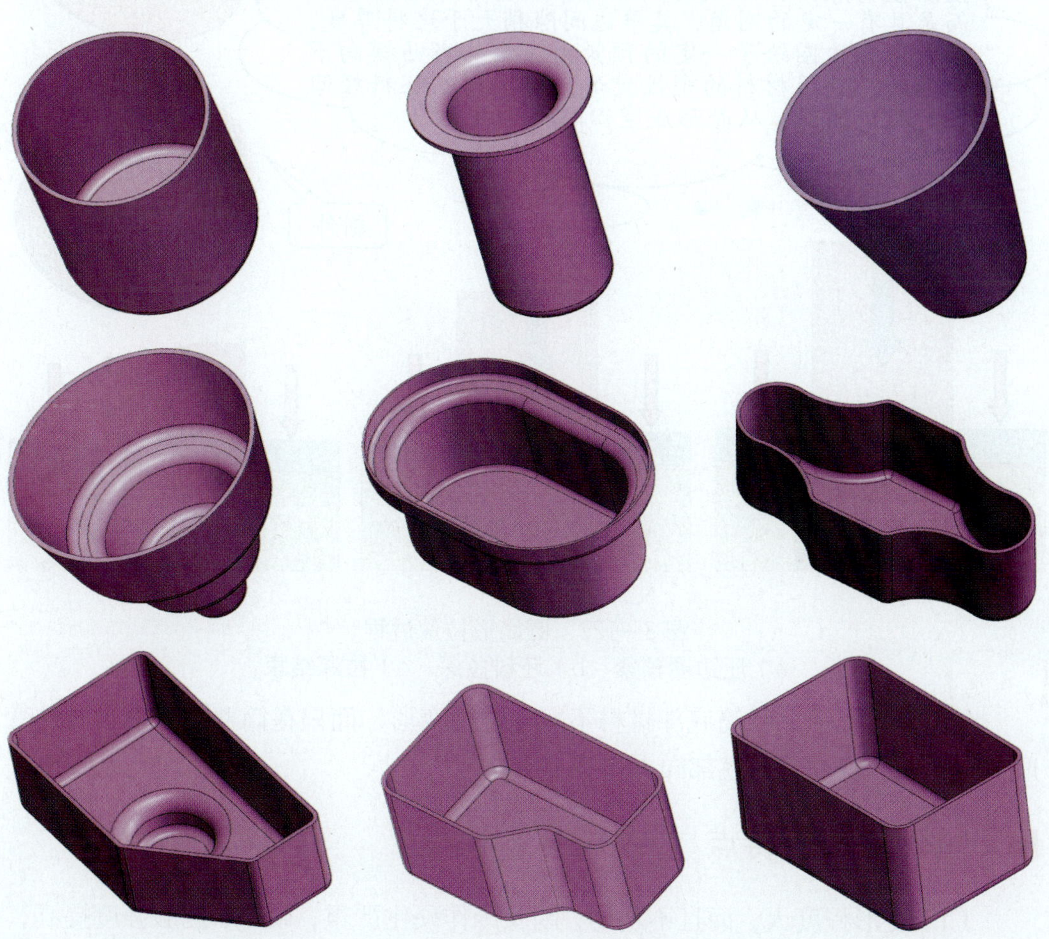

图 2—126　用拉深方法制成的各种零件

拉深模可加工轮廓尺寸从几毫米、厚度仅 0.2 mm 的小零件到轮廓尺寸达 2~3 m、厚度 200~300 mm 的大型零件。因此，拉深在汽车工业、航空航天、电子工业、纺织工业和日常生活用品制造中占据着相当重要的地位。

拉深分为不变薄拉深和变薄拉深。不变薄拉深制成的零件其各部分厚度与拉深前坯料的厚度相比基本保持不变；变薄拉深制成的零件其筒壁厚度与拉深前相比则有明显的变薄。因此，通常所说的拉深主要是指不变薄拉深，在实际生产中应用较广泛。

■ 拉深过程

将平板坯料拉深成空心筒形件的过程如图 2—127 所示。

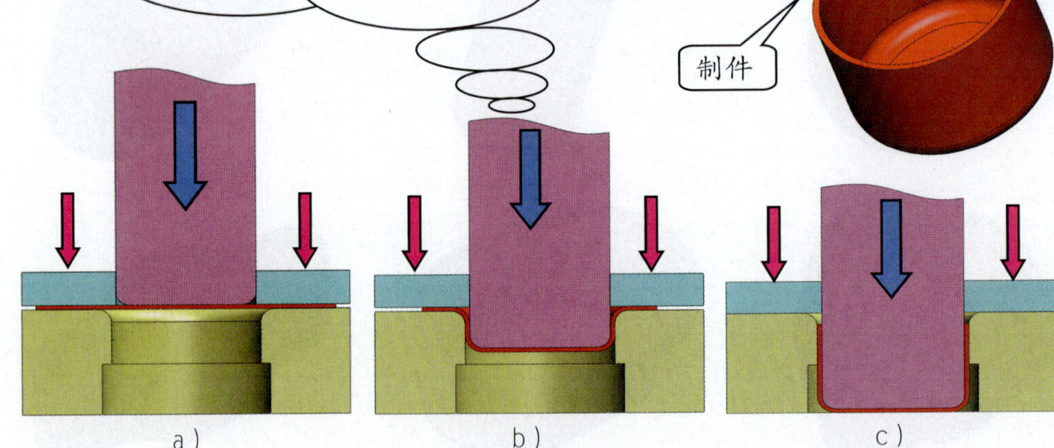

图 2—127　圆筒形拉深过程

a）压边圈预紧　b）坯料拉深　c）拉深结束

在拉深过程中，圆筒底部材料不发生塑性变形，而只在筒壁部分发生塑性变形，塑性变形的程度由底部向上逐渐增大。

■ 拉深变形的特点

（1）变形程度大，而且不均匀，因此冷作硬化严重，硬度、屈服强度提高，塑性下降，内应力增大。

（2）容易起皱。产生皱折后，不仅影响制件的拉深质量，更严重的是使拉深无法进行，如图 2—128 所示。

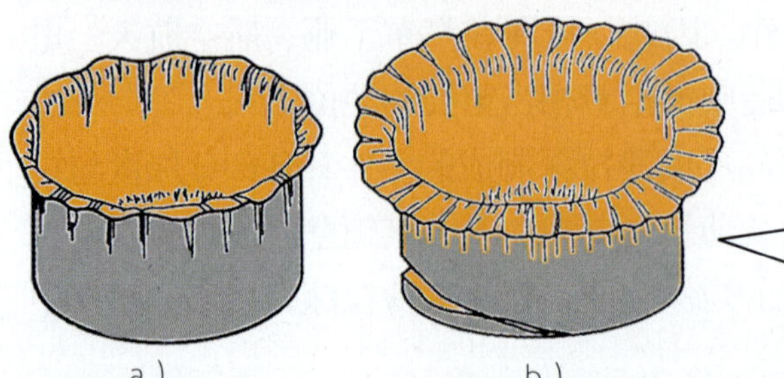

图 2—128　拉深过程中的起皱现象

a）轻微起皱　b）严重起皱而破裂

（3）制件各处变形不一样，导致各处厚度也不一致，如图 2—129 所示。

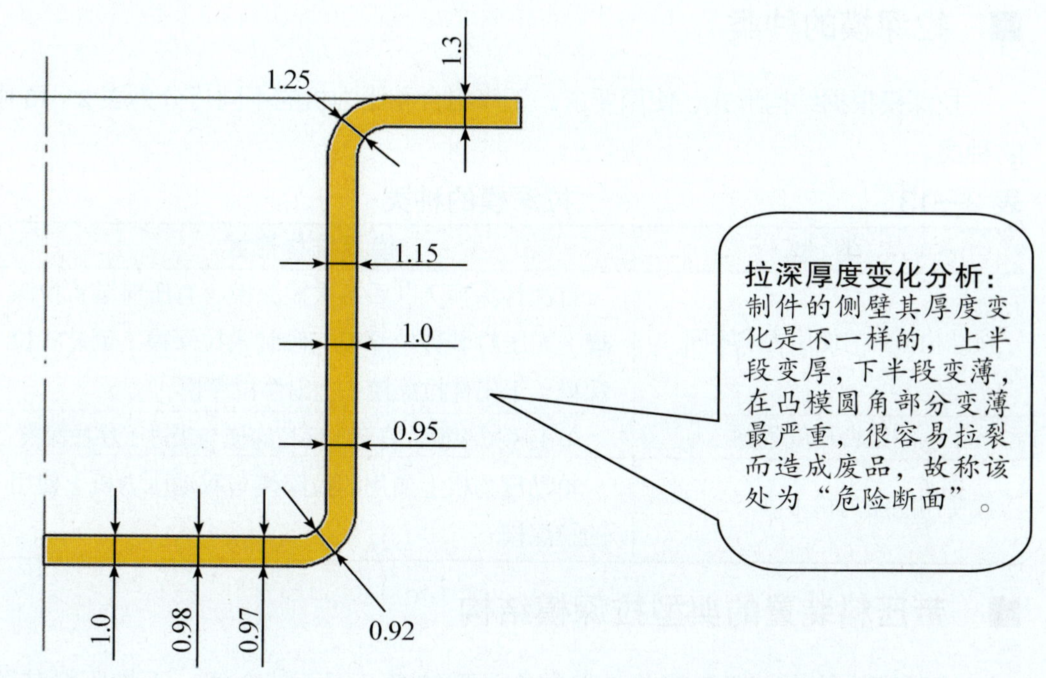

图 2—129　拉深时制件厚度的变化情况

■　制件拉深的工艺性

在拉深过程中，材料要发生塑性流动，在不影响制件使用性能的前提下，对制件的拉深图形和技术要求做如下工艺要求。

（1）制件的形状应尽量简单、对称，尽可能一次拉深成型，如需多次拉深则要限制每次拉深的程度在许用范围之内。

（2）凸缘和底部圆角半径不能太小，还应提高圆角处的表面粗糙度要求，否则会使制件圆角处发生破裂。

（3）凸缘的大小要适当。凸缘过大时凸缘处不易产生变形；凸缘过小，压边圈与凸缘接触面减小，拉深时易起皱。

（4）制件的壁厚是由边缘向底部逐渐减薄，因此，对制件的尺寸标注应只标注外形尺寸（或内形尺寸）和坯料的厚度。

（5）制件的直径公差等级一般为 IT12~IT15 级，高度公差等级为 IT13~IT16 级（可按对称公差标注）。当制件的尺寸公差等级要求高或圆角半径要求小时，可在拉深以后增加一道整形工序。

拉深模的结构与特点

■ 拉深模的种类

拉深模根据结构形式、使用要求、工序组合和压力机的不同可分为表 2—13 中的种类。

表 2—13　　拉深模的种类

类　型	模具结构形式
按结构形式与使用要求不同	首次拉深模 / 以后各次拉深模、有压料装置拉深模 / 无压料装置拉深模、倾装式拉深模 / 倒装式拉深模、下出件拉深模 / 上出件拉深模
按工序的组合程度不同	单工序拉深模、复合工序拉深模与级进工序拉深模
按使用的压力机不同	单动压力机上使用的拉深模与双动压力机上使用的拉深模

■ 带压料装置的典型拉深模结构

拉深模的结构一般较简单，但结构类型较多。下面就介绍一下带压料装置的典型拉深模结构，如图 2—130 所示。

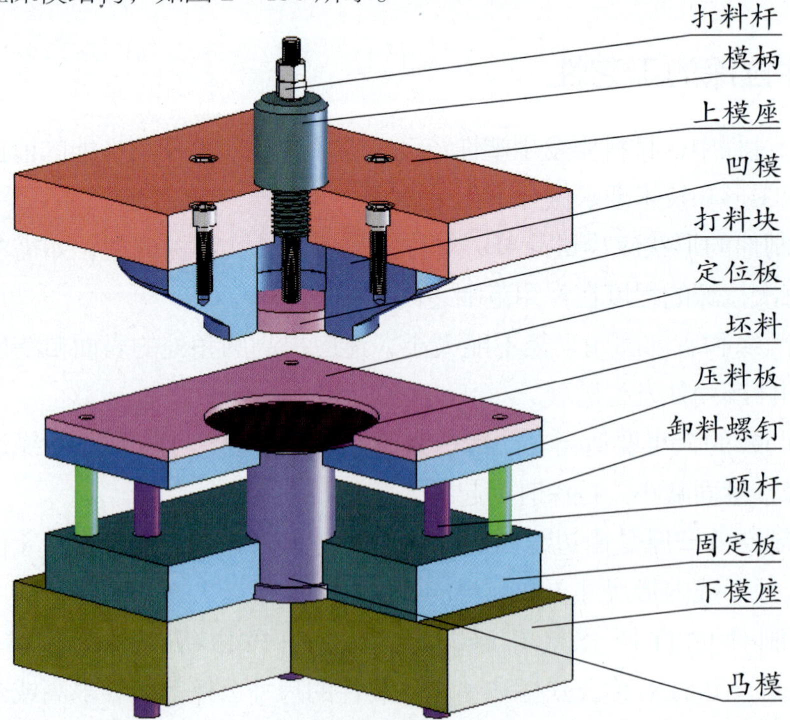

图 2—130　带压料装置的典型拉深模结构

拉深模压料、拉深、顶出的工作原理如图 2—131、图 2—132、图 2—133 所示。

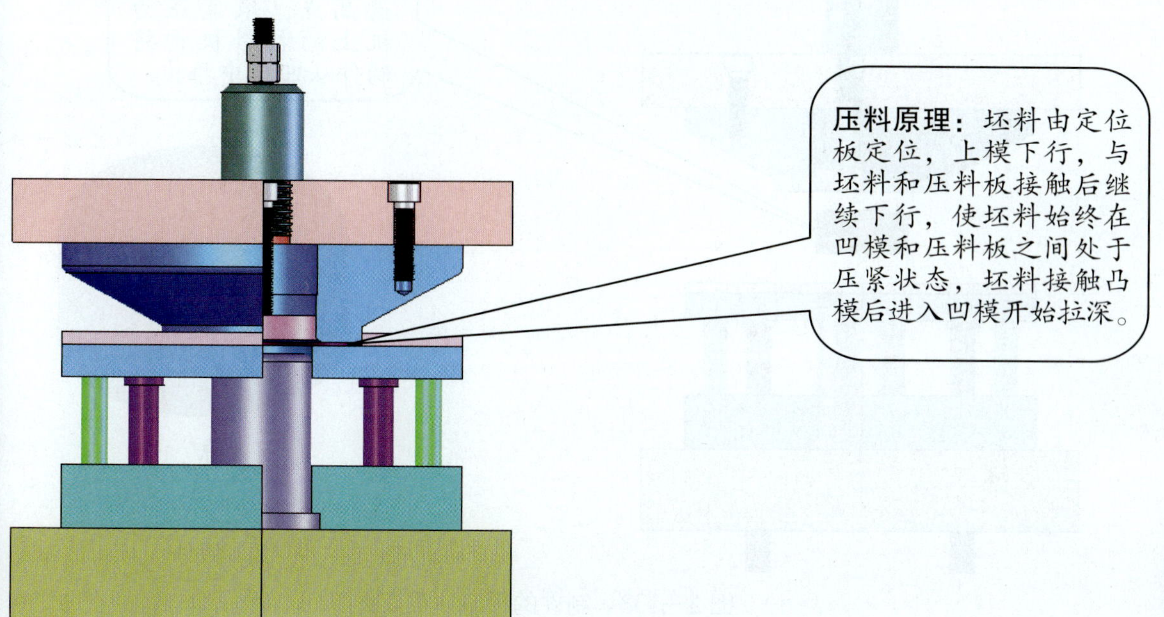

图 2—131　坯料的压料

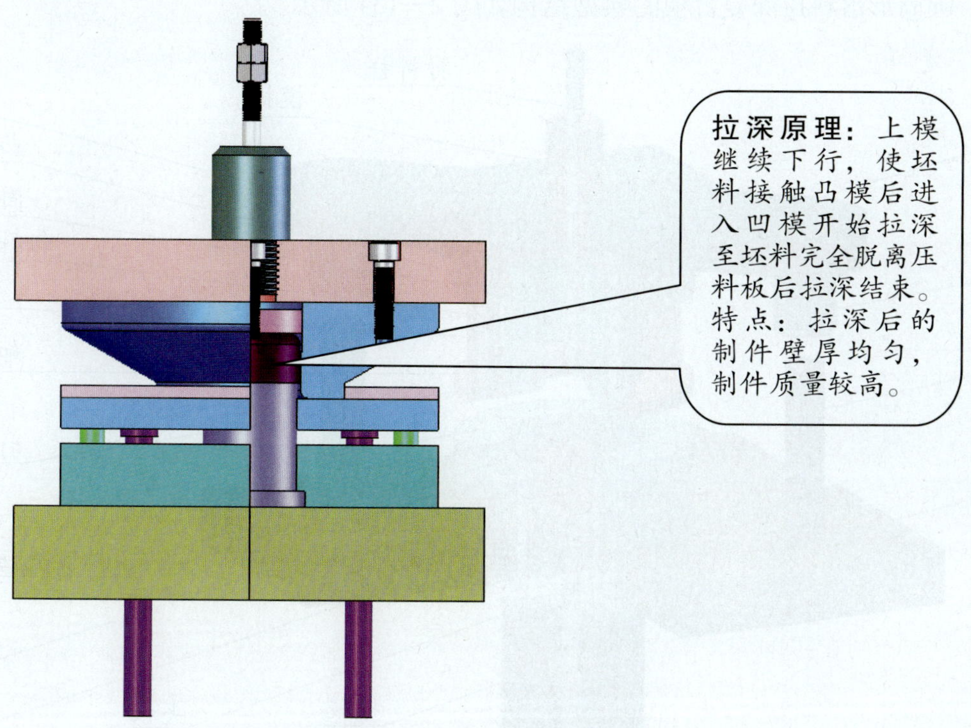

图 2—132　坯料的拉深过程

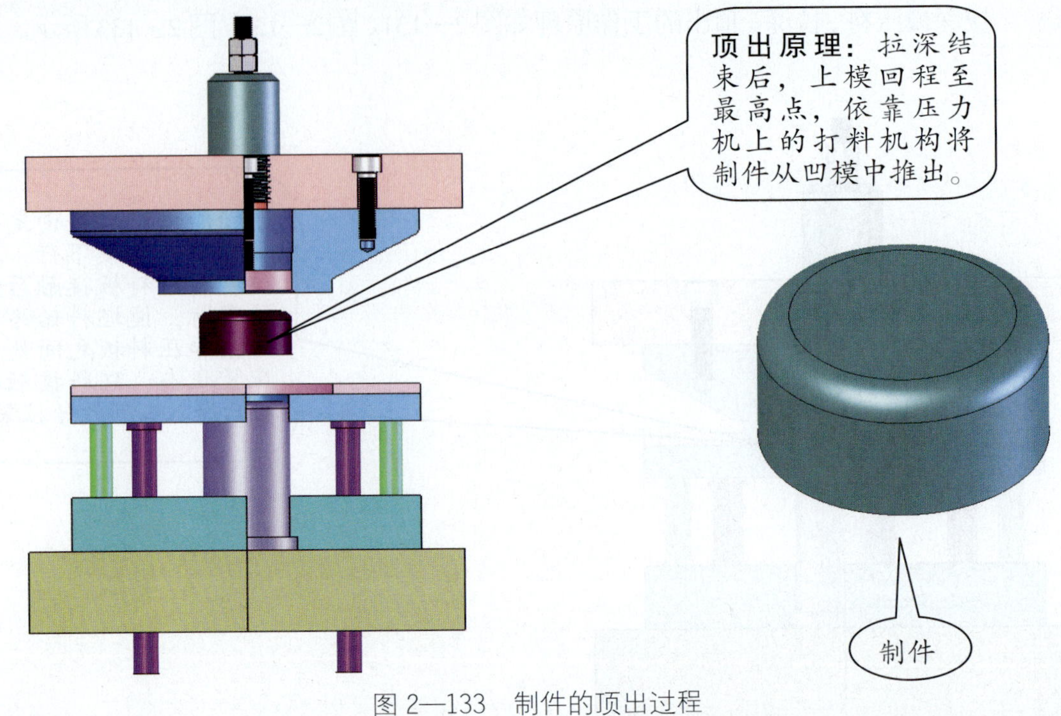

图 2—133　制件的顶出过程

圆筒形落料拉深复合模

圆筒形落料拉深复合模的典型结构如图 2—134 所示。

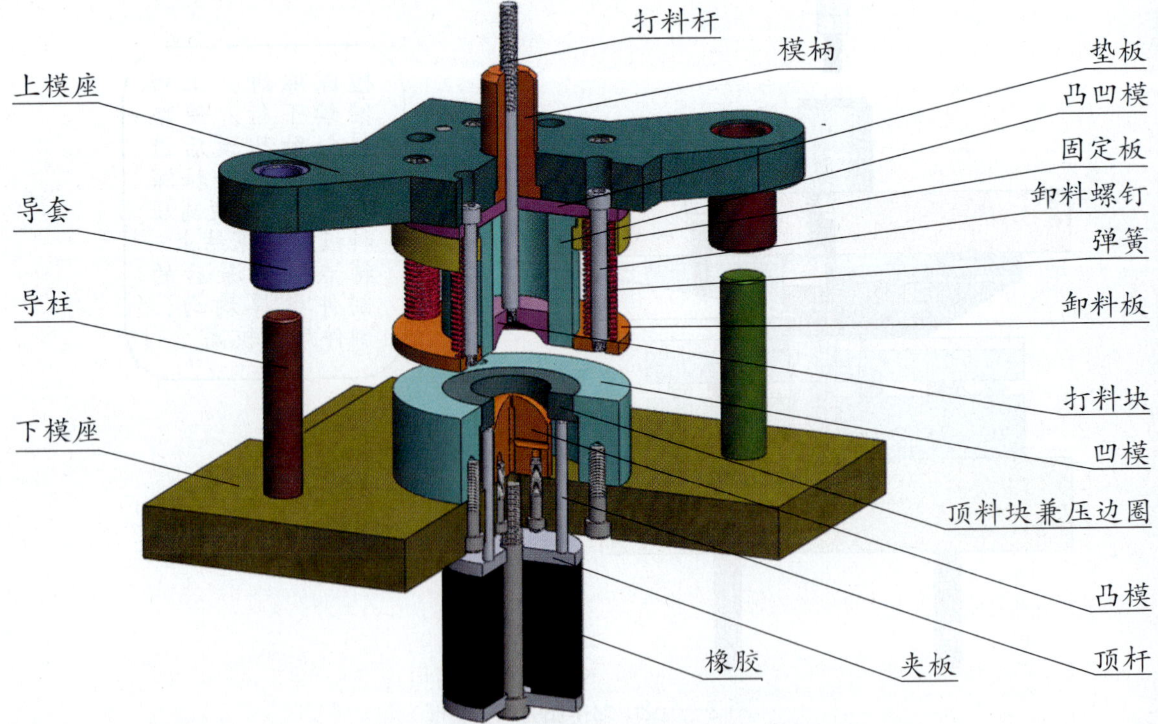

图 2—134　圆筒形落料拉深复合模

圆筒形落料拉深复合模的落料与压料、拉深、顶出的工作原理如图 2—135、图 2—136、图 2—137 所示。

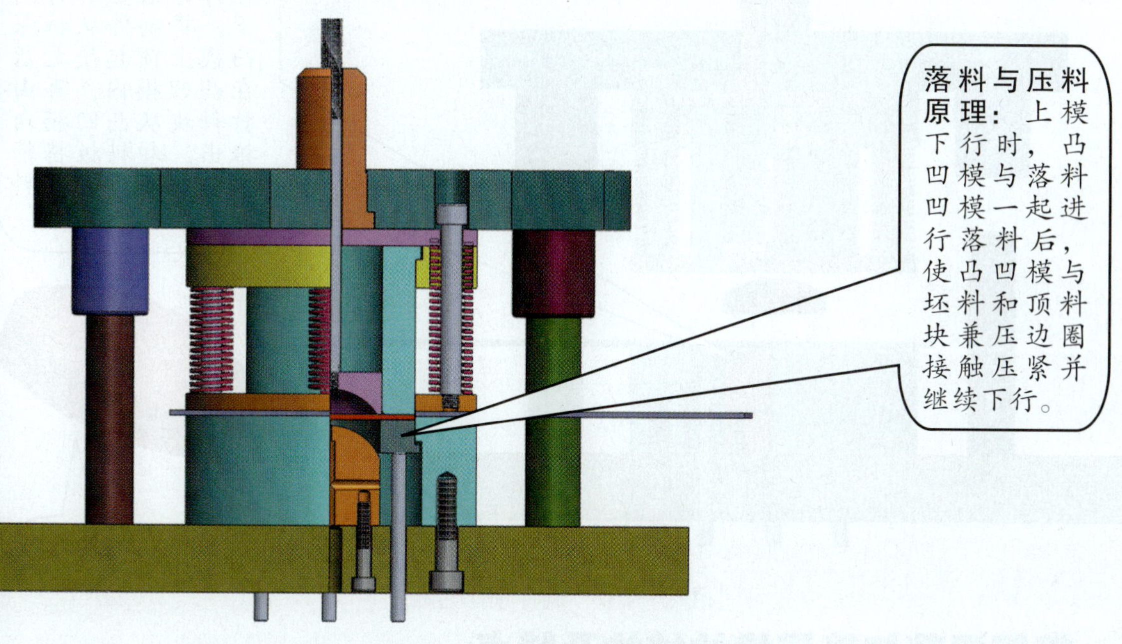

图 2—135 落料与压料原理

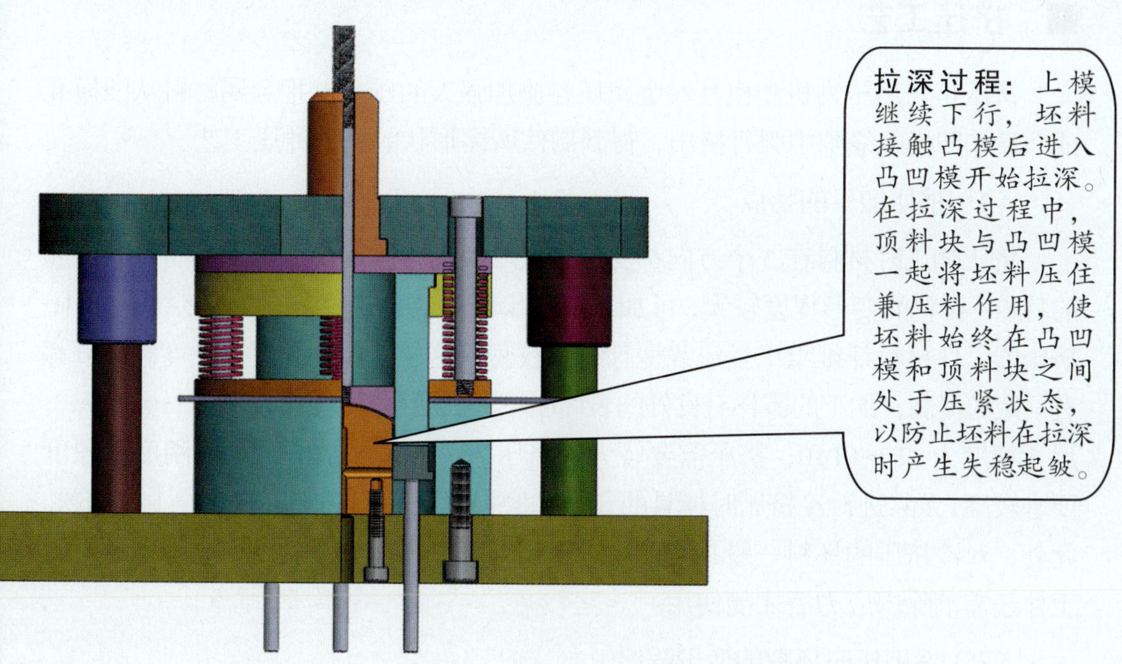

图 2—136 拉深过程

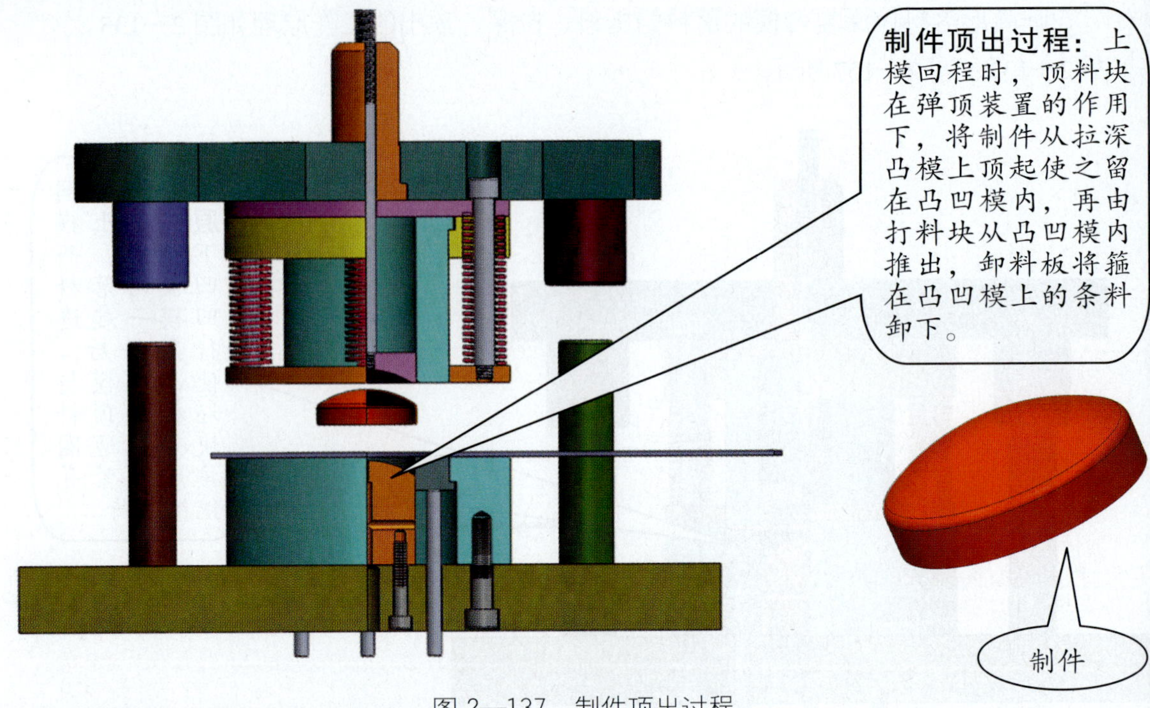

图 2—137　制件顶出过程

挤压工艺与挤压模的结构及特点

■ 挤压工艺

挤压是利用压力机和模具对金属坯料施加强大的压力，把金属材料从凹模孔或凸模和凹模的缝隙中强行挤出，得到制件所需形状的一种冲压工艺。

（1）挤压加工的特点

挤压加工时材料在 3 个方向都受到较大压应力，因此挤压加工具有以下明显的特点：材料的变形程度较大，可加工出形状较复杂的零件，并能够节约原材料；挤压的工件材料纤维组织呈流线型且组织致密，这使零件的强度、硬度和刚度都有一定的提高；加工的零件有良好的表面质量，表面粗糙度值 Ra 为 0.1~0.8 μm，尺寸精度为 IT7~IT10；挤压需要较大的挤压力，对挤压模的强度、刚度和硬度要求较高，尤其进行冷挤压时模具的开裂和磨损将成为冷挤压工艺中的主要问题。此外，对冷挤压的坯料一般都需要经过软化处理和表面润滑处理，有些挤压后的工件还需消除内应力后才能使用。

（2）冷挤压时坯料的变形程度

冷挤压时坯料的变形程度用断面变化率 ε_A表示：

$$\varepsilon_A=\frac{A_0-A_1}{A_0}\times 100\%$$

式中 A_0——挤压变形前坯料的横断面积；

A_1——挤压变形后坯料的横断面积。

断面变化率 ε_A 越大，表示变形程度越大，同时模具承受的单位挤压力也越大。当模具承受的单位挤压力超过了模具材料所能承受的单位挤压力时，模具就可能会破裂。因此，防止模具受到过大的单位挤压力就是要控制一次挤压时的变形程度不能过大。一次允许挤压的变形程度称为许用变形程度。

（3）制件冷挤压的工艺性

根据冷挤压工艺的特点，制件形状应对称，断面最好是圆形和矩形。制件的壁厚 t 不能太薄，低碳钢 $t \geqslant 1$ mm，纯铝 $t \geqslant 0.1$ mm，黄铜 $t \geqslant 0.8$ mm。制件的深度 / 直径（h/d）不能太大，低碳钢 $h/d \leqslant 2.5$~3，铝、铜 $h/d \leqslant 6$~7。挤压材料应具有良好的塑性、较低的屈服极限且冷作硬化敏感性小。目前常用的挤压材料有有色金属、低碳钢、低合金钢、不锈钢等。

■ 挤压加工的种类

根据加工的材料温度可将挤压分为热挤压加工、冷挤压加工和温热挤压加工。热挤压主要加工大型钢质零件，温热挤压和冷挤压主要加工中小型金属零件。挤压时，根据金属材料流动方向和凸模的运动方向，可分为正挤压、反挤压、复合挤压和径向挤压。现介绍冷挤压方法及其应用，见表 2—14。

表 2—14 冷挤压方法及其应用

方法	挤压特点	图例	应用	常见零件
正挤压	金属的流动方向与凸模运动方向一致		各种空心或实心轴类零件	
反挤压	金属的流动方向与凸模运动方向相反		断面为环形的各种零件	

续 表

方法	挤压特点	图例	应用	常见零件
复合挤压	金属的流动方向一部分与凸模运动方向相同，另一部分与凸模运动方向相反		各类较复杂的轴、套类零件	
径向挤压	金属的流动方向与凸模运动方向垂直		具有法兰、凸台类的轴对称零件	

典型冷挤压模结构

以反挤压模为例，典型冷挤压模结构如图 2—138 所示。

图 2—138　反挤压模的结构

反挤压模的定位、挤压、卸料的工作原理如图 2—139、图 2—140、图 2—141 所示。

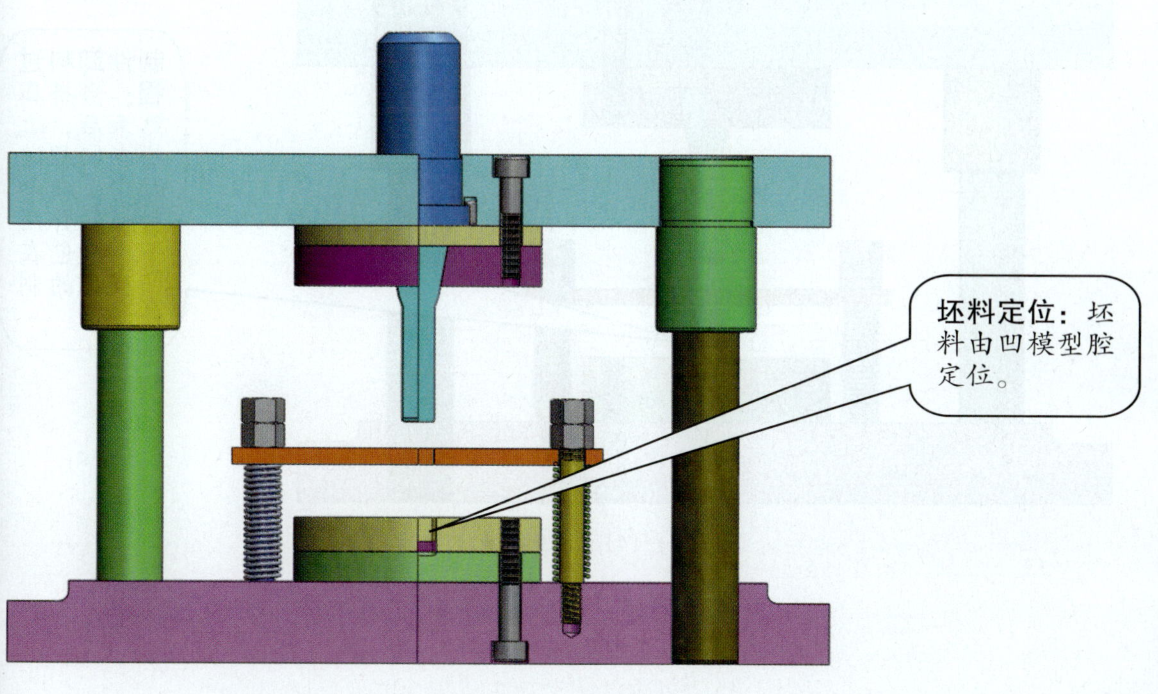

图 2—139　坯料的定位

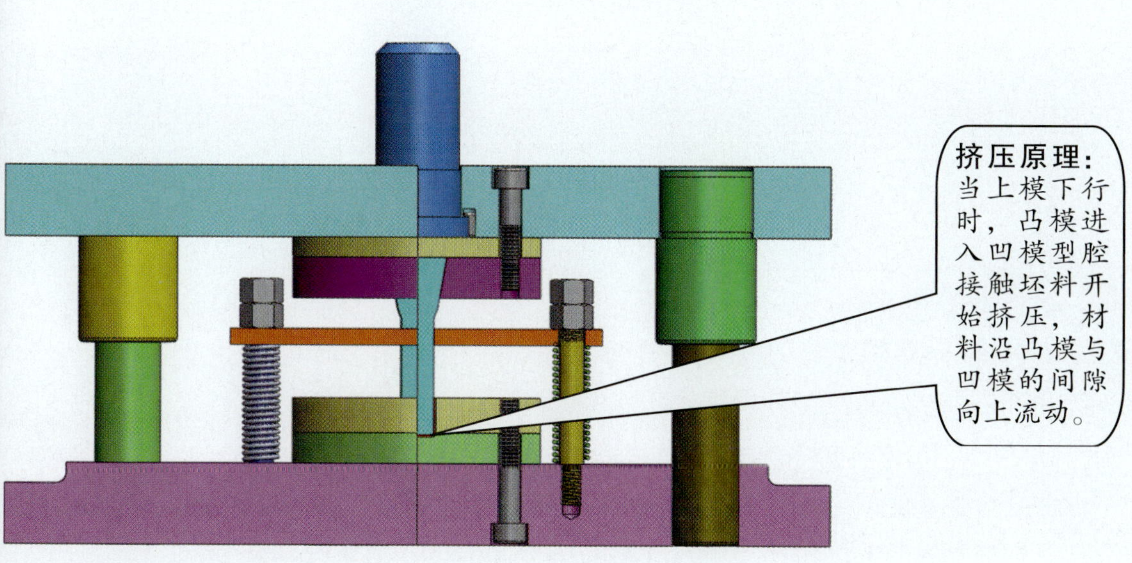

图 2—140　制件反挤压过程

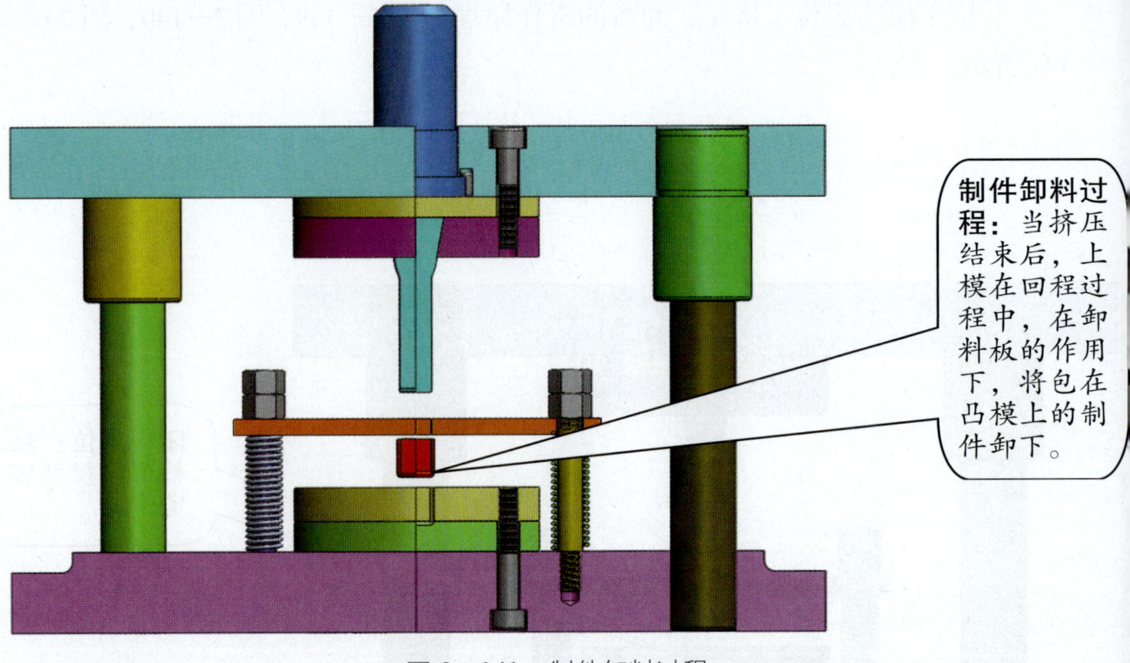

图 2—141　制件卸料过程

第三章　塑料成型模具的结构

塑料模是实现塑料成型生产的专用工具和主要工艺装备。大家想一想在日常生活中，哪些物品是用塑料模模塑而成的？其实，我们常用的肥皂盒、塑料果盘、塑料餐具、塑料桶、家用电器的各种塑料外壳等塑料制品，都是利用塑料模制成的各种形状和尺寸的塑料制件，如图 3—1 所示。本章我们就来学习塑料成型模具的结构及特点。

果盘

肥皂盒

锅把

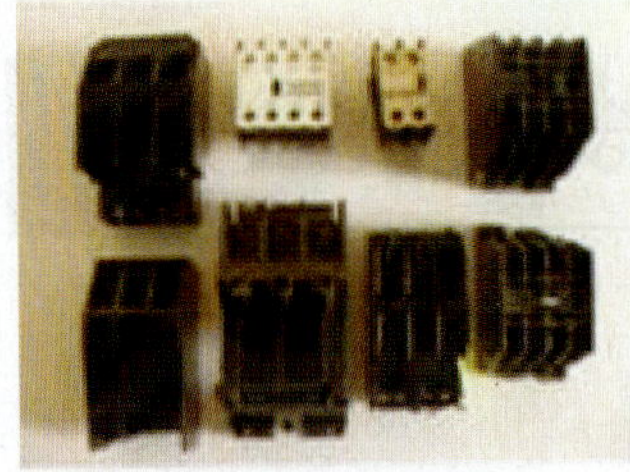
接触器外壳

塑料桶

周转箱

图 3—1　用塑料成型模具制成的物品

第一节　塑料成型模具的基本概念与成型原理

塑料概述

塑料的成分

塑料是指以树脂为主要成分的原料制成的有机合成材料，树脂在塑料中常常起决定性作用，可根据不同的树脂或者制件的不同要求，加入不同的添加剂，从而获得不同性能的塑料制件。

塑料的种类

塑料的种类很多，按其受热后所表现的性能不同，可分为热固性塑料和热塑性塑料两大类，见表 3—1。

表 3—1　　按塑料受热后所表现的性能不同分类

序号	分类	性能特点	常用材料
1	热固性塑料	初受热时变软，可以塑制成一定形状，但加热到一定时间后或加入固化剂后就硬化定型，再加热则不熔融也不溶解，形成体型（网状）结构物质	酚醛塑料、环氧塑料、氨基塑料等
2	热塑性塑料	是指在特定温度范围内能反复加热和冷却硬化的塑料。这类树脂在成型过程中只发生物理变化而没有化学变化，所以受热后可多次成型。其废料可回收利用	聚氯乙烯、聚乙烯、聚苯乙烯、ABS、有机玻璃、尼龙等

塑料按其性能和用途不同又可分为通用塑料、工程塑料和增强塑料，见表 3—2。

表 3—2　　按塑料性能和用途不同分类

序号	分类	特点	常用材料
1	通用塑料	产量大、用途广、价格低	聚氯乙烯、聚乙烯、聚苯乙烯、聚丙烯、酚醛树脂
2	工程塑料	在工程技术中作为结构材料	聚酰胺、ABS、聚碳酸酯、聚甲醛
3	增强塑料	在塑料中加入玻璃纤维等辅料作为增强材料，以改善力学、电学性能	热塑性增强塑料（又称玻璃钢）

■ 塑料制件的应用

塑料制件是现代新兴产品之一。由于塑料具有密度小、化学稳定性好、电绝缘性能高、比强度大等优异性能，再加上原料丰富、制作方便及成本低廉等优点，所以在国民经济各领域应用甚广。无论是工农业生产、交通运输、邮电通信、军事国防、仪器仪表、文体医卫及建筑五金，还是能源开发、海洋利用等，各行各业都有性能各异的塑料产品。

塑料模的分类及常用塑料成型设备

塑料模的类型很多，按塑料制件成型的方法不同，可分为注塑模（注射模）、压缩模和压注模；按成型的塑料不同，可分为热塑性塑料模和热固性塑料模。

对塑料进行模塑成型所用的设备称为塑料模成型设备。按成型工艺方法不同，可分为塑料注塑机、液压机、挤出机、吹塑机等，最为常用的为塑料注塑机（又称注塑机）。

注塑机的分类

（1）按外形特征分类

1）立式注塑机　如图 3—2a 所示，它的注射方向与合模方向一致，与机器安装底面垂直。这种注塑机的优点是占地面积小，模具安装和拆卸方便，嵌件便于安放。缺点是制件顶出后须用手取出，不易实现自动化操作，加料也不方便。这类注塑机的注塑质量均在 60 g 以下。

2）卧式注塑机　如图 3—2b 所示，这是目前使用最广、产量最大的注塑机，它的注射方向和合模方向一致，呈水平排列。这种注塑机的优点是机床重心比较稳定，容易操作和加料，制件顶出后可自动落下，利于自动化操作。缺点是模具的安装和安放嵌件比较麻烦。

3）直角式注塑机　如图 3—2c 所示，它的注射方向与合模方向呈垂直排列，

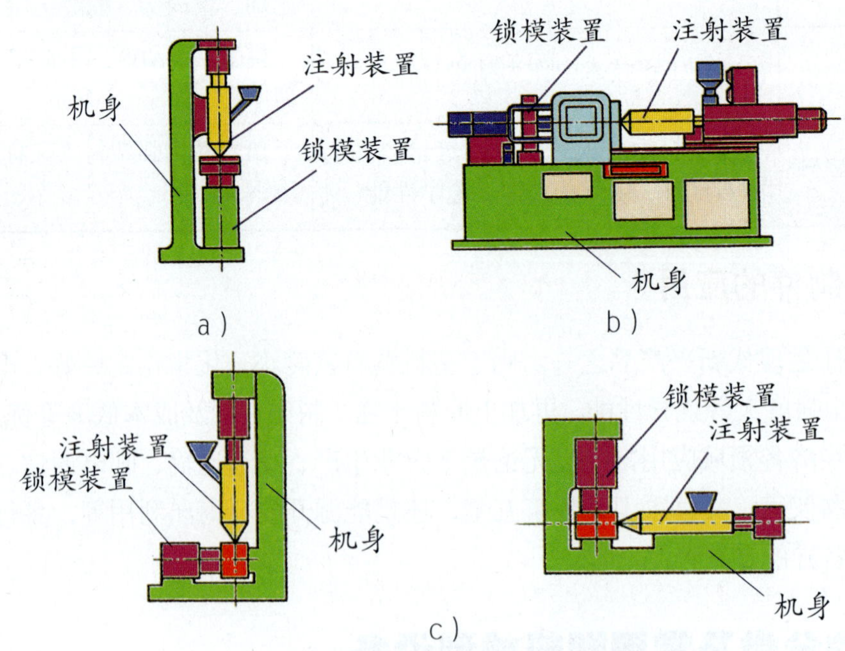

图 3—2　按外形特征分类

a）立式注塑机　b）卧式注塑机　c）直角式注塑机

其优点介于立式、卧式两种注塑机之间，结构简单，便于制造，特别适用于成型中心不允许留有浇口痕迹的平面制件。除上述 3 种形式外，还有转盘式注塑机、偏心式注塑机、双色注塑机等。

（2）按塑料塑化方式分类

1）柱塞注塑机　如图 3—3 所示。

2）螺杆注塑机　如图 3—4 所示。

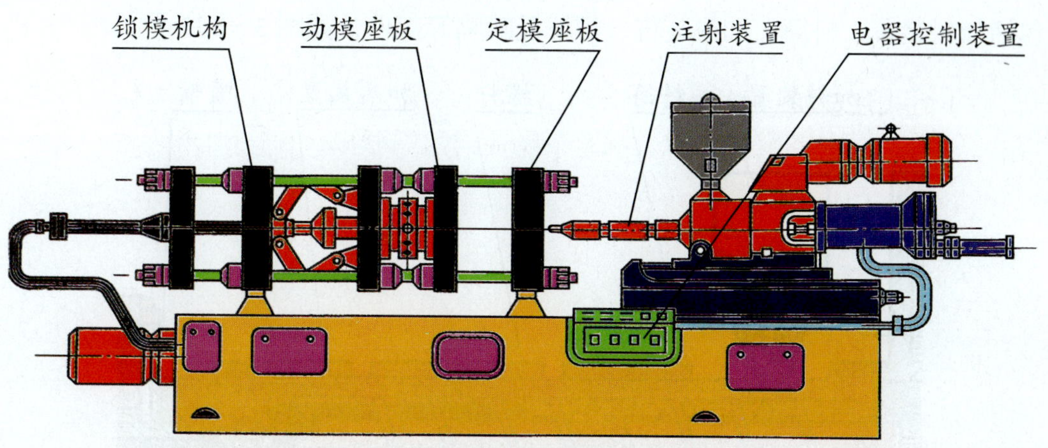

图 3—3　卧式柱塞注塑机结构图

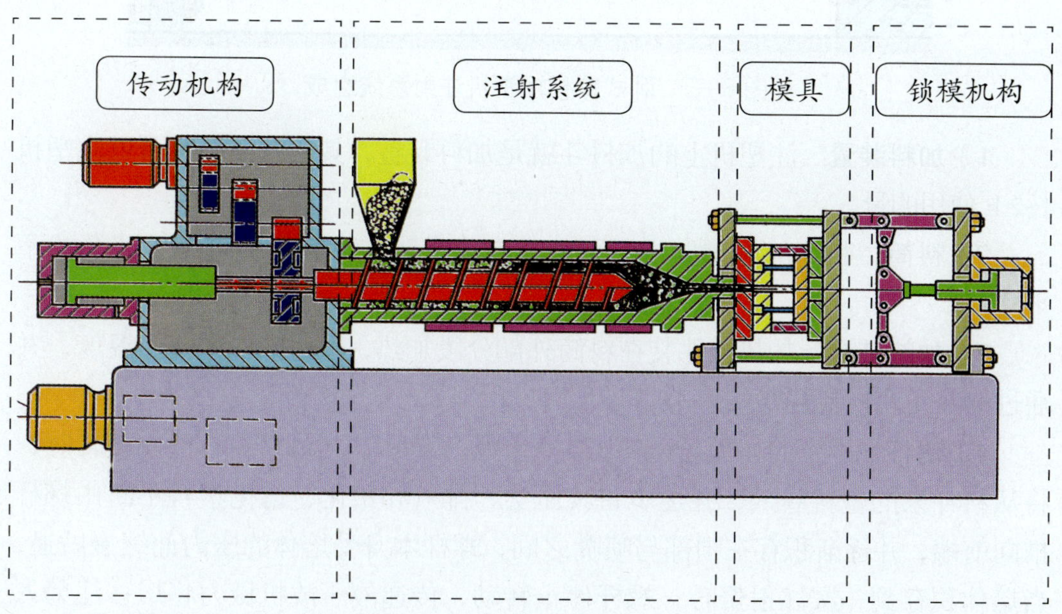

图 3—4　卧式螺杆注塑机结构图

■ 注塑机的组成

以卧式螺杆注塑机（图 3—4）为例，注塑机主要由注射系统、锁模机构、传动机构三大部分组成。

（1）注射系统

注射系统是注塑机的主要部分，其作用是使塑料均匀地塑化并达到流动状态，在很高的压力和较快的速度下，通过螺杆或柱塞的推挤注射入模。注射系统包括加料装置、料筒、加热装置、螺杆及喷嘴等部件，如图 3—5 所示。

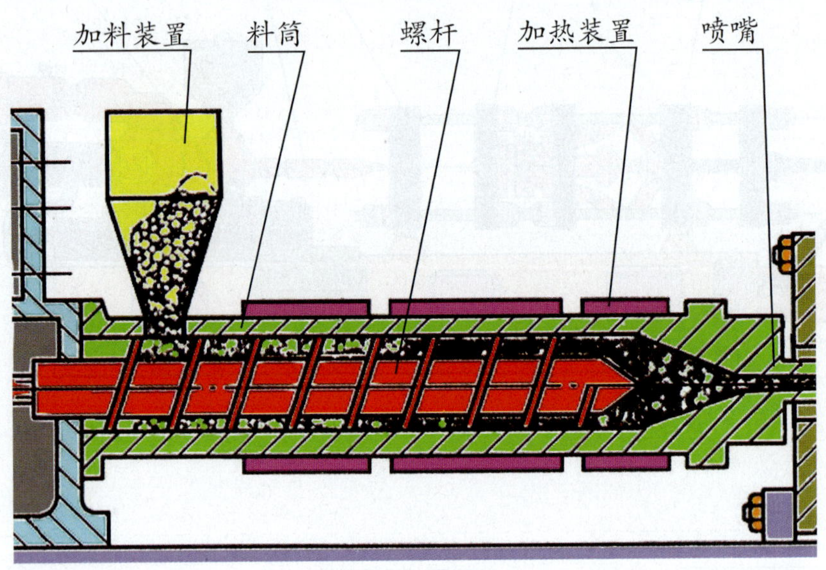

图 3—5　卧式螺杆注塑机注射系统组成

1）加料装置　注塑机上的加料斗就是加料装置，其容量一般为可供注塑机 1~2 h 使用的量。

2）料筒　料筒的内壁要求尽可能光滑，呈流线型，避免缝隙、死角或不平整。

3）加热装置　加热元件装在料筒外部分段加热，通过热电偶显示温度，并通过感温元件控制温度。

4）螺杆　螺杆的作用是送料压实、塑化、传压。当螺杆在料筒内旋转时，将从料斗来的塑料卷入，并逐步将其压实、排气和塑化，熔化塑料不断由螺杆推向前端，并逐渐积存在顶部与喷嘴之间，螺杆本身受熔体的压力而缓慢后退，当熔体积存到一次注射量时，螺杆停止转动，传递液压或机械力将熔体注射入模。

5）喷嘴　喷嘴是连接料筒和模具的桥梁。其主要作用是注射时引导塑料从料筒进入模具，并具有一定射程。喷嘴的内孔为圆锥孔，可起到增压作用并能与模具浇口紧密接触，如图 3—6 所示。

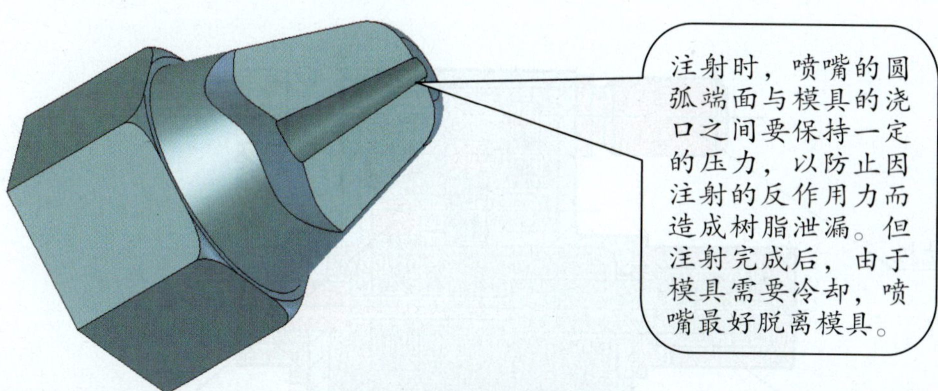

图 3—6　喷嘴的形式

（2）锁模机构

最常见的锁模机构是具有曲臂的机械与液压力相结合的装置，如图 3—7 所示，它具有简单而可靠的特点，故应用较广泛。

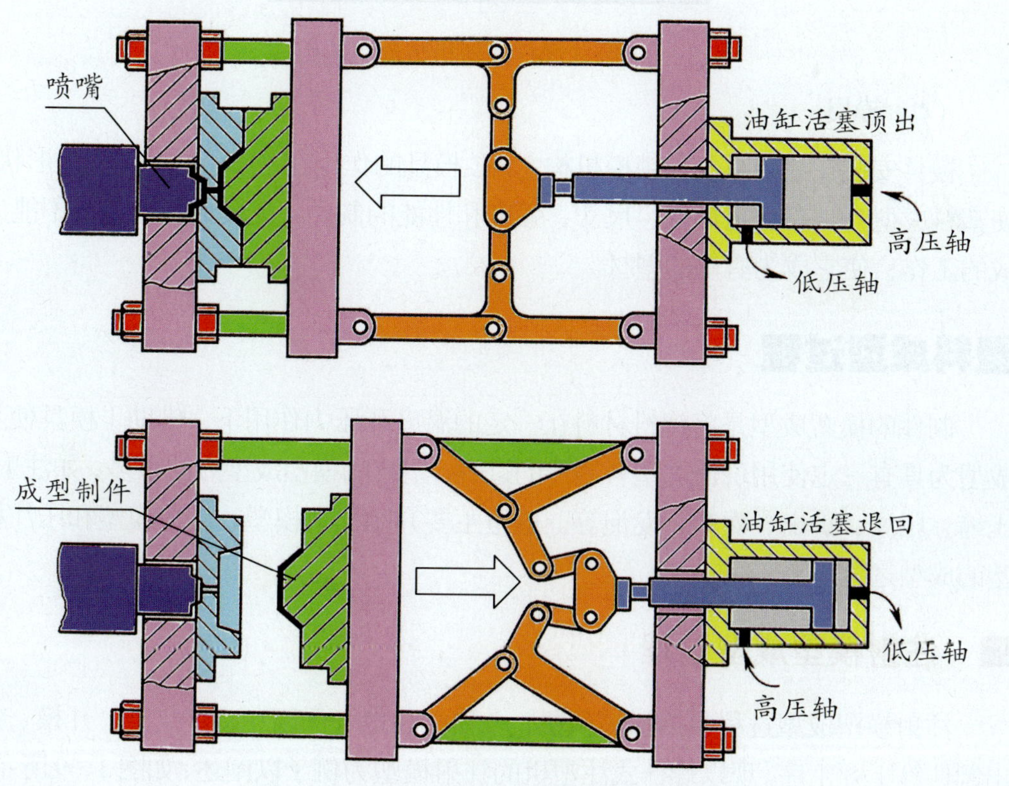

图 3—7　卧式螺杆注塑机锁模机构组成

（3）传动机构

它由齿轮减速器和调速器及液压系统组成，如图 3—8 所示，主要作用是传递动力，以确保原料的连续供料。

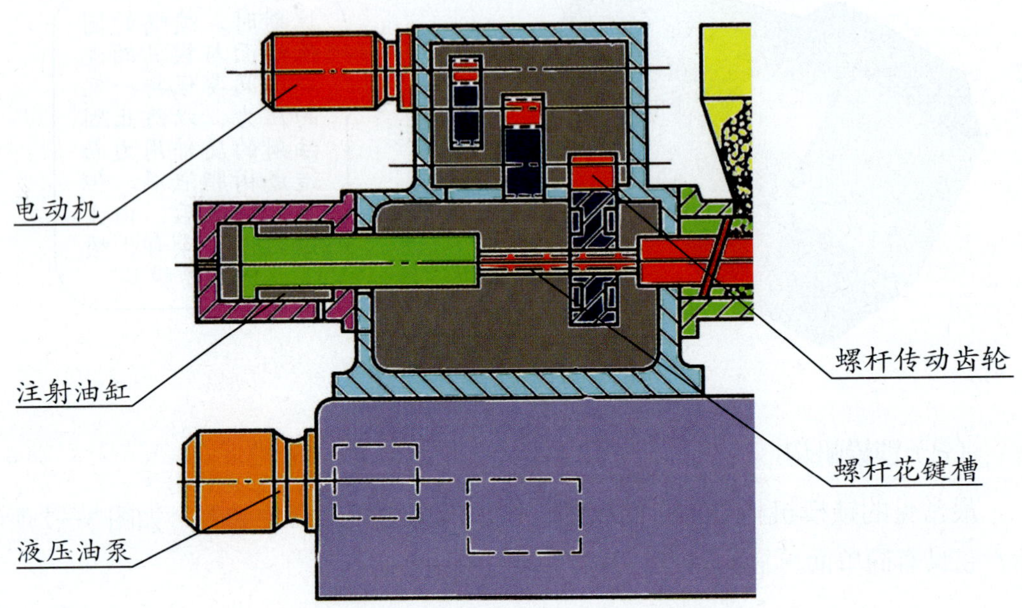

图 3—8　卧式螺杆注塑机传动机构组成

（4）模具

模具安装在注射系统和锁模机构之间。模具的作用在于：利用本身特定形状，使塑料成型为具有一定形状、尺寸、强度和性能的制件，完成成型设备所不能完成的工作，使它成为有用的型材。

塑料成型过程

制件的模塑成型是将塑料材料在一定的温度和压力作用下，借助于模具使其成型为具有一定使用价值的塑料制件的过程。塑料的模塑成型方法很多，如注射、压缩、压注、挤出、吹塑、发泡等。这里主要介绍注射模塑、压缩模塑和压注模塑的成型过程。

■　注射模塑成型过程

注射模塑成型过程包括加热预塑、合模、注射、保压、冷却定型、开模、推出制件等主要工序。现以螺杆式注塑机的注射模塑为例予以阐述，如图 3—9 所示。

（1）加料、预塑

加料筒内的塑料随着螺杆的转动沿着螺杆向前输送，并通过加热装置的加热和螺杆剪切摩擦热的作用而逐渐升温，直至熔融塑化成黏流状态后产生一定的压力，如图 3—9a 所示。当螺杆头部的压力达到能够克服注射液压缸活塞后退的阻力（背压）时，在螺杆转动的同时逐步向后退。

（2）合模、注射

加料预塑完成后，合模装置动作，使模具闭合，接着由注射液压缸带动螺杆按工艺要求的压力和速度，将已经熔融并积存于料筒端部的熔融塑料（熔料）经喷嘴注射到模具型腔内。

（3）保压、冷却

当熔融塑料充满模具型腔后，螺杆对熔体仍需保持一定压力（即保压），以阻止塑料的倒流，并向型腔内补充因制件冷却收缩所需要的塑料，如图 3—9b 所示。在实际生产中，当保压结束后，虽然制件仍在模具内继续冷却，但螺杆可以开始进行下一个工作循环的加料塑化，为下一个制件的成型做准备。

（4）开模、推出制件

制件冷却定型后，打开模具，在顶出机构的作用下，将制件脱出，如图 3—9c 所示。此时，为下一个工作循环做准备的加热预塑也在进行之中。

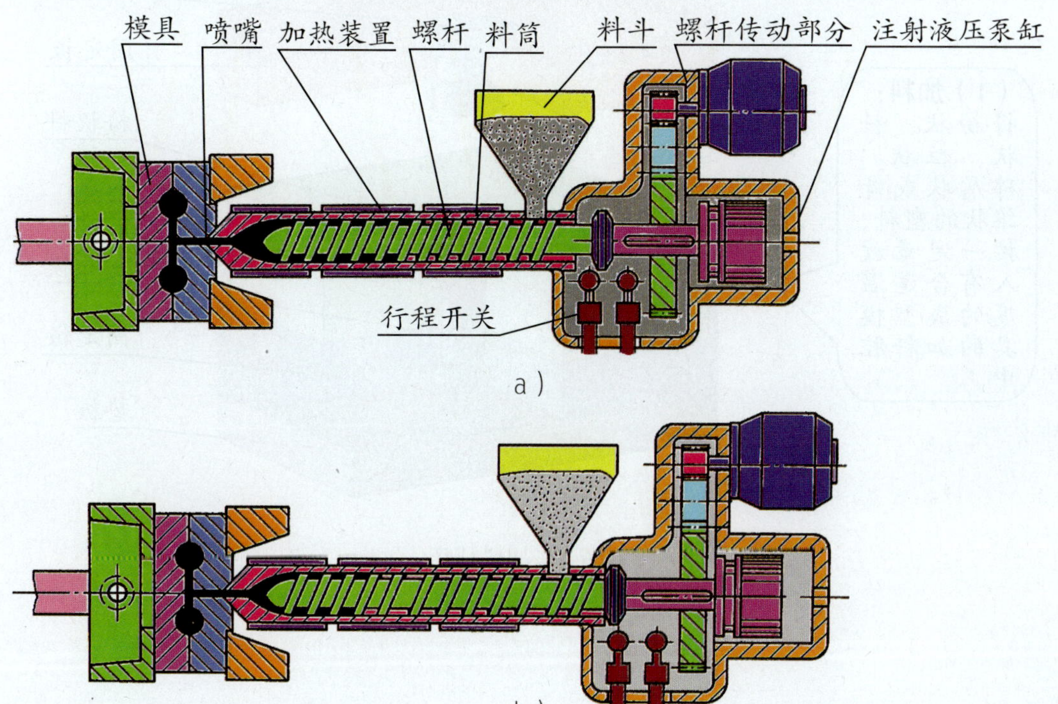

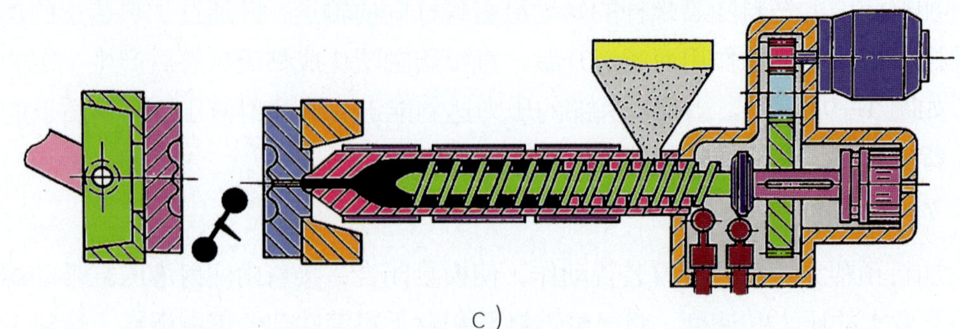

c）

图 3—9　卧式螺杆注塑机制件成型过程

a）加料、预塑、合模、注射　b）保压、冷却　c）开模、推出制件

■　压缩模塑成型过程

压缩模塑成型过程包括加料、闭模、固化、脱模等主要工序。这些工序以及压缩模塑成型的特点如图 3—10 所示。

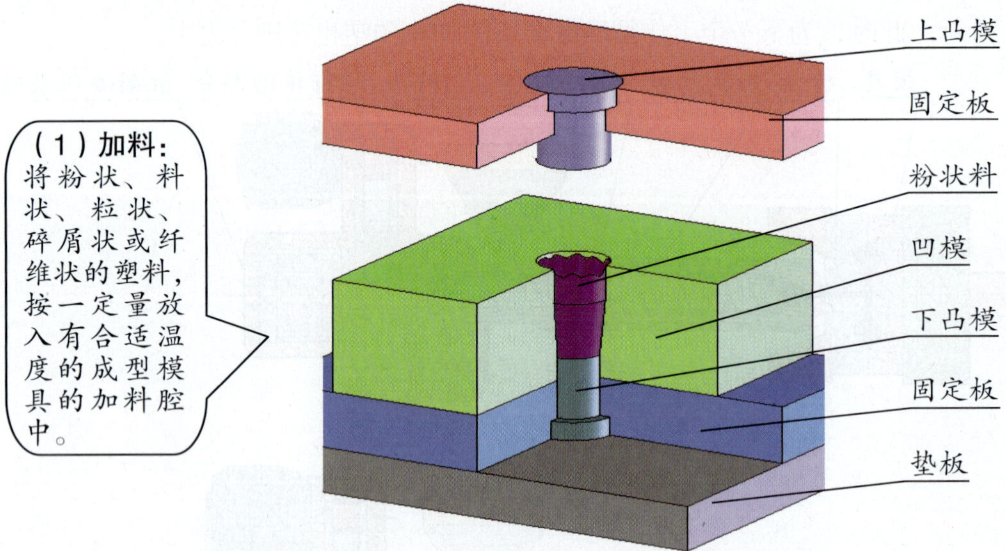

工序 1　加料状态

（2）合模加压： 上模向下运动使模具闭合，然后加热、加压，熔融塑料充满型腔，产生交联反应固化成型。

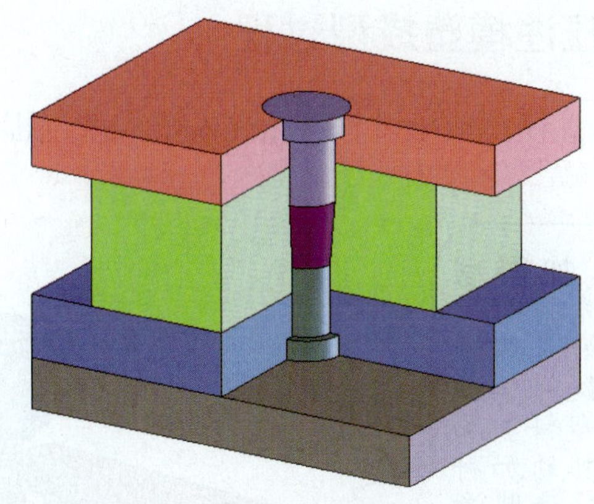

工序 2　合模加压状态

（3）开模取件： 当型腔中的塑料冷却后，打开模具，取出制件，即完成一个模塑过程。

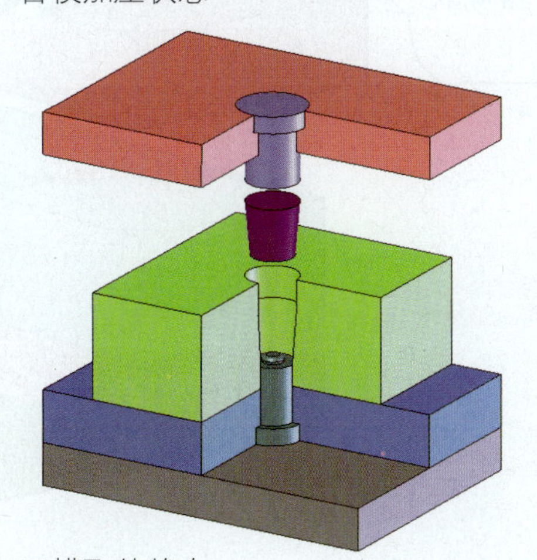

工序 3　开模取件状态

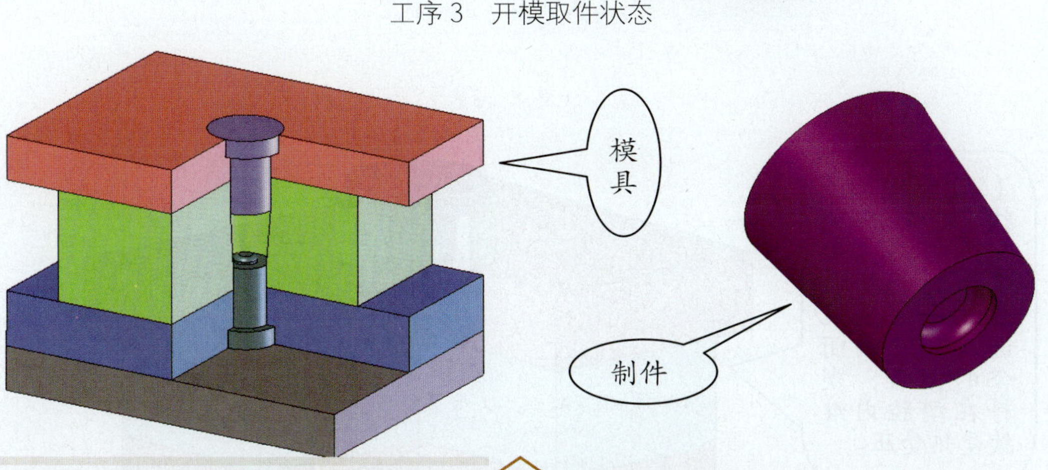

压缩模塑成型的特点： 没有浇注系统，耗料少；使用设备为一般压力机，模具结构简单；塑料在型腔内直接受压成型，有利于压制流动性较差的以纤维为填料的塑料，还可压制较大平面的制件。其缺点是：生产周期长、效率低；制件尺寸不精确；不能压制带有精细和易断嵌件的制件。

图 3—10　压缩模塑成型过程及特点（局部剖）

压注模塑成型过程

压注模塑成型过程与压缩模塑成型过程基本相同，如图 3—11 所示。

（1）加料状态：先将塑料（最好是经预压成锭料和预热的塑料）加入模具的加料腔内，使其受热成为黏流状态。

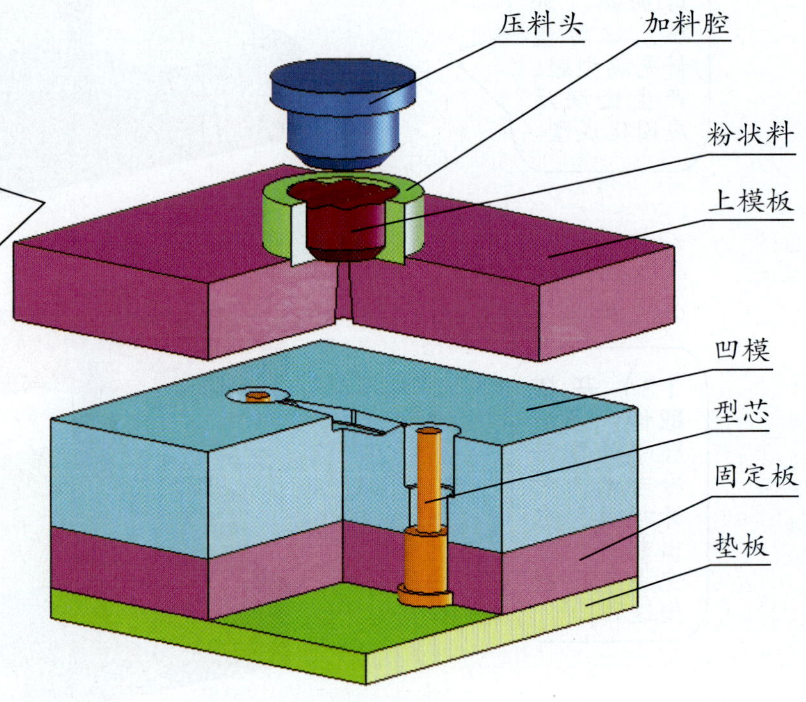

加料状态

（2）合模加压状态：在压料头压力的作用下，黏流塑料经过浇注系统进入并充满闭合的型腔，塑料在型腔内继续受热受压。

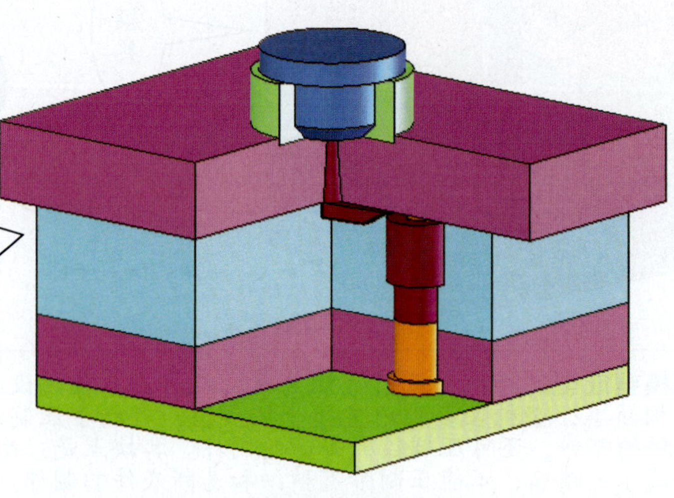

合模加压状态

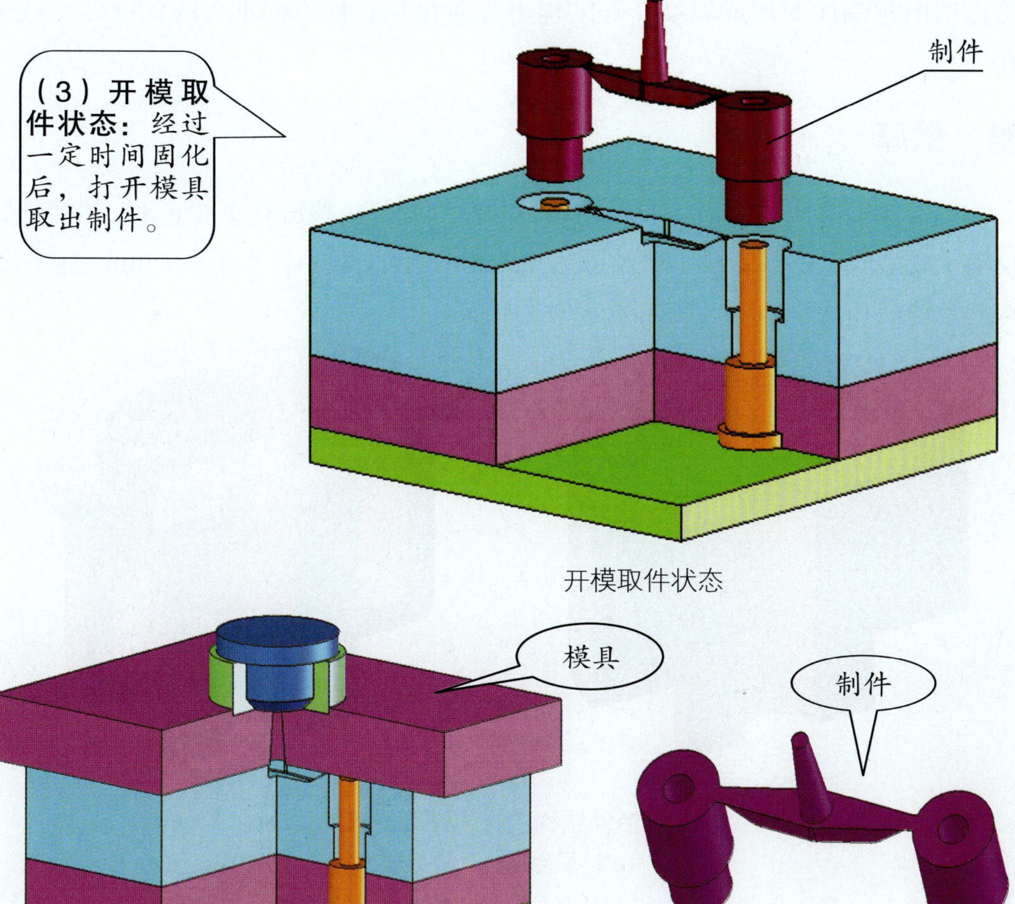

压注模塑成型的特点：模塑成型时，塑料是在单独设在型腔外的加料腔内塑化、加压进入模具型腔的，所以塑化均匀，可以成型形状复杂和带有精细嵌件的制件，且制件飞边小，尺寸精确。但其缺点是：有浇注系统，耗料多，压力损失大。

图 3—11　压注模塑成型过程及特点（局部剖）

制件工艺性

前面我们已经介绍了三种模塑成型过程，通过了解，制件常用注射、压缩、压注等方法成型，但其结构和技术要求都应满足成型工艺性的要求。

■　形状

为了简化模具结构，制件的形状应尽量简单，还要有足够的强度和刚度，以防止顶出时制件变形或破裂。其结构上应避免与起模方向垂直的侧壁凹槽或侧孔。

壁厚

制件的壁厚应大小适宜而且均匀。制件的壁厚一般应在 1~5 mm，热塑性塑料易于成型薄壁制件，最小壁厚可达 0.5 mm，但一般不宜小于 0.9 mm。制件结构的合理性和壁厚的均匀性如图 3—12 所示。

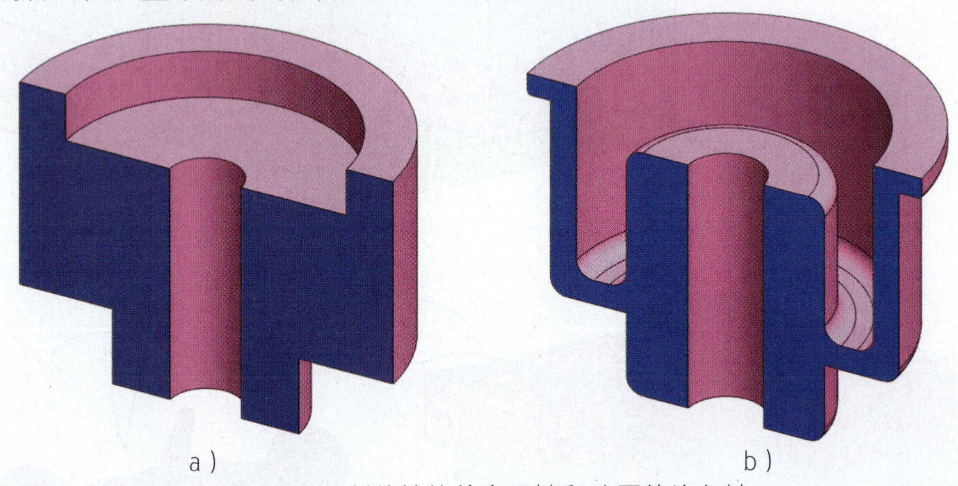

图 3—12　制件结构的合理性和壁厚的均匀性
a）不合理　b）合理

制件的结构和壁厚的大小对制件的质量有直接的影响：

（1）壁厚过小　不同表面之间成型时熔体流动阻力大，充模困难，起模时制件容易破损。

（2）壁厚过大　不但需要增加成型和冷却时间，延长成型周期，而且容易产生气泡、缩孔、凹痕或翘曲等缺陷。

（3）壁厚不均　会因冷却或固化速度不均导致收缩不匀，使制件产生缩孔或缩痕，同时容易产生内应力，使制件翘曲变形甚至开裂。

圆角

制件结构上无特殊要求时，转角应尽可能以半径不小于 0.5~1 mm 的圆角过渡，以避免出现清角。

加强筋

加强筋的作用是：能在不增加制件壁厚的条件下提高制件的刚度和强度，沿着料流方向的加强筋还能减小熔料的充模阻力。

设置加强筋时，应尽量减少或避免塑料的局部集中，否则容易产生缩孔或气泡，如图 3—13a 所示。加强筋应设置成如图 3—13b 所示的形式，它能减小熔料的充模阻力。

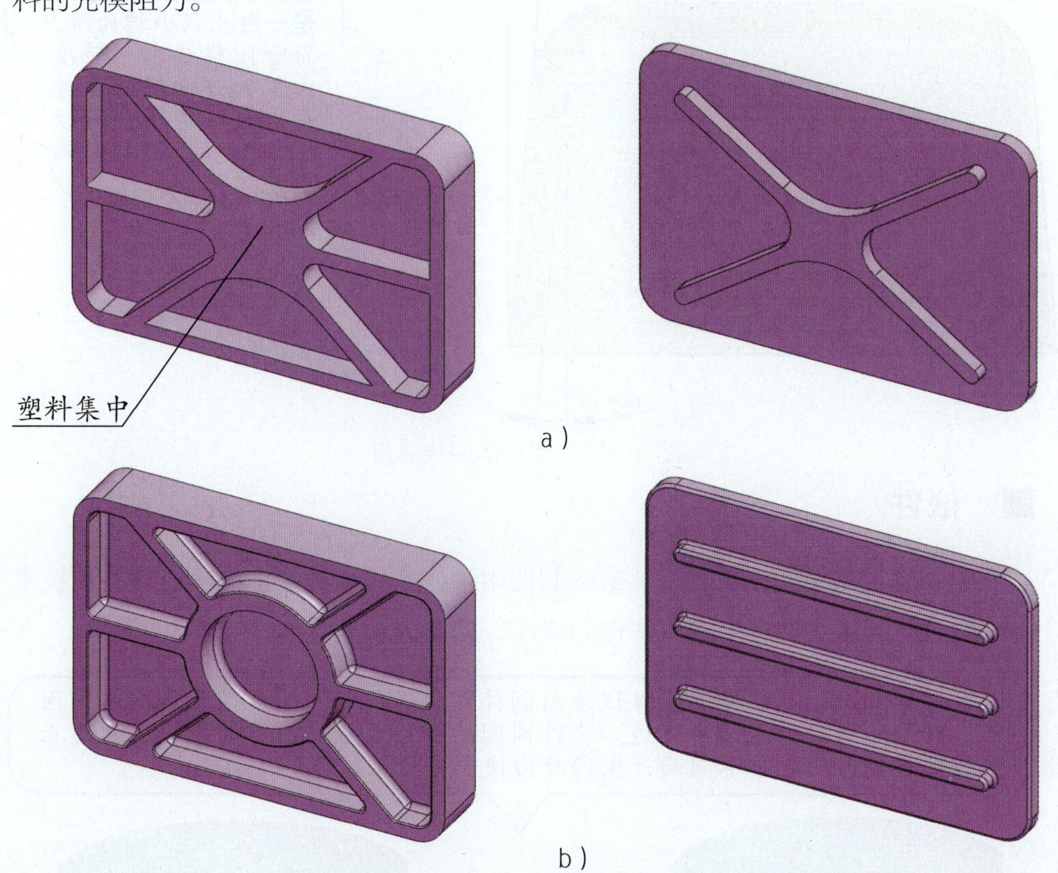

图 3—13　加强筋的设置形式对比
a）不合理　b）合理

■　孔

制件上各种形状的孔应尽可能开设在不减弱制件机械强度的部位，其形状也应力求不使模具制造工艺复杂化。孔与孔之间、孔与边缘之间应有足够的壁厚。小直径孔的深度不宜过深，一般不超过孔径的 3~5 倍。

■　脱模斜度

为了便于制件脱模，避免擦伤和拉毛，在平行于脱模方向的表面一般都应具有合理的脱模斜度，如图 3—14 所示。制件内孔的脱模斜度 α_2 取 40′ ~1° 30′，外形的脱模斜度 α_1 取 20′ ~45′，尺寸精度要求高的制件应控制在公差范围之内。

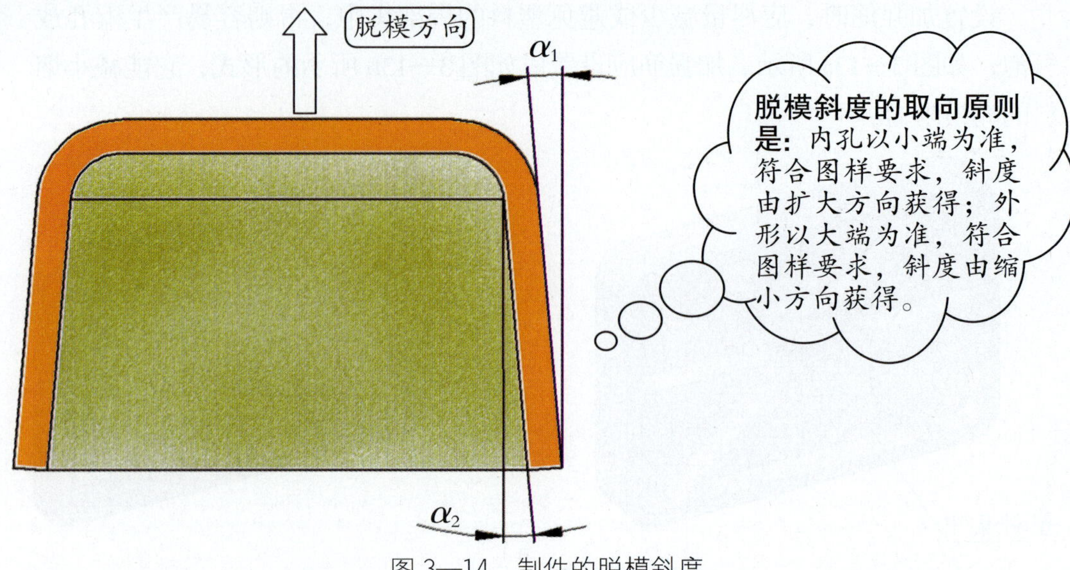

图 3—14　制件的脱模斜度

嵌件

为了满足制件的技术要求，常在制件中镶嵌金属或其他材料以达到各项技术指标，这些镶嵌在塑料中的零件称为嵌件，如图 3—15 所示。

设置嵌件的原则：嵌件除应保证能与制件可靠连接外，还应便于在模具内固定，并能防止漏料或产生飞边。嵌件周围的塑料层应有足够的厚度，以防止因嵌件和塑料的收缩不同而产生内应力使制件开裂。

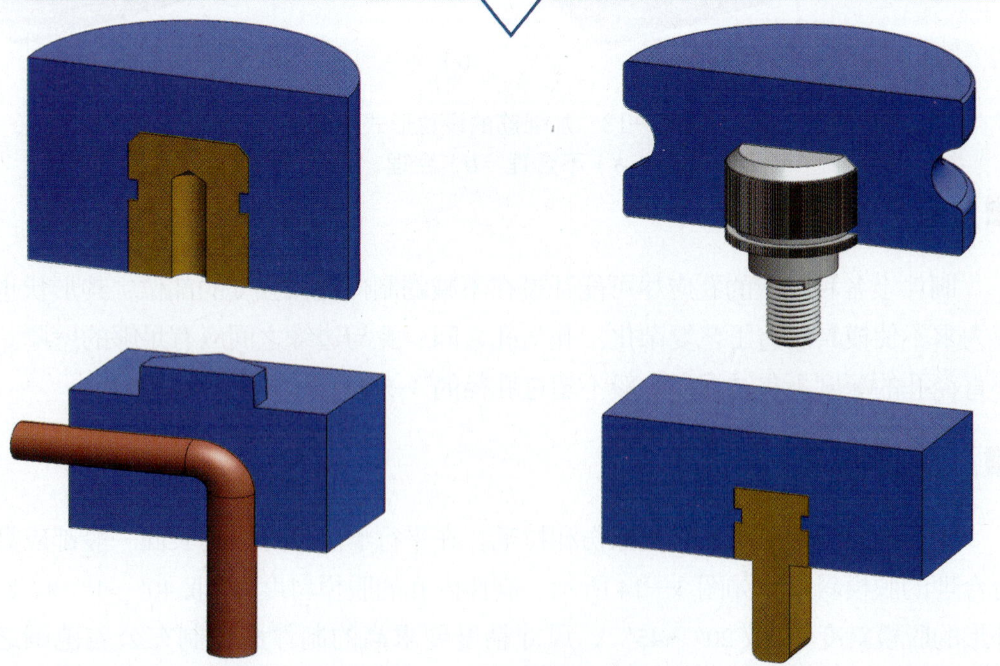

图 3—15　常见嵌件形式

■ 花纹、标记和文字

制件上的花纹、标记、文字应确保易于成型和脱模，还应考虑便于模具制造，如图 3—16 所示。

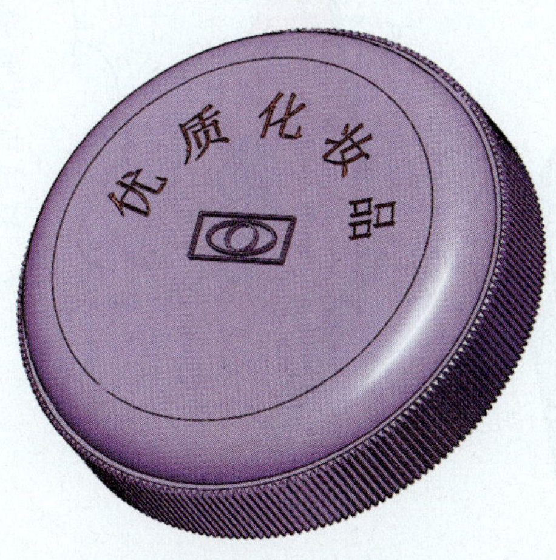

图 3—16 瓶盖

■ 螺纹

制件上外螺纹的直径不宜小于 4 mm，内螺纹的直径不宜小于 2 mm，精度小于 IT8。塑料螺纹与金属螺纹的连接长度一般不宜超过螺纹直径的 1.5~2 倍。同一制件上有两段同轴螺纹时，应使它们的螺距相等、旋向相同，如经常拆卸的制件应设置嵌件。

■ 尺寸精度

塑料收缩率的波动，成型工艺条件的变化，模具成型零件的制造精度、装配精度及磨损等都会影响制件的精度。制件精度划分为 1~8 级，其中 1 级最高，8 级最低。1~2 级为精密技术级，只有在特殊条件下采用；常用的是 3~6 级；7~8 级的精度太低，一般也不采用。

第二节 注塑模的结构与特点

塑料是由石油中生产出来的合成树脂加入增塑剂、稳定剂、填充剂及着色剂等物质而组成的，原料为小颗粒或粉状。将这些小颗粒塑料加热熔化成黏流状，注射到一个具有所需产品形状的型腔中，待塑料冷却后取出来，就得到了与型腔形状一样的制件，这个具有型腔的工具称为模具，因为它专门用于制作塑料件，所以通常称为注塑模具。如图 3—17 所示为盖板注塑模。

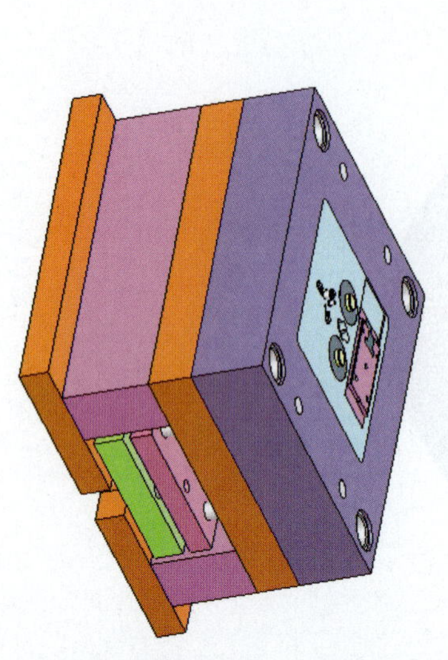

图 3—17　盖板注塑模

注塑模的结构特点

塑料制件的特点是几乎无须加工就可直接使用，这就对制件质量有很高的要求，而影响制件质量的主要因素有塑料原料、注塑机的温控系统、螺杆精度、模具结构等。我们先来了解注塑模的结构特点。

■　注塑模的组成

注塑模的结构主要由动模和定模两大部分组成。如图 3—18 所示为盖板注塑模的动模和定模部分。

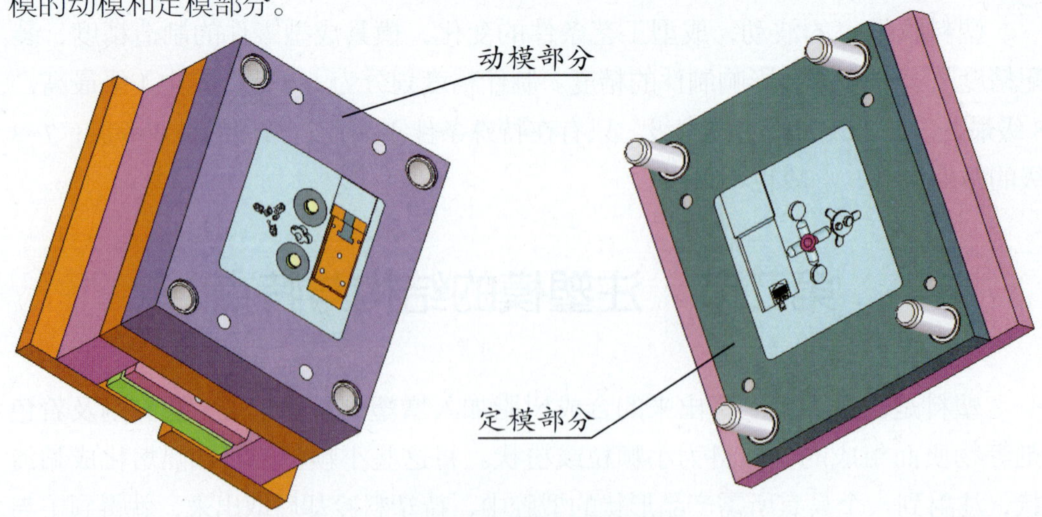

图 3—18　盖板注塑模的主要组成部分

夹盘注塑模（图 3—19）在注塑机上的安装如图 3—20 所示。

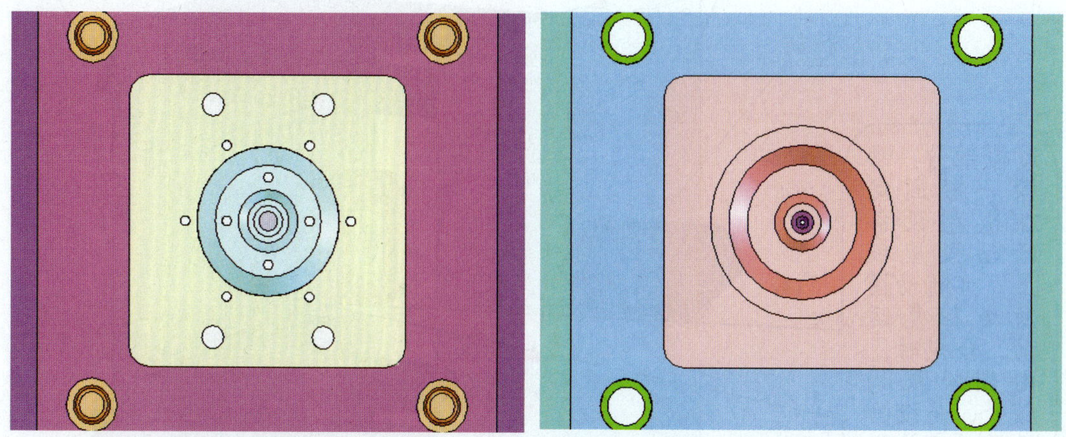

图 3—19　夹盘注塑模

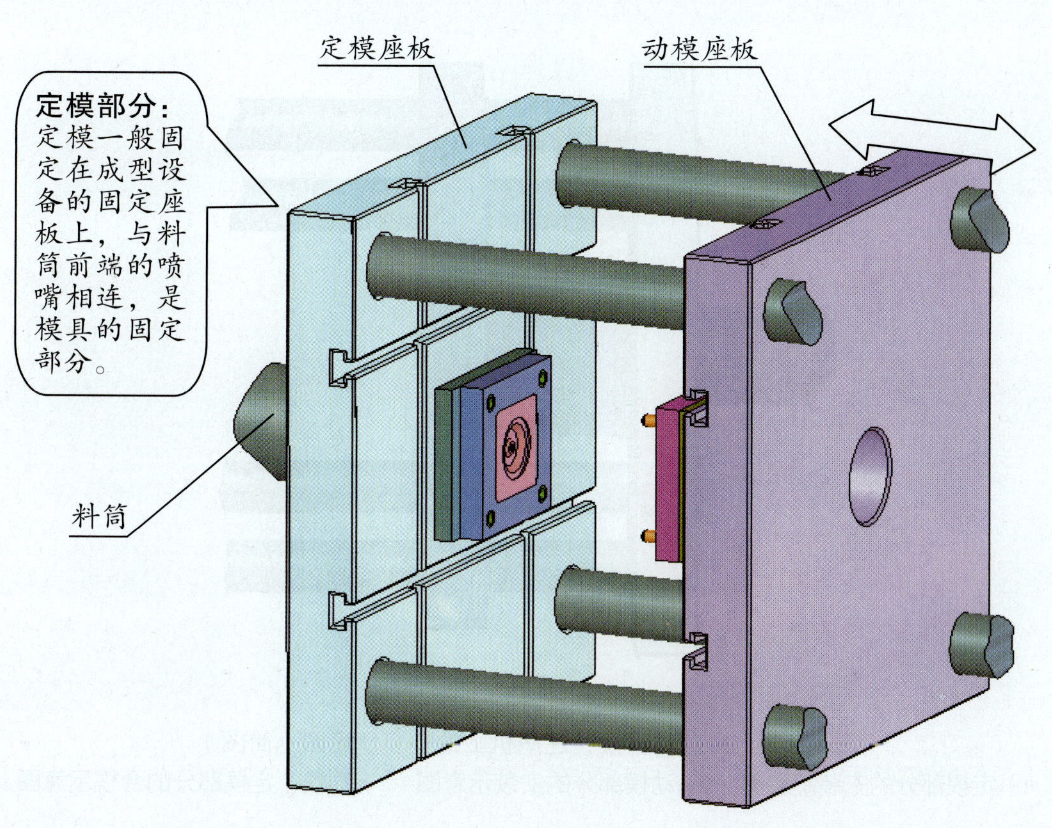

a）

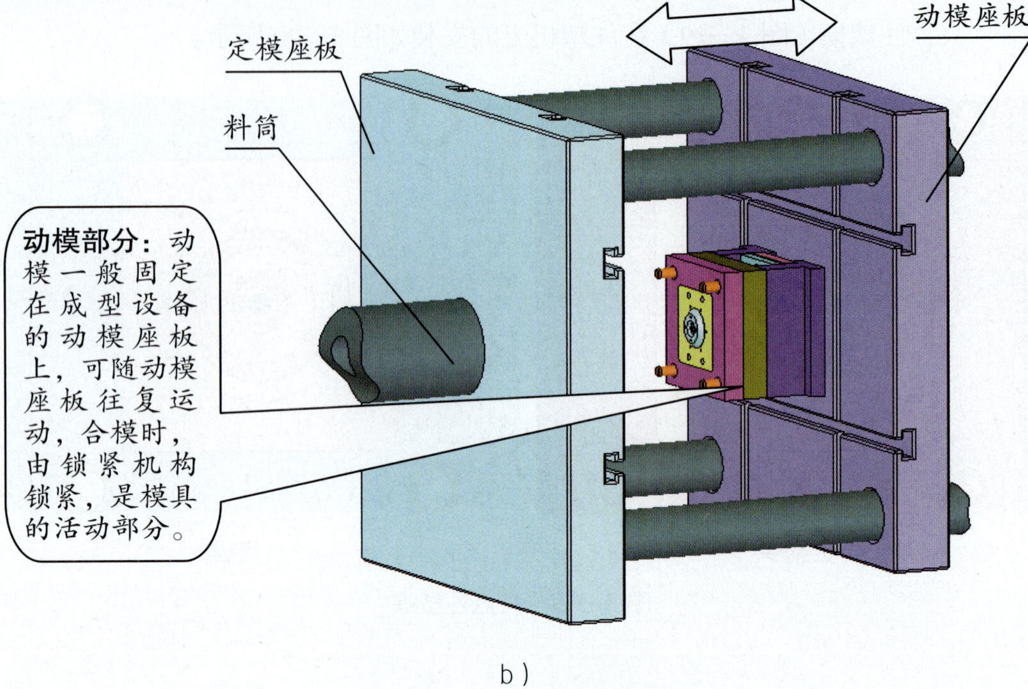

b）

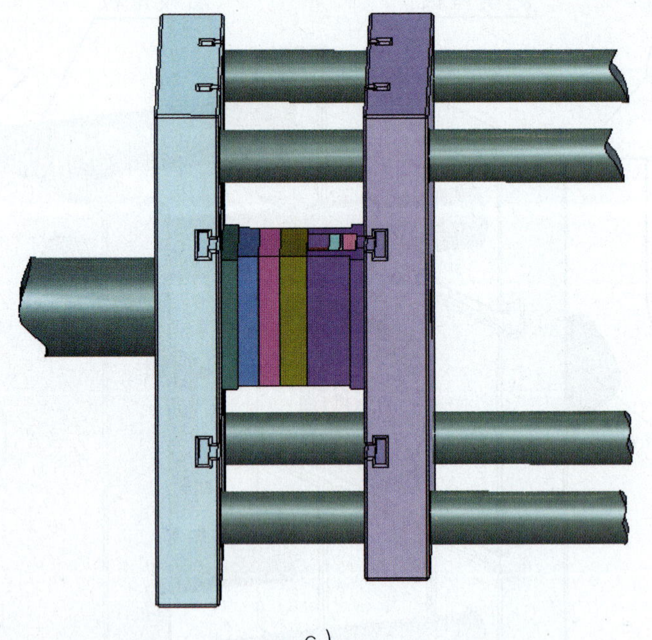

c）

图 3—20　夹盘注塑模在注塑机上的安装示意图（简图）

a）定模部分的安装示意图　b）动模部分的安装示意图　c）动模、定模部分的合模示意图

注塑模成型时，动模座板移动至动模与定模闭合并构成型腔和浇注系统，开模时动模与定模分开后，由推出机构将制件从动模型腔中推出。

■ 注塑模的基本结构与特点

注塑模由各种标准的模板构成模具框架。它由导柱、导套导向，动、定模型芯构成闭合型腔，制件由推出机构推出。夹盘注塑模分解后的结构组成如图 3—21 所示。

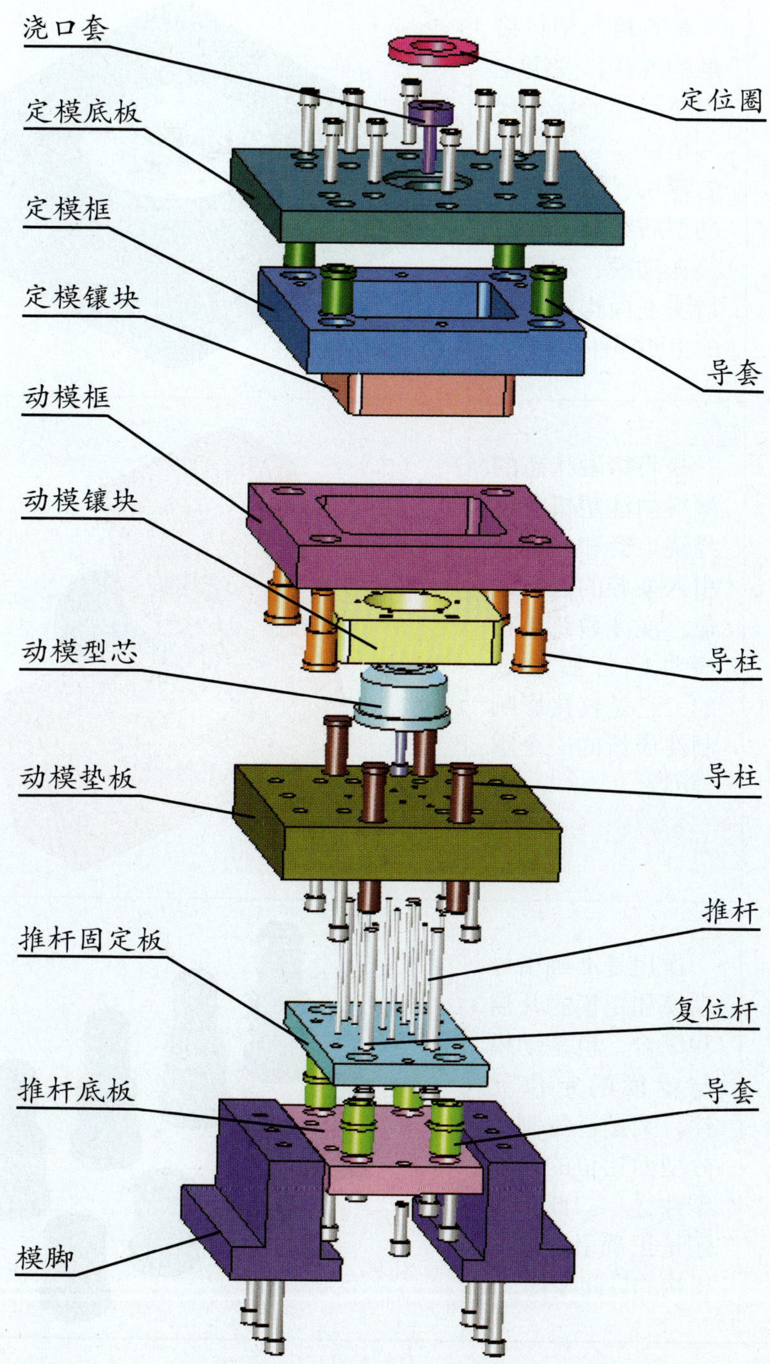

图 3—21　夹盘注塑模结构组成分解图

通过分解图我们可以看出，注塑模的基本结构由表 3—3 所列的几个部分组成。

表 3—3　　注塑模基本结构的组成部分

序号	名称	作用	图示
1	成型部分	是直接与塑料接触的零件，并决定塑料制件形状和尺寸精度。它由固定的镶块、型芯与活动型芯组成，分别装在动模、定模和滑块上而构成型腔的主要零件	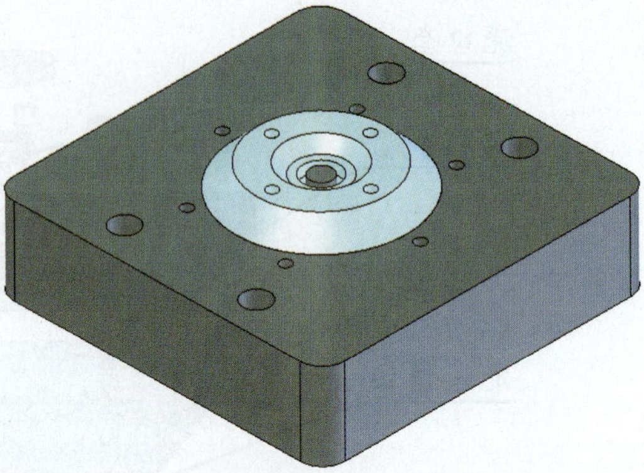
2	浇注系统	是将熔融状态的塑料由注塑机喷嘴经浇口套和内浇道引入型腔的进料通道。浇注系统是在模具闭合后形成的，它是直接影响制件质量的一个重要因素	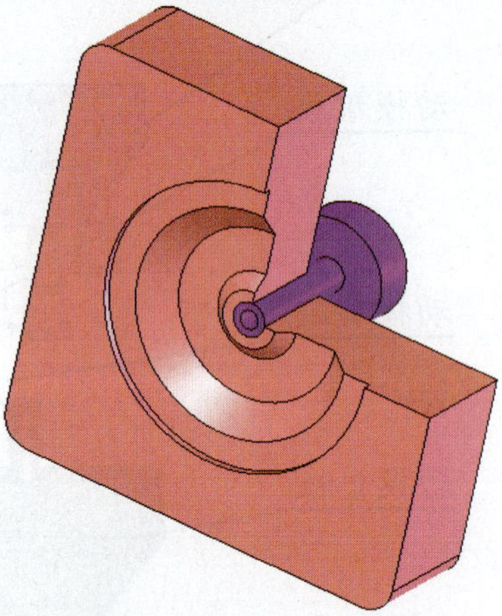
3	导向零件	作用是准确引导动模和定模的开启和闭合，也是动模与定模的定位元件，又是避免制件分型面错位的重要零件之一。此外，还是正确引导推出机构的导向零件	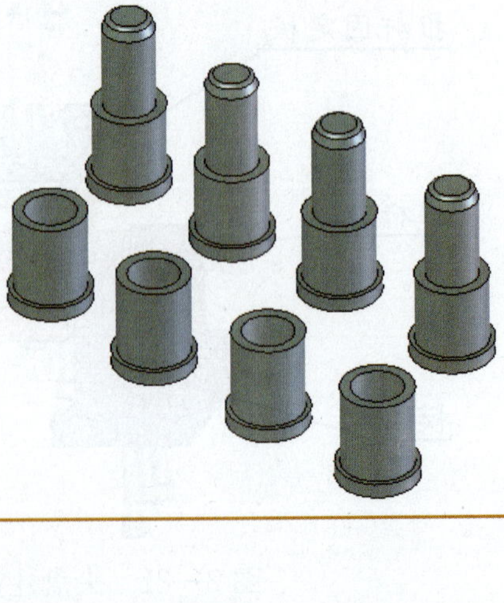

续 表

序号	名称	作用	图示
4	推出机构	主要用于在开模过程中将制件及浇道凝料从模具型腔中推出。推出机构由推杆、拉料杆、推板固定板、推杆底板和复位杆等组成。它有单独的导向和定位零件	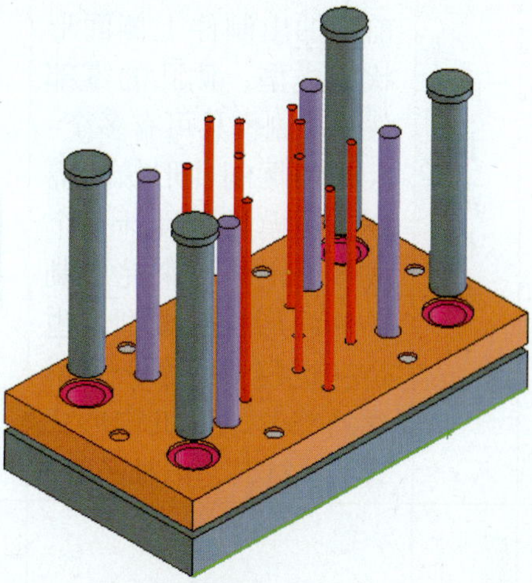
5	模架	由各种模板构成模具框架。其作用是将模具各种机构和成型零件组合和固定，满足模具的闭合要求，使模具能够正确地安装到注塑机上	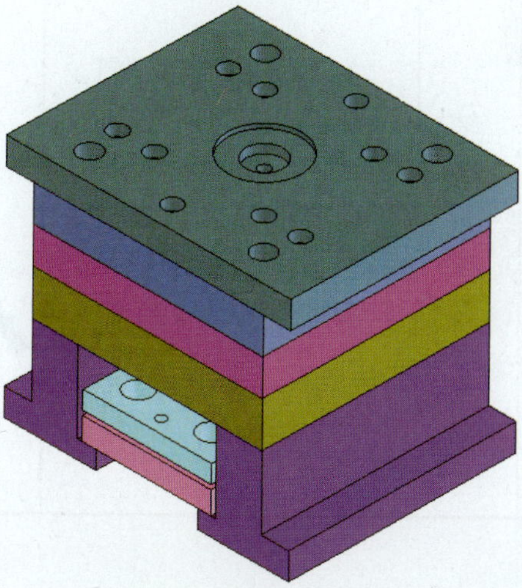
6	排气系统	用来在成型过程中排出型腔中的空气及塑料本身挥发出来的气体	

续 表

序号	名称	作用	图示
7	抽芯机构	用来在开模推出制件前，抽出制件上侧面形状的成型、侧孔的零部件，一副模具可有多个 是根据制件形状的需要，在模具上设计一个或多个滑块，来完成制件侧面形状的成型，也是注塑模中一个十分重要的部分，其机构形式有滑块抽芯、内抽芯等	
8	辅助元件	主要包括螺栓、销钉、吊环、冷却水管、加热装置等。主要作用是用于模具的紧固、定位、吊装、冷却和加热等，以满足工艺的需要	

注塑模分类

注塑模的分类方法

注塑模的分类方法很多，按照不同的划分依据，通常有以下几类：

（1）按塑料材料类别分为热塑性注塑模、热固性注塑模。

（2）按模具型腔数目分为单型腔注塑模、多型腔注塑模。

（3）按模具安装方式分为移动式注塑模、固定式注塑模。

（4）按注塑机类型分为卧式注塑模、立式注塑模和直角式注塑模。

（5）按制件尺寸精度分为一般注塑模、精密注塑模。

（6）按模具浇注系统分为冷流道模、绝热流道模、热流道模、温流道模。

■ 注塑模的总体结构特征

（1）单分型面注塑模（二板式注塑模）

单分型面注塑模是注塑模中应用最广泛、最简单、最典型的一种，构成型腔的一部分在动模上，另一部分在定模上，如图 3—22 所示。图 3—21 所示的夹盘注塑模也是单分型面注塑模的一种。卧式注塑机用的单分型面注塑模，主流道设在定模一侧，分流道设在分型面上，开模后制件连同流道凝料一起留在动模一侧。动模上设有推出装置，用以推出制件和流道凝料（料把）。

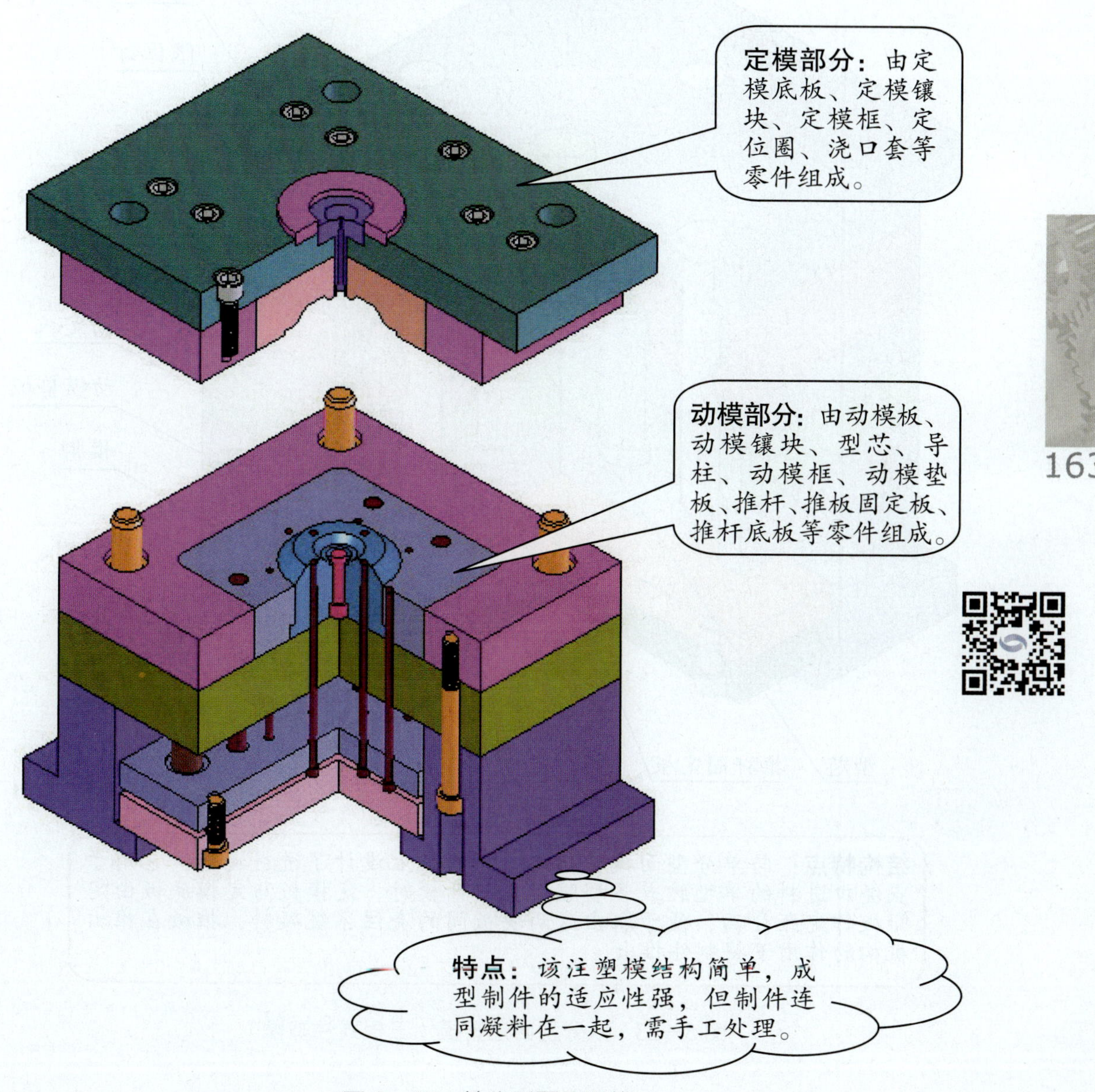

图 3—22 单分型面注塑模

（2）双分型面注塑模（三板式注塑模）

双分型面注塑模特指浇注系统凝料和制件由不同的分型面取出，也叫三板式注塑模，如图 3—23 所示。

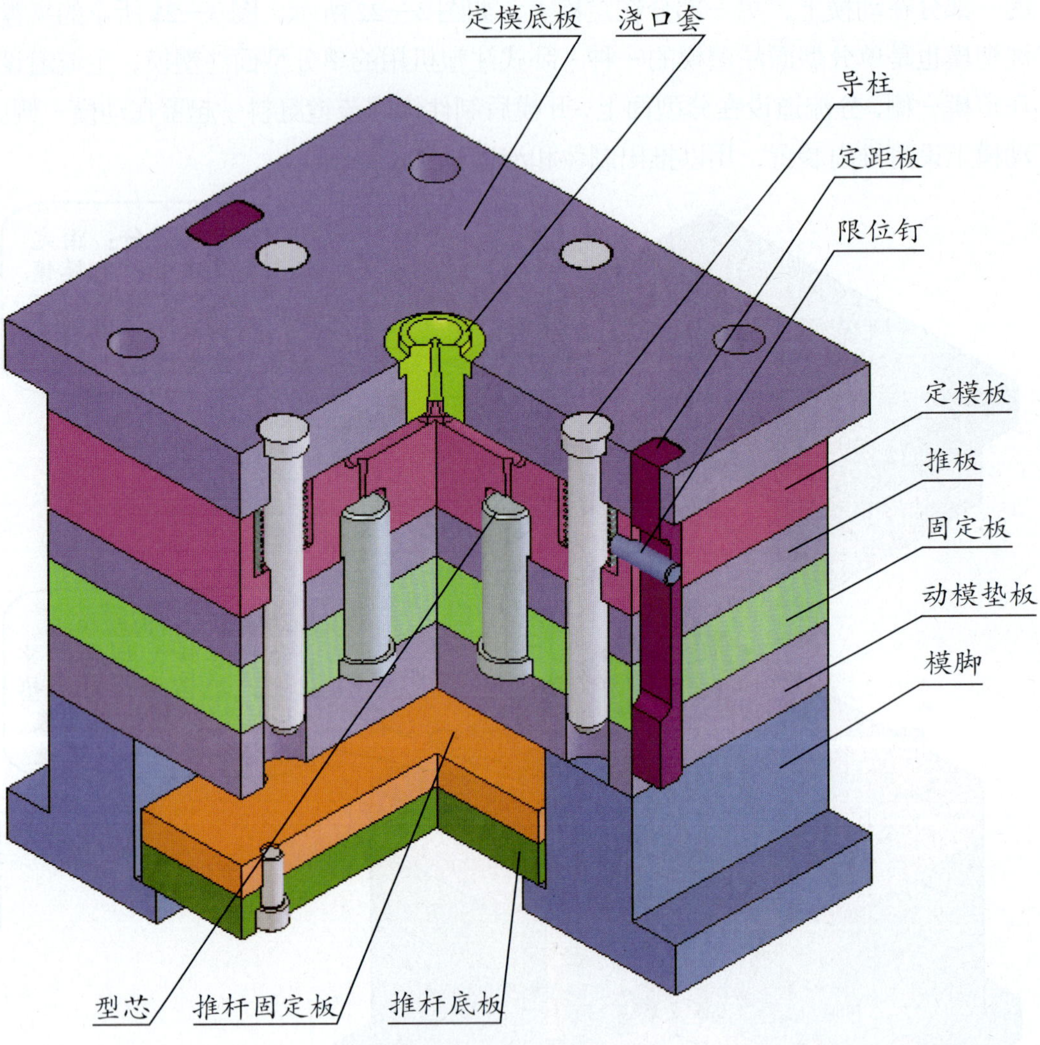

定模底板　浇口套
导柱
定距板
限位钉
定模板
推板
固定板
动模垫板
模脚
型芯　推杆固定板　推杆底板

结构特点： 与单分型面模具相比，定模板上设计了进料浇道，它用于点浇口进料的单型腔或多型腔模具。开模时，定模板与定模底板由定距板作定距分离，便于取出这两块板间的浇注系统凝料，推板在推出机构的作用下将制件推出。

图 3—23　双分型面注塑模（三板式注塑模）

双分型面注塑模（三板式注塑模）制件和凝料的脱模示意如图 3—24 所示。

脱模原理：开模时，定模板与定模底板之间在弹簧的作用下分型，将主浇道的凝料从浇口套中脱出，动模继续后退由定距板限位后，使定模板与推板分型并将制件与浇口拉断，制件与型芯一起后退，再由推出机构推动推板使制件落下。

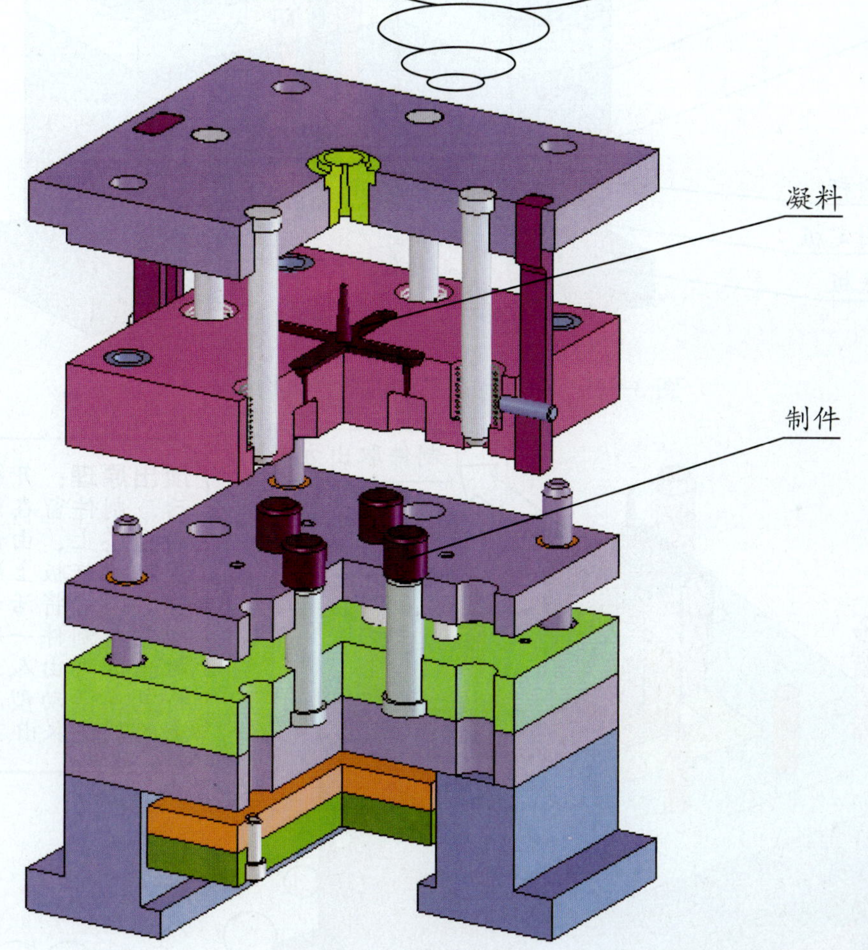

图 3—24　双分型面注塑模制件和凝料的脱模示意图

（3）带活动型芯的注塑模

当制件带有侧孔或需要内成型而无法通过分型面来取出制件时，只能在模具中设置活动的型芯或镶拼组合式镶块，如图 3—25 所示。采用活动型芯的目的是便于在开模时方便地取出制件，如图 3—26 所示。

制件
浇口套
定模板
活动型芯
固定型芯
动模镶块
动模框
动模垫板
模脚
型芯顶杆
推杆固定板
推杆底板

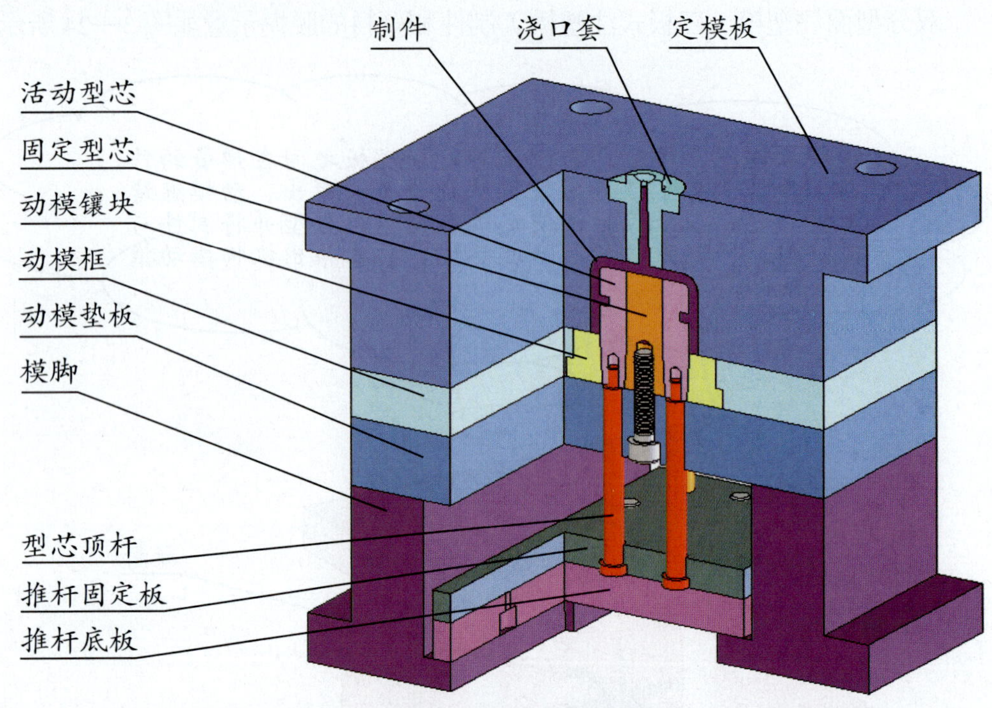

图 3—25　带活动型芯的注塑模结构

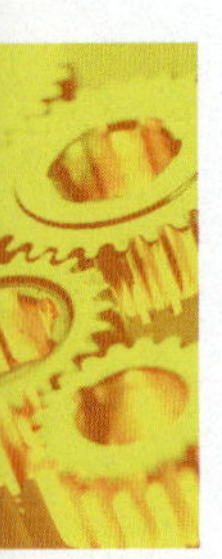

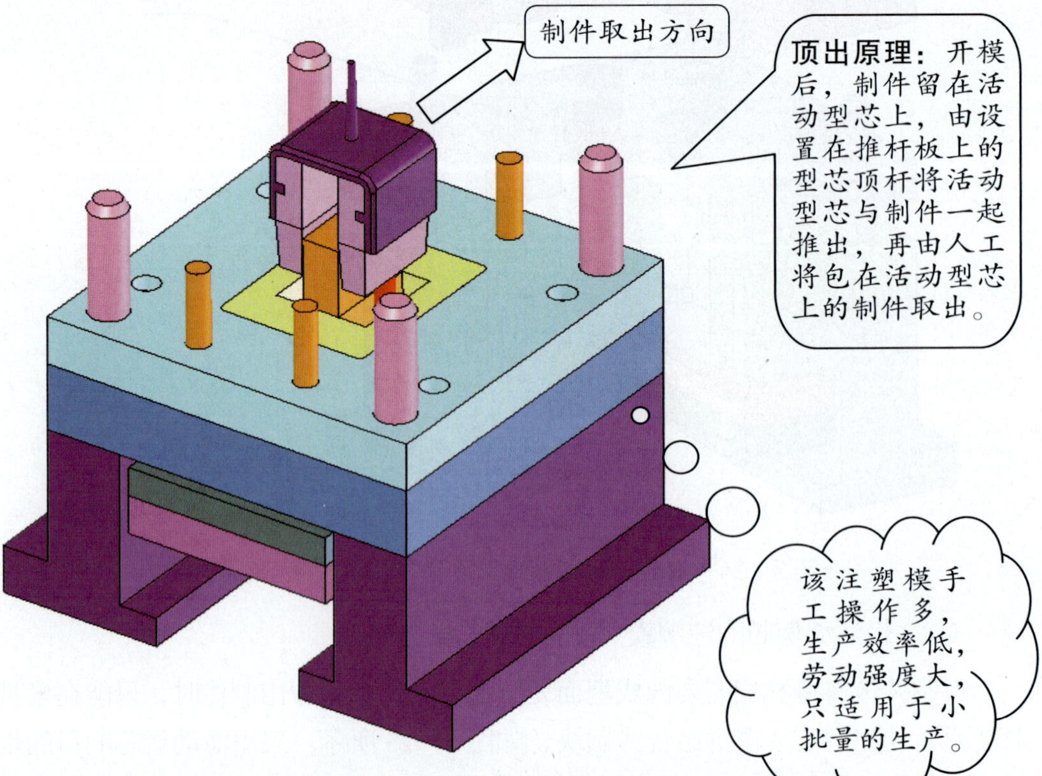

制件取出方向
顶出原理：开模后，制件留在活动型芯上，由设置在推杆板上的型芯顶杆将活动型芯与制件一起推出，再由人工将包在活动型芯上的制件取出。
该注塑模手工操作多，生产效率低，劳动强度大，只适用于小批量的生产。

图 3—26　活动型芯的顶出原理

（4）斜导柱侧向抽芯机构的注塑模结构（图 3—27）

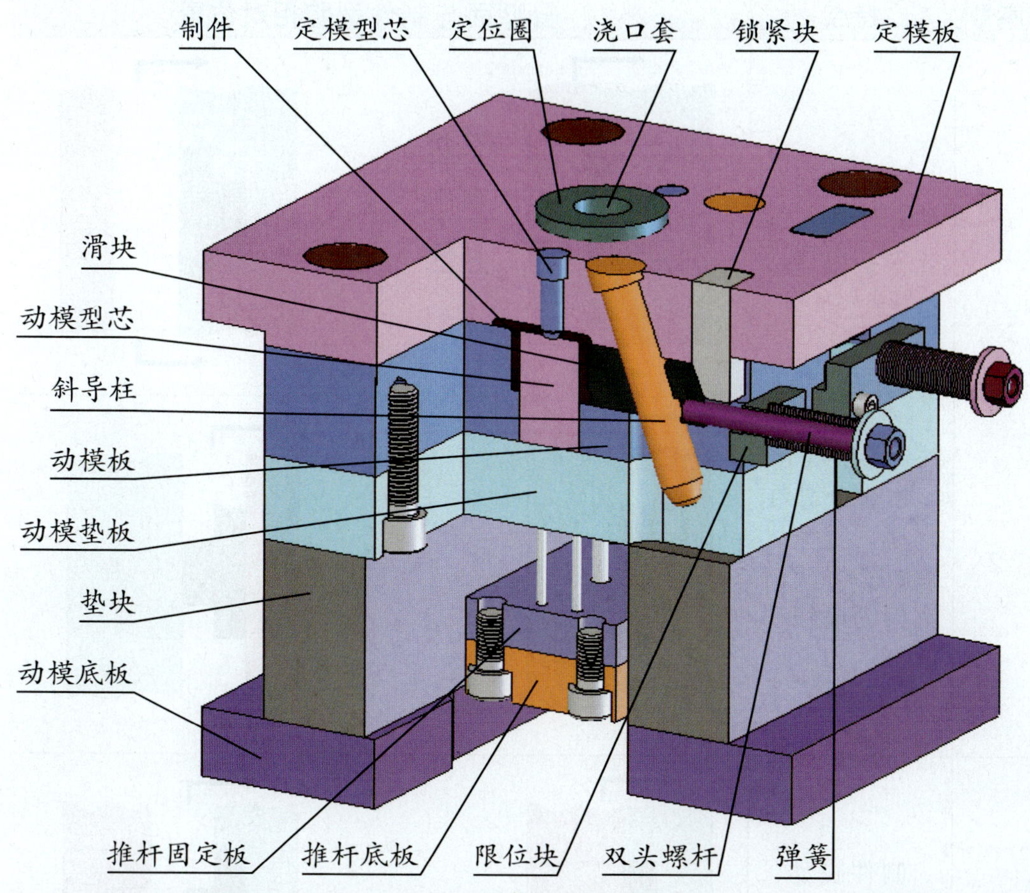

结构特点：当制件有侧向成型或侧孔时，模具常采用斜导柱或斜滑块等侧向分型抽芯机构。在开模的时候，利用开模力带动侧型芯作横向移动，使其与制件脱离。也有在模具上装设液压缸或气压缸带动侧型芯作横向分型抽芯的。

图 3—27　带侧向抽芯机构的注塑模结构

分型面的类型

分型面就是动模和定模的接触面，它能使模具分开后取出制件或浇注系统。虽然分型面不是模具中的主要结构，但合理地选择分型面，不仅可以简化模具结构，而且能提高制件的质量。

■　分型面与型腔的相对位置

分型面与制件型腔的相对位置一般有四种基本形式，见表 3—4。

表 3—4　　分型面与制件型腔相对位置的基本形式

序号	特点	分型面与制件型腔相对位置
1	制件全部在动模内成型（箭头为动模移动方向）	
2	制件全部在定模内成型，需加拉料杆（箭头为动模移动方向）	
3	制件在动、定模内同时成型（箭头为动模移动方向）	
4	制件在多个斜滑块内成型（箭头为动模移动方向和滑块移动方向）	

■　分型面的类型

常见的分型面类型有直线、倾斜、折线和曲线分型面等，见表 3—5。

表 3—5　　制件的分型面类型

序号	类型	特点	制件分型面图示（粉红色平面为分型面）
1	直线分型面	与动模、定模固定板平行的分型面	
2	倾斜分型面	与动、定模固定板成一定角度的分型面	
3	折线分型面	分型面不在同一平面内，而由几个折线平面组成的分型面	
4	曲线分型面	模具动模、定模闭合时表面为曲面的分型面	

分型面的选择原则

（1）应取在制件最大截面上，使制件在开模时随动模移动方向脱出定模后留在动模内，以便于取出制件。

（2）要有利于保证制件的外观质量和精度要求及浇注系统的合理布置。

（3）要有利于成型零件的加工制造和侧向抽芯的结构设计。

（4）应根据零件的技术要求，合理选择分型面，可以简化模具的结构。

浇注系统

注塑模的浇注系统是指模具中从注塑机喷嘴开始到型腔入口为止的塑料熔体的流动通道。在注塑成型塑料制件时，注塑机喷嘴中熔融的塑料，经过主流道和分流道，最后通过浇口进入模具型腔，经过冷却固化后，得到所需要的制品。普通浇注系统是注塑模中最为常见的浇注系统。

普通浇注系统的组成

普通浇注系统一般由主流道、分流道、浇口、冷料穴组成，如图 3—28 所示。

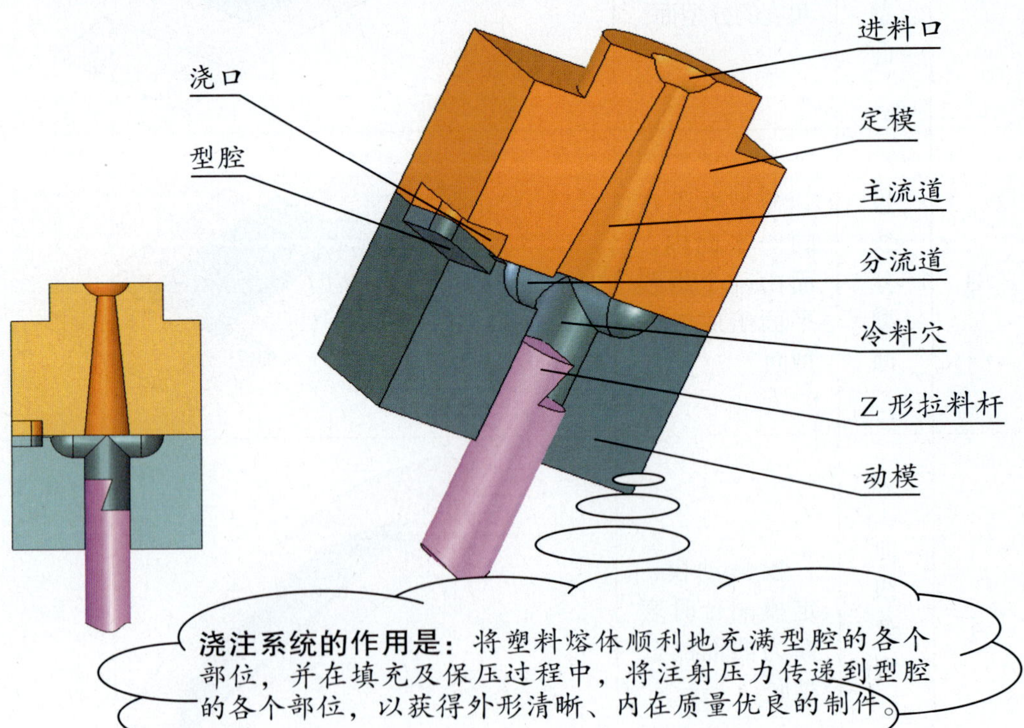

图 3—28　浇注系统的结构（剖视图）

■ 浇注系统各部分的作用（表 3—6）

表 3—6　　浇注系统各部分的作用

名称	作用	截面形状
主流道	是指使注塑机喷嘴与型腔（单型腔模）或与分流道连接的一段进料通道。它与注塑机喷嘴在同一轴线上，熔融塑料在主流道中不改变流向，主流道的形状为圆柱孔或圆锥孔	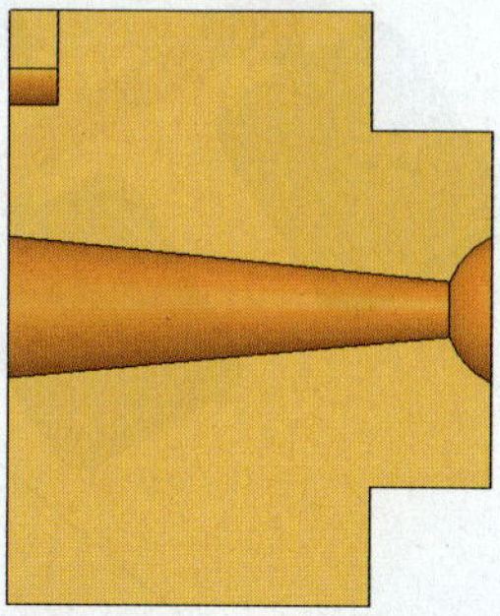
分流道	分流道开设在分型面上，它是连接主流道和浇口的进料通道。分流道的截面呈圆形、半圆形、矩形和 U 形等。圆形流道是由动模和定模两边的半圆形沟槽组合而成；梯形和半圆形流道可开在定模或动模一侧	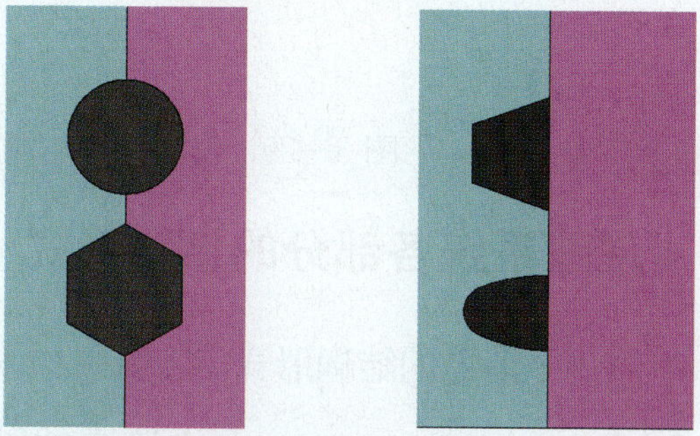
浇口	是指连接分流道和型腔的进料通道。它起着调节、控制流速和补料时间的作用，其截面形状有圆形和矩形等	
冷料穴	冷料穴一般设在主流道末端，有时分流道末端也设冷料穴。冷料穴在注塑模中直接正对主流道的孔与槽。它的作用是储存料流中的前锋冷料	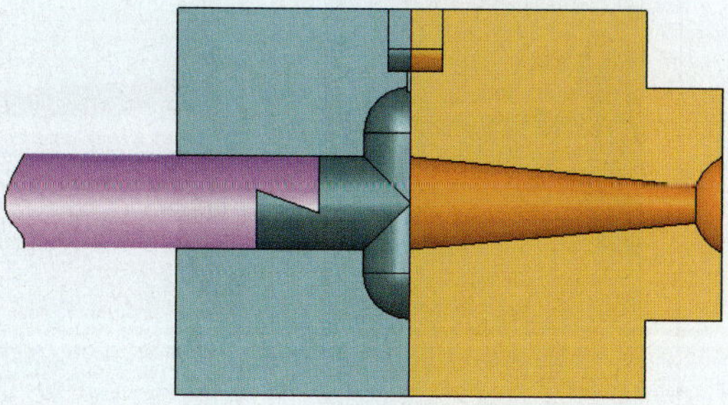

浇注系统与制件的相对位置示意如图 3—29 所示。

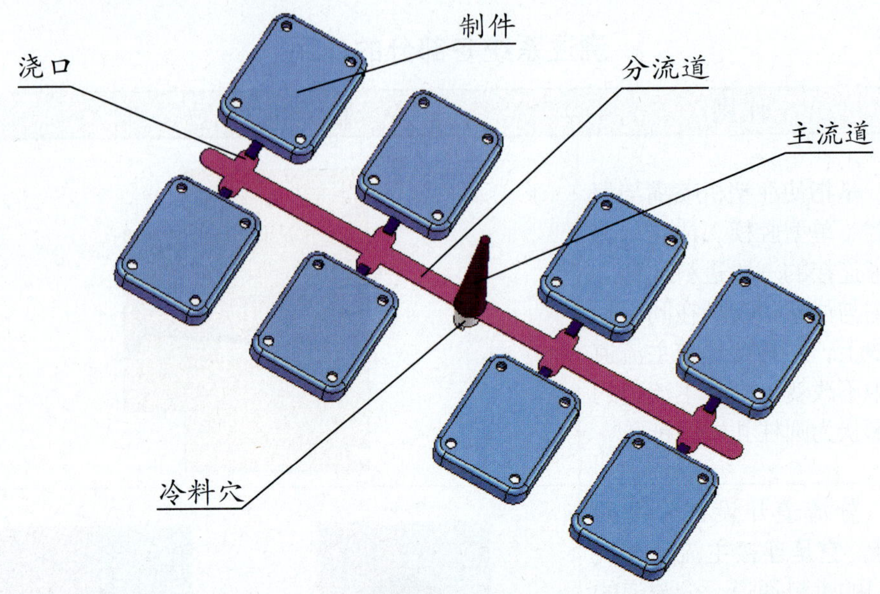

图 3—29　浇注系统与制件的相对位置示意图

■　浇注系统各部分的结构形式

（1）主流道的结构形式（表 3—7）

表 3—7　　主流道的结构形式

名称	整体式	组合式	镶入式
特点	主流道在定模板上直接加工而成，整体式是最简单的主流道结构，常用于简单的注塑模	主流道由两块模板组合而成，装配时应避免两块模板错位而不能脱模	主流道以镶套的形式镶入定模板中，适用于所有注塑模具，也是最普遍采用的主流道结构
图例	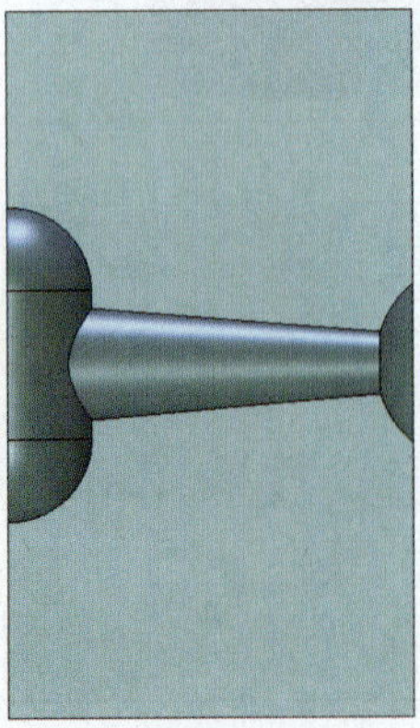		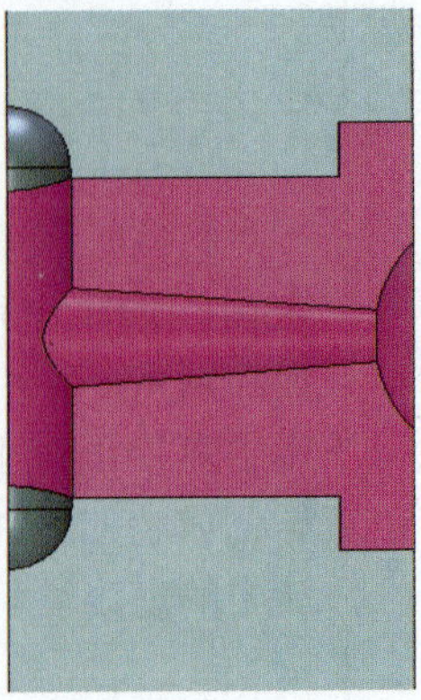

（2）冷料穴的结构形式

冷料穴的主要作用是积聚注塑机喷嘴最先射出的冷塑料，以避免冷塑料进入主型腔而降低制件的质量或造成废品。它的结构形式是在正对主流道的动模上设置一个直径稍大于主流道大端直径的孔，为了确保在开模时拉出主流道凝料，又能在推出机构的作用下顶出冷料穴中的凝料，冷料穴常与拉料杆配合使用。常见的冷料穴结构形式有以下三种：

1）Z 形拉料杆的冷料穴　在冷料穴中有一根与冷料穴孔径相同的 Z 形头的拉料杆，结构如图 3—30 所示。

结构特点：开模时拉料杆将凝料从主流道中拉出，并随推出机构与制件和浇注系统凝料一起顶出后取出。

图 3—30　Z 形拉料杆的冷料穴结构形式

2）球头拉料杆的冷料穴　球头拉料杆的冷料穴专用于制件以推板脱模的模具，如图 3—31 所示。

结构特点：球头拉料杆固定在动模板上，当塑料进入冷料穴后，紧包拉料杆球头，开模时拉料杆将凝料从主流道中拉出，推板强制将凝料从球头拉料杆上脱出，并随推板将制件和浇注系统凝料一起顶出后取出。

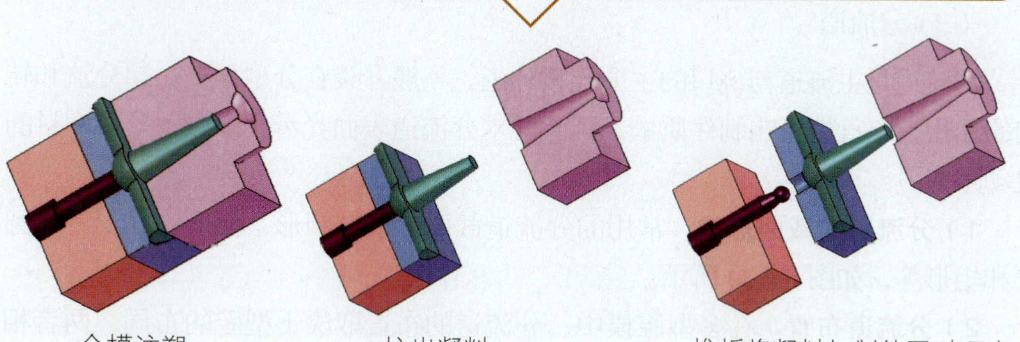

图 3—31　球头拉料杆的冷料穴结构形式

3）无拉料杆冷料穴 无拉料杆冷料穴是在正对主流道的动模上开设一锥形凹坑，并在锥孔壁上钻出一浅孔，如图3—32所示，无拉料杆冷料穴的结构形式如图3—33所示。

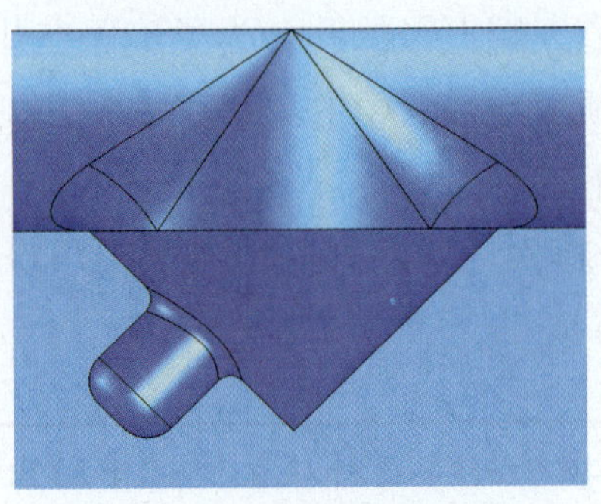

图3—32 冷料穴的结构

结构特点： 开模时靠浅孔将凝料从主流道中拉出，在推出机构的作用下，冷料头沿浅孔轴线移动脱出浅孔，并与制件和浇注系统一起顶出后取出。

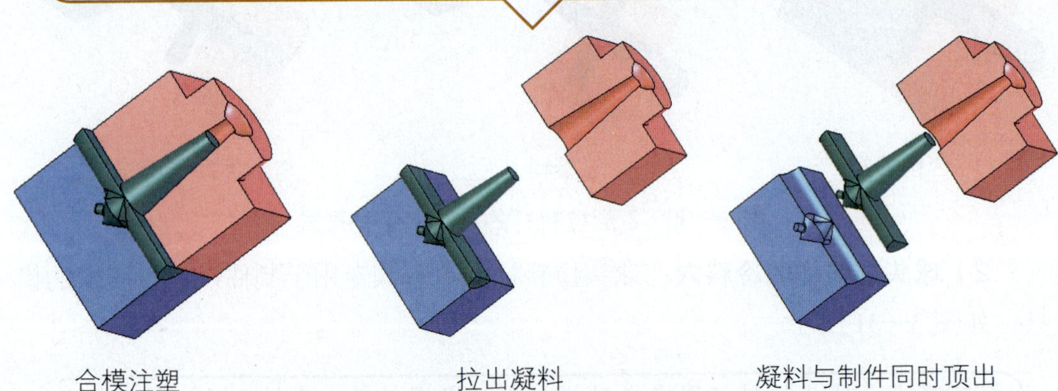

图3—33 无拉料杆冷料穴的结构形式

（3）分流道

分流道是主流道与浇口的主要连接通道，一般开设在分型面上，起分流和转向的作用，它直接影响制件质量，因此要求分流道表面光滑，以减小熔融塑料的流动阻力。

1）分流道的截面形状 常用的分流道截面形状有圆形、梯形、U形、半圆形和矩形等，如图3—34所示。

2）分流道布置 在多型腔模中，分流道的布置取决于型腔的布局，两者相互影响。分流道的布置形式分平衡式和非平衡式两类。平衡式布置是注塑模中采

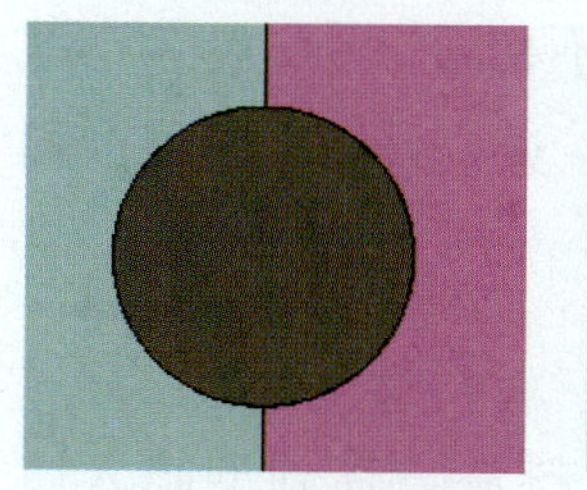
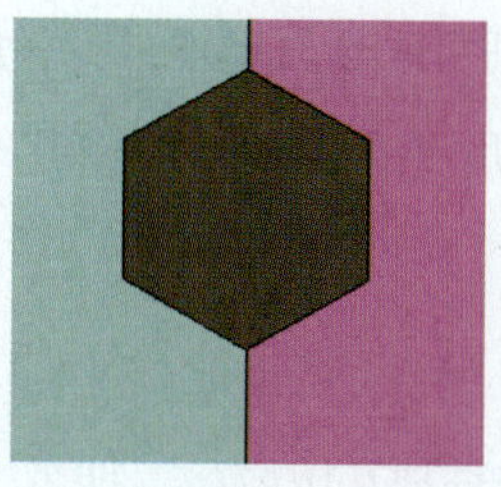

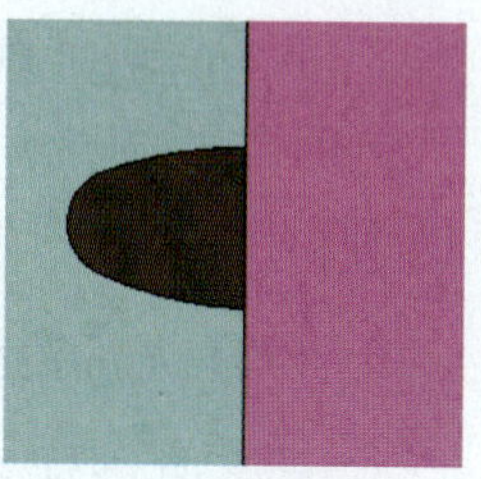

图 3—34 常用的分流道截面形状

用最广泛的。

平衡式布置是指从主流道至各个型腔的分流道，其长度、形状、截面尺寸都必须对应相等，以达到各个型腔的热平衡和塑料流动平衡，如图 3—35 所示。

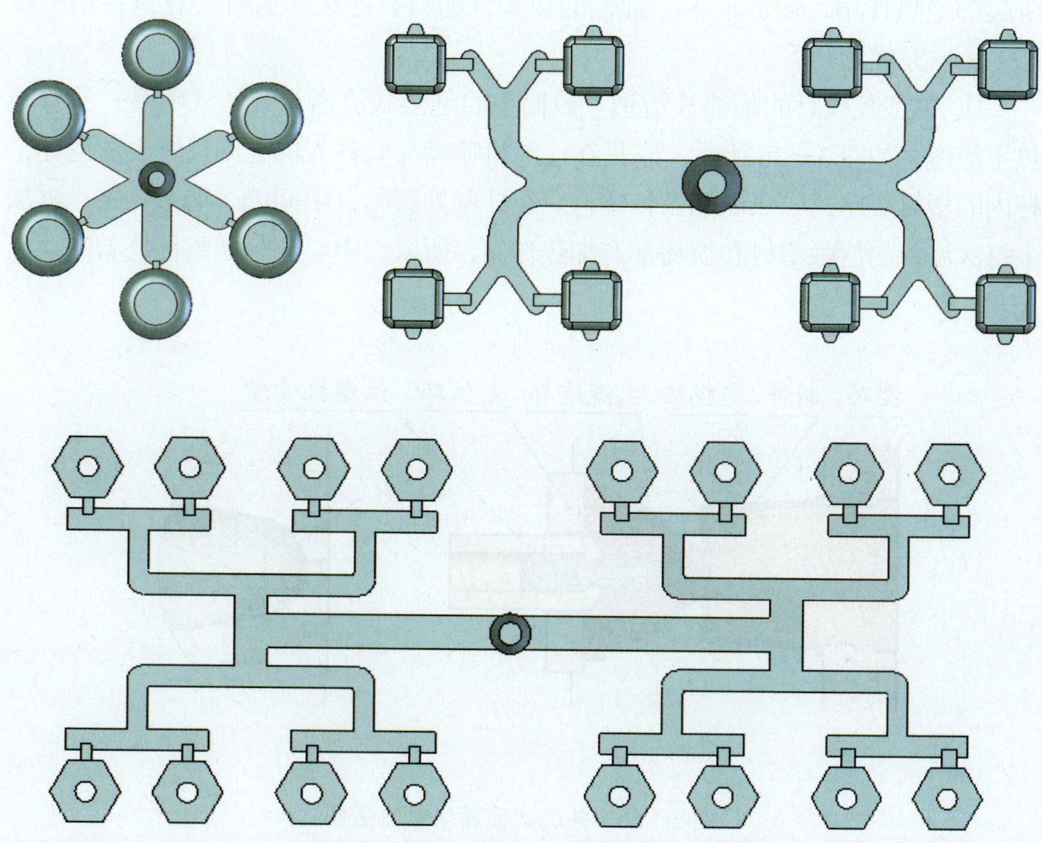

图 3—35 分流道的平衡式布置

非平衡式布置是指主流道至各个型腔的分流道长度各不相同，为了使各个型腔同时均衡进料，需将各型腔的浇口做成不同的截面尺寸，还需修模才能保证同时进料。

（4）无流道浇注系统

无流道浇注系统是指利用加热或绝热的办法，使塑料从喷嘴到型腔入口的流道中，始终保持着熔融状态，开模时只需取出制件，而在浇注系统中没有凝料。

无流道浇注系统的优点有：浇注系统无凝料，从而节约原材料，减轻劳动强度；熔融塑料能以良好的状态注入型腔，制件质量高；成型注射温度较低，缩短了成型周期；适合自动操作，生产率高。但是，无流道浇注系统的模具结构复杂，成本较高，温度控制要求高，且要求连续生产。

1）绝热式流道　绝热式流道的尺寸较大，利用塑料与流道壁接触的固体层所起的绝热作用，使流道中心部位的热塑性塑料在连续注射时一直保持熔融状态，所以充模顺利。

① 单型腔模具的绝热式流道　最简单的绝热式流道为井坑式喷嘴，又称绝热主流道，如图 3—36 所示。它是在注塑机喷嘴与模具入口之间设置主流道杯，杯内的塑料层厚，导热性能差，塑料只在杯壁处凝结，中间仍呈熔融状态；再加上每次注射的熔融塑料和喷嘴都有加热作用，所以，中心部分始终保持着流动状态。

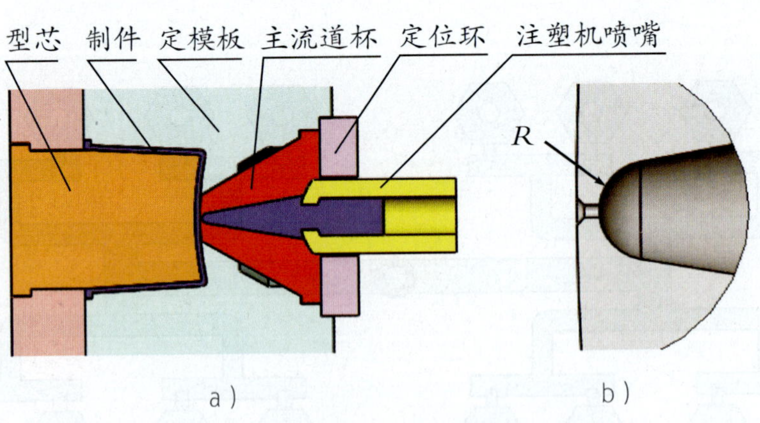

图 3—36　井坑式喷嘴与主流道杯

a）主流道杯及相关部分　b）井坑式喷嘴

② 多型腔模具的绝热式流道　主流道或分流道截面多呈直径为 16~30 mm 的圆形。由于塑料的导热性差，所以流道中心部位的熔融塑料流动也很顺利。为了防止塑料在绝热式流道模具的浇口凝结，可在进料喷嘴内设置加热器，其结构是在模具进料喷嘴中心插入带探针的加热棒，并使尖端伸到点浇口附近。

2）热流道　热流道可在连续作业中，借助加热，使流道内的热塑性塑料始终保持熔融流动状态，所以热流道靠加热器加热，即在流道附近设置电热棒或电热圈，使浇注系统处于高温状态，流道中的塑料始终保持流畅的熔融状态。它应用较广泛，制件质量好。

①单型腔模具的热流道　最常见的为延伸式喷嘴，如图 3—37 所示，它采用点浇口进料，结构是将带有加热装置的喷嘴延伸到浇口处。为了避免喷嘴的热量过多地传给低温的模具，应采取有效的隔热措施。常见的措施是塑料隔热和空气隔热。

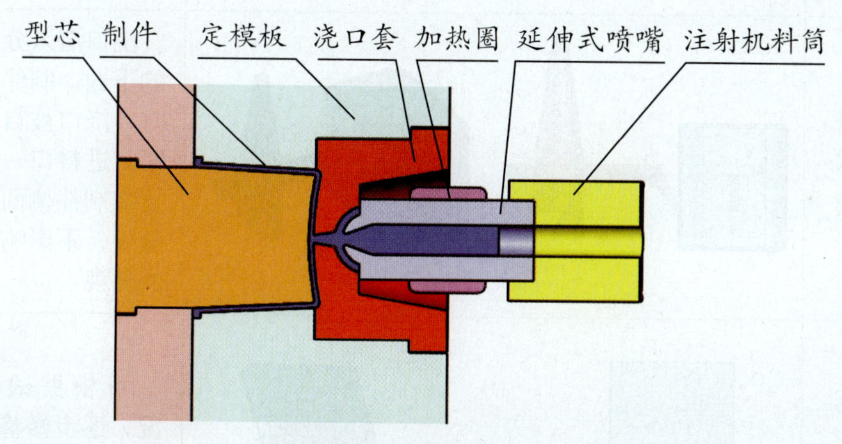

图 3—37　延伸式喷嘴的热流道

②多型腔模具的热流道　特点是在模具内设置电加热的流道板，直径为 5~12 mm 的主流道和分流道都在流道板内，流道内的塑料完全处于熔融状态，流道板与模具的其他部分用绝热材料或空气隔热。

（5）浇口

浇口是分流道与型腔之间的一段细短的连接通道，是浇注系统的关键部分，它的形状、数量、尺寸和位置对制件的质量影响很大。浇口有两个主要作用：一是塑料熔体流经型腔的通道；二是浇口的适时凝固可控制保压时间。浇口的基本形式见表 3—8。

表 3—8　　浇口的基本形式

序号	形式	浇注系统在制件上的位置示意（深色区）	特点
1	点浇口		它是截面形状小如针点的浇口，开模时浇口会被自动切断，制件表面几乎无痕迹，应用极为广泛
2	侧浇口		它设置在模具分型面处，从制件的内侧或外侧进料。其浇口易于加工，被广泛应用于一模多腔的模具
3	潜伏浇口		浇口潜入分型面的下面，制件顶出时，浇口被自动切断。进料口一般设置在制件侧面较隐蔽处，不影响制件的外观
4	扇形浇口		可根据试模情况，逐步修整到制件合格为止。常用于成型宽度较大的薄片状制件
5	轮辐浇口		浇口与分流道像轮辐状分布在同一平面内，进料沿制件的圆周扩展，常用于筒形类注塑模

排气系统

注塑成型模具的排气系统是直接影响制件质量的一个因素，对于成型较大尺寸制件及聚氯乙烯等易分解产生气体的树脂来说尤为重要。因此，排气系统应与型腔和浇注系统综合考虑，以保证制件不会因排气不良而发生质量问题。排气系统的形式有以下几种。

分型面排气

对大中型制件的模具，需排出的气体量多，通常在分型面上的动模型腔边缘开设排气槽，排气槽的位置以处于熔体流动末端为好。浇注系统与排气槽的布置形式如图 3—38 所示。排气槽的结构形式如图 3—39 所示。

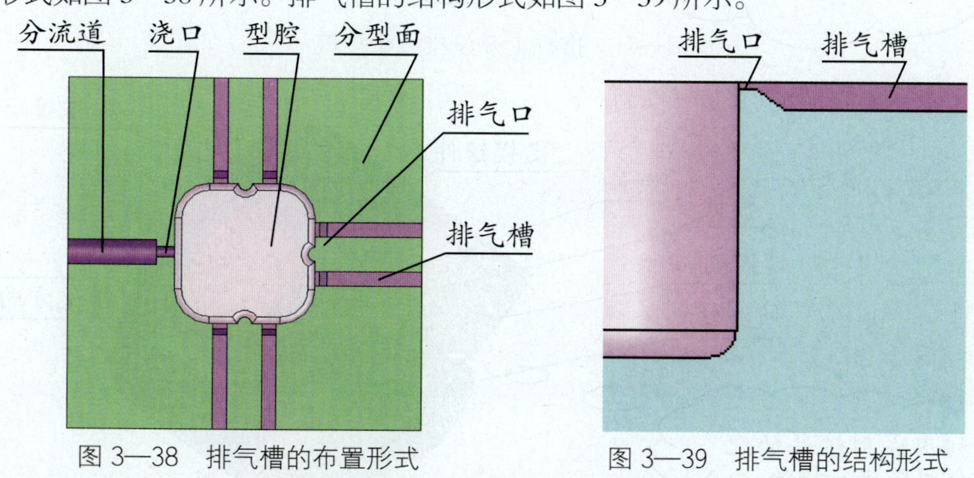

图 3—38　排气槽的布置形式　　图 3—39　排气槽的结构形式

利用型芯、推杆、镶件等的间隙排气

（1）型芯或型腔排气（图 3—40）

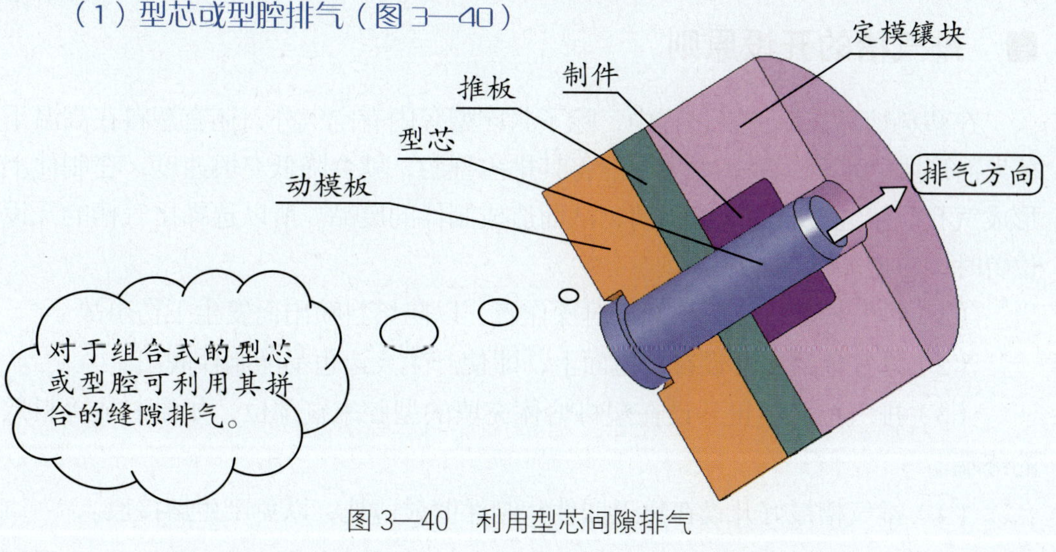

图 3—40　利用型芯间隙排气

（2）推杆排气（图 3—41）

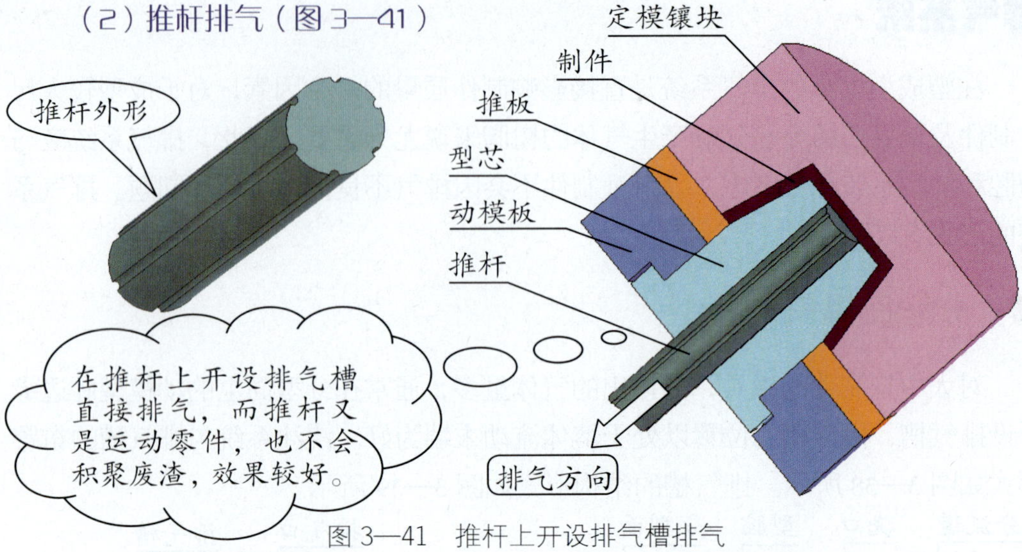

推杆外形

定模镶块

制件

推板

型芯

动模板

推杆

在推杆上开设排气槽直接排气，而推杆又是运动零件，也不会积聚废渣，效果较好。

排气方向

图 3—41　推杆上开设排气槽排气

（3）镶件排气（图 3—42）

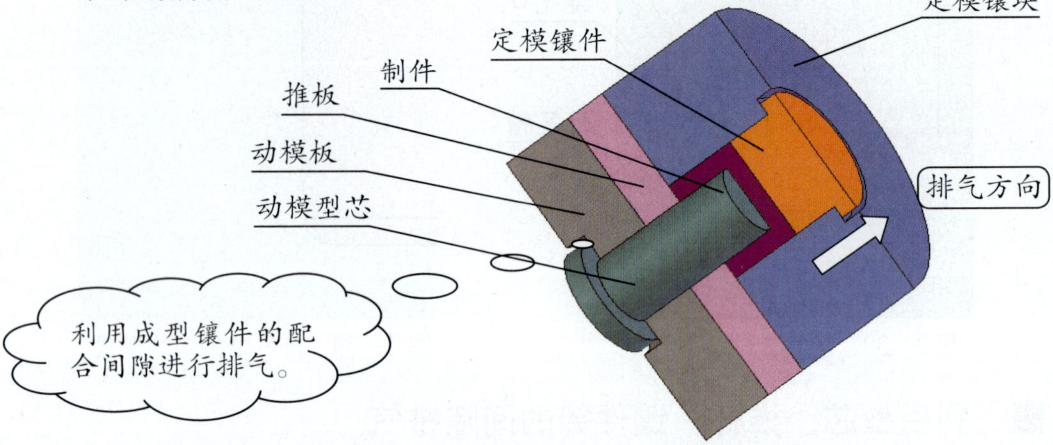

定模镶块

定模镶件

制件

推板

动模板

动模型芯

排气方向

利用成型镶件的配合间隙进行排气。

图 3—42　利用成型镶件的配合间隙排气

■　排气槽的开设原则

在塑料熔体充填注射过程中，除了封闭型腔内有空气外，还有塑料在高温下蒸发而形成的水蒸气等。如果不能将其排出型腔，就会降低充填速度，在制件上形成气孔、接缝、表面轮廓不清，从而造成制件的废品。所以选择排气槽的开设位置时，应遵循以下原则：

（1）排气槽的排气口不能正对操作者，以防熔料喷出而发生工伤事故。

（2）排气槽最好开设在分型面上，即使产生飞边也易随制件脱出。

（3）排气槽应尽量开设在塑料熔体充填的型腔末端部位，如流道或冷料穴的终端。

（4）排气槽最好开设在靠近嵌件和制件壁最薄处，以免产生熔接痕。

第三节　注塑模成型零件的结构形式

直接与塑料接触并构成制件形状的零件称为成型零件，成型零件主要是指构成制件内、外形状的动、定模镶块和型芯。而注塑模的其他机构也在成型零件上加工完成，如浇注系统、排气系统、抽芯机构及推杆机构上的推杆孔等，如图 3—43 所示。

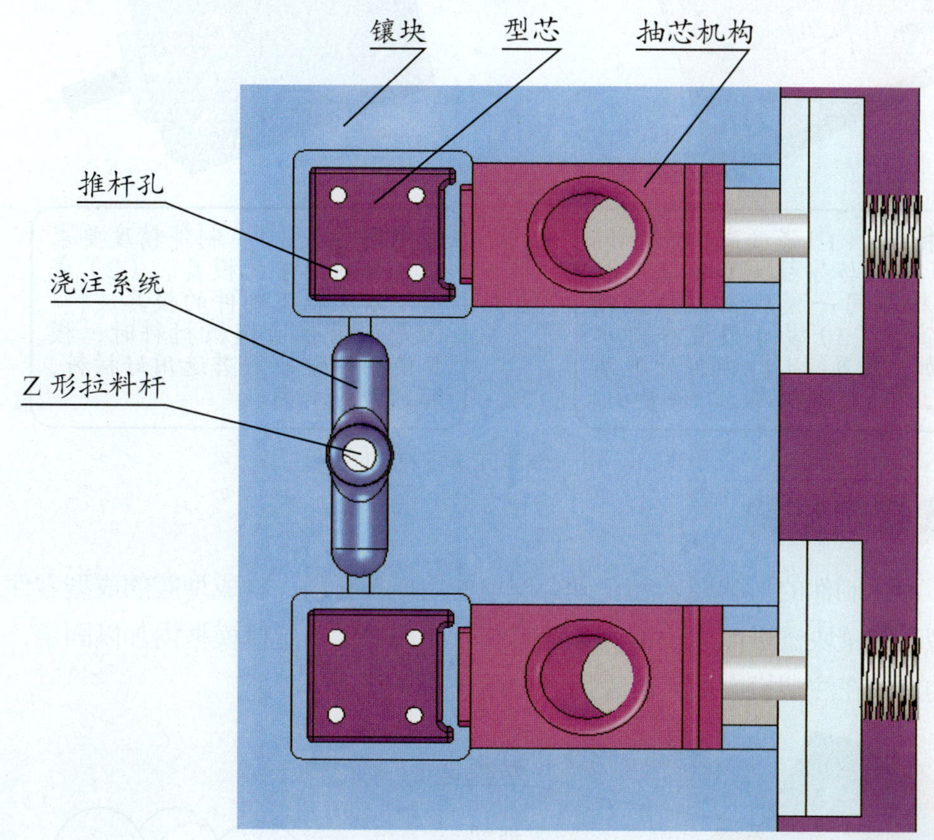

图 3—43　成型零件

由于成型零件直接与高温、高压的塑料接触，并且脱模时反复与制件摩擦，因此，要求成型零件具有足够的强度、刚度、硬度、耐磨性、耐腐蚀性及较小的表面粗糙度值。成型零件的结构有整体式和镶拼式两种形式。

整体式镶块结构

整体式镶块的结构主要是将型腔及导向零件的孔加工在同一模块上，使型腔和部分导向零件与模块构成一个整体，如图 3—44 所示。

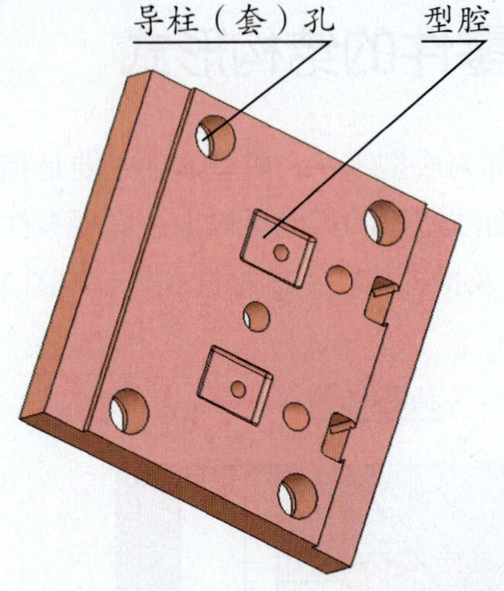

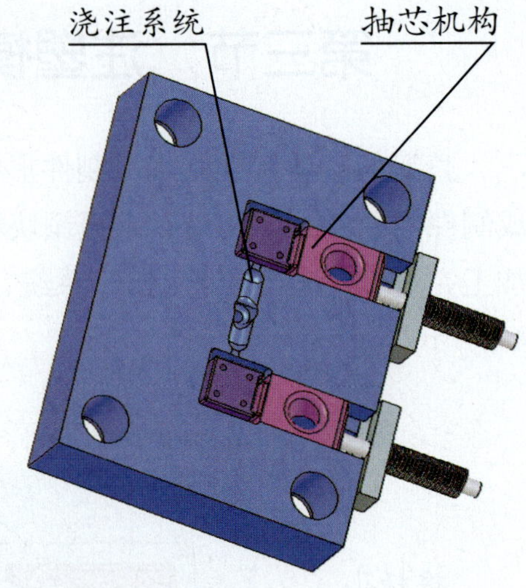

图3—44　整体式镶块结构

镶拼式镶块结构

为了满足制件的形状要求和正确合理地使用模具材料，构成型腔的成型零件一般由型芯和镶块镶拼而成。镶块、型芯装入模具的动、定模模框内加以固定，这种结构形式在注塑模中被广泛采用，如图3—45所示。

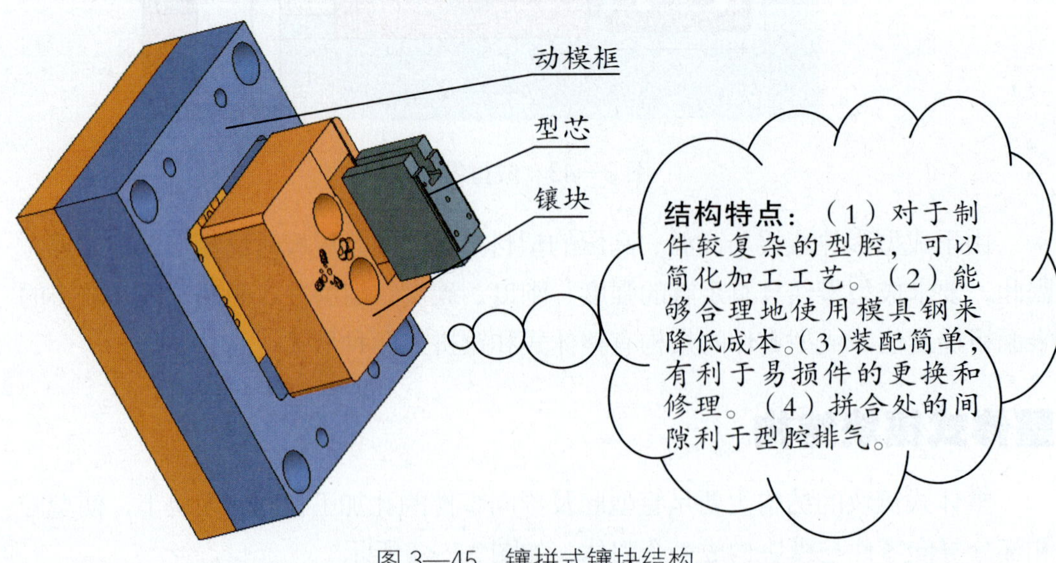

图3—45　镶拼式镶块结构

其他形式的镶拼结构

■ 局部镶拼式型腔

对于形状复杂或局部易损坏的部位且难以加工的部分，可用镶拼形式将镶件嵌入型腔主体内，如图 3—46 所示。

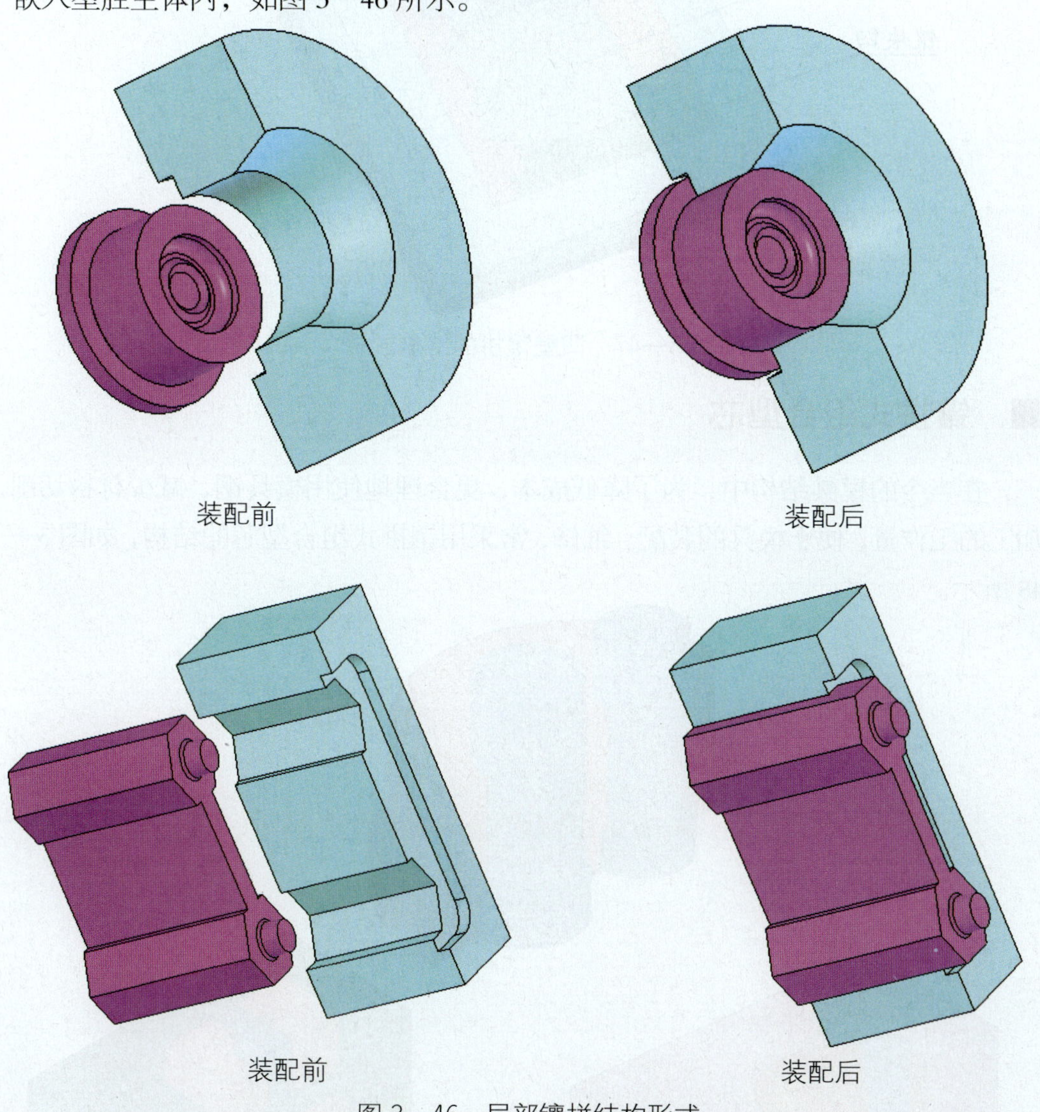

图 3—46　局部镶拼结构形式

■ 四壁拼合式型腔

对于大型的复杂型腔，可以采用将型腔四壁单独加工后镶入模框中，然后再和底板组合，如图 3—47 所示。通过镶拼的型腔可以简化加工工序，便于装配、制造，节省优质材料，但型腔的精度较低，只适用于要求不高的制件。

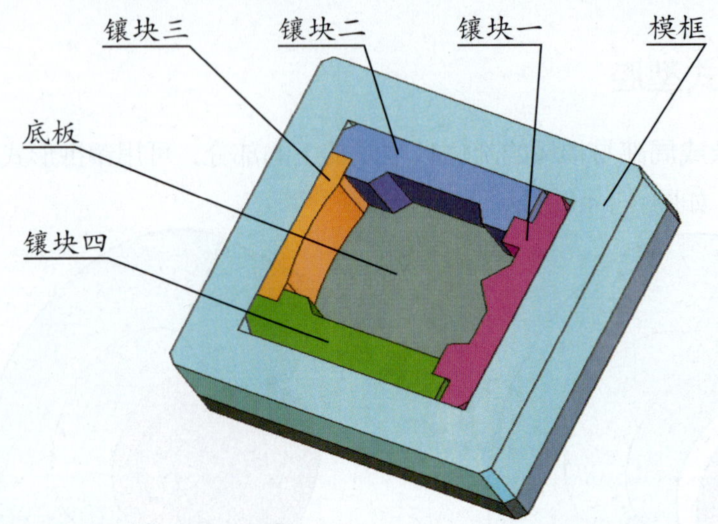

图 3—47　四壁镶拼的结构形式

■　镶拼式组合型芯

在当今的模具结构中，为了降低成本，更合理地使用模具钢，减少材料切削加工的工作量，便于模具的装配、维修，常采用镶拼式组合型芯的结构，如图 3—48 所示。

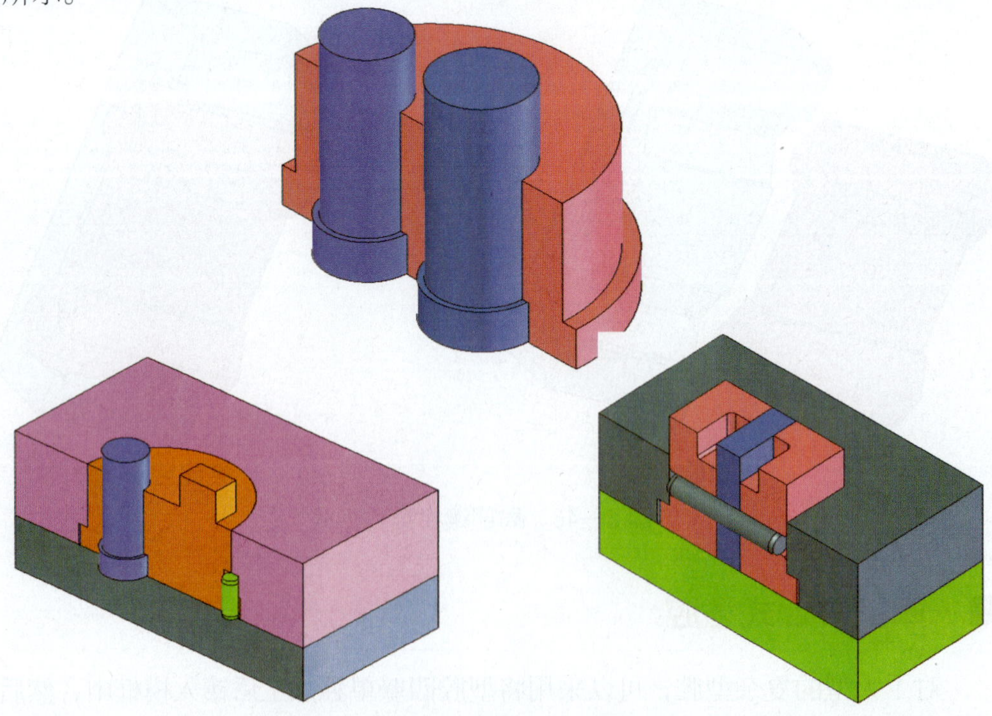

图 3—48　镶拼式组合型芯的结构

镶块的固定形式

镶块的固定形式有通孔和不通孔两种形式。它是将稍大于制件外形的较好材料制成成型镶块，再将此镶块嵌入动、定模模框内固定，既保证了成型零件的使用寿命，又可以节约材料，降低成本，且成型镶块磨损后，维修、更换也方便，如图 3—49 所示。

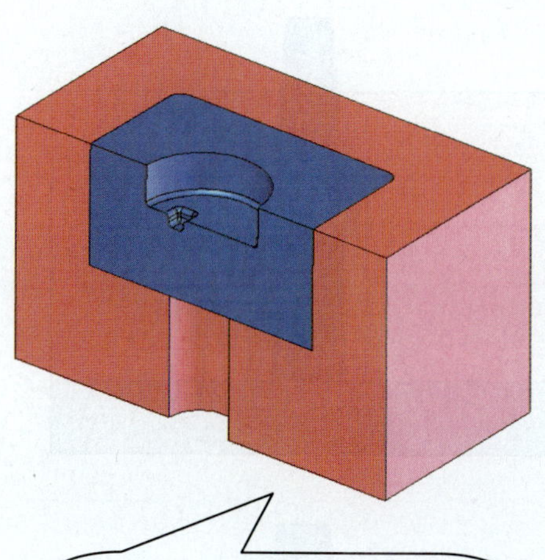

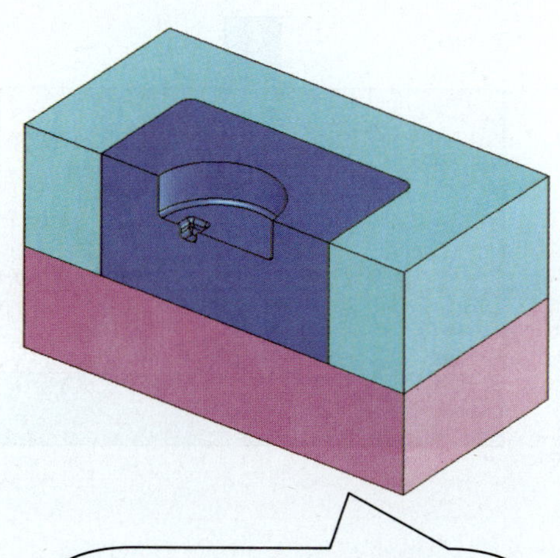

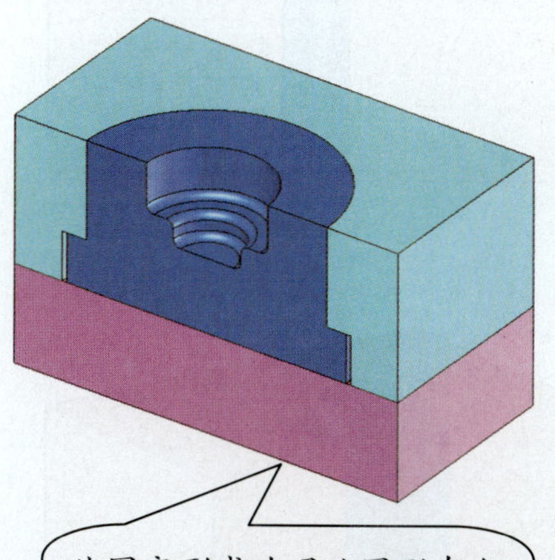

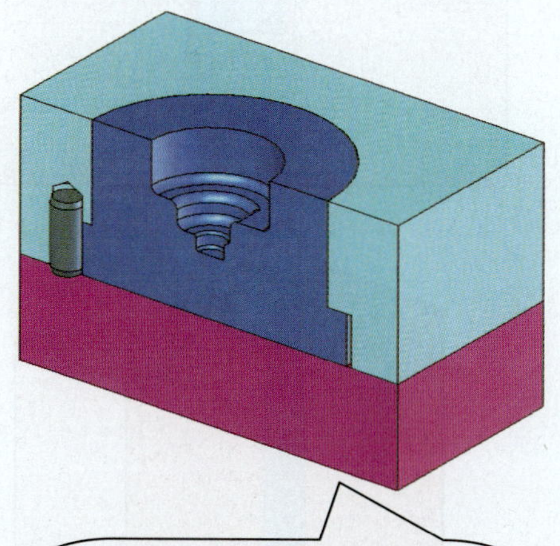

图 3—49　镶块的固定形式

型芯的固定形式

■ 固定型芯的固定形式

为了简化模具结构，便于装配和拆卸维修，通常将细小的型芯镶拼于镶块中，用于制件上孔和形状的成型。常见的型芯固定形式如图 3—50 所示。

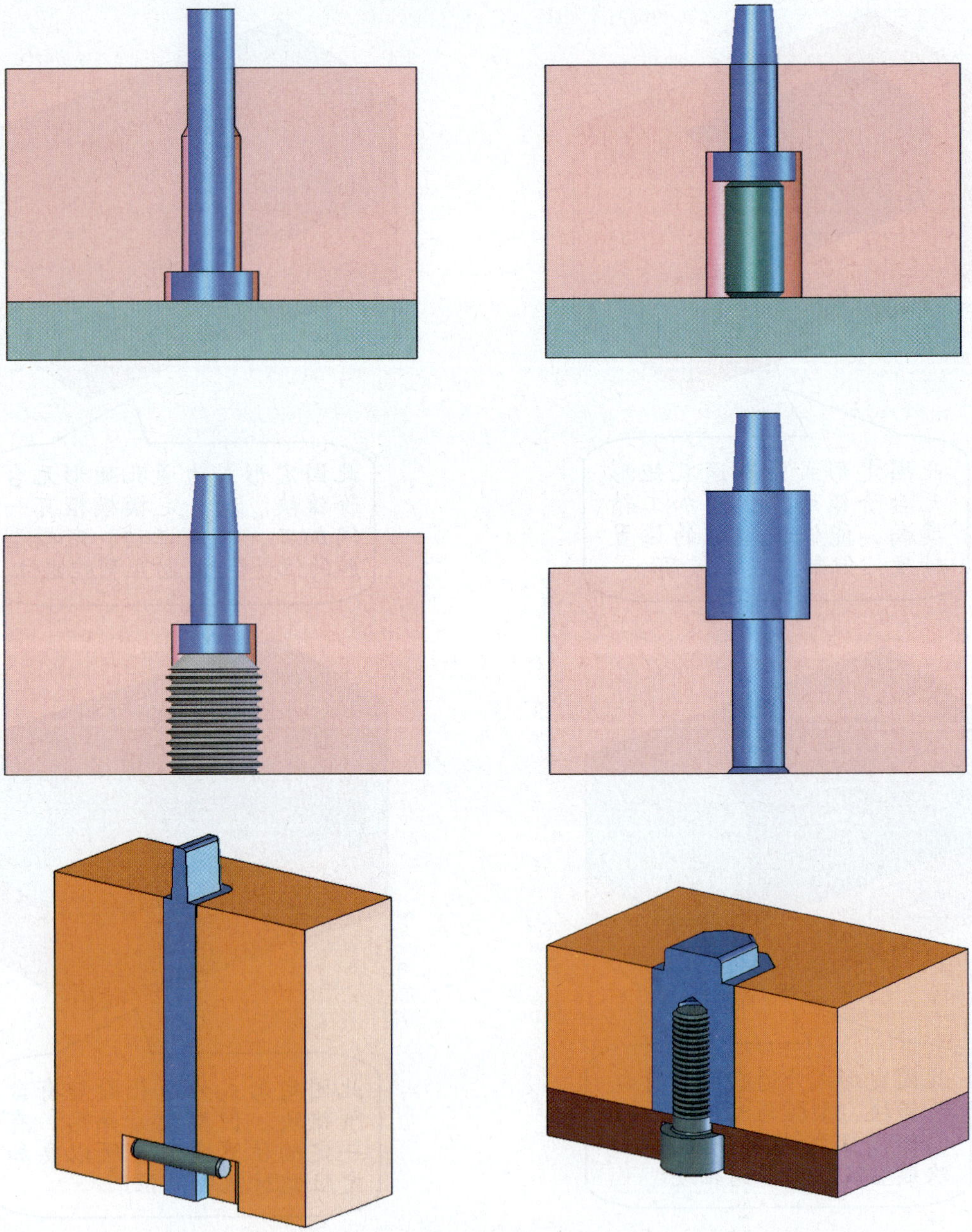

图 3—50 常见的型芯固定形式

活动型芯的固定形式

将活动的螺纹型芯直接插入镶块孔中，螺纹嵌件也可以拧在螺纹型芯上。这种形式的型芯成型前在模具中以 H8/f8 的间隙配合放置，如图 3—51 所示，成型后随制件一起在模外取出。

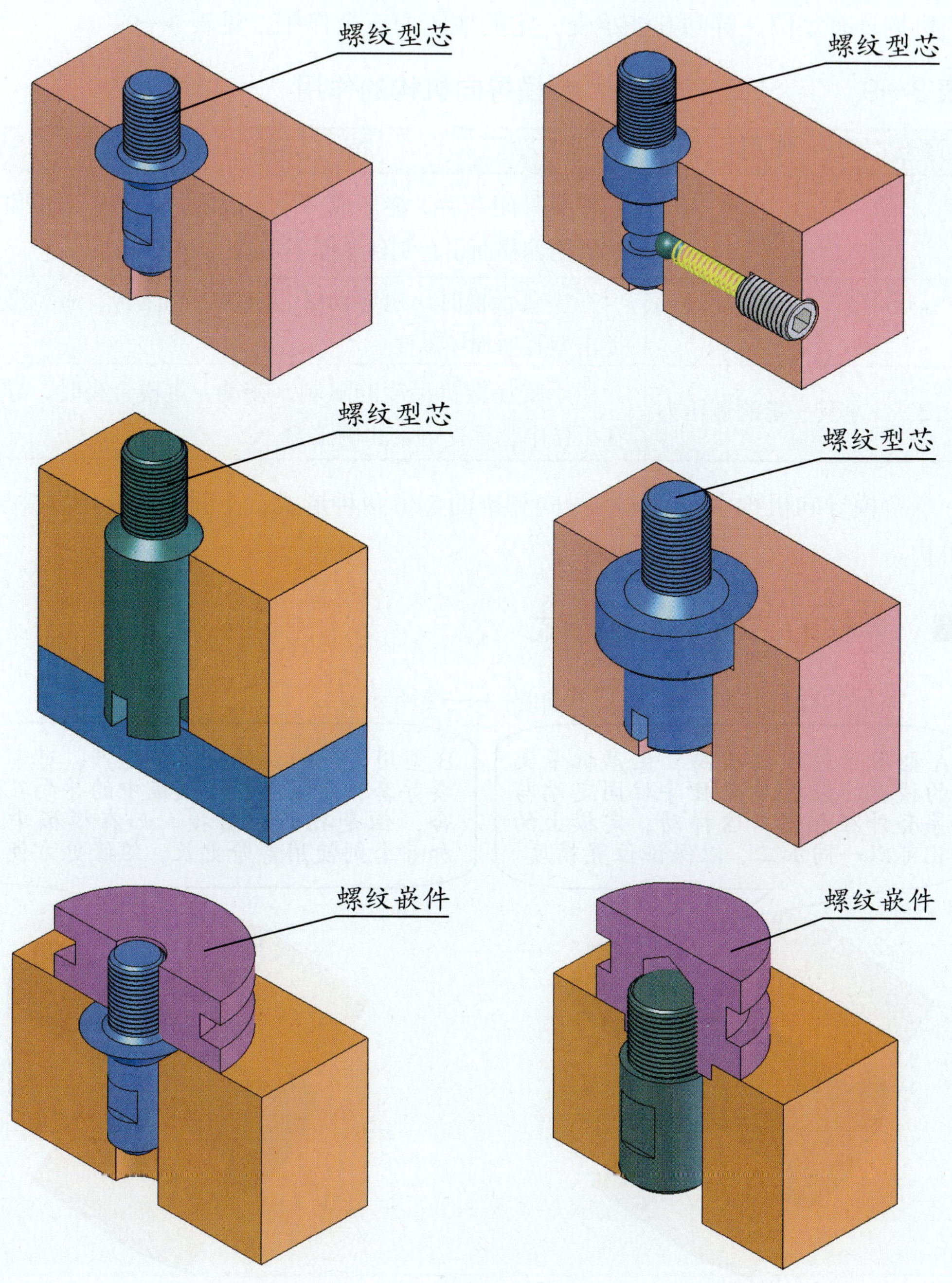

图 3—51 常见的活动型芯固定形式

第四节　注塑模常见的机构形式

合模导向机构

合模导向机构对于塑料模具是不可缺少的部件，因为模具在闭合时，合模导向机构具有定位、导向并能承受一定的侧压力三个作用，见表 3—9。

表 3—9　合模导向机构的作用

序号	作用	特　　点
1	定位	在模具闭合后，能形成一个正确的封闭型腔，避免因位置的偏移而引起制件壁厚不均匀或模塑失败
2	导向	在模具合模时，引导动模、定模正确闭合，避免型芯撞击型腔而损坏零件
3	承受一定的侧压力	由于受注塑机精度的限制，在动、定模合模时，导柱在工作中会承受一定的侧压力

合模导向机构主要有导柱导向和锥面定位两种形式，下面主要介绍导柱导向机构。

■　导柱的结构与固定形式

常见的导柱结构与固定形式如图 3—52 所示。

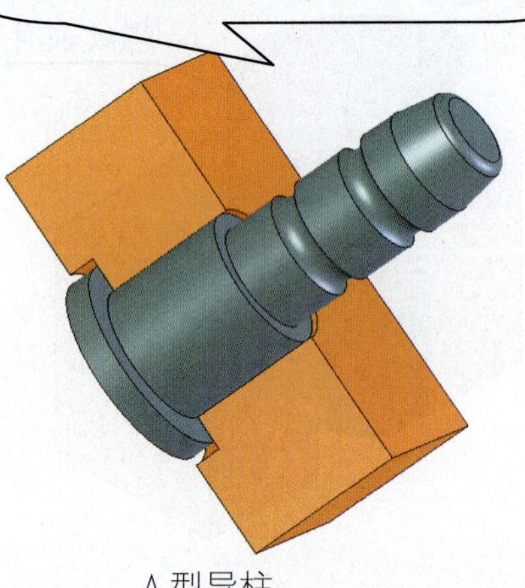

A 型导柱

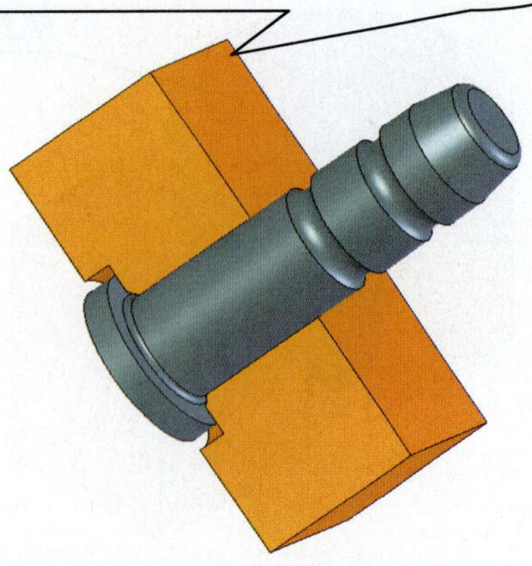

B 型导柱

图 3—52　导柱的结构与固定形式

导套的结构与固定形式

为了保证导向机构的精度和使用寿命，一般采用镶入导套的结构形式。

（1）常见的导套结构（图 3—53）

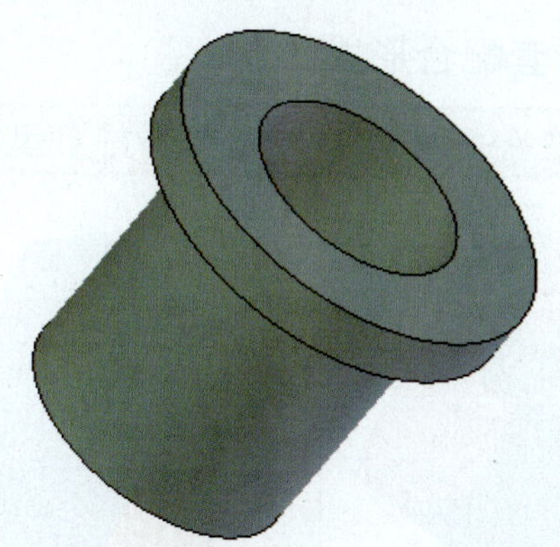

A 型—有肩

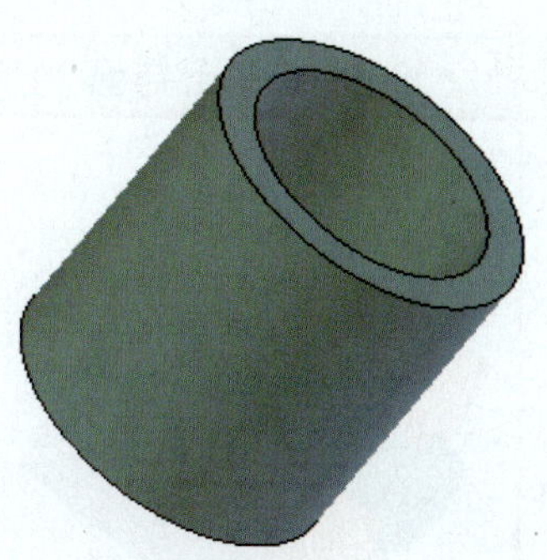

B 型—无肩

图 3—53　导套的结构

（2）导套的固定形式（图 3—54）

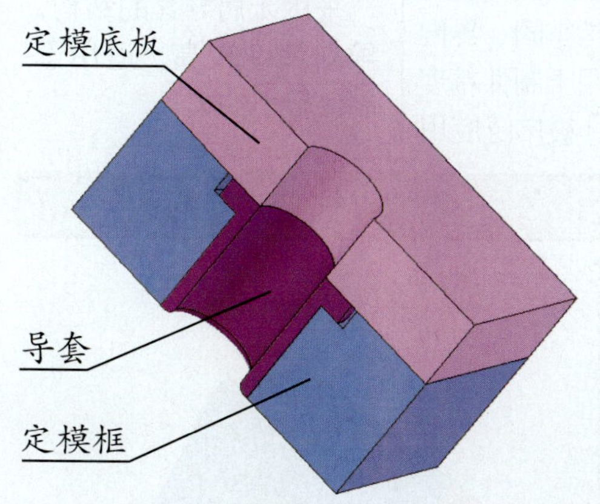

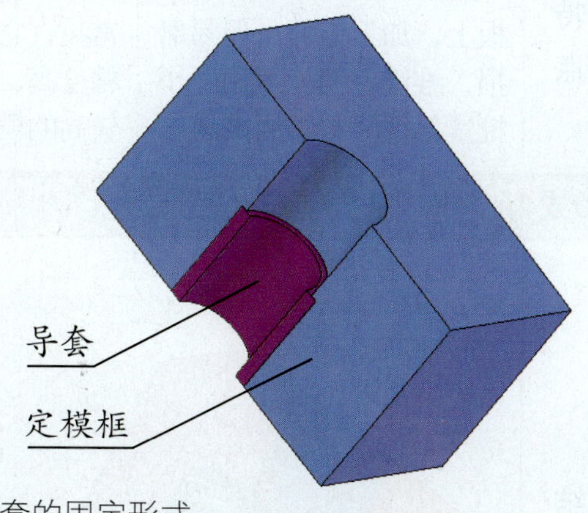

图 3—54　导套的固定形式

（3）无肩导套的固定形式（图 3—55）

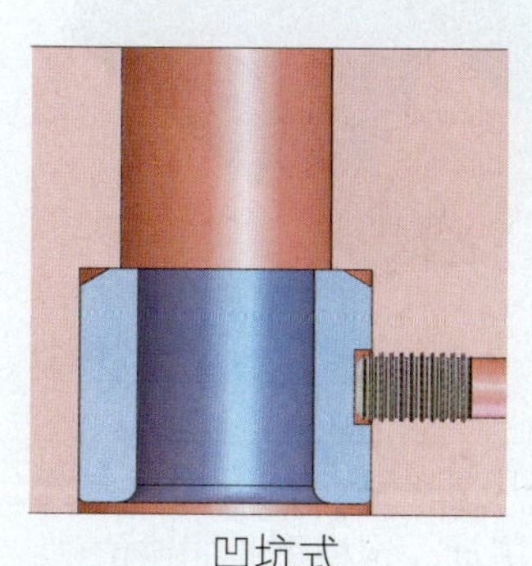

凹坑式

环形槽式

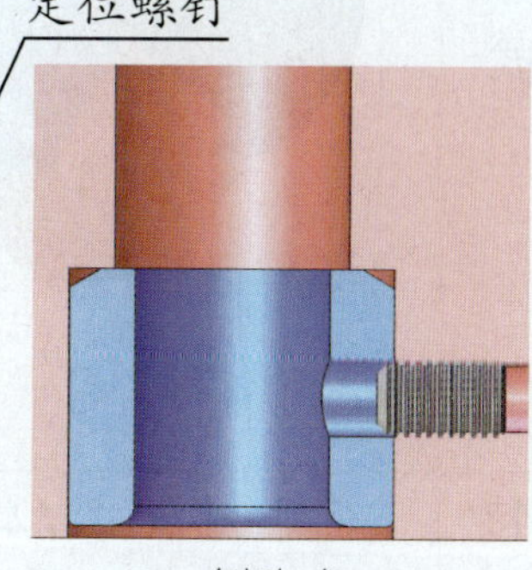

侧孔式

图 3—55　无肩导套的固定形式

■ 导柱与导套的配合形式

由于模具的结构不同，选用的导柱、导套结构和配合形式也不同，常见的配合形式见表 3—10。

表 3—10　　　　常见的导柱、导套配合形式

形式	B 型导柱无导套	B 型导柱 A 型导套	B 型导柱 B 型导套
结构形式			
特点	直接将导向孔加工在模板上，加工方便，但易磨损，维修不便。适用于小批量低精度制件的模具	此结构在注塑模中比较常见，它结构牢固、导向精度高，适用于制件精度较高的模具，被广泛应用	采用无肩导套的结构，导向精度较高，适用于制件较小的模具

形式	A 型导柱 A 型导套	A 型导柱 B 型导套
结构形式	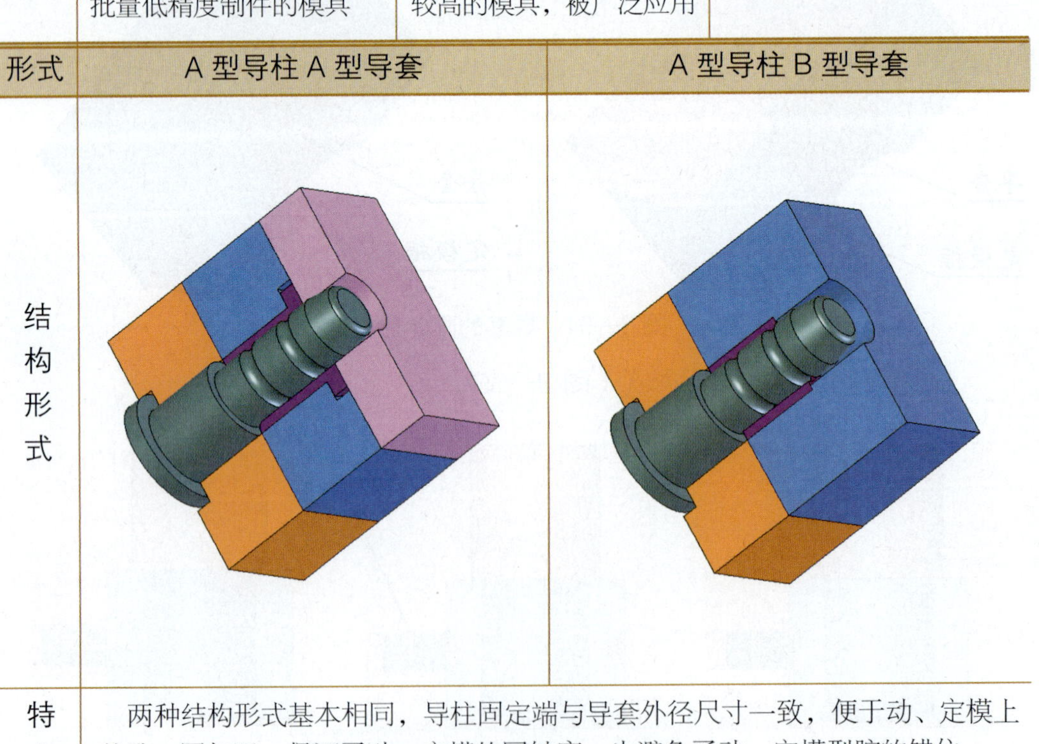	
特点	两种结构形式基本相同，导柱固定端与导套外径尺寸一致，便于动、定模上的孔一同加工，保证了动、定模的同轴度，也避免了动、定模型腔的错位	

抽芯机构

当制件上具有与开模方向不同的侧向成型时，制件不能直接脱模。应将侧向成型零件做成活动型芯，以便在制件顶出前先脱离制件。将侧向成型抽出，完成侧向成型抽出和复位的机构称为抽芯机构，如图 3—56 所示，制件再由推出机构推出型腔。

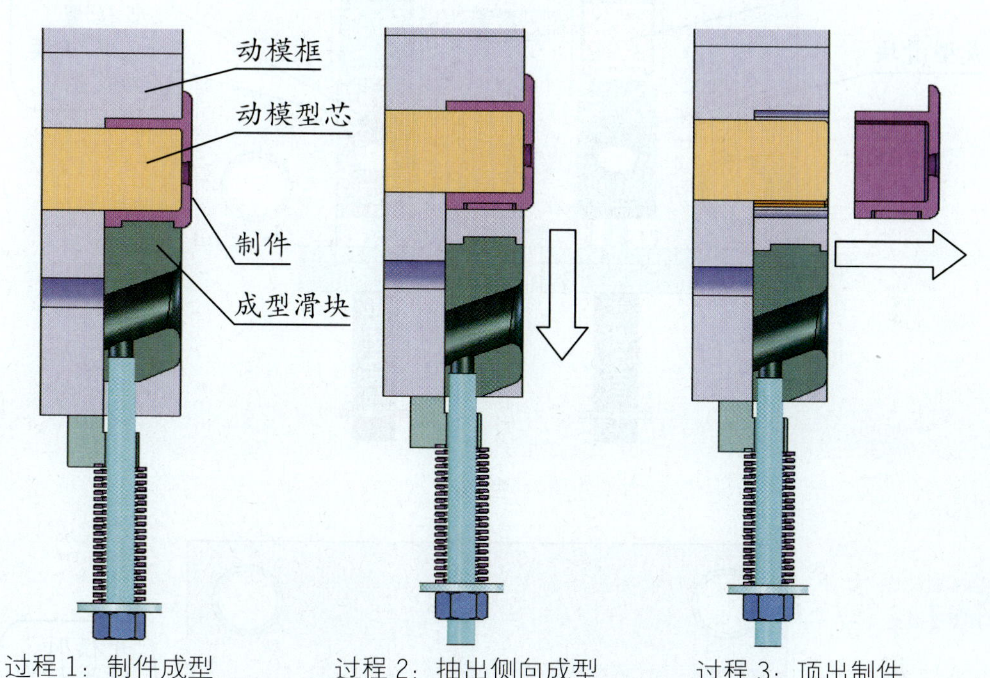

图 3—56　抽芯机构与制件顶出分解图（剖视图）

抽芯机构的结构形式和数量是根据产品设计要求而确定的。下面就看看连接盒（图 3—57）抽芯机构在模具合模、开模时的位置，如图 3—58 所示。

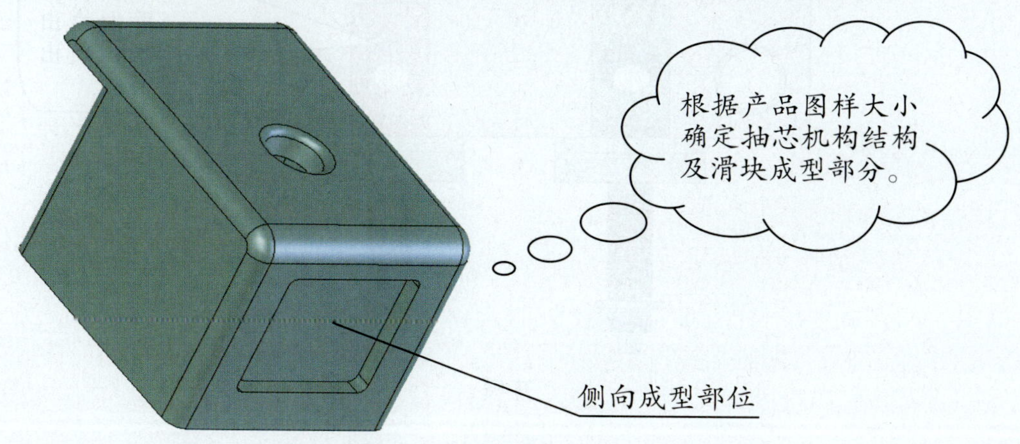

图 3—57　连接盒产品图

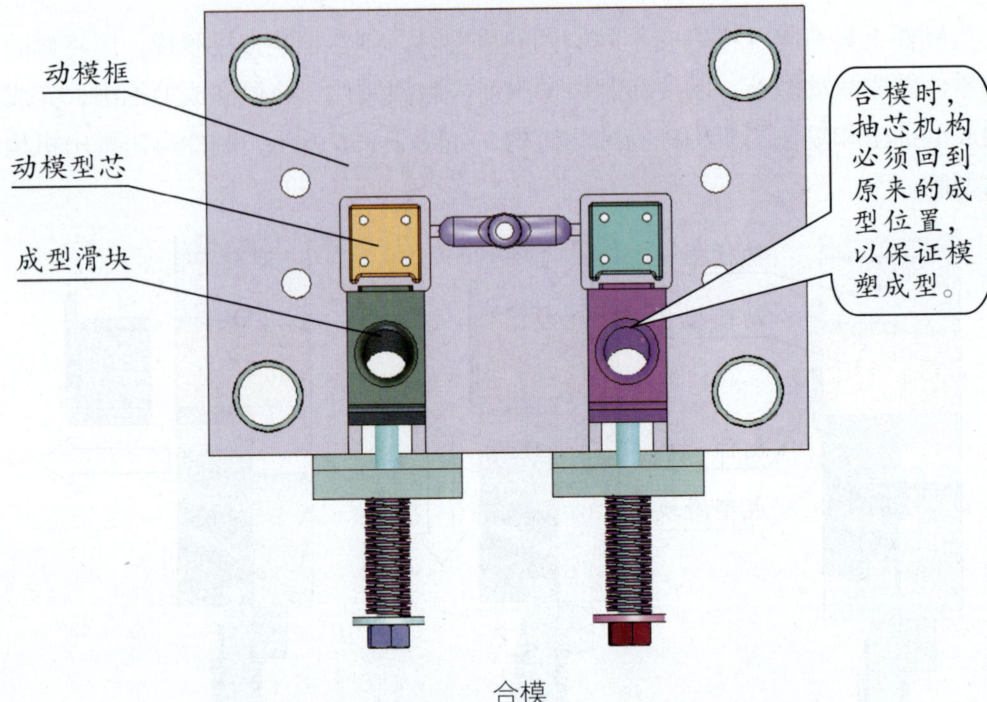

合模

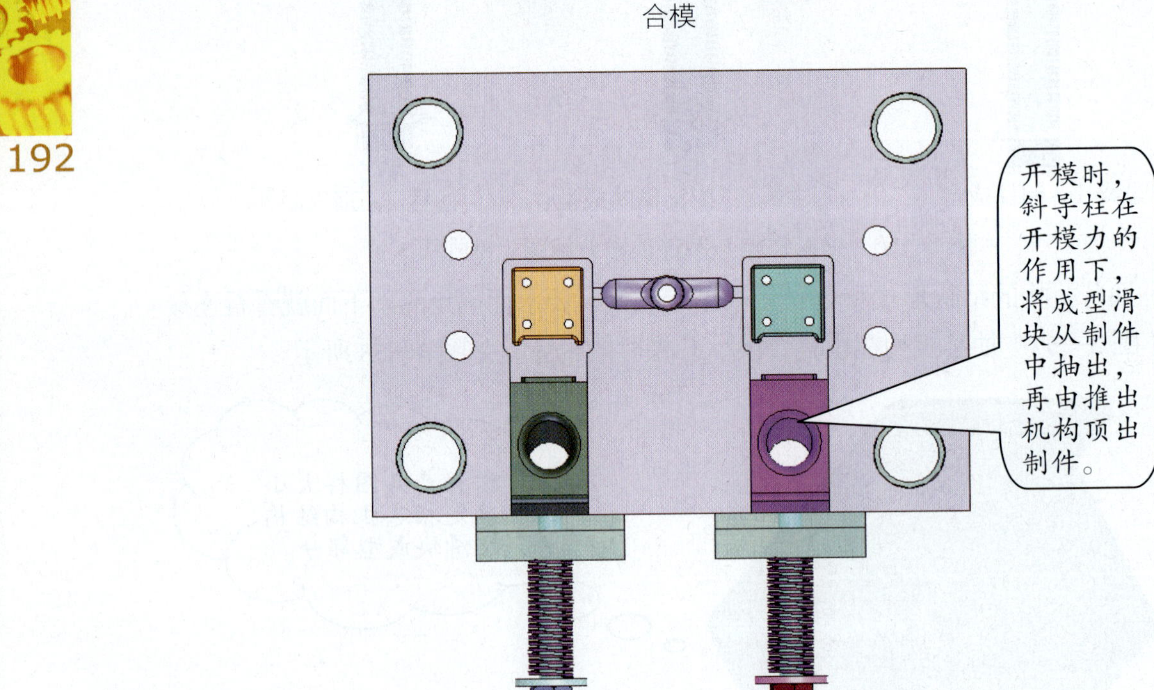

开模

图 3—58　连接盒抽芯机构在模具合模、开模时的位置

抽芯机构的组成

连接盒注塑模抽芯机构在模具结构中的位置如图 3—59 所示。

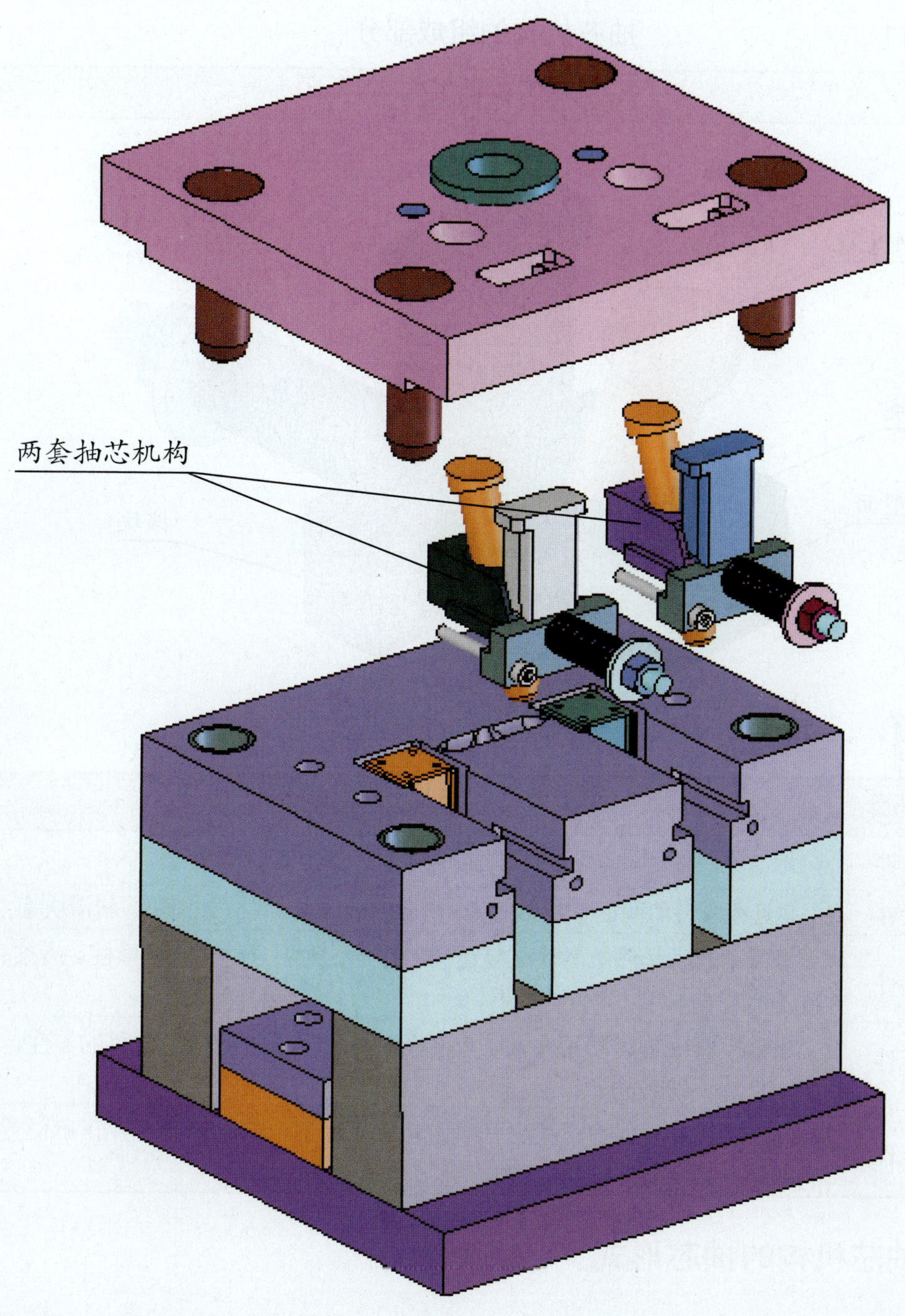

图 3—59 连接盒注塑模抽芯机构在模具结构中的位置

由于制件和模具结构的不同，抽芯机构的结构形式也有所不同，但抽芯机构无论采用何种形式，它总少不了成型元件、运动元件、传动元件、锁紧元件、限位元件五个组成部分，见表 3—11。

表 3—11　　抽芯机构的组成部分

抽芯机构图例

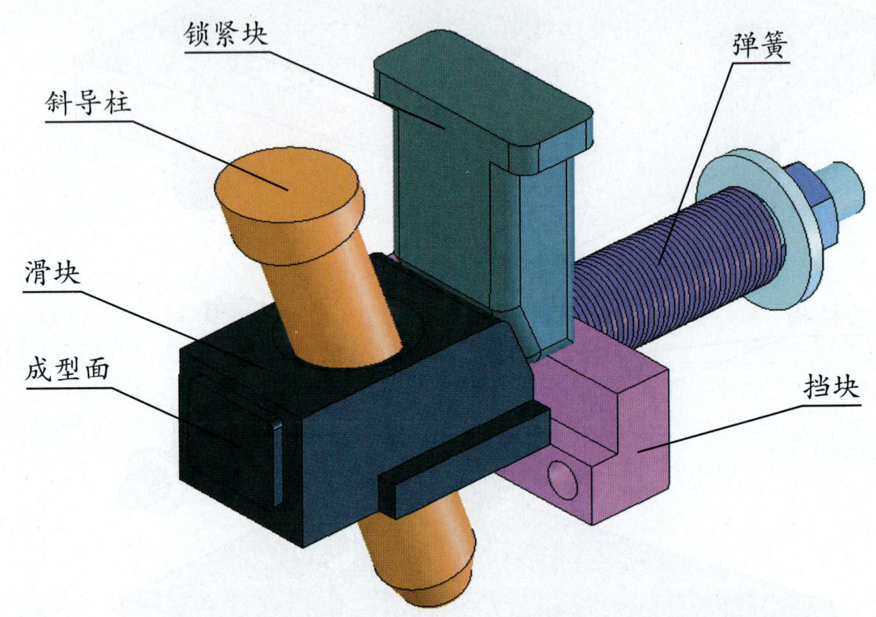

组成部分	作用与功能
成型元件	是形成制件侧孔、侧向成型面的零件，如型芯、型块等
运动元件	是连接并带动型芯或型块在模框滑槽内运动的零件，如滑块、斜滑块等
传动元件	是带动运动元件做滑块往复运动的零件，如斜导柱、弯形导柱、齿条、液压抽芯等
锁紧元件	在合模后压紧运动元件，防止注塑时受到反压力而产生位移的零件，如锁紧块、楔紧锥等
限位元件	是限制运动元件在开模后正确定位，以保证合模时运动元件正确位置的零件，如挡位、定位装置等

■ 抽芯机构的抽芯形式

抽芯形式按其动力来源可分为机械抽芯机构、液压抽芯机构、手动抽芯机构三种结构形式，见表 3—12。在实际生产中，常采用斜导柱（斜销）、斜滑块及齿轮齿条等机械抽芯机构和液压抽芯机构。

表 3—12　　抽芯机构的抽芯形式

机构形式		机构特点
机械抽芯机构	斜导柱（斜销）抽芯机构	在注塑机开模时，利用开模力使动模、定模之间产生的相对运动改变运动方向，将侧向成型面抽出。无须手工操作，生产率高，在生产实践中广泛采用，但模具结构较复杂
	弯形导柱（弯销）抽芯机构	
	齿轮齿条抽芯机构	
	斜滑块抽芯机构	
液压抽芯机构		在模具上设置专用液压缸，活动型芯靠液压系统抽出，通过液压系统实现抽芯机构的往复运动。其特点是不仅传动平稳，而且可以得到较大的抽拔力和较长的抽芯距
手动抽芯机构		活动型芯与制件一起取出，在模外使制件与型芯分离或依靠人工直接抽出侧面活动型芯。其特点是结构简单，但生产效率低，劳动强度大，常用于小批量或试样生产

■ 斜导柱（斜销）抽芯机构

（1）斜导柱抽芯机构的组成

在模具制造中，斜导柱抽芯机构是应用最广泛的，图 3—60 所示为连接盒抽芯机构的结构。

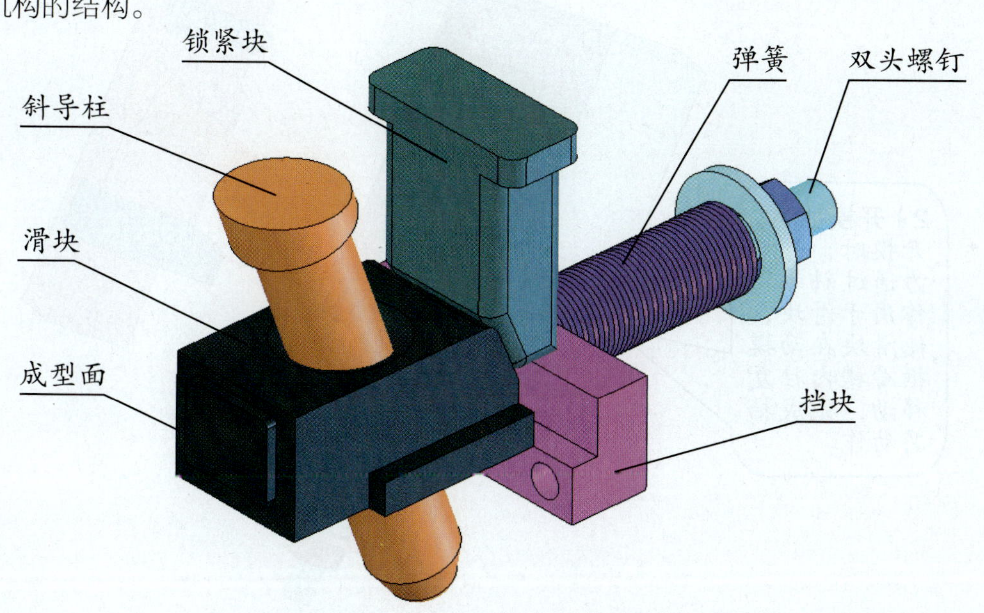

图 3—60　斜导柱抽芯机构的组成

（2）斜导柱抽芯机构的工作原理（图 3—61）

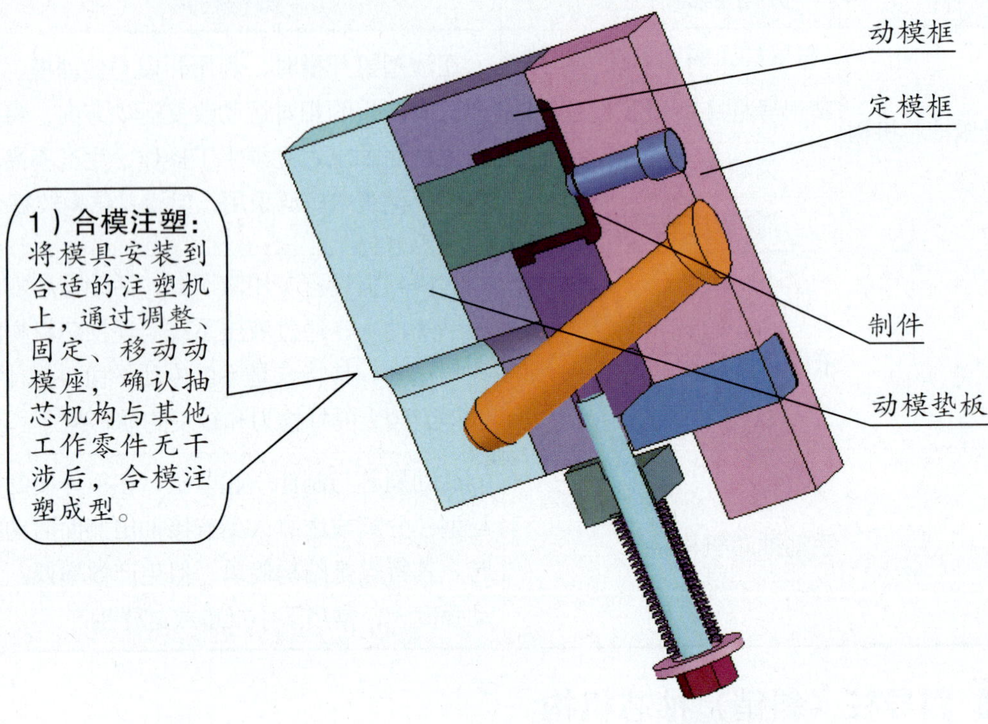

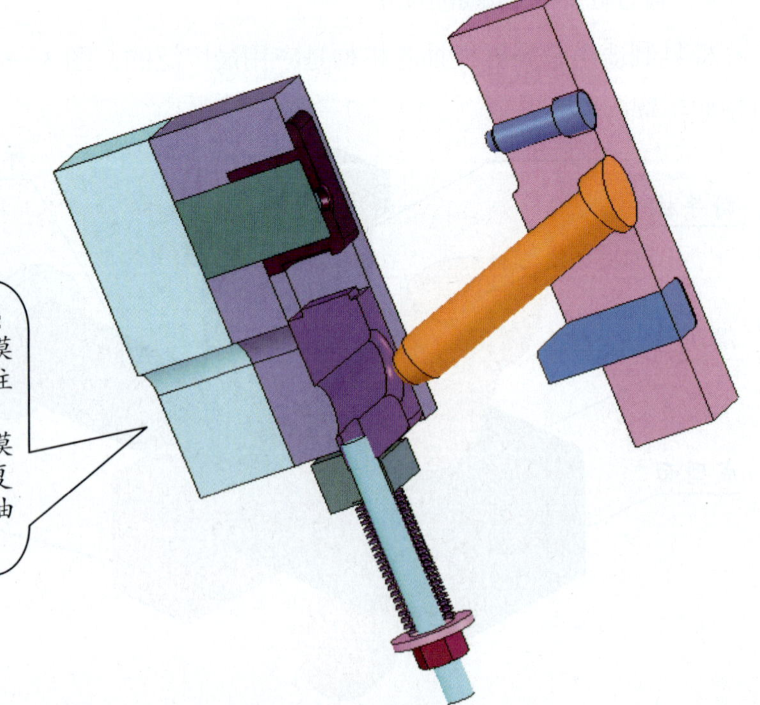

图 3—61　斜导柱抽芯机构的工作原理

（3）斜导柱抽芯机构中主要零件的结构形式

1）斜导柱的外形结构　由于斜导柱只有驱动滑块的作用，为了运动灵活，斜导柱工作段与滑块斜孔可采用较松的配合，工作段小于固定端 0.5~1 mm，常用的外形结构见表 3—13。

表 3—13　斜导柱外形结构

台阶式斜导柱	台阶式 120° 斜导柱	弹簧圈台阶式斜导柱
固定端与工作段直径相同，滑块与模板的斜孔可一次加工完成	固定端台阶采用 120° 圆锥形，适用于 10° ~25° 斜导柱（斜销）	固定端台阶采用弹簧圈，简单实用，适用于抽芯力较小的场合

2）斜导柱的常用安装形式 如图 3—62 所示。

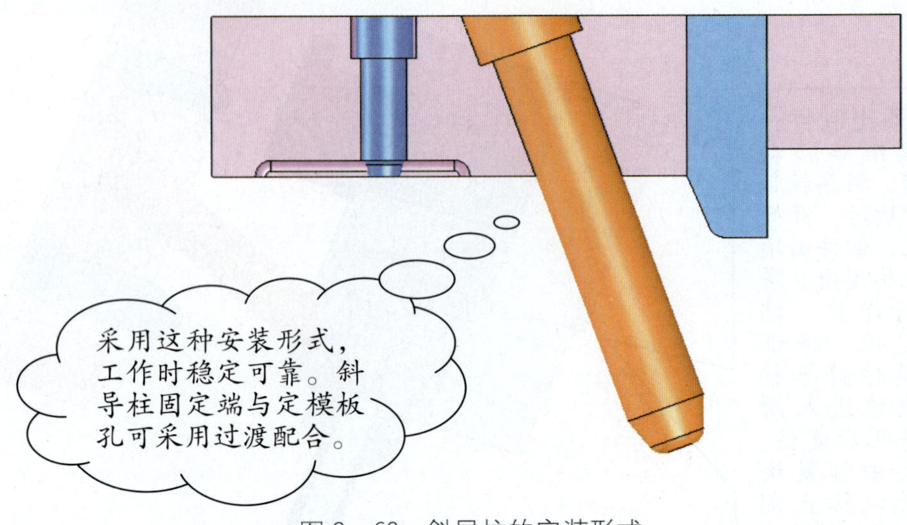

图 3—62 斜导柱的安装形式

3）滑块的结构 滑块分为整体式和组合式两种。常用的滑块结构如图 3—63 所示。

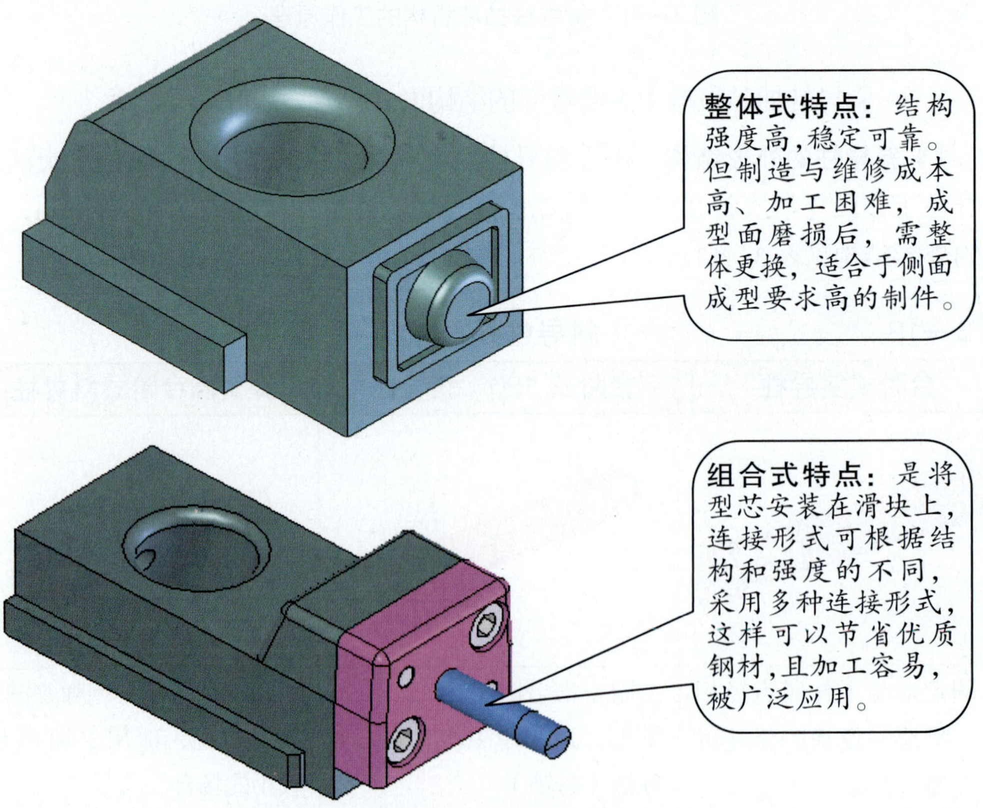

图 3—63 常用的滑块结构

4）导滑槽的结构 导滑槽的结构也分为整体式和组合式两种。根据模具结构及型芯的大小，可以确定滑块与导滑槽的配合形式，如图 3—64 所示。无论何种形式总的要求是滑块在往复运动中应保证平稳，无上下窜动和卡紧现象。

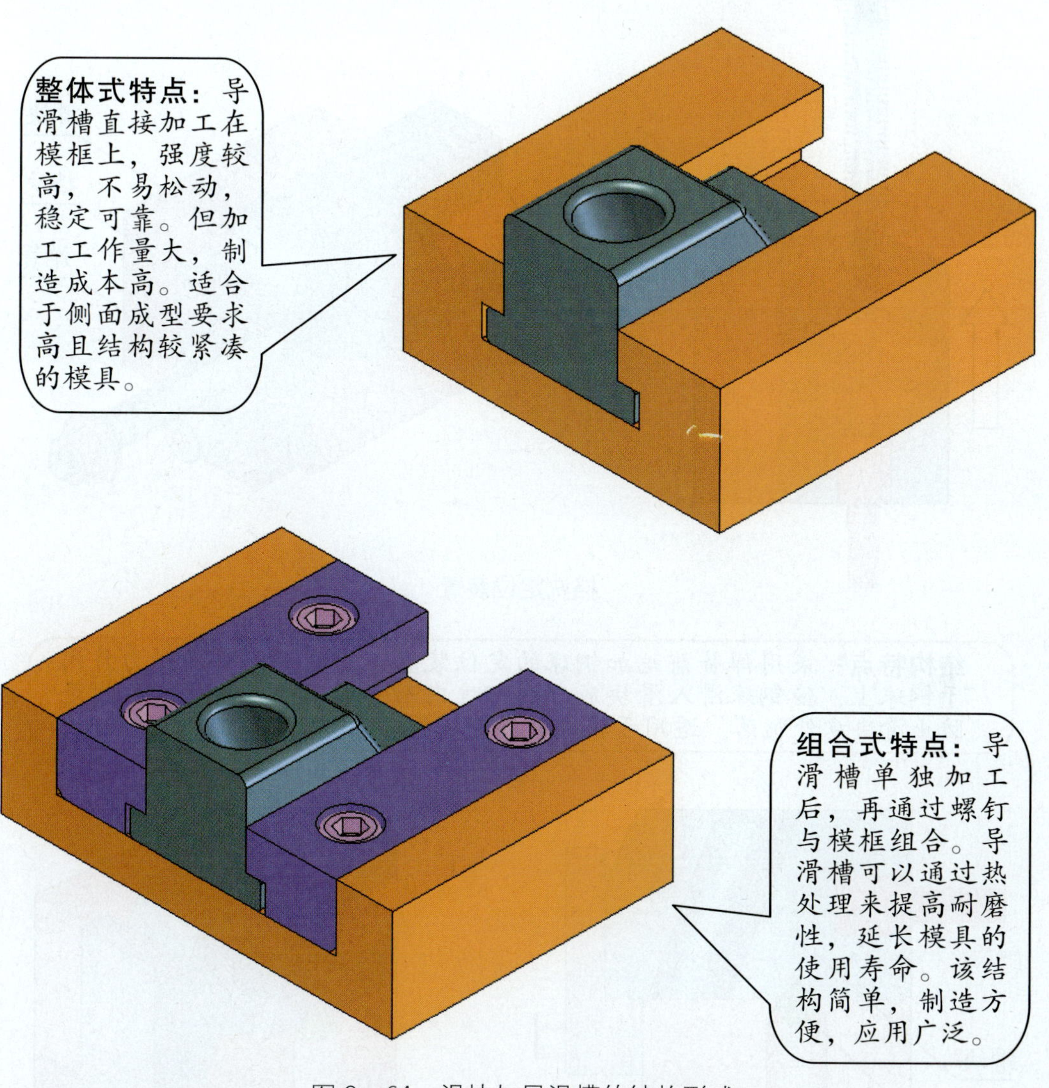

图 3—64 滑块与导滑槽的结构形式

5）滑块定位装置 滑块定位装置的结构形式较多，可根据抽芯机构在注塑机的安装位置来确定。无论何种形式，目的都是在开模后确保滑块脱离斜导柱后不会任意移动，以便闭模时斜导柱能准确地进入滑块斜孔内，保证抽芯机构的正常动作。常用的有挡块定位装置和钢球定位装置，如图 3—65 所示。

结构特点： 适合于向上抽芯和左右抽芯。它依靠弹簧的弹力使滑块停靠在挡块上而定位。弹簧的弹力应是滑块自重的 1.5~2 倍。向下抽芯时，可省去弹簧和双头螺杆，利用滑块的自重停靠在挡块上，结构比较简单。

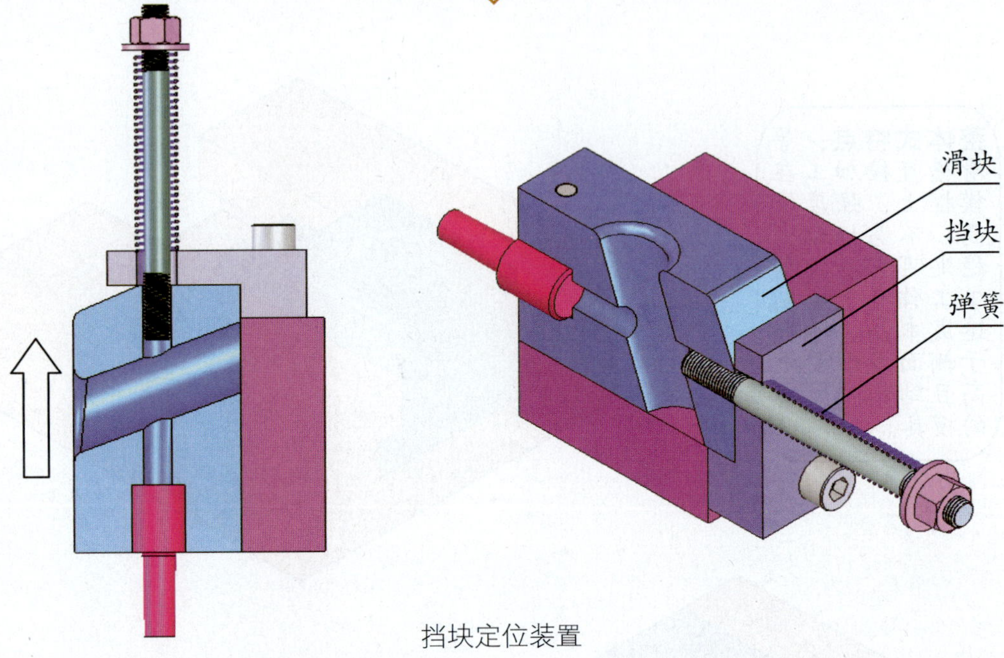

挡块定位装置

结构特点： 采用弹簧前端加钢球的定位装置。它利用弹簧的弹力作用于钢球上，使钢球滑入滑块底部的凹坑内而实现定位。挡块的作用是防止滑块意外脱落。适用于较小的抽芯机构。

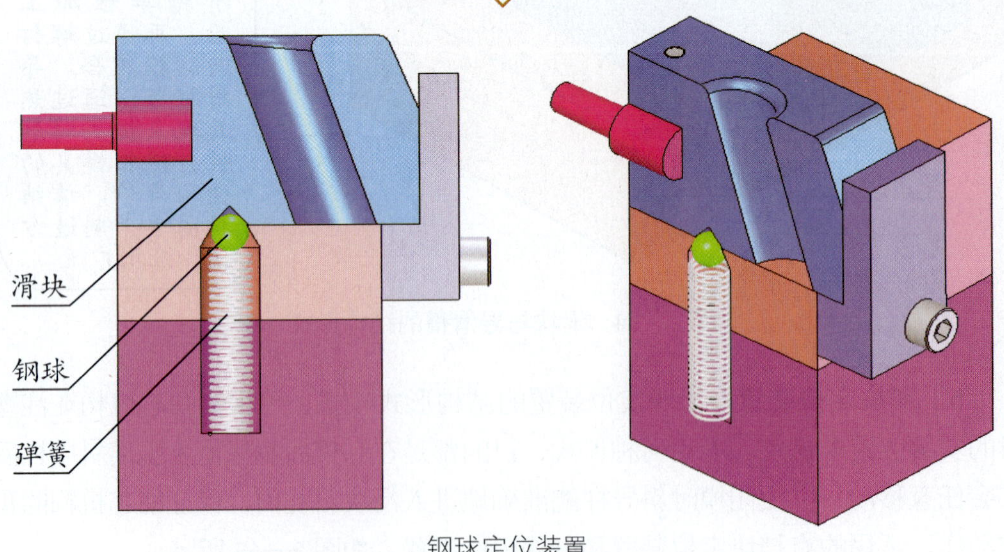

钢球定位装置

图 3—65 滑块定位装置

6）锁紧块的固定形式　在塑料的注射充填过程中，滑块型芯端面受到塑料很大的推力。为了使抽芯机构有一个稳定的工作状态，必须在模具闭模后锁住滑块，以承受塑料给予滑块型芯端面的推力。常见的锁紧块固定形式如图 3—66 所示。

结构特点：将锁紧块直接用螺钉和销钉固定在模板外侧，这种形式的锁紧块制造、装配、维修较简单，适用范围较广泛，但锁紧力小，用于侧压力较小的抽芯机构。

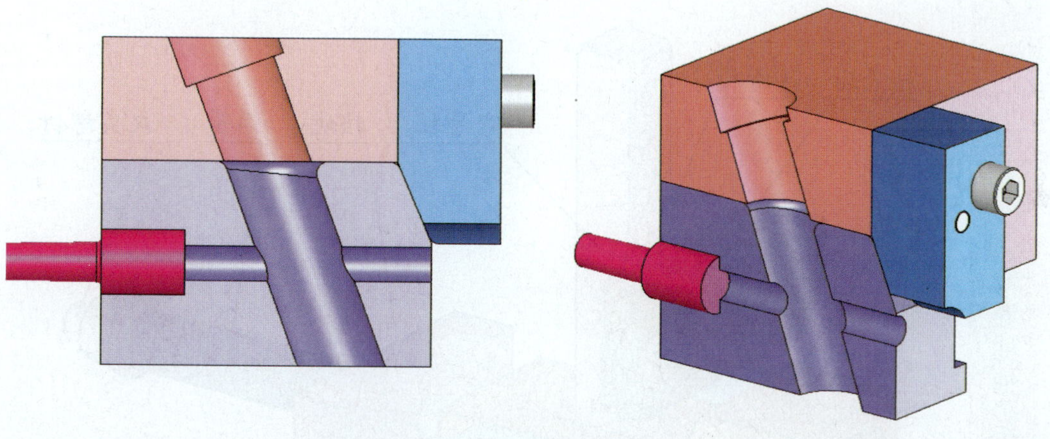

锁紧块固定在模板外

结构特点：锁紧块整体嵌入模板内并用螺钉连接，是一种对锁紧块起加强作用的形式，适用于侧压力很大的场合。但矩形盲孔加工工作量大，锁紧块与盲孔的配合要求较高。

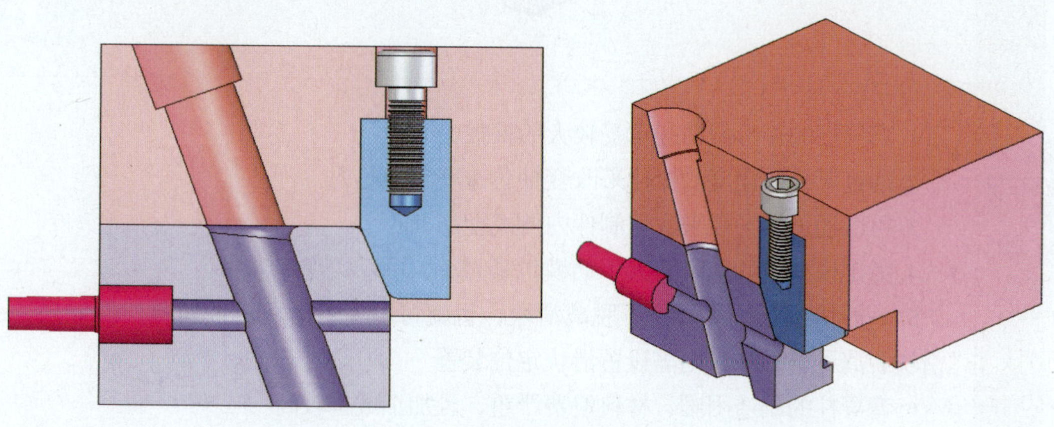

锁紧块固定在模板内

图 3—66　锁紧块的固定形式

■ 弯导柱（弯销）抽芯机构的组成

弯导柱抽芯机构与斜导柱抽芯机构的工作原理及结构基本相同，在这里就不再重复了。其不同点在于结构上由矩形断面的弯导柱代替了斜导柱。它的优点是能在同一个开模距离中获得比斜导柱更大的抽拔距。

（1）弯导柱抽芯机构的结构与特点（表 3—14）

表 3—14　　弯导柱抽芯机构的结构与特点

<table>
<tr><td>弯导柱抽芯机构</td><td>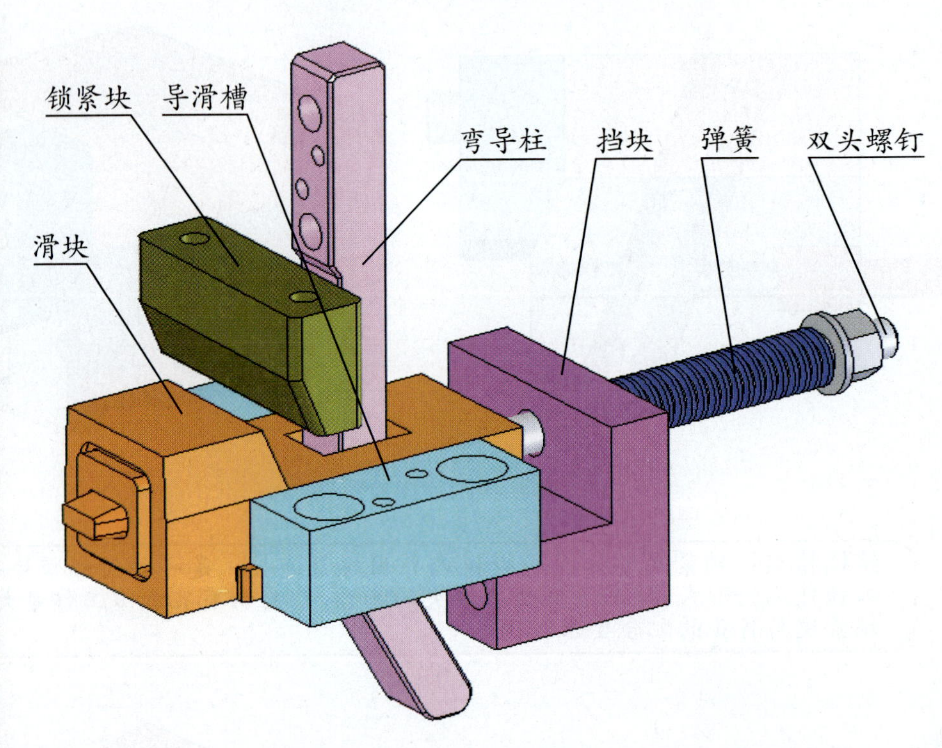
</td></tr>
<tr><td>特点</td><td>1. 弯导柱的矩形截面能承受较大的抽拔力
2. 通过弯导柱角度的变化来改变抽芯速度和抽芯力
3. 可以通过弯导柱来实现制件内侧成型的抽芯
4. 如定模型腔的包紧力大于动模包紧力时，可以实现延时抽芯
5. 一般情况下，弯导柱不脱离滑块，也就可以省略滑块定位装置。但如果滑块脱离了弯导柱，则需设置滑块定位装置
6. 弯导柱的制造困难，材料浪费严重，且加工成本较高</td></tr>
</table>

（2）弯导柱外形结构与固定形式

抽芯机构工作时的稳定性将直接影响到模具的使用寿命和制件的质量好坏，所以，弯导柱不仅要具有一定的刚度，还需要有可靠的固定形式来承受较大的弯曲力。常用的弯导柱截面大多为方形和矩形，固定形式见表 3—15。

表 3—15　　常用的弯导柱截面与固定形式

序号	形式	外形结构	固定形式	特点
1	有延时普通型	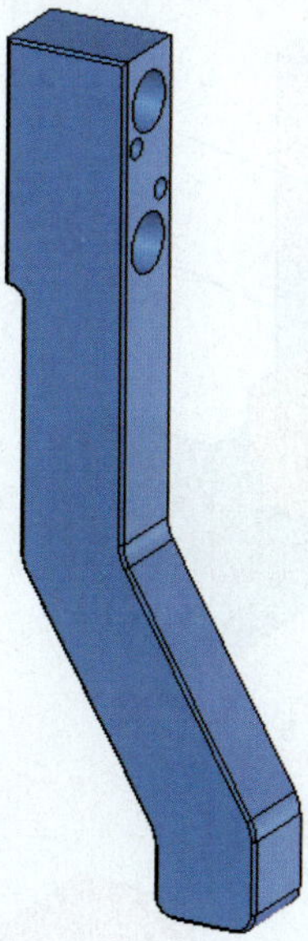	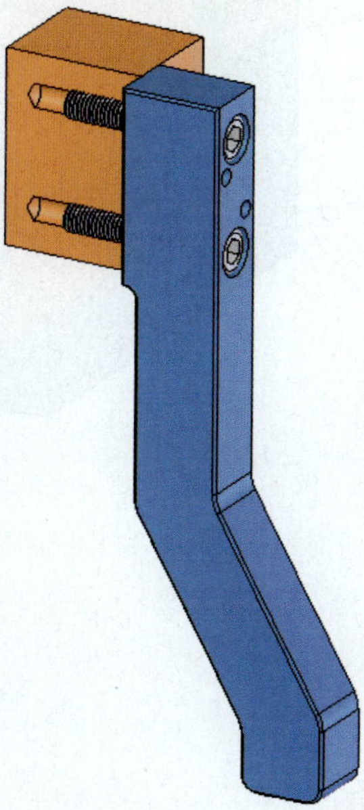	固定于定模框外侧，导柱强度高，结构紧凑，但滑块较长，适用于有延时要求的抽芯机构
2	无延时轻载型	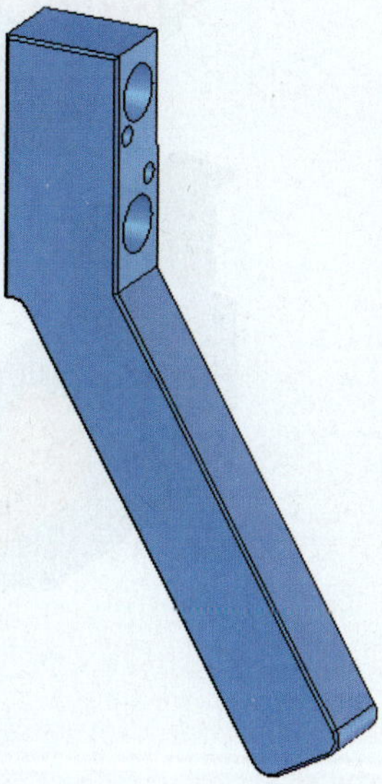	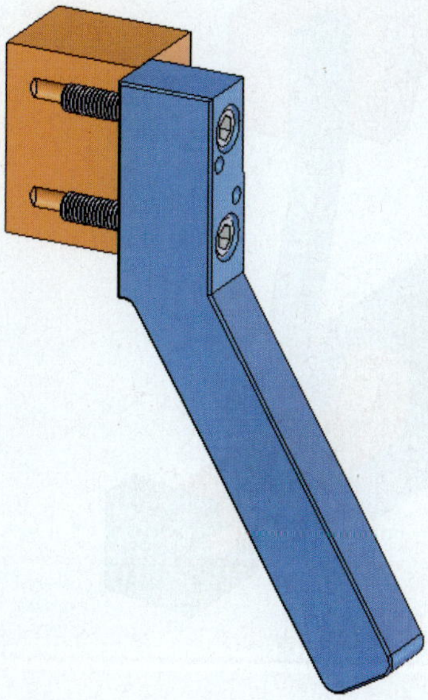	固定于定模框外侧，导柱强度高，结构简单，适用于抽芯力不大的场合

（3）弯导柱抽芯机构的工作原理

无延时弯导柱抽芯机构与斜导柱抽芯机构的工作原理相同，如图 3—67 所示。但对于定模型芯的包紧力较大的制件，应采用延时弯导柱结构使制件在开模之初留在动模上，再由推出机构将制件顶出。

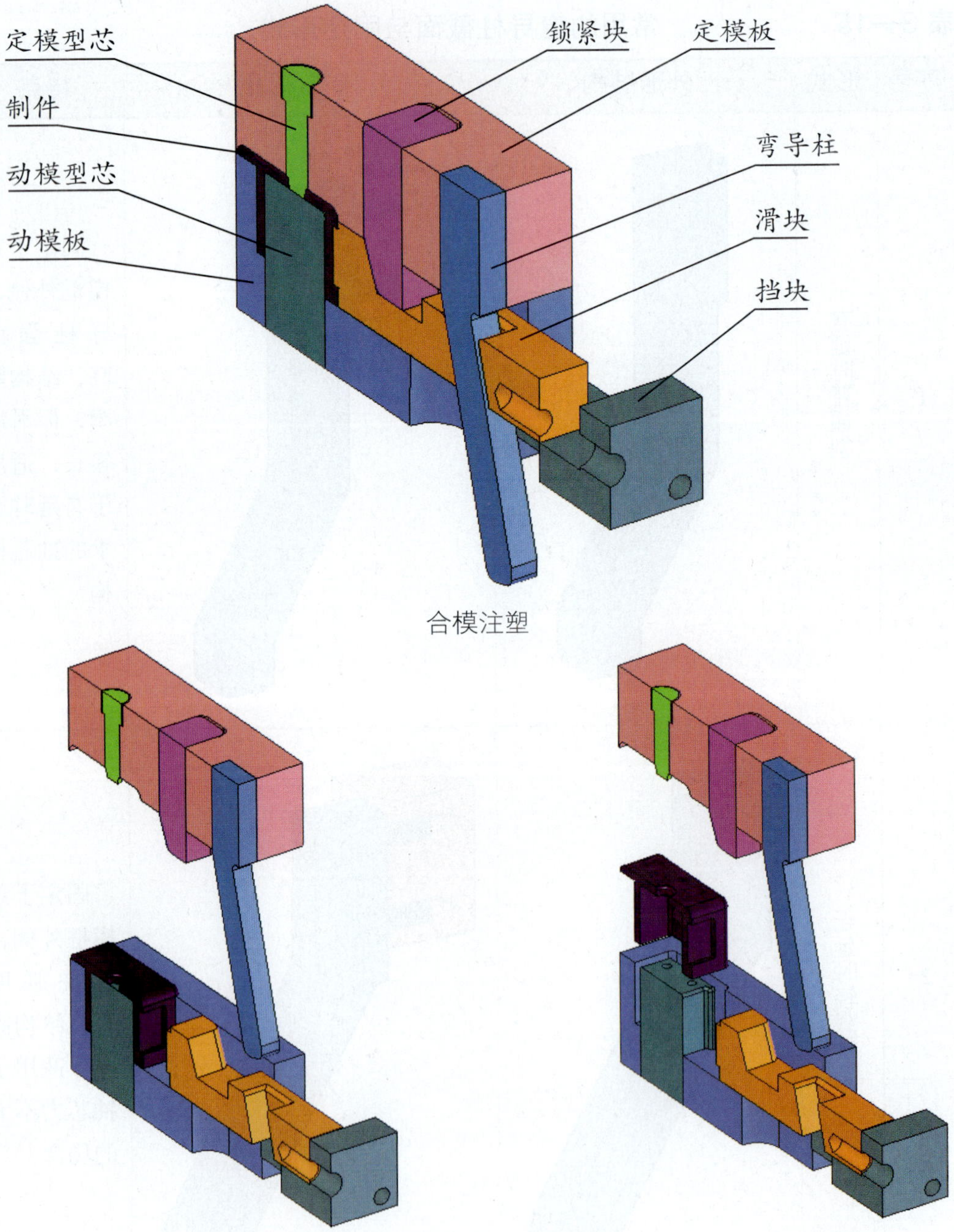

定模型芯
制件
动模型芯
动模板
锁紧块
定模板
弯导柱
滑块
挡块

合模注塑

开模抽芯

顶出制件

图 3—67　无延时弯导柱抽芯机构的工作原理

（4）滑块的结构

弯导柱滑块的结构也有整体式和组合式，与斜导柱滑块结构基本相同。不同之处是，弯导柱与滑块有斜面导向和滚轮导向两种接触形式，结构如图 3—68 所示。

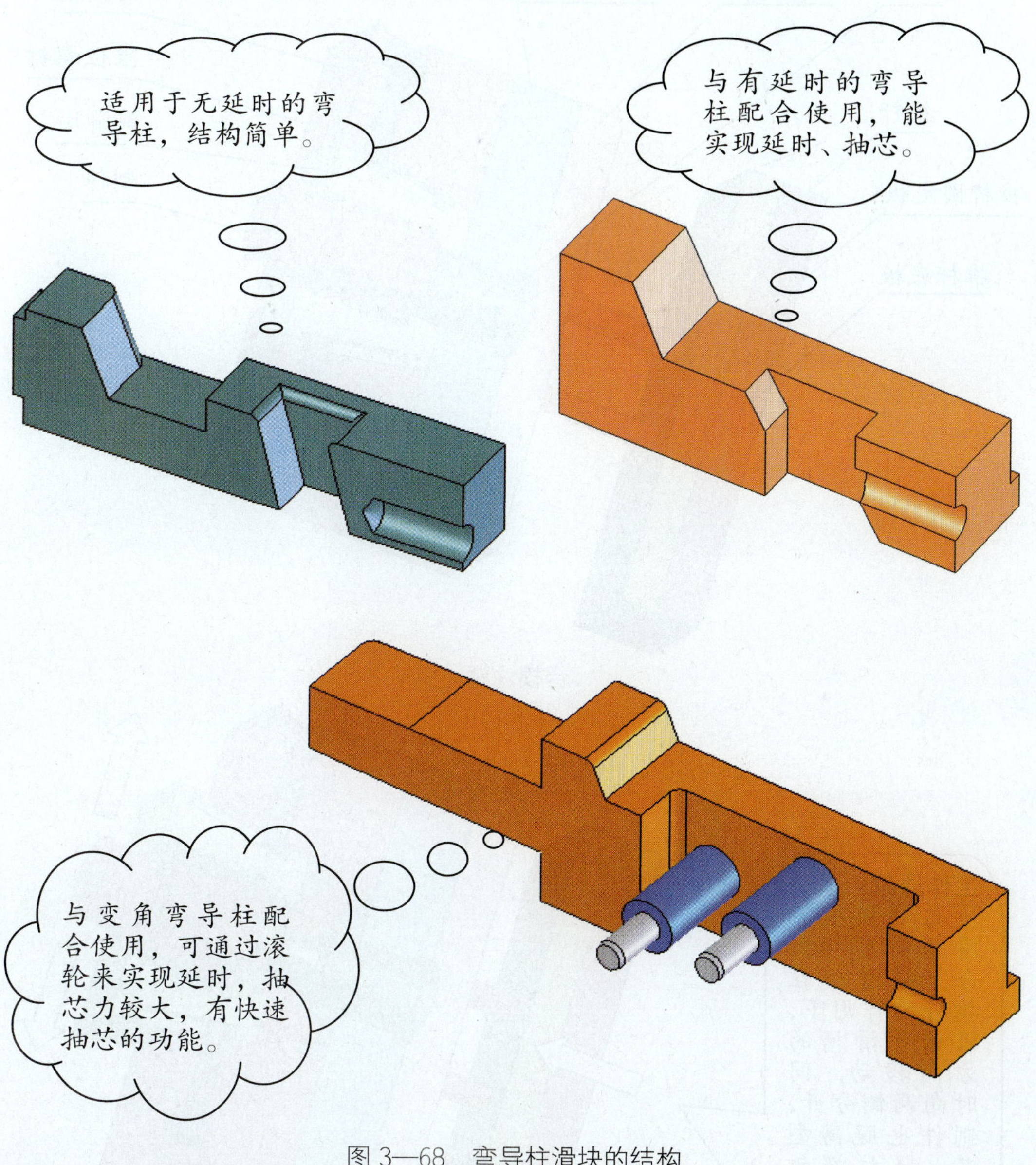

图 3—68　弯导柱滑块的结构

斜滑块抽芯机构

当制件侧面的成型或孔较浅，抽拔距不大，但成型面积较大时，应采用滑块导滑的形式。滑块的斜角一般不超过 30°，斜滑块的推出高度一般不超过导滑长度的 2/3，否则推出制件时，斜滑块易倾斜甚至损坏。

（1）斜滑块抽芯机构的工作原理

斜滑块抽芯机构的工作原理如图 3—69 所示。

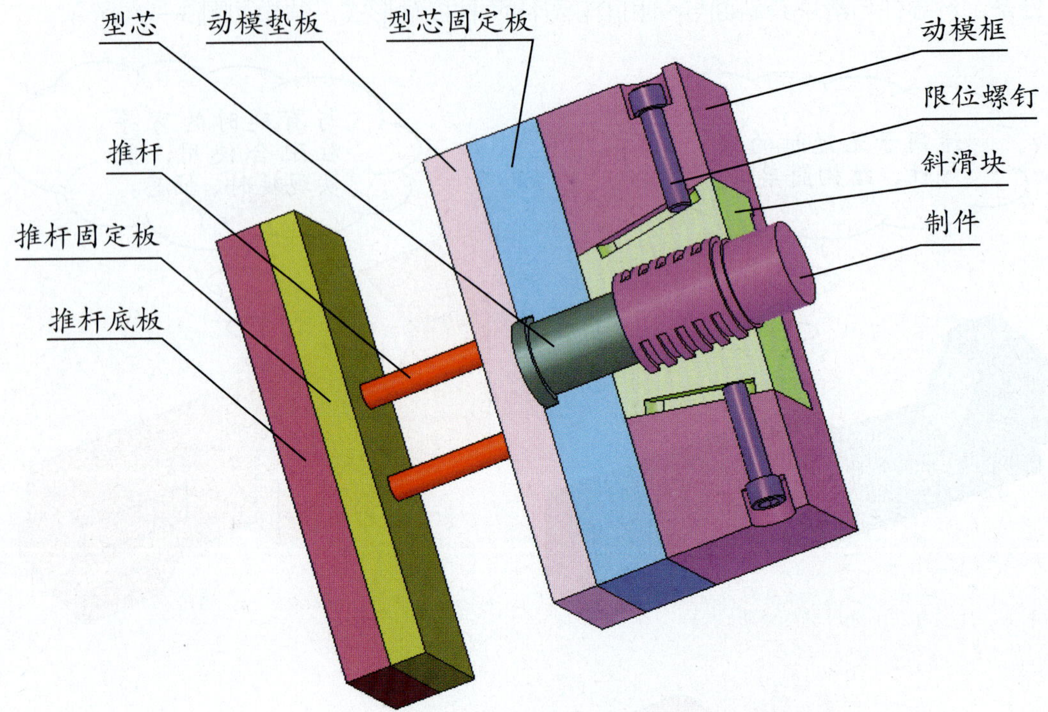

合模注塑

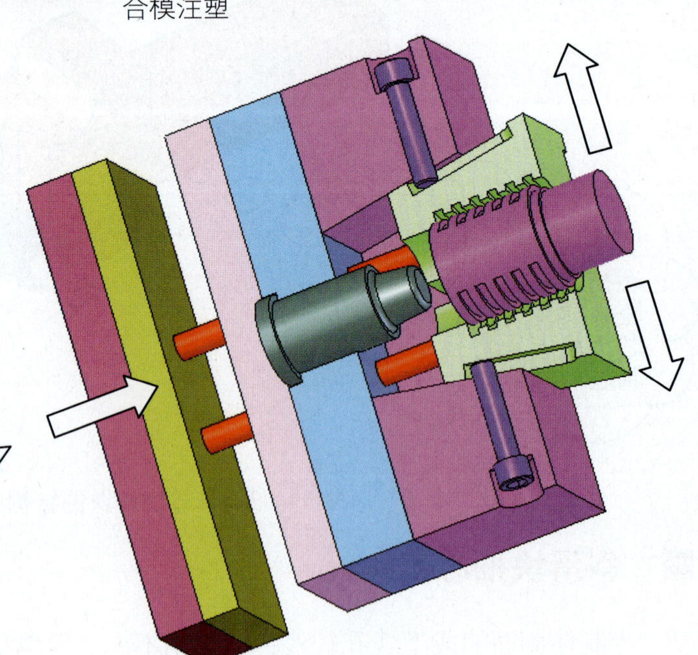

开模推出制件

图 3—69　斜滑块抽芯机构的工作原理

（2）斜杆内滑块抽芯机构

由于斜杆内滑块抽芯机构受斜度的限制，多用于抽拔力不大且制件成型较浅的场合，如制件内侧盲孔和凹凸字等。斜杆内滑块抽芯机构的工作原理如图 3—70 所示。

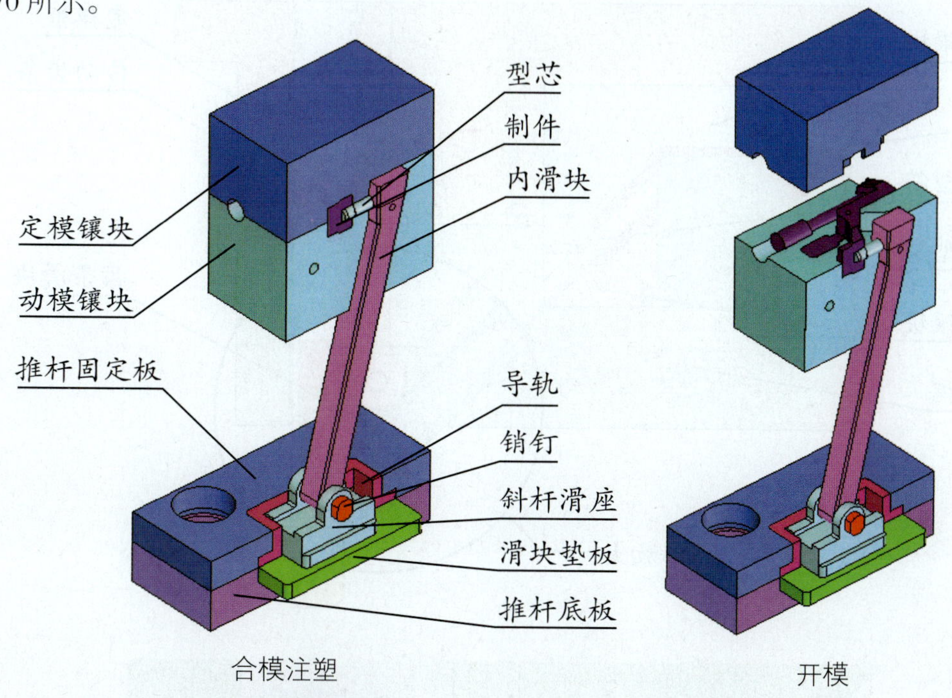

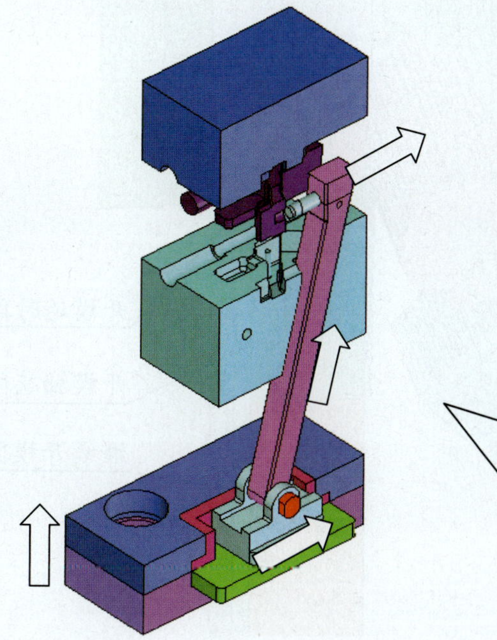

工作原理：当斜杆内滑块随推出机构与制件一起推出一段距离后，设置在斜杆内滑块上的型芯，也就逐渐脱离了制件，完成了一次抽芯过程。

特点：斜杆式内滑块强度高，型芯复位精度高，定位、顶出和脱模稳定可靠，结构紧凑，但加工较复杂。

图 3—70　斜杆内滑块抽芯机构的工作原理

■ 齿轮齿条抽芯机构

（1）齿轮齿条抽芯机构的结构组成（图 3—71）

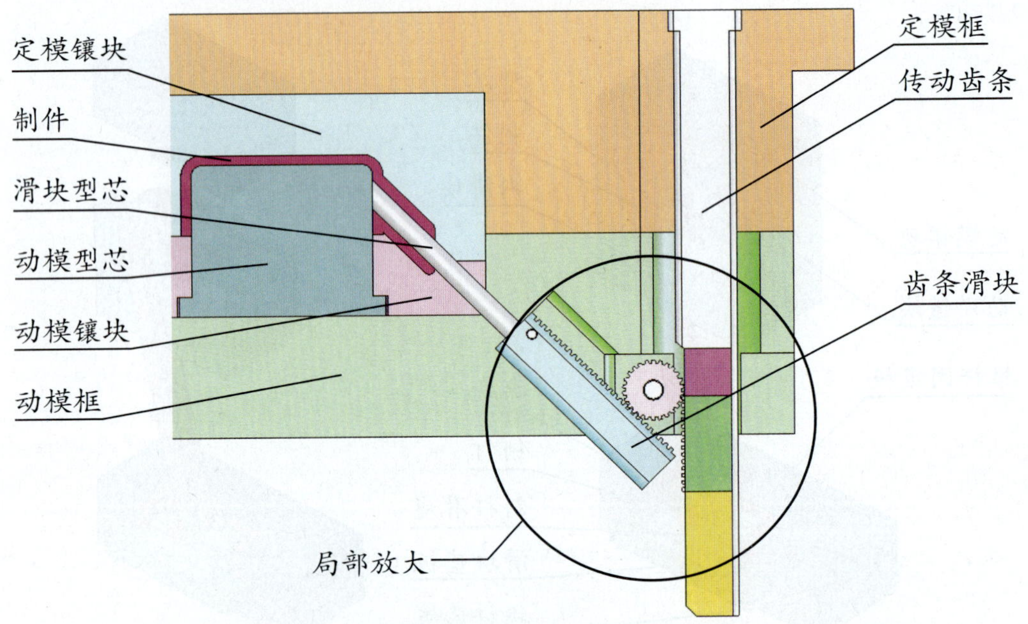

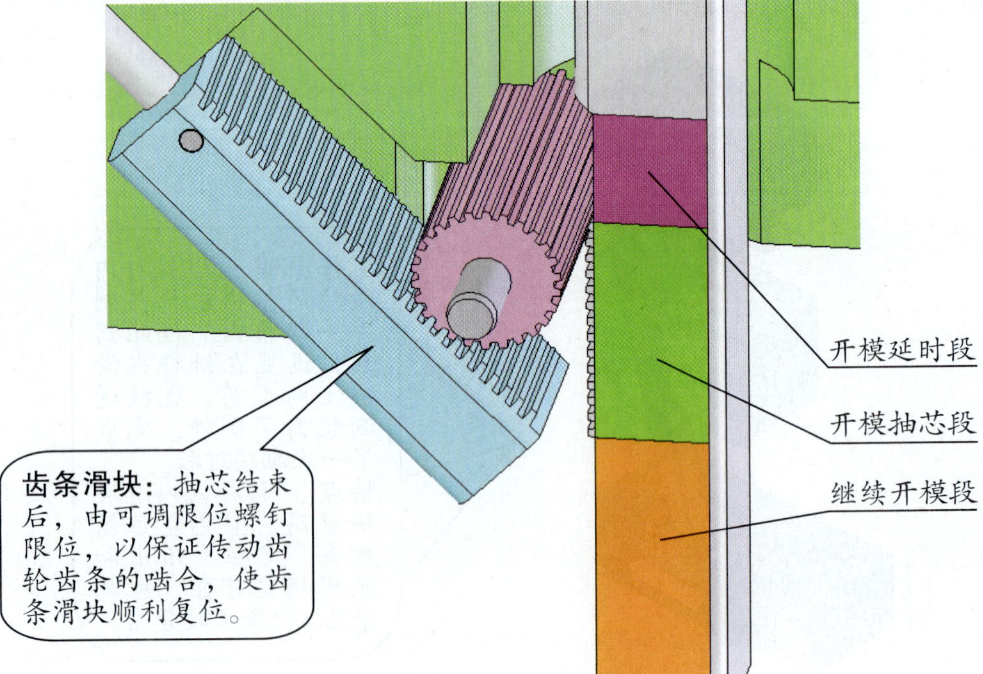

齿轮齿条机构放大效果

图 3—71　齿轮齿条抽芯机构的结构组成

（2）齿轮齿条抽芯机构的工作原理

传动齿条布置在定模内的抽芯机构，是靠开、合模力来带动齿轮、齿条滑块的移动，从而达到抽出型芯的目的，工作原理如图 3—72 所示。

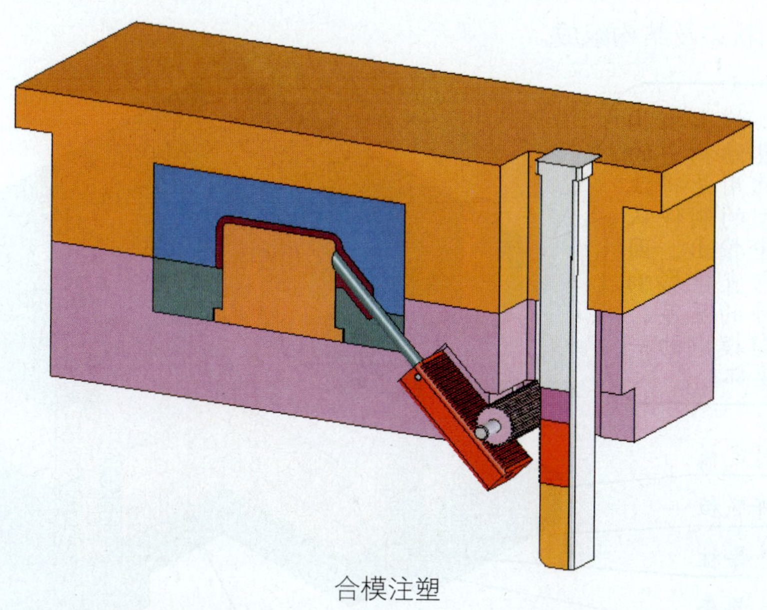

合模注塑

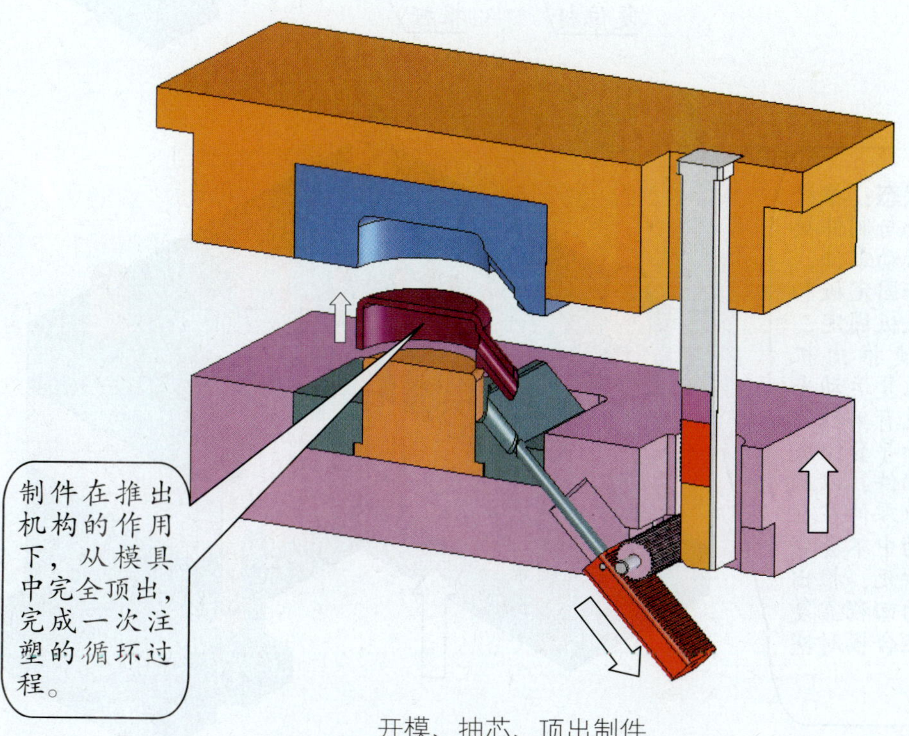

开模、抽芯、顶出制件

图 3—72　齿轮齿条抽芯机构的工作原理

推出机构（又称脱模机构）

在注塑成型的每一次循环中，必须将制件从模具型腔中推出后取出，这个推出制件的机构称为推出机构（又称脱模机构）。图 3—73 所示为推杆推出机构在模具中的状态及结构组成。

作用： 推出机构在模具结构中的主要作用是将注塑成型的制件从型腔中推出，因此，它直接影响到制件的质量，是注塑模中的一个重要部分。

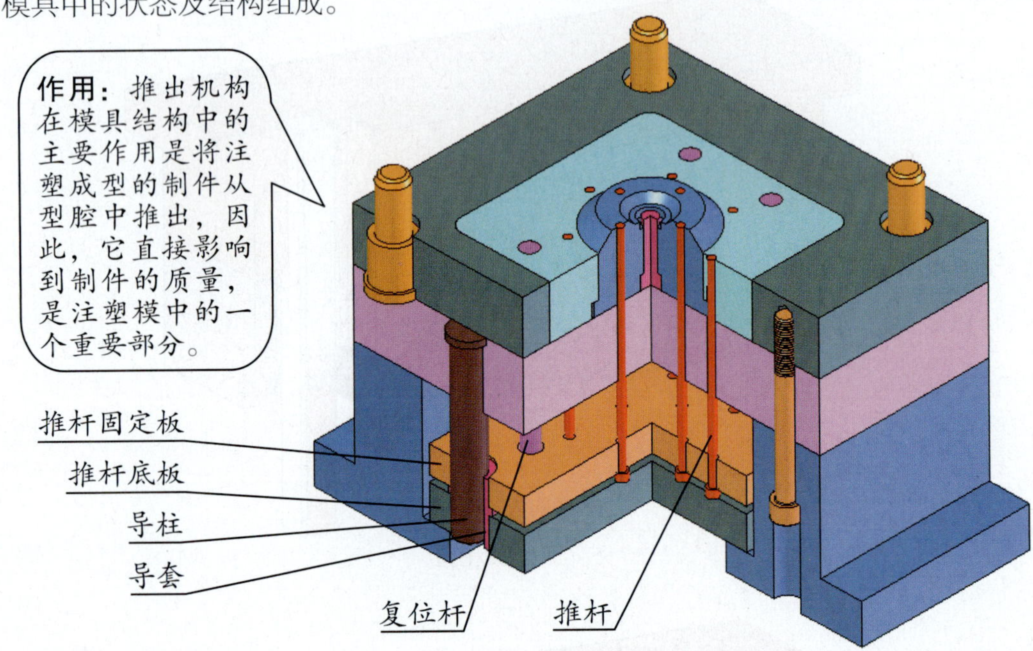

推出状态： 推杆是直接与制件接触的活动零件，由推杆固定板和推杆底板固定，为了使推出机构的往复运动平稳，设有单独的导柱和导套组成导向部件，以确保推出零件在往复运动中不会弯曲或卡死，推出机构的回程靠复位杆在合模时实现。

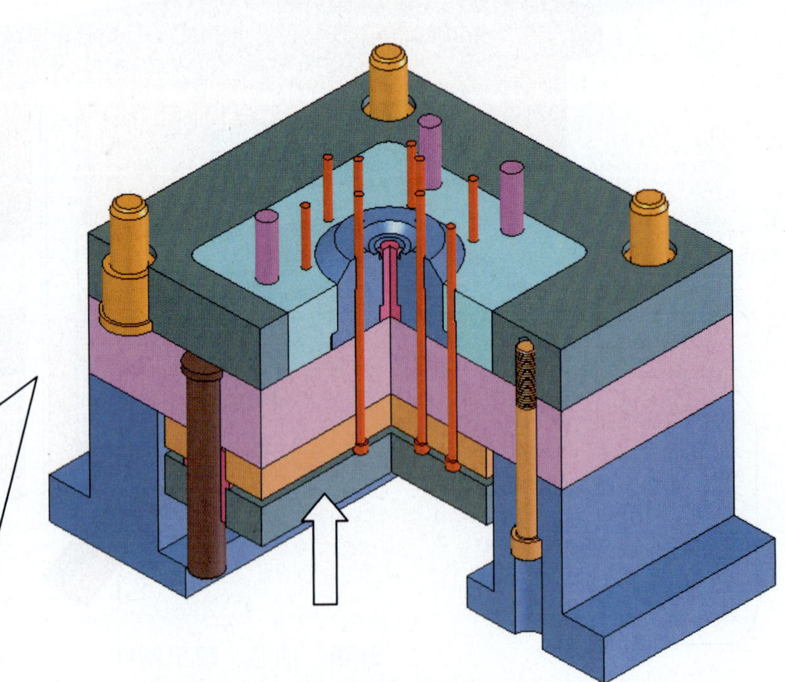

图 3—73　推杆推出机构在模具中的状态

推出机构的组成部分及分类

（1）推出机构的组成（表 3—16）

表 3—16　推出机构的组成

序号	名　称	描　述
1	推出元件	推出制件，使之脱出型腔后取出，包括推杆、拉料杆、推管、卸料板等
2	复位元件	能有效地控制推出机构在合模时回到准确的位置，如复位杆等
3	限位元件	确保在压射力的作用下，工作零件不改变位置，能起到止退的作用，如锁紧块、限位钉、挡圈等
4	导向元件	能正确引导推出机构往复运动，如导柱、导套等
5	结构元件	能使各元件装配成一体并起固定的作用，如推杆固定板、推杆底板等

（2）推出机构的分类（表 3—17）

表 3—17　推出机构的分类

序号	分类	形　式	特　点
1	按传动形式	机动推出	开模时，动模部分向后移动到一定位置时，由注塑机上的顶出装置将推出机构推出，同时，制件也被推出型腔
		液压缸推出	注塑机上设有专用的顶出液压缸，当开模到一定距离后，活塞动作将推出机构推出，制件脱离型腔后取出
		手动推出	当模具开模后，用人工操纵推出机构，使制件脱离型腔
2	按结构形式	直线推出、旋转推出和摆动推出等	—
3	按推出元件	推杆推出、推管推出、推板推出、斜滑块推出等	—

■ 合理选择制件的推出部位

为了保证制件的质量，避免因推出部位选择不当，造成制件变形、开裂，应合理地选择推出部位。如盖类制件侧面包紧力最大，推出部位应设置在靠近侧面的地方，如图 3—74 所示。

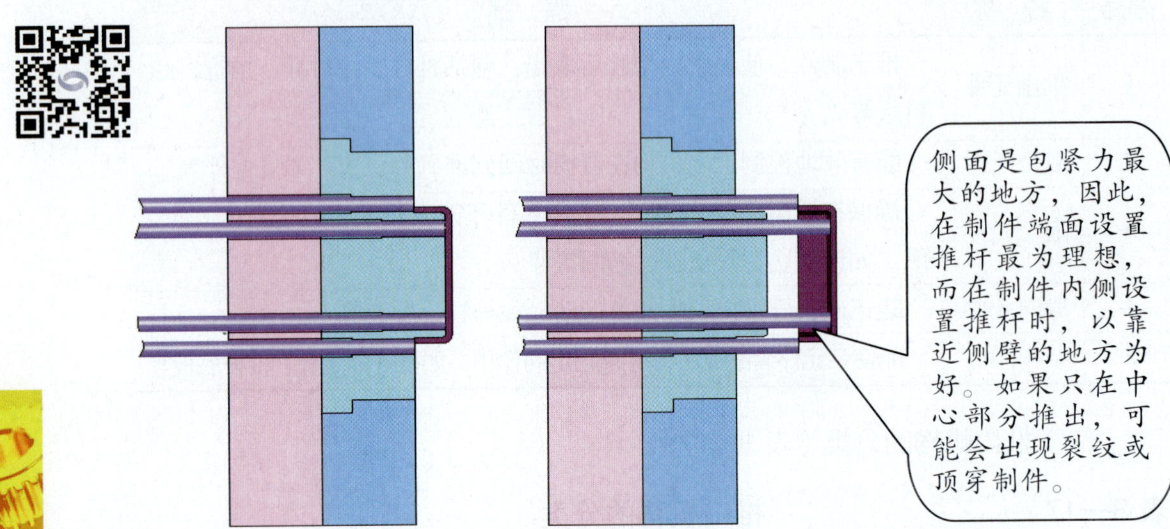

图 3—74　盖类制件推出部位的设置

当制件各处包紧力相同时，推杆应均等设置，使制件脱出型腔时受力均匀，以免制件变形。对于有凸肋的制件，推出部位应设置在凸肋上，如图 3—75 所示。

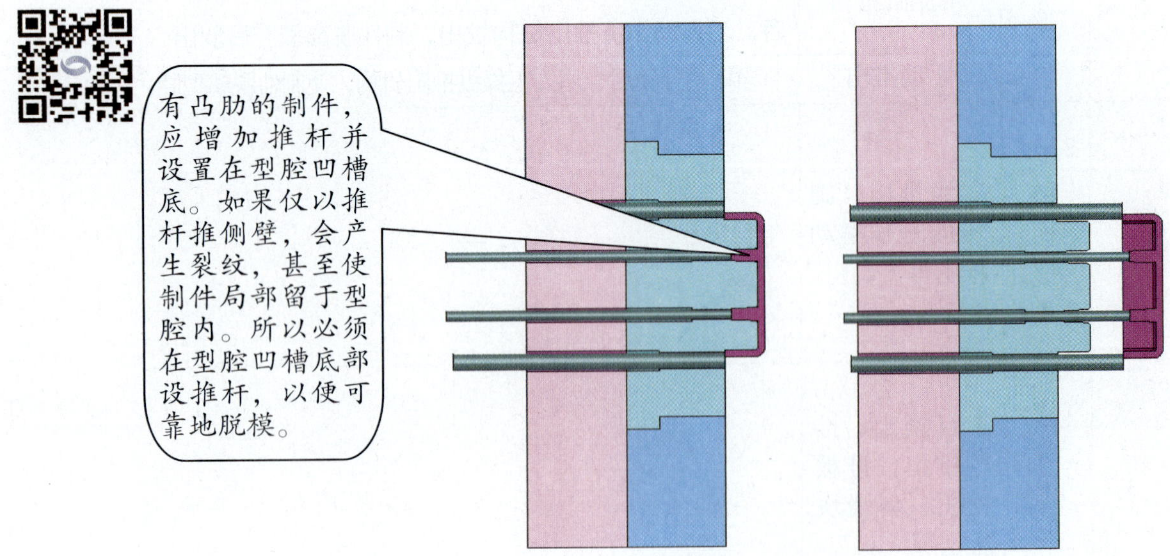

图 3—75　凸肋类制件推出部位的设置

推杆不宜设在制件最薄处，以免制件变形或损坏，当结构需要设在薄壁处时，可增大推出面积来改善制件受力状况。图 3—76 所示是采用推出盘推出的形式。

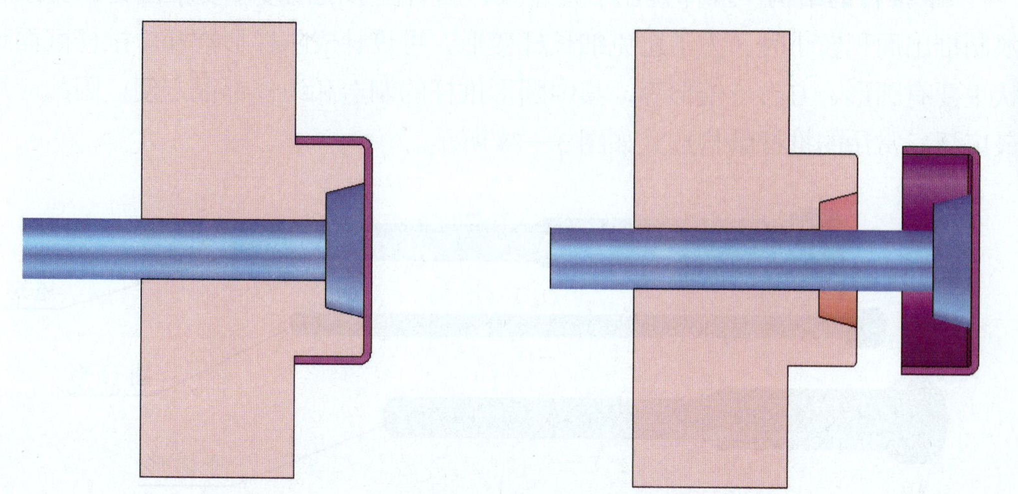

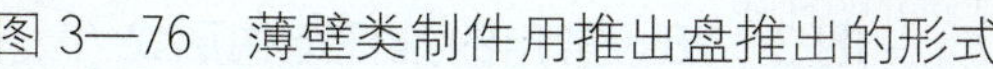
图 3—76　薄壁类制件用推出盘推出的形式

■ 推杆推出机构

（1）推杆推出机构的组成

推杆是推出机构中最简单最常见的一种形式。推出机构动作简单，安全可靠，不易发生故障。由于推杆属标准件，损坏后更换较方便，故应用最广泛，如图 3—77 所示。

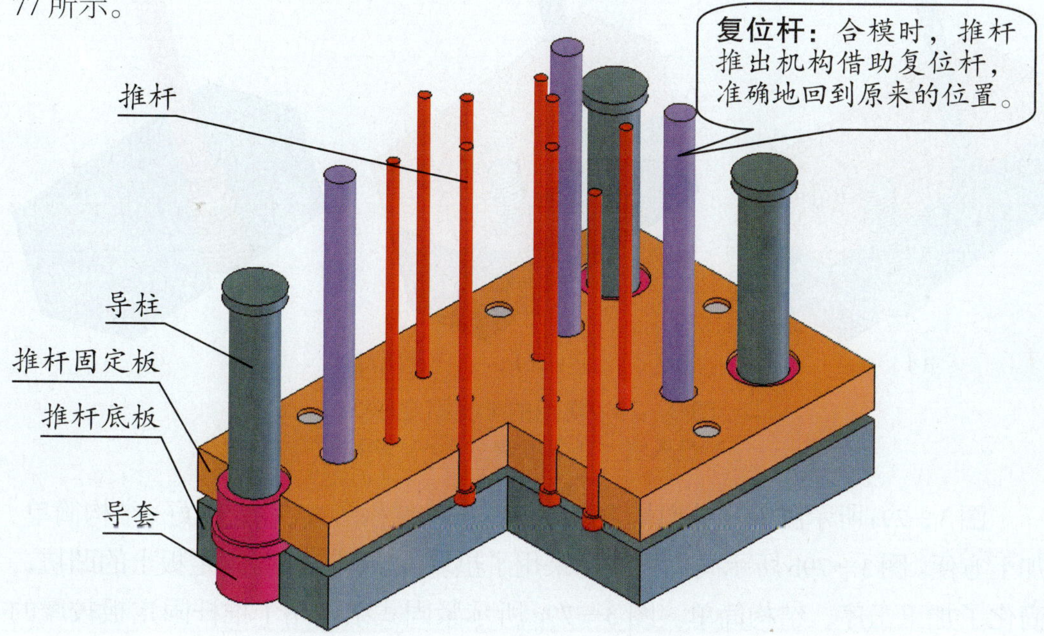

图 3—77　推杆推出机构的结构组成

（2）推杆的结构及固定形式

1）推杆的结构 推杆直径不宜过细，应有足够的刚度承受推出力，当结构限制推出面积较小时，为了避免细长杆变形，可设计成阶梯形推杆。推杆截面形状主要有圆形、方形、矩形等，其中圆形推杆的制造和维修都很方便，因此应用最广泛。常用的推杆结构形式如图 3—78 所示。

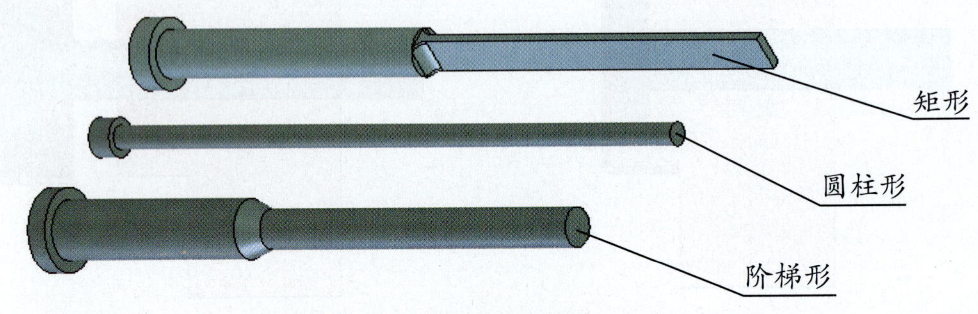

图 3—78 常用的推杆结构形式

2）推杆的固定形式 推杆是由推杆固定板和推杆底板固定并将推出力传到其上的。因此，推杆不能有轴向窜动，以免影响制件表面质量。常用的推杆固定形式如图 3—79 所示。

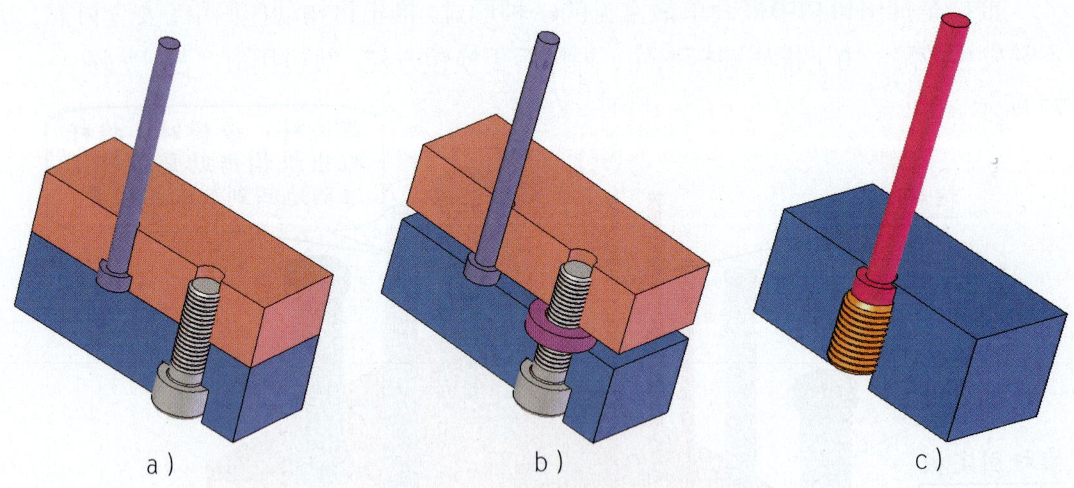

图 3—79 常用的推杆固定形式
a）沉入式 b）间隔式 c）紧固式

图 3—79a 所示沉入式结构是生产中最常用的结构形式，稳定性好、结构简单、加工方便。图 3—79b 所示间隔式结构采用了垫块或垫圈来代替固定板上的凹坑，简化了加工工序，结构简单。图 3—79c 所示紧固式结构用于推杆固定板较厚的情况，推杆采用螺钉紧固。

■ 推管推出机构

推管推出机构是推出圆筒形制件的一种特殊结构形式，其运动方式、工作原理与推杆推出机构基本相同。由于制件几何形状呈圆筒形，在其成型部分必然要设置型芯，所以要求型芯为固定形式，推管随推出机构运动，推管与型芯的配合为间隙配合。

图 3—80 所示为常见的推管推出机构，是将型芯固定在底板上的结构形式。

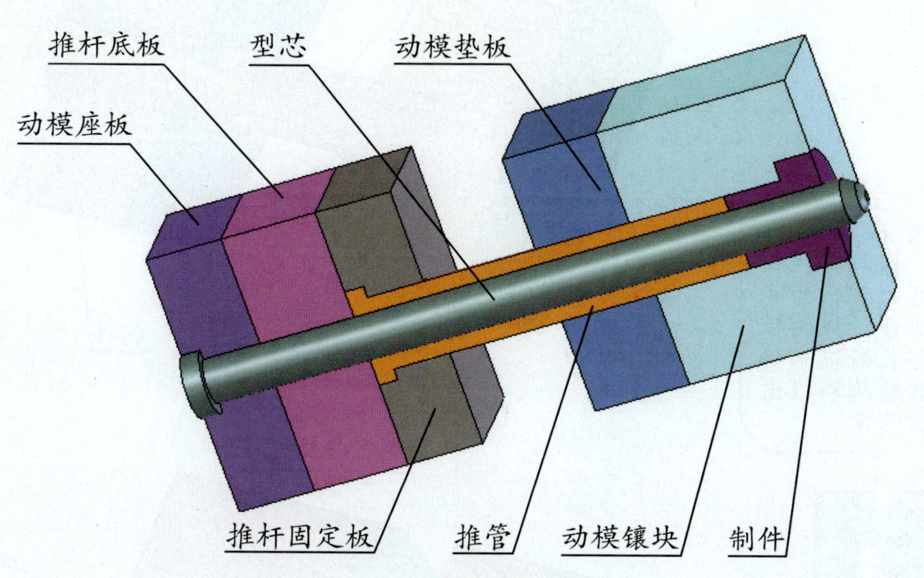

合模注塑

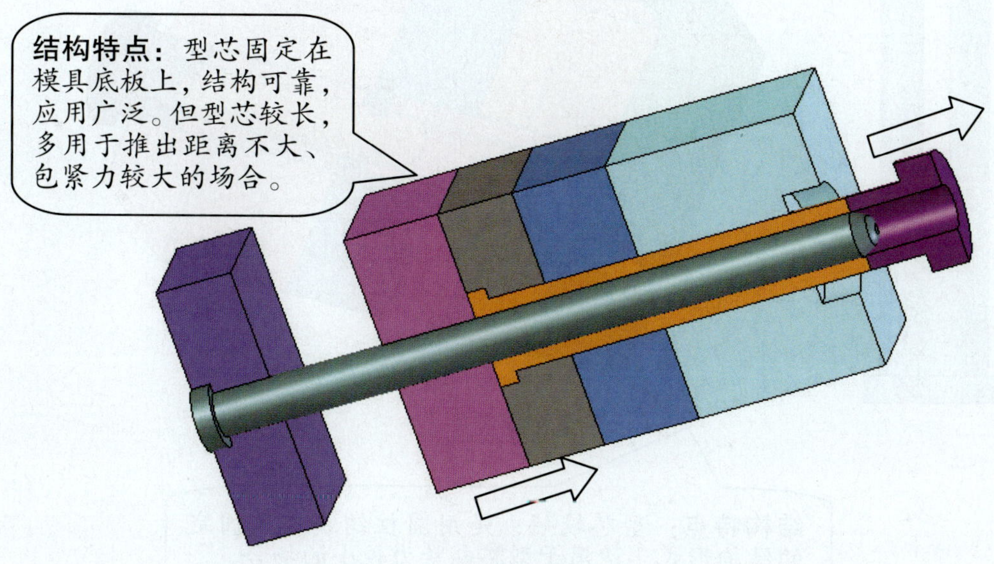

推管推出制件

图 3—80　型芯固定在底板上的推管推出机构

图 3—81 所示为另一种推管推出机构——型芯用键销固定的结构形式。

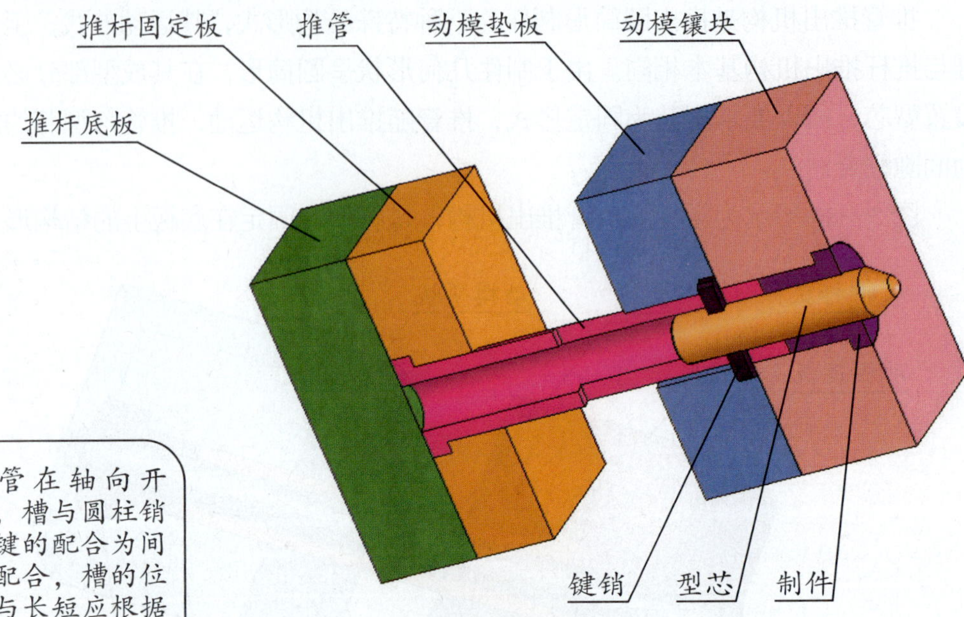

合模注塑

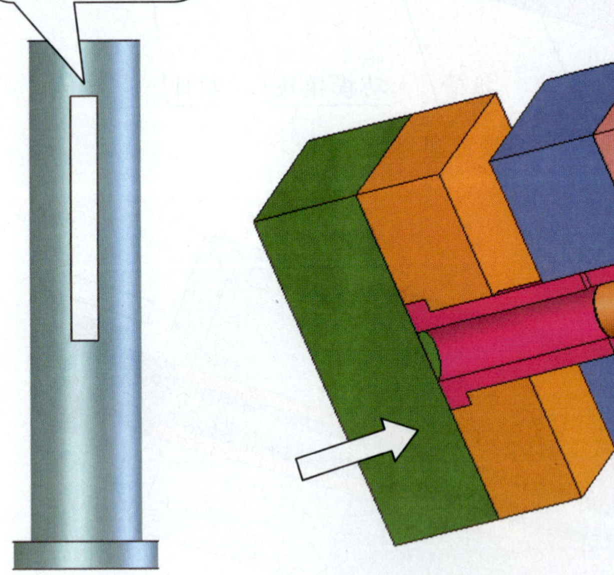

推管推出制件

结构特点：型芯较短，是用圆柱销或键来固定的结构形式，适用于型芯包紧力较小的场合。

图 3—81　型芯用键销固定的推管推出机构

■ 推板推出机构

凡是薄壁容器、壳体类及表面不允许有推出痕迹的制件，均可采用推板推出机构。

（1）整体式推板推出机构（图 3—82）

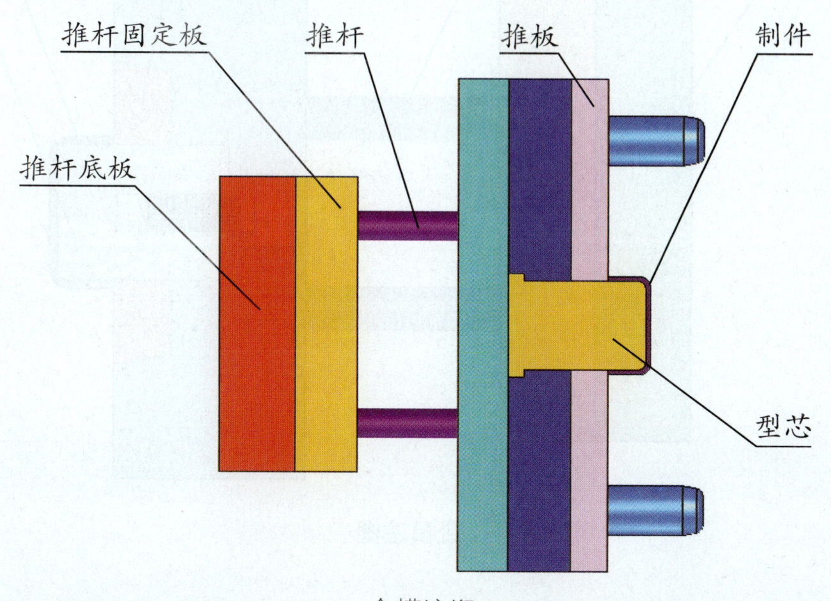

合模注塑

结构特点：推板由推出机构推出。而且，作用在推板上的推出力较大，并有导柱导向，运动较平稳。但是，对于非圆形类的制件，其配合部分加工较困难。推板推出机构不必另设复位机构。它在合模力的作用下，与分型面接触，使推板回复到初始位置。

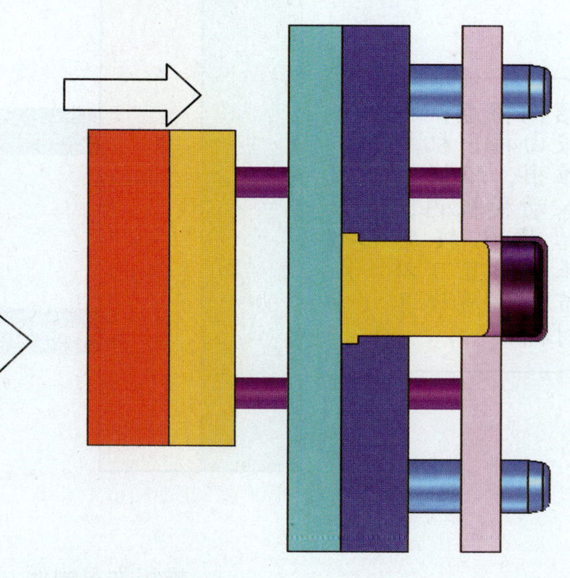

推板推出制件

图 3—82 整体式推板推出机构

(2) 镶块式推板推出机构（图 3—83）

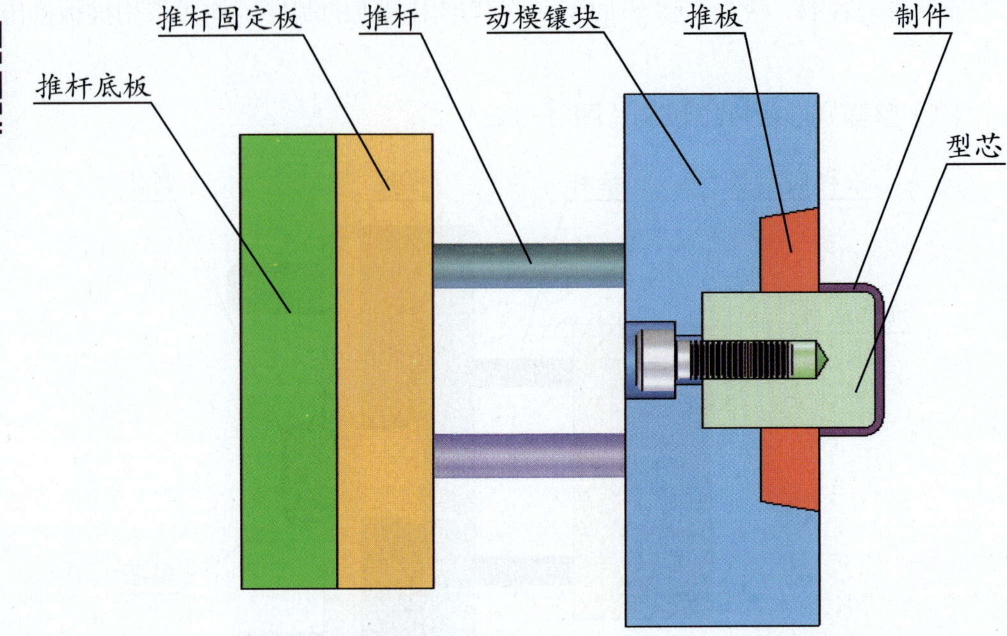

合模注塑

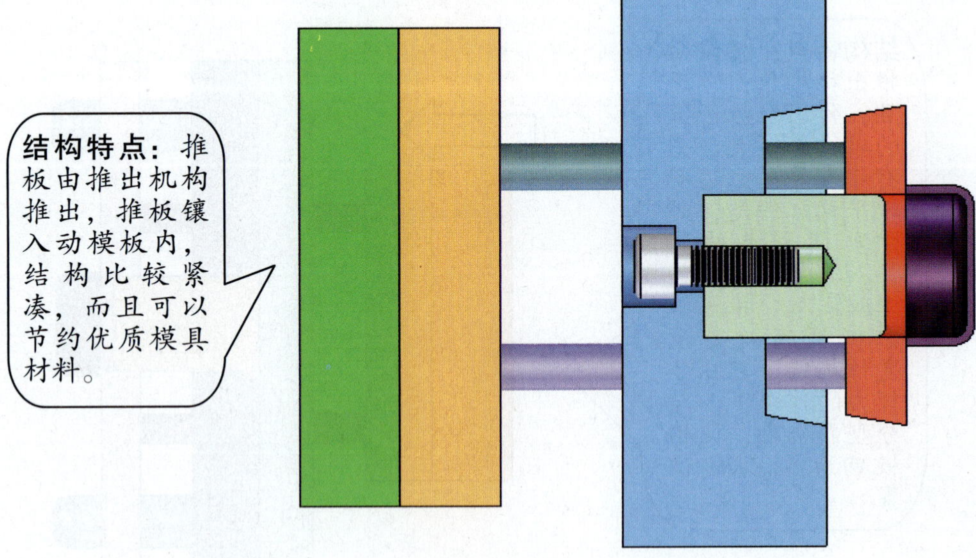

推板推出制件

图 3—83　镶块式推板推出机构

■ 齿轮传动脱模机构与推板推出机构

在许多产品中，要求制件内螺纹一次成型，譬如瓶盖及一些要求不高的制件，这就需要设置内螺纹型芯并设置脱模机构，下面就介绍典型的内螺纹脱模机构。

（1）常用的内螺纹脱模机构

常用的内螺纹脱模可采用齿轮传动机构与推板推出机构结合，如图 3—84 所示。

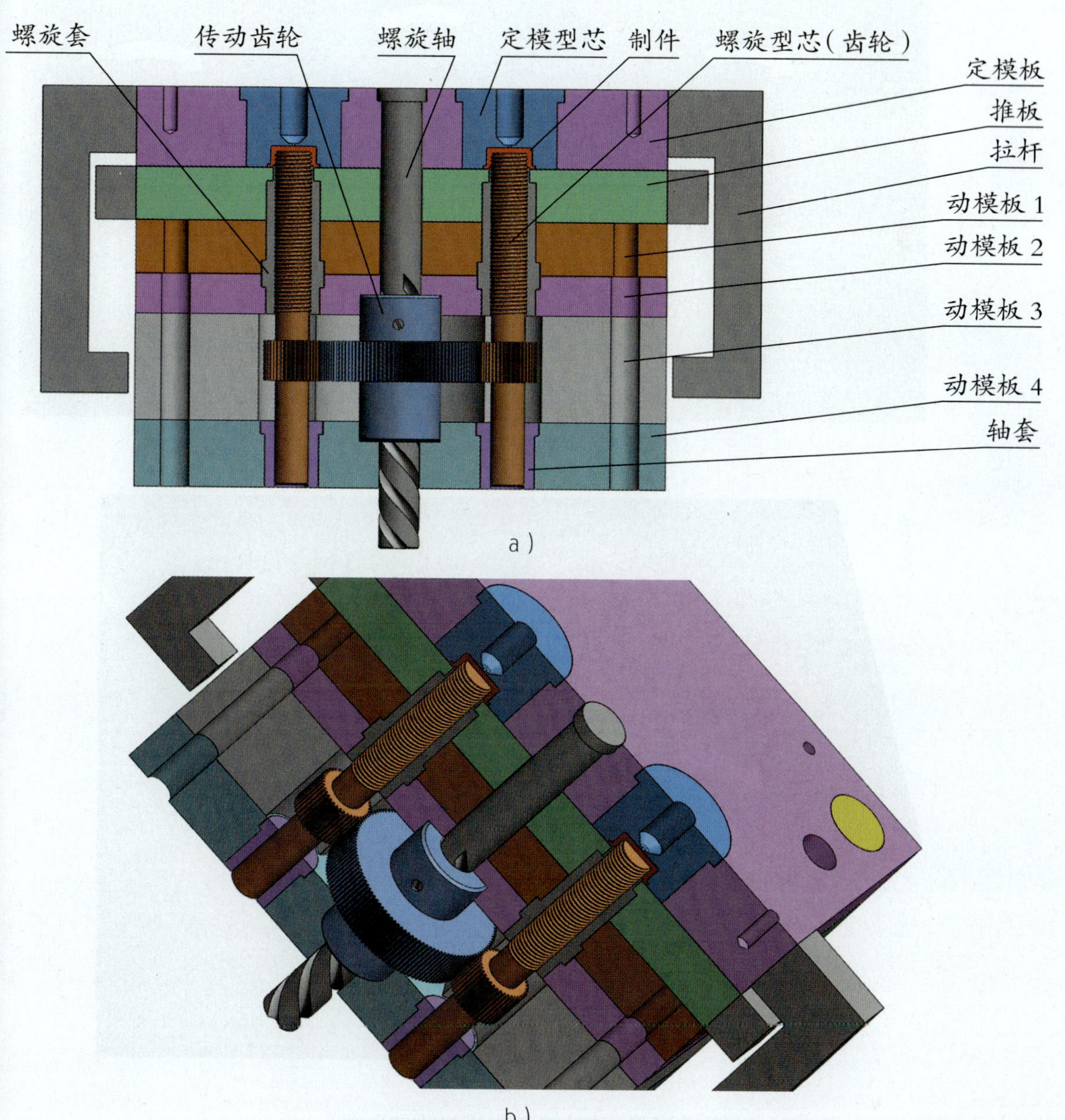

图 3—84　内螺纹脱模机构

a）脱模机构零部件名称　b）结构形式（轴测图）

（2）齿轮传动脱模机构的形式（图 3—85）

形式特点：开、合模时，由固定在定模上的螺旋轴，通过螺旋槽使传动齿轮旋转，带动螺纹型芯（齿轮）旋转。

a）

b）

图 3—85　齿轮传动脱模机构的形式

a）齿轮旋转方向　b）螺旋轴运动方向

（3）齿轮传动脱模机构的工作原理（图 3—86）

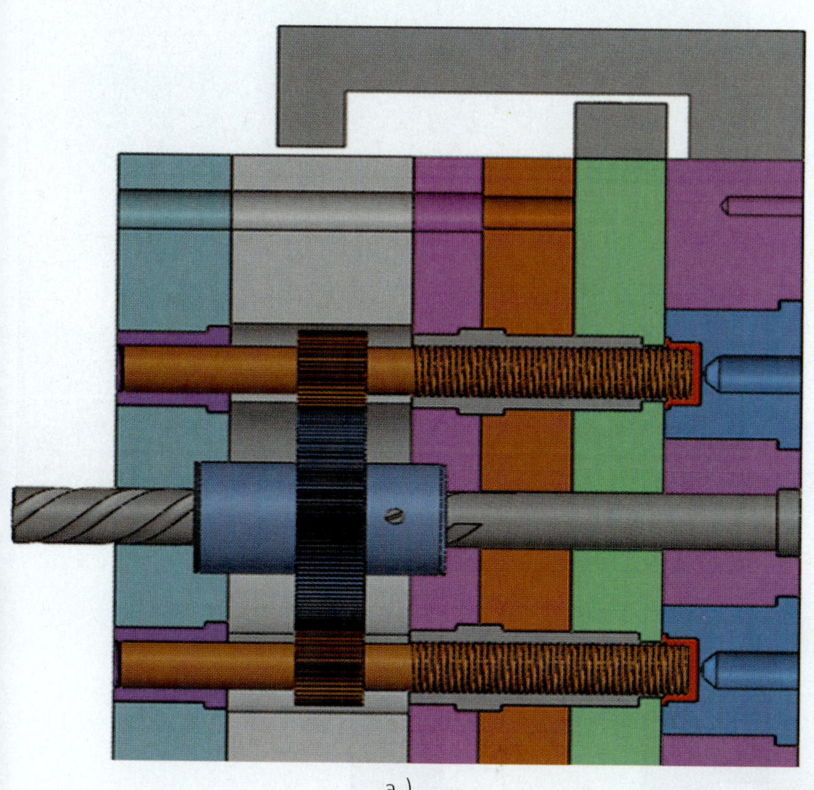

a）

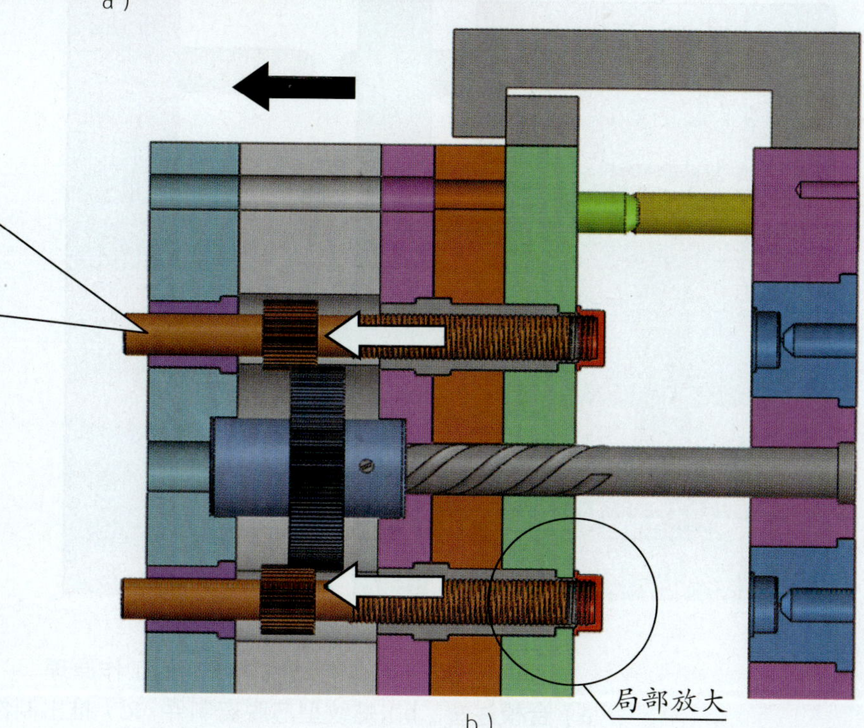

b）

工作原理：注塑结束开模，由固定在定模上的螺旋轴，通过螺旋槽使传动齿轮旋转，带动螺纹型芯（齿轮）旋转，从而使螺纹型芯脱离制件。但制件还留在螺旋套和推板上，见局部放大图。

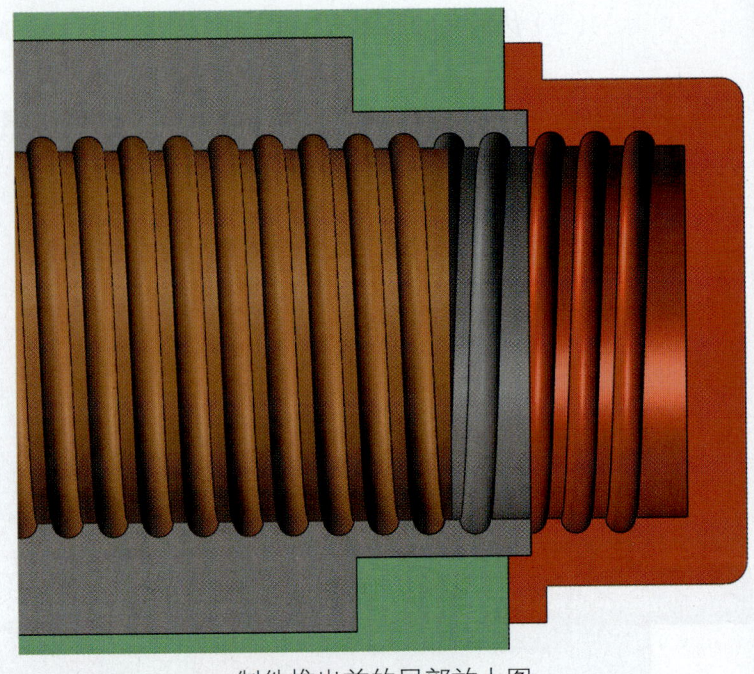

制件推出前的局部放大图

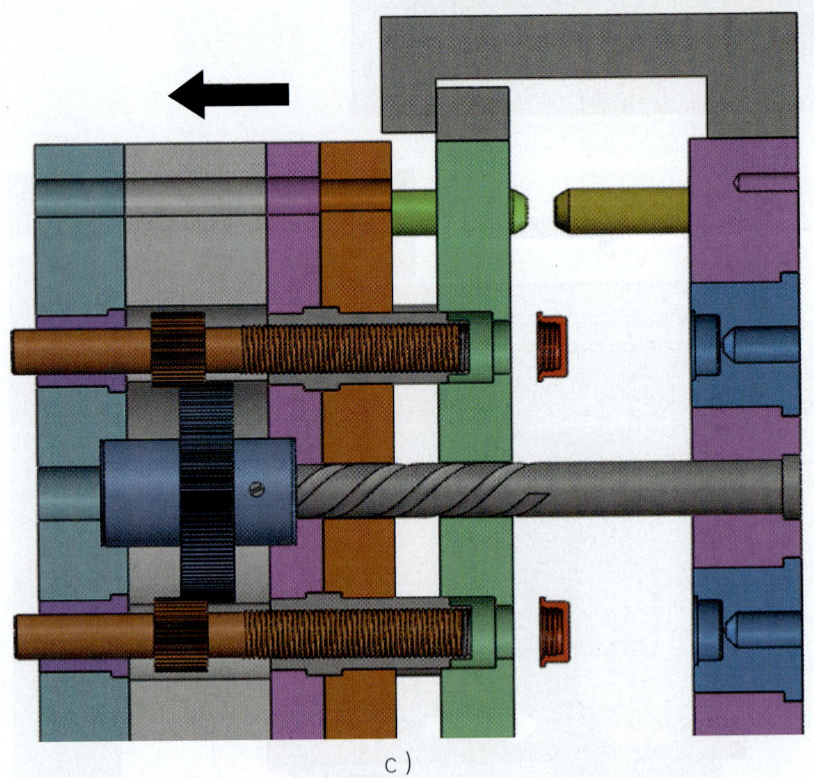

c）

结构特点：
螺纹型芯（齿轮）脱离制件后，继续开模，由固定在定模板上的拉杆将推板钩住，使制件完全脱离螺旋套。

图 3—86　齿轮传动脱模机构的工作原理
a）合模注塑　b）螺纹型芯脱离制件　c）推出制件

第四章 金属压铸模具的结构

第一节　压铸的基本概念、特点与应用范围

压铸的基本概念

压铸是一种将熔融状态或半熔融状态的金属浇入压铸机的压室，在高压的作用下，以极高的速度充填在具有很高的尺寸精度和很小的表面粗糙度值的压铸模型腔内，并在高压下使熔融或半熔融的金属冷却凝固成型而获得制件的高效益、高效率的精密铸造方法。常见的压铸分类方法见表 4—1。

表 4—1　　常见的压铸分类方法

压铸的分类方法			说　明
按压铸材料分	单金属压铸		主要是非铁合金压铸
	合金压铸	铁合金压铸	
		非铁合金压铸	
		复合材料压铸	
按压铸机分	热室压铸		压室浸在保温坩埚内
	冷室压铸		压室与保温炉分开
按合金状态分	全液态压铸		常用的压铸技术
	半固态压铸		压铸新技术

压铸的特点及应用范围

■ 压铸的特点

高压和高速是压铸时液态或半液态金属充填成型过程的两大特点，是压铸与其他铸造方法最根本的区别所在。压铸时常用的压力一般为 20~200 MPa，最高可达 500 MPa；充填速度一般为 0.5~120 m/s；充填时间与制件的大小和壁厚有关，一般为 0.1~0.2 s，最短仅有千分之几秒。

压铸与其他铸造方法相比的优缺点如图 4—1 所示。

产品质量好：
制件尺寸精度高达 IT12~IT11，表面粗糙度值为 *Ra*3.2~0.8 μm，晶粒较细，组织致密，产品互换性好，可压铸薄壁、外形复杂且难以切削加工制造的制件。

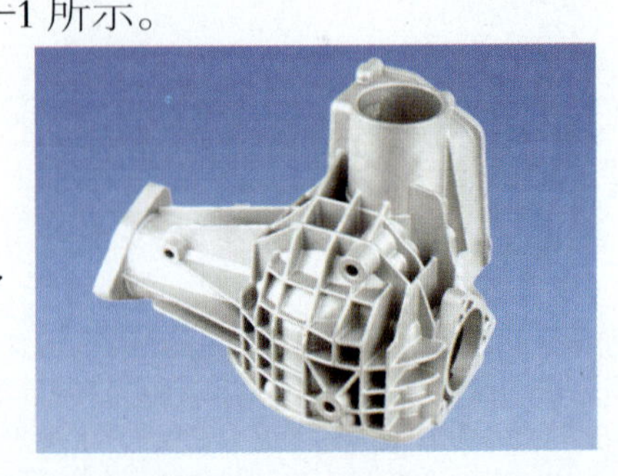

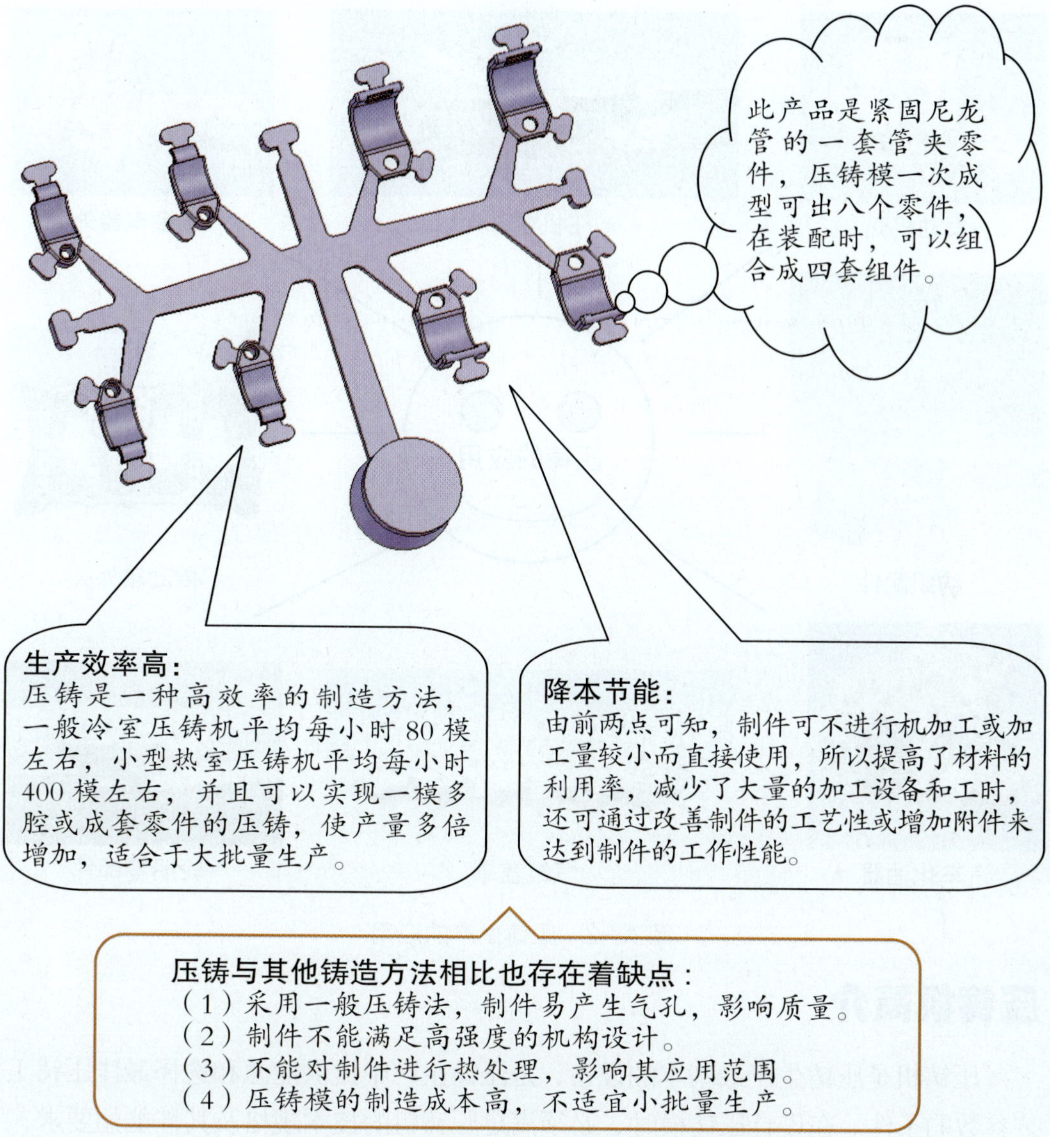

此产品是紧固尼龙管的一套管夹零件，压铸模一次成型可出八个零件，在装配时，可以组合成四套组件。

生产效率高：
压铸是一种高效率的制造方法，一般冷室压铸机平均每小时 80 模左右，小型热室压铸机平均每小时 400 模左右，并且可以实现一模多腔或成套零件的压铸，使产量多倍增加，适合于大批量生产。

降本节能：
由前两点可知，制件可不进行机加工或加工量较小而直接使用，所以提高了材料的利用率，减少了大量的加工设备和工时，还可通过改善制件的工艺性或增加附件来达到制件的工作性能。

压铸与其他铸造方法相比也存在着缺点：
（1）采用一般压铸法，制件易产生气孔，影响质量。
（2）制件不能满足高强度的机构设计。
（3）不能对制件进行热处理，影响其应用范围。
（4）压铸模的制造成本高，不适宜小批量生产。

图 4—1　压铸与其他铸造方法相比的优缺点

■ 压铸的应用范围

压铸是最先进的金属成型方法之一，是实现少切削、无切削的有效途径，应用广泛，发展很快。国外可压铸直径为 2 000 mm、质量为 50 kg 的制件。

压铸生产已广泛应用在国民经济的各行各业中。根据设计时的技术要求，可合理地选用制件材料来满足强度、硬度以达到所需的技术指标。压铸生产主要应用于飞机、汽车、轮船、纺织机械、家用电器、家具五金、办公用具等的制造和通信、军事、气象等领域，如图 4—2 所示。

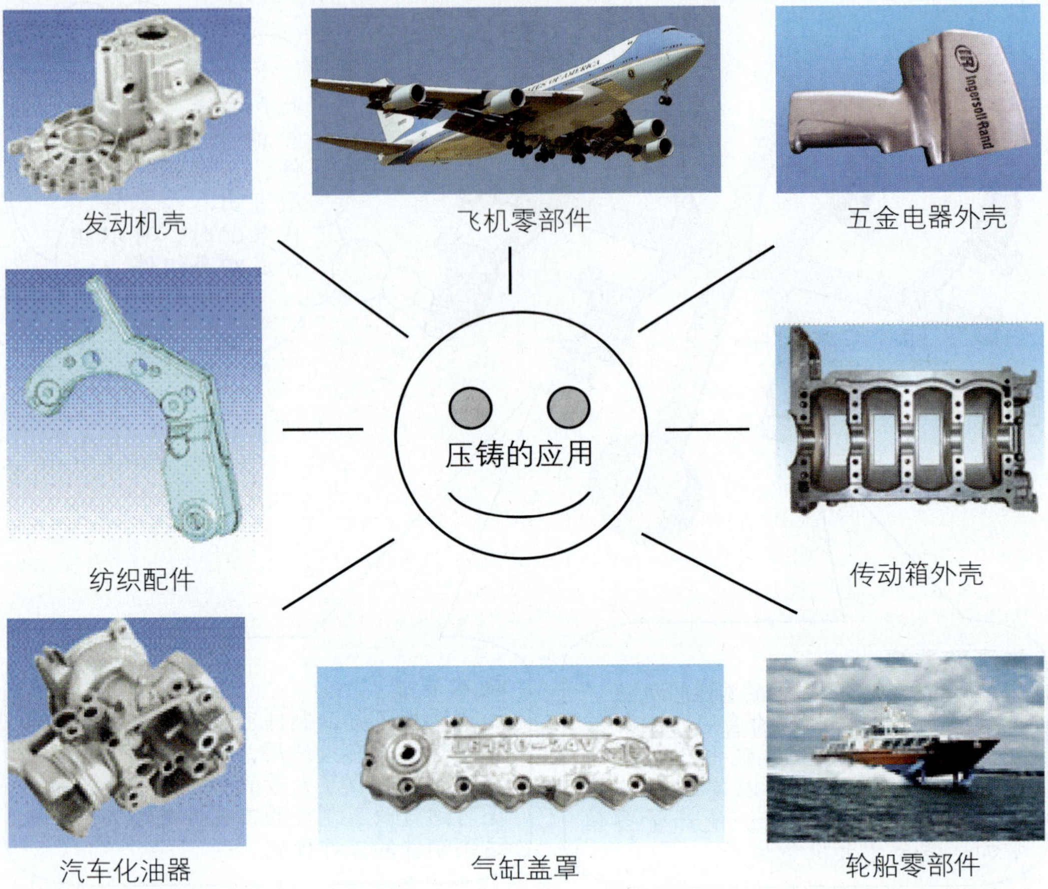

发动机壳
飞机零部件
五金电器外壳
纺织配件
压铸的应用
传动箱外壳
汽车化油器
气缸盖罩
轮船零部件

图 4—2　压铸生产的应用

压铸机简介

压铸机是压铸生产最基本的设备，是压铸生产中提供能源和选择最佳压铸工艺参数的条件。在设计压铸模时，必须满足压铸机的技术规格及其性能的要求，以获得优质制件。压铸机的组成如图 4—3 所示。

控制电器
液压机构
合模机构
上料机构
增压器
基座
压射机构

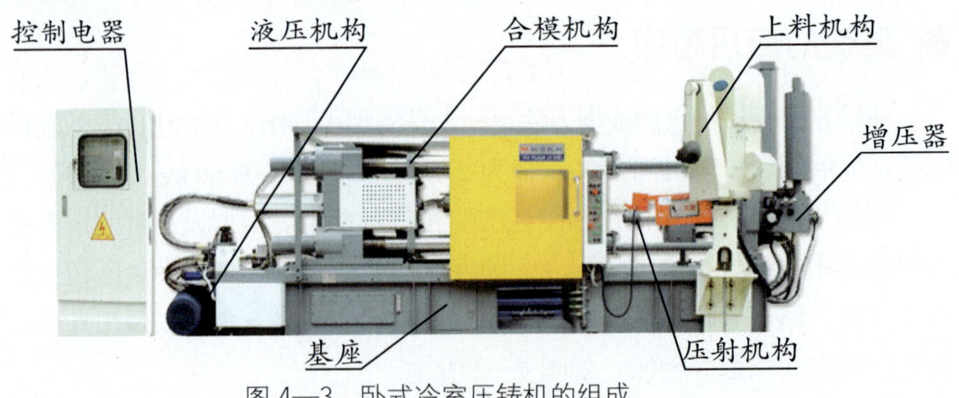

图 4—3　卧式冷室压铸机的组成

压铸机的分类

压铸机通常按压室受热条件件的不同分为冷压室压铸机（简称冷室压铸机）和热压室压铸机（简称热室压铸机）两大类。压铸机的分类见表 4—2。

表 4—2　　压铸机的分类

分类特征	基本结构方式
压室浇注方式	1. 冷室压铸机 2. 热室压铸机
压室和模具的位置和方向及压铸机的总体结构	1. 卧式压室压铸机 2. 立式压室压铸机
压铸机功率（机器锁模力）	1. 小型压铸机（热室＜ 630 kN，冷室＜ 2 500 kN） 2. 中型压铸机（热室 630~4 000 kN，冷室 2 500~6 300 kN） 3. 大型压铸机（热室＞ 4 000 kN，冷室＞ 6 300 kN）
自动化程度	1. 半自动压铸机 2. 全自动压铸机

压铸机的压铸过程

（1）卧式冷室压铸机的压铸过程

如图 4—4 所示，合模后，金属液浇入压室，压射冲头向前推动金属液经浇道压入模具型腔，凝固冷却成制件，动模移动与定模分开而开模，在推出机构作用下推出制件并取出制件，即完成一次压铸循环。

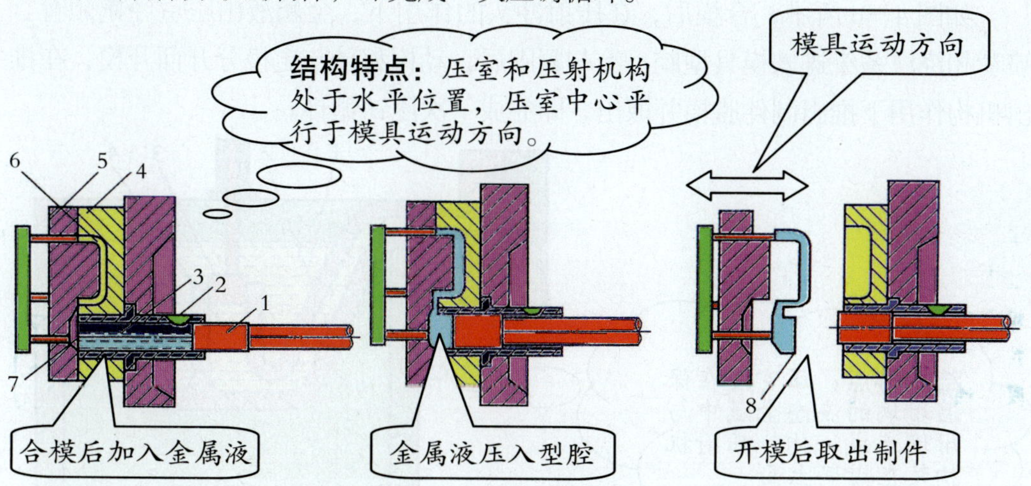

图 4—4　卧式冷室压铸机的压铸过程

1—压射冲头　2—压室　3—金属液　4—定模　5—动模　6—型腔　7—浇道　8—制件

（2）立式冷室压铸机的压铸过程

如图 4—5 所示，合模后，浇入压室中的金属液被已封住喷嘴孔的反料冲头托住，压射冲头向下运动将金属液压入模具型腔。凝固后，压射冲头退回，反料冲头上升切断余料，将其顶出压室并取走余料，反料冲头降到原位后开模取出制件，即完成一次压铸循环。

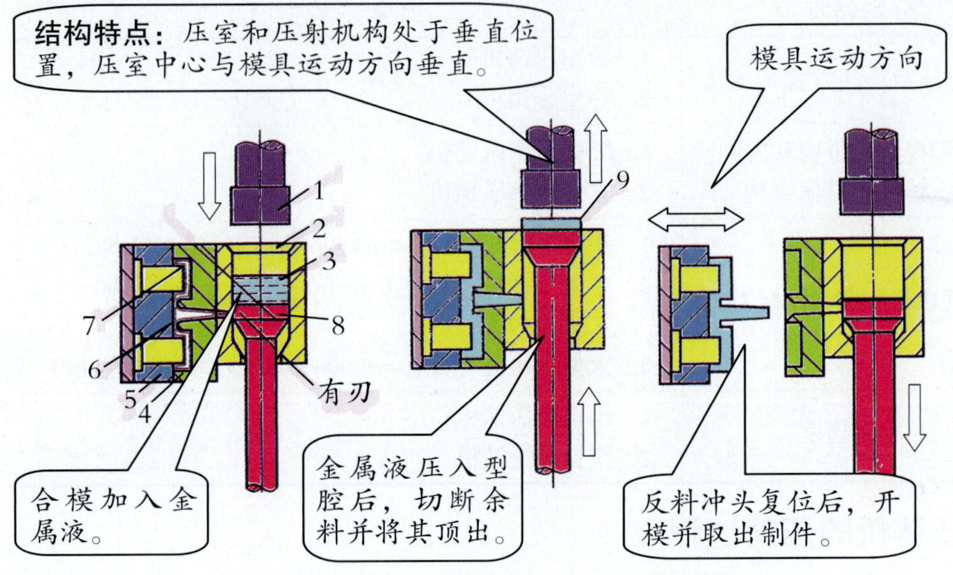

图 4—5　立式冷室压铸机的压铸过程

1—压射冲头　2—压室　3—金属液　4—定模　5—动模　6—喷嘴　7—型腔　8—反料冲头　9—余料

（3）热室压铸机的压铸原理

如图 4—6 所示，合模后，在压射冲头的作用下，金属液由压室经鹅颈管、喷嘴和浇注系统进入模具型腔。冷却凝固后，动模移动与定模分开而开模，在推出机构作用下推出制件脱模并取出，即完成一次压铸循环。

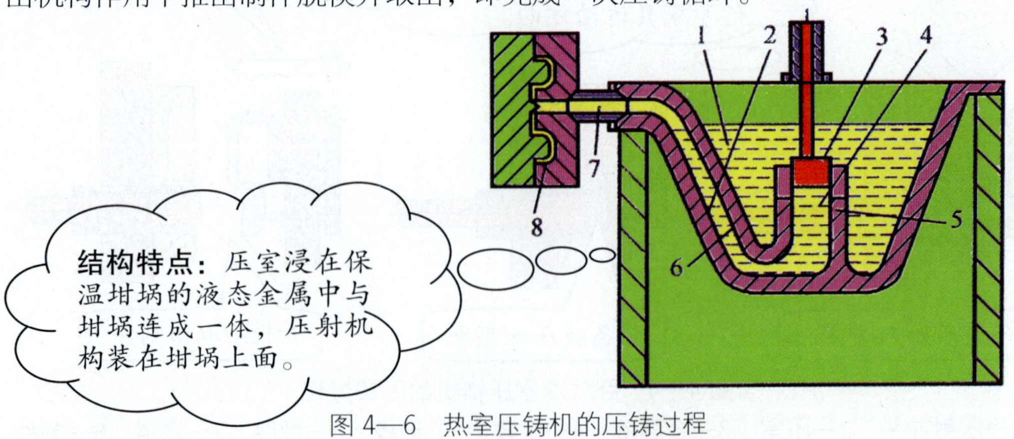

图 4—6　热室压铸机的压铸过程

1—金属液 2—坩埚 3—压射冲头 4—压室 5—进口 6—鹅颈管 7—喷嘴 8—压铸模

■ 压铸机的特点（表 4—3）

表 4—3　　压铸机的特点

分类	特　点	压铸机的结构
卧式冷室压铸机	压力大，操作程序简单，生产率高，一般设有偏心和中心两个浇注位置且可任意调节，便于实现自动化，设备维修方便，广泛应用于压铸各种有色金属制件的生产。但不便于压铸带有嵌件的制件，使用中心浇口的压铸模结构复杂	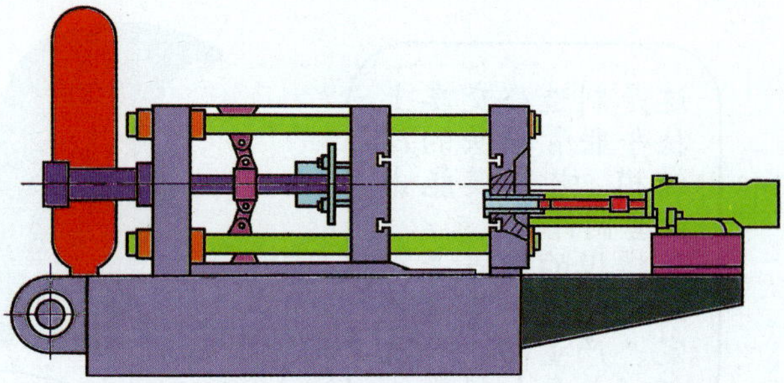
立式冷室压铸机	由于压射前反料冲头封住了喷嘴孔，有利于防止杂质进入型腔，主要用于开设中心浇口的各种有色金属制件生产。其压射机构直立，占地面积小，但因增加了反料机构，故结构复杂，操作和维修不便，且影响生产率	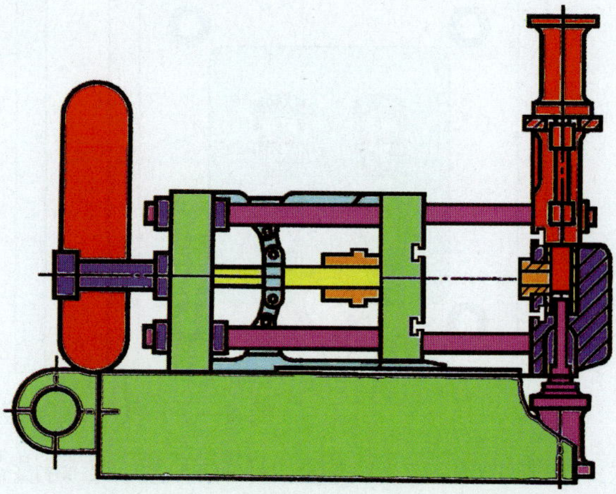
热室压铸机	结构简单，操作方便，生产率高，工艺稳定，制件夹杂少，质量好。但由于压室和压射冲头长时间浸在金属液中，极易产生黏结和腐蚀，影响使用寿命，且压室更换不便，因此它通常用于压铸锌、铅和锡等低熔点合金	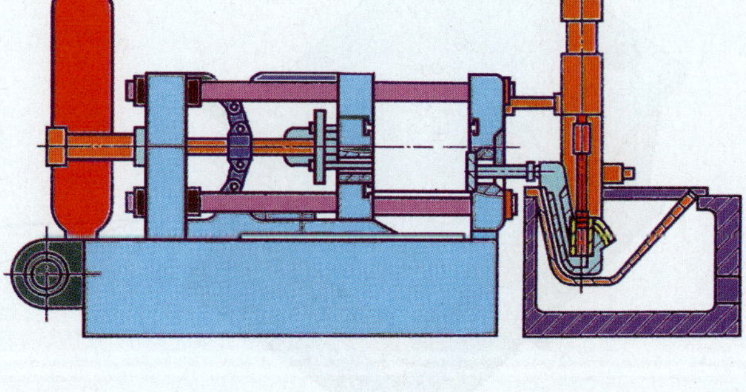

第二节　压铸模的组成、结构与特点

压铸工艺应用广泛，如公交车上的扶手联管接头、发动机外壳、电动工具外壳都是采用压铸制造的，如图 4—7 所示为扶手联管接头压铸模。

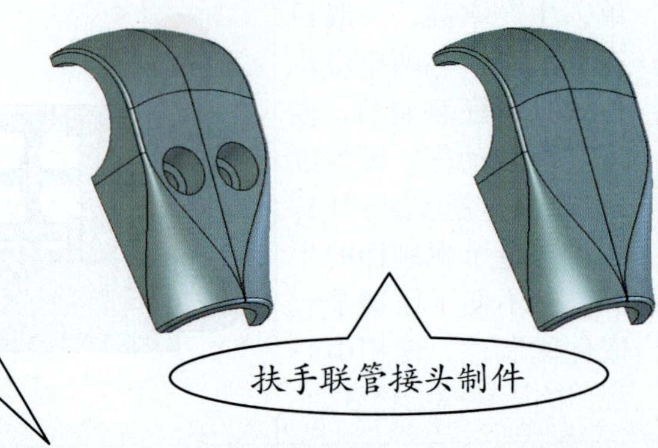

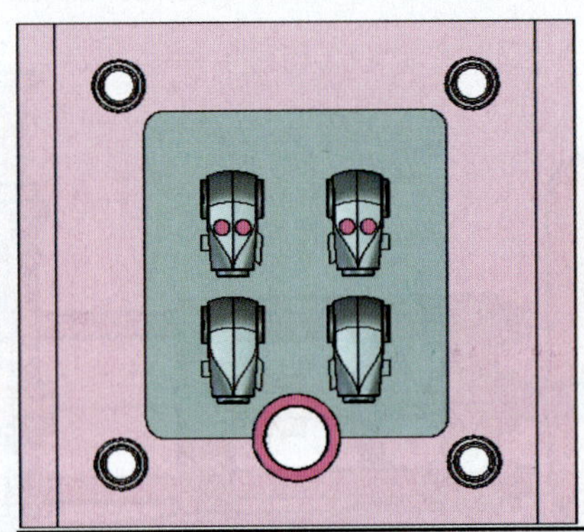

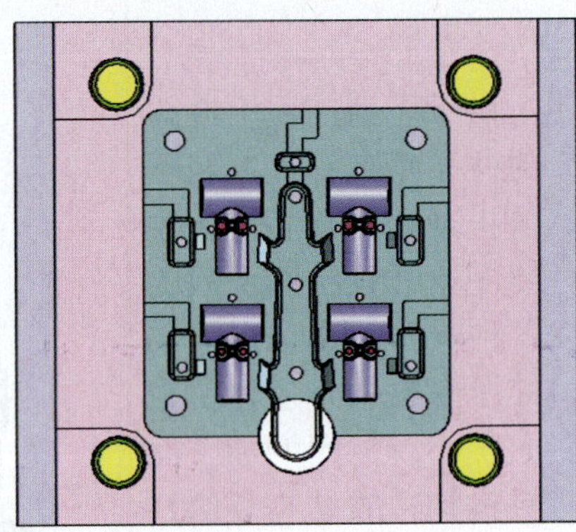

图 4—7　扶手联管接头压铸模

压铸生产中，压铸模、压铸工艺、压铸设备都会对制件的质量产生重大影响，如图 4—8 所示。

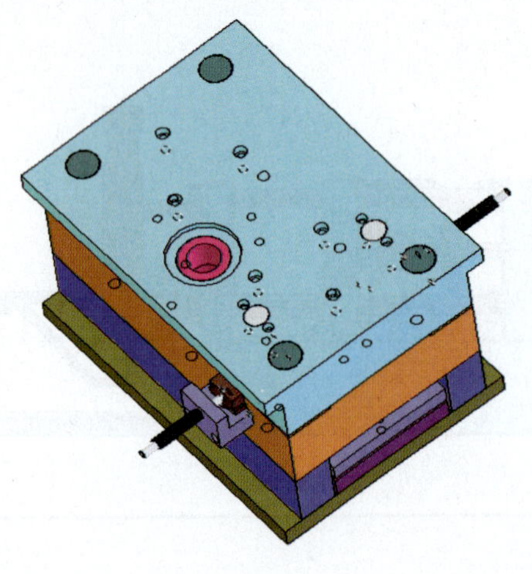

压铸工艺参数、模具温度、制件原材料也将影响制件的质量。

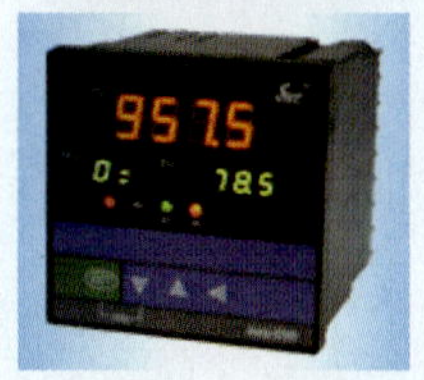

压铸设备的精度、液压系统、温控系统、电器控制等也将影响到制件的质量。

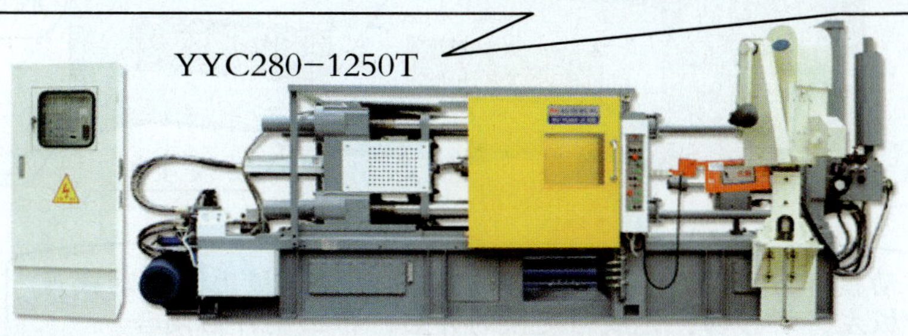

图 4—8　影响制件质量的因素

压铸生产时，正确采用压铸工艺参数是获得优质制件的决定因素，而压铸模则是选择和调整有关工艺参数的基础。本节我们就来学习压铸模的结构知识。

压铸模的组成与结构

■　压铸模的组成

压铸模主要是由动模和定模两大部分组成。这里以大扳手压铸模为例，如图 4—9 所示。

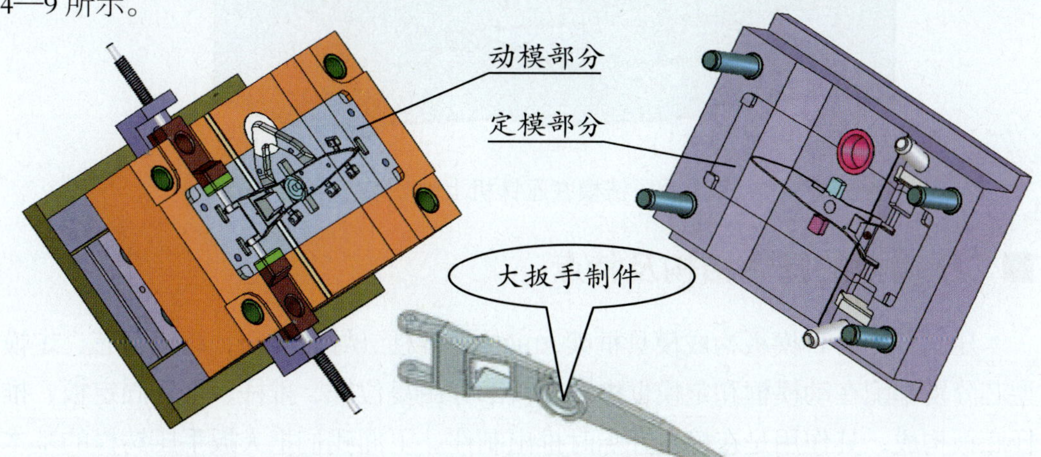

图 4—9　大扳手压铸模的主要组成部分

动模部分、定模部分在压铸机上的安装如图 4—10 所示。

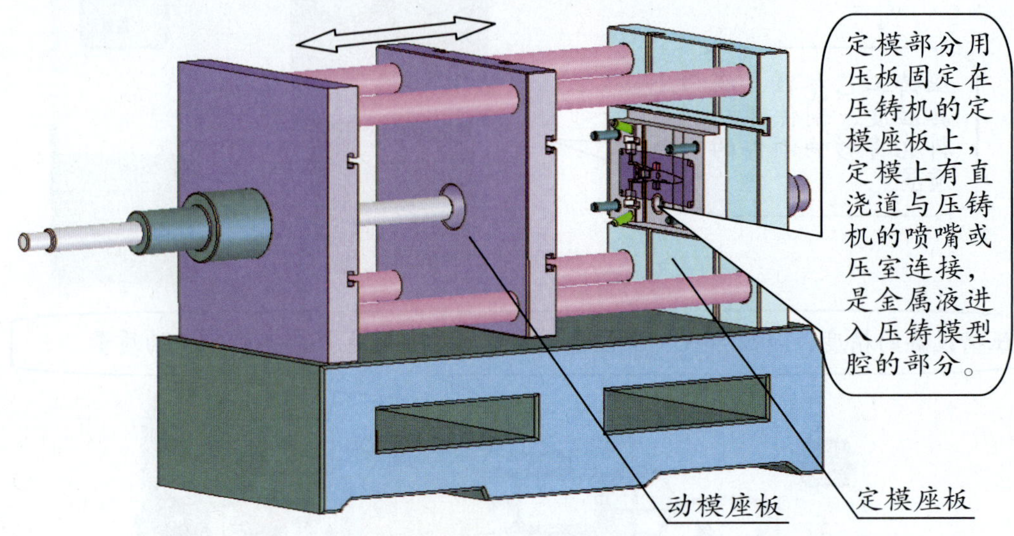

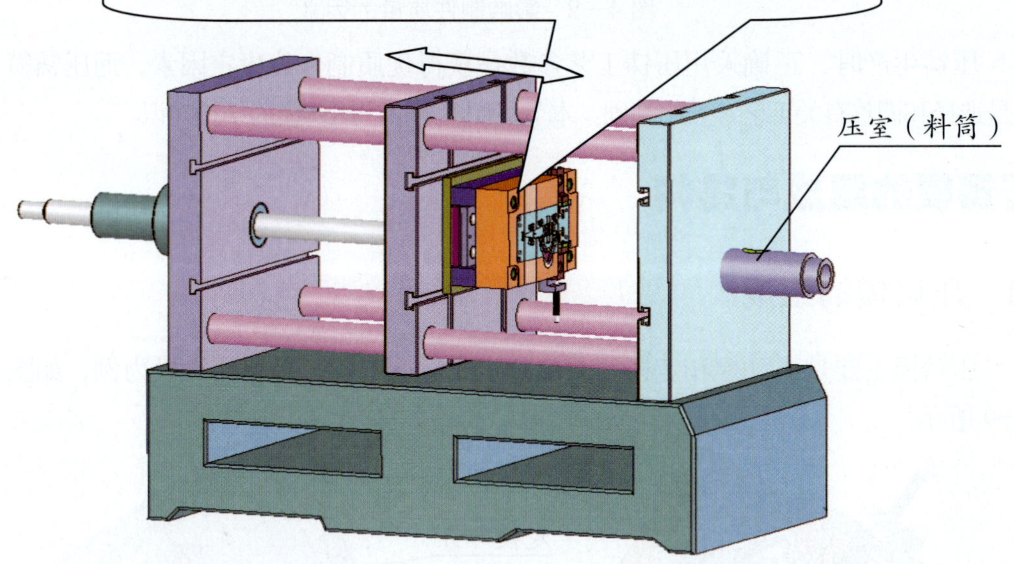

图 4—10　大扳手压铸模在压铸机上的安装示意图（简图）

■　压铸模的基本结构及特点

压铸模由各种模板构成模具框架，定位靠导柱、导套导向，动模型芯、定模型芯分别镶配在动模框和定模框内。卸料部分由复位杆、推杆、推杆固定板、推杆底板构成，其作用是在模具开启时推出制件。下面我们把大扳手压铸模的基本结构分解，看看它的组成，如图 4—11 所示。

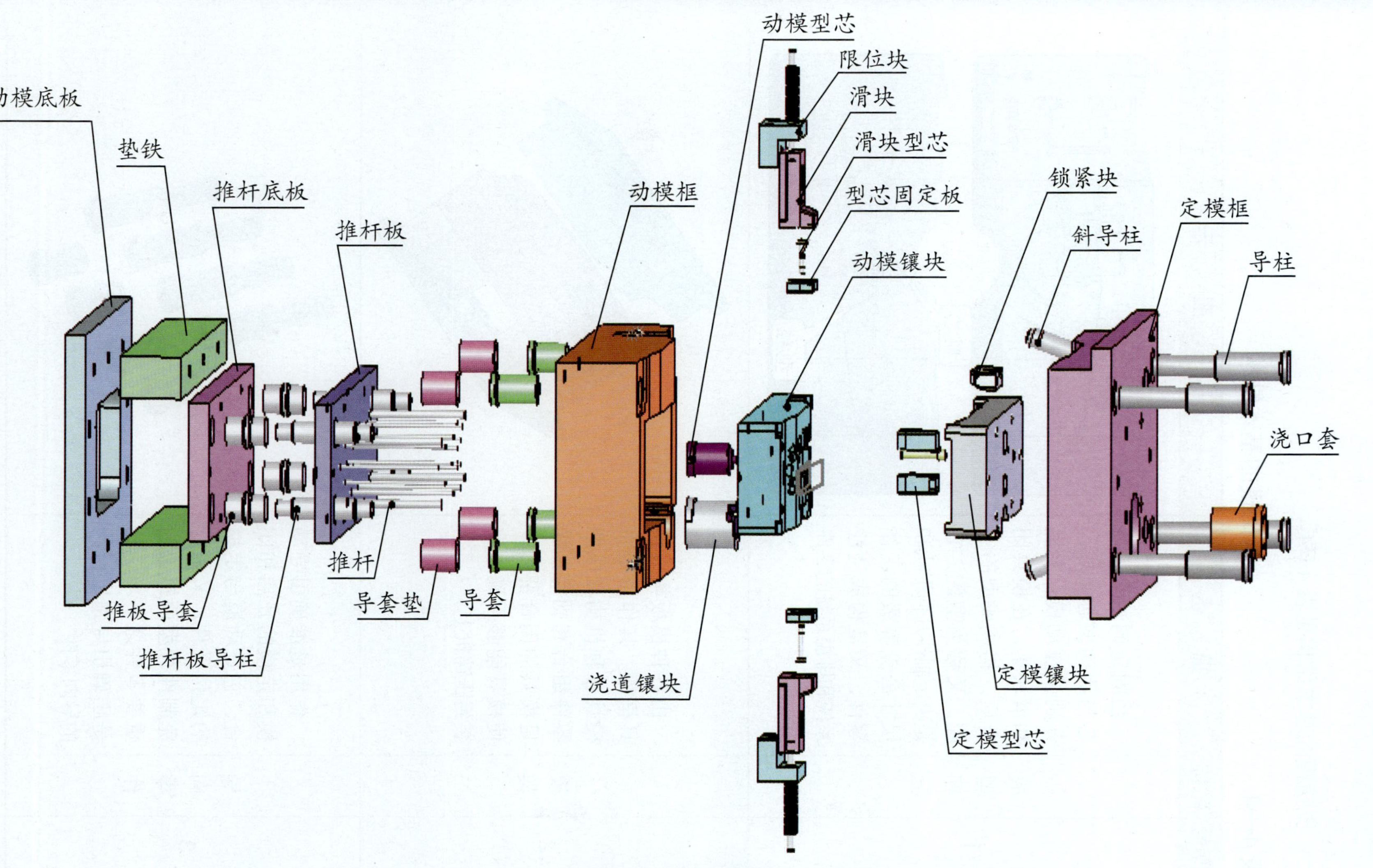

图 4—11　大扳手压铸模的基本结构图

压铸模的基本结构见表 4—4。

表 4—4　　压铸模的基本结构

序号	名称	描　述	图　示
1	成型部分	由固定的镶块、型芯与活动型芯组成，分别装在动模、定模和滑块上，在模具闭合后，构成成型的空腔，又称为型腔。它是决定制件几何形状和尺寸公差等级的工作零件，又是构成浇注系统和排溢系统的零件	
2	模架	由各种模板构成模具框架。其作用是将模具各种机构和成型零件组合和固定，满足模具的闭合要求，使模具能够正确地安装到压铸机上	
3	导向零件	作用是准确引导动模和定模的开启和闭合，它是动模与定模的定位元件，又是避免制件分型面错位的重要零件之一。它还是正确引导顶出机构的导向零件	

续表

序号	名称	描　述	图　示
4	顶出机构	作用是在模具开启后，将制件从模具中顶出，它由推杆板、推杆底板、推杆和复位杆组成，这个机构有它单独的导向和定位零件	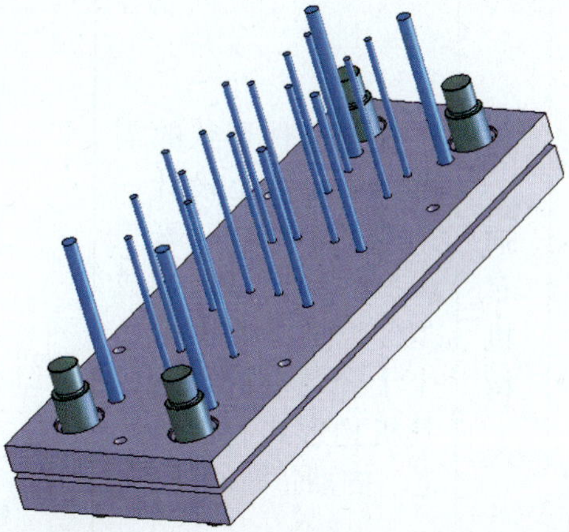
5	浇注系统	是沟通模具型腔与压室的部分，由直浇道、横浇道和内浇口等组成，它能引导金属液进入成型的部分。浇注系统是在模具闭合后形成的，它直接影响金属液的充填速度和充填压力，也是影响制件质量的一个重要因素	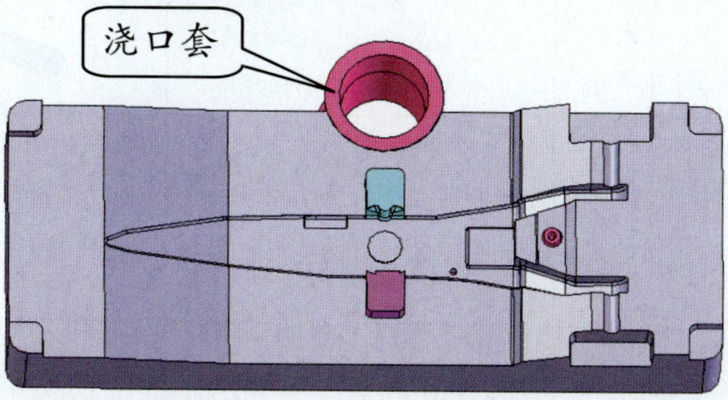 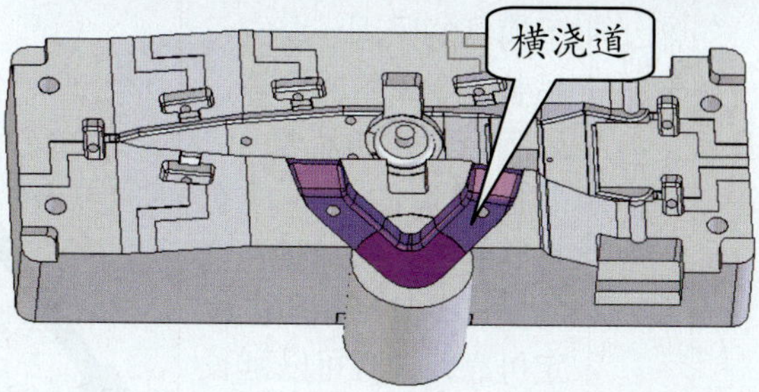
6	排溢系统	是排除压室、浇道和型腔中气体和冷金属的通道，由排气槽和溢流槽（又称集渣包）组成，溢流槽能储存型腔内的残余废渣和平衡模具温度，还能辅助顶出机构顶出制件	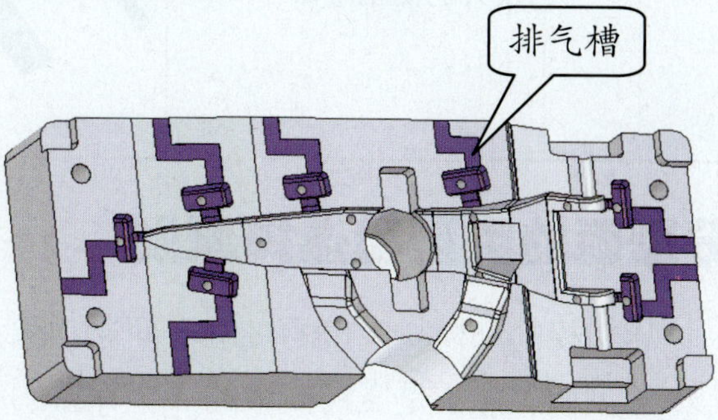

续表

序号	名称	描　述	图　示
7	抽芯机构	根据制件形状的需要，在模具上设计一个或多个滑块，来完成制件侧面形状的成型，也是压铸模中一个十分重要的部分，其机构形式有滑块抽芯、内抽芯等	
8	辅助元件	主要包括螺钉、圆柱销、吊环、冷却水管、加热装置等。主要用于模具的紧固、定位、吊装、冷却和加热等，以满足工艺的需要 应强调的是：具有良好的冷却和加热装置的模具，其产品质量稳定可靠，并且可以延长模具的使用寿命	

分型面的类型和选择原则

压铸模的动模与定模的接触表面通常称为分型面。

分型面虽然不是压铸模中的一个完整的结构，但它与制件的形状和尺寸以及制件在模具中的位置和方向密切相关。合理地确定分型面不但能简化压铸模的结构，而且能保证制件的质量。

■ 分型面的类型

根据不同分类标准，分型面类型有所不同。

（1）根据制件的结构和形状特点不同，可将分型面分为直线分型面、倾斜分型面、折线分型面和曲线分型面等，见表 4—5。

表 4—5　分型面的类型（根据制件的结构和形状特点分类）

序号	类型	特　点	分型面结构形式图	制件分型面图示
1	直线分型面	与压铸机动模、定模固定板平行的分型面		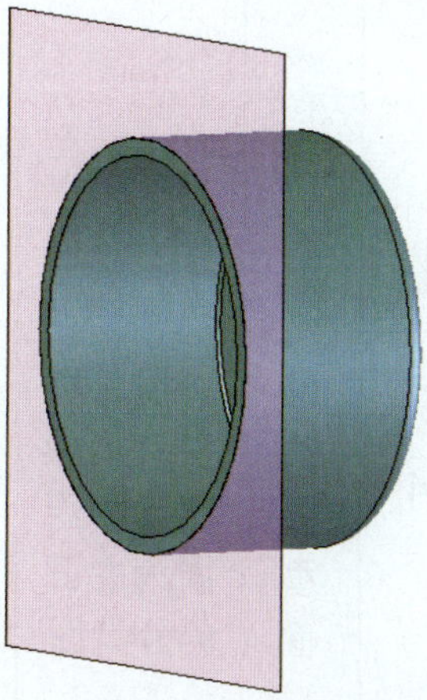
2	倾斜分型面	与压铸机动、定模固定板成一定角度的分型面	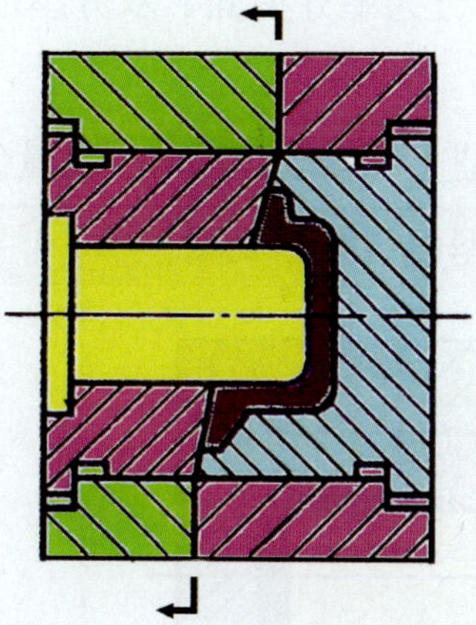	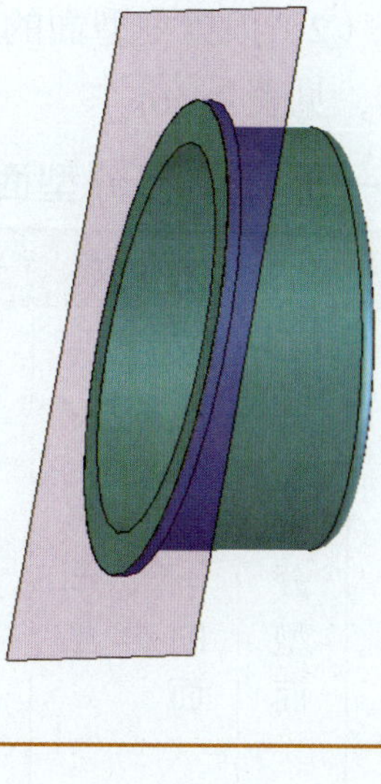

续表

序号	类型	特　点	分型面结构形式图	制件分型面图示
3	折线分型面	分型面不在同一平面内，而由几个折线平面组成的分型面		
4	曲线分型面	模具动模、定模闭合时表面为曲面的分型面		

（2）根据分型面的数量可分为单分型面、双分型面、三分型面和组合分型面等，见表4—6。

表4—6　　分型面的类型（根据分型面的数量分类）

序号	类型	特　点	分型面结构形式图	制件分型面图示
1	单分型面	只有一个分型面的面		

续表

序号	类型	特　点	分型面结构形式图	制件分型面图示
2	双分型面	分型面由一个主分型面和一个辅助分型面构成		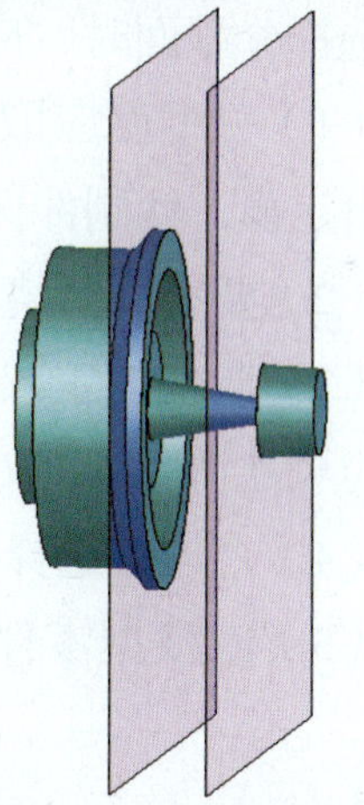
3	三分型面	分型面由一个主分型面和两个辅助分型面构成	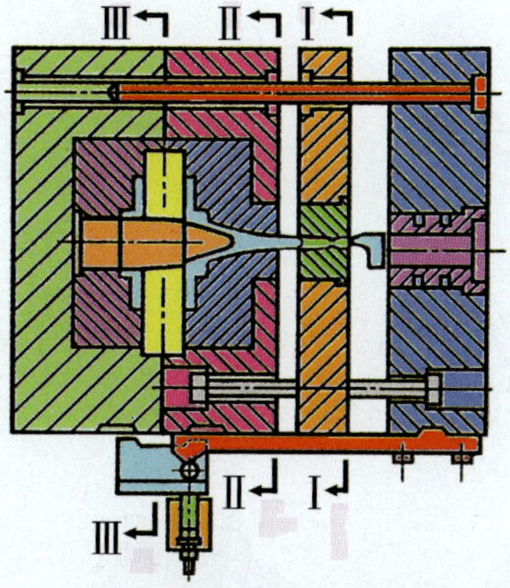	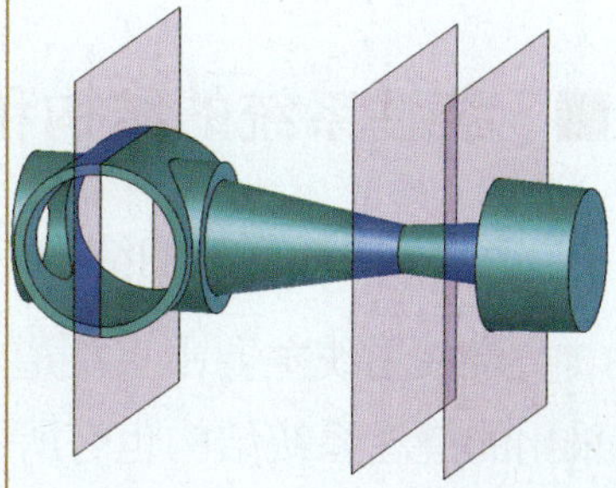
4	组合分型面	分型面由一个主分型面和一个或数个不同方向的辅助分型面构成	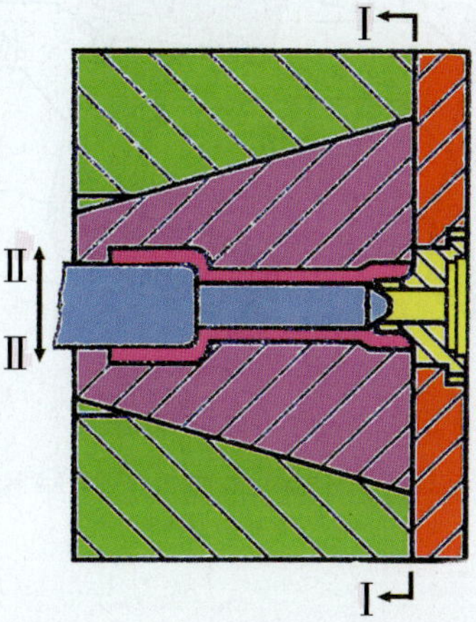	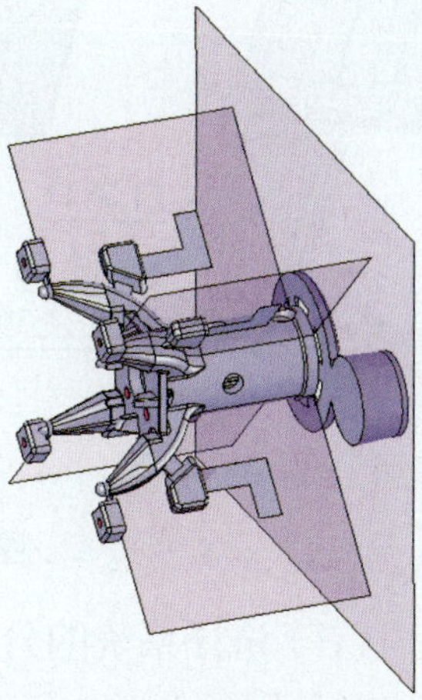

注：分型面结构形式图中箭头所指方向为动模的移动方向，制件分型面图示中透明平面为分型面。

■ 分型面的选择原则

选择分型面时，应遵循以下原则：

（1）分型面应取在制件的最大截面上。开模时，能保持制件随动模移动方向脱出定模，使制件保留在动模内，便于从动模内取出制件。

（2）要有利于浇注系统和排溢系统的合理布置。

（3）应使加工尺寸精度要求高的部分尽可能位于同一半压铸模内，以保证制件的尺寸精度。

（4）合理地选择分型面，可以简化模具的结构，有利于零件加工。

（5）应根据零件的技术要求选择分型面，尽可能不要选择在零件的外表面上。

浇注系统

■ 浇注系统的结构和分类

（1）浇注系统的结构

浇注系统主要由直浇道、横浇道、内浇口、余料组成。压铸机的类型不同，采用的浇注系统结构也有所不同，如图 4—12 所示。

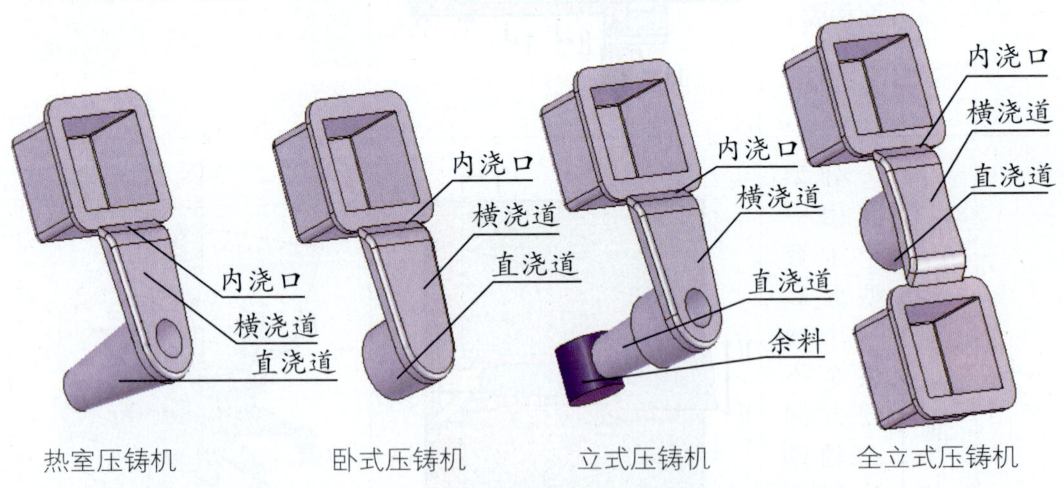

图 4—12　不同压铸机的浇注系统结构

（2）浇注系统的分类

在设计模具时，应根据制件结构来设计浇注系统，以适应不同结构的需要。浇注系统的基本形式见表 4—7。

表 4—7　　　　　　　　浇注系统的基本形式

序号	分类	形式	浇注系统在制件上的位置示意（深色区）		作用
1	按金属液导入方向分	切向浇口		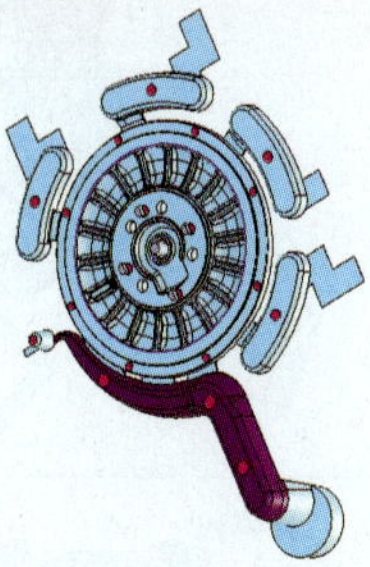	可以引导金属液进入型腔，适用于圆形零件，但要合理地设置排气槽
		径向浇口			
2	按位置分	中心浇口	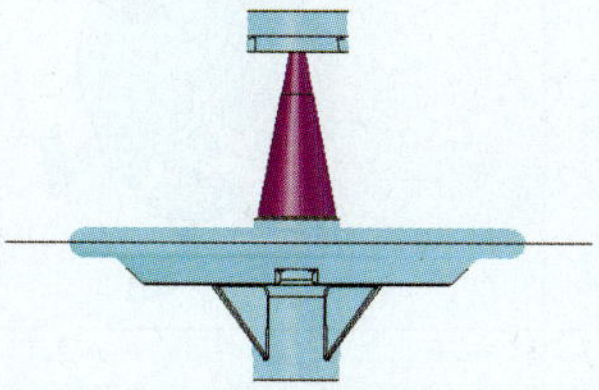	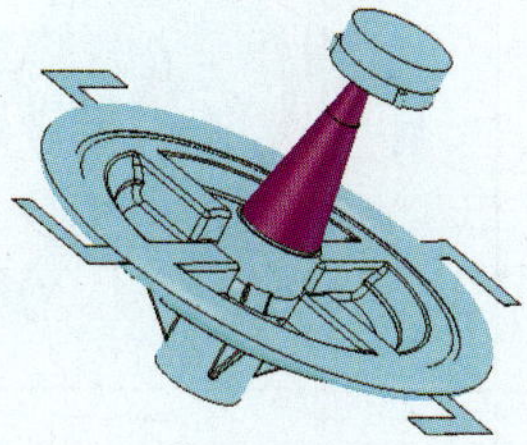	可以引导金属液均匀进入型腔，适用于壳体类零件
		顶浇口			
		侧浇口			

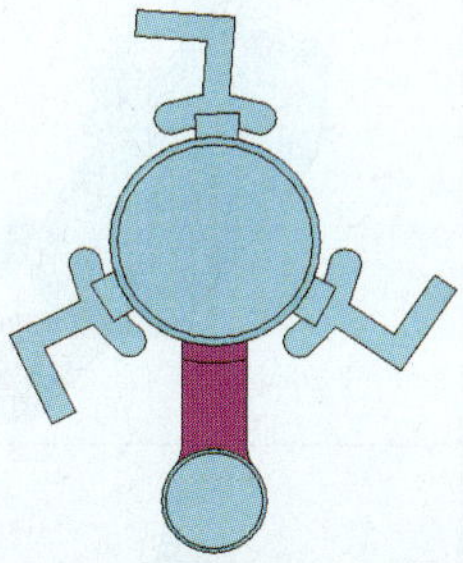

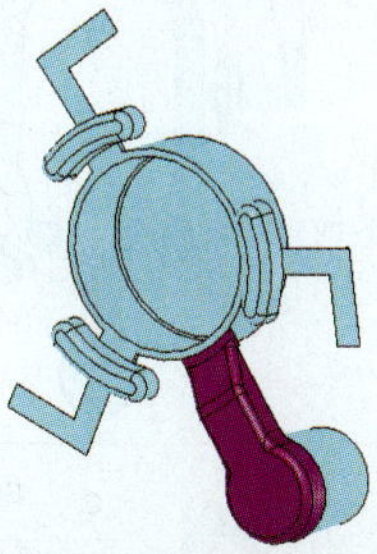

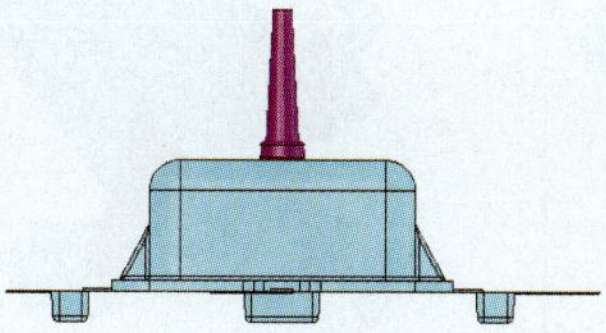

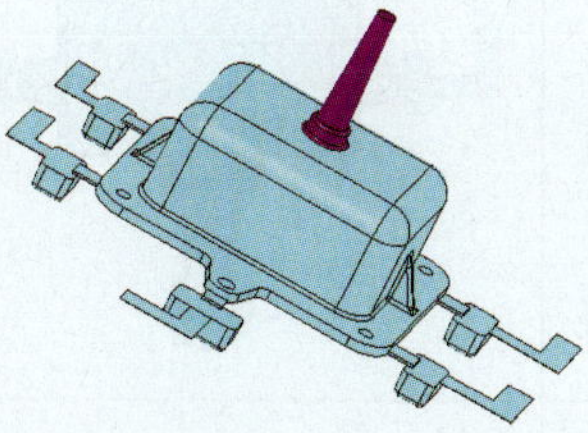

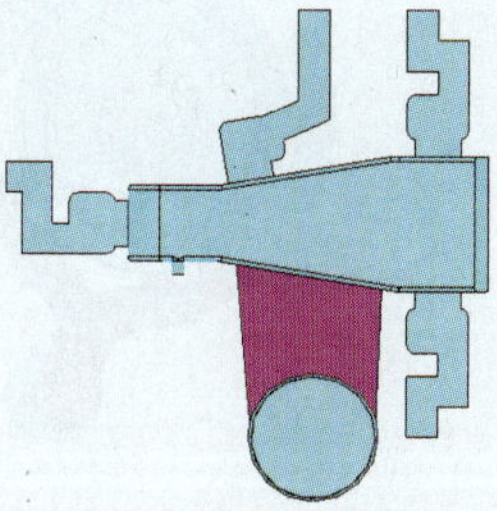

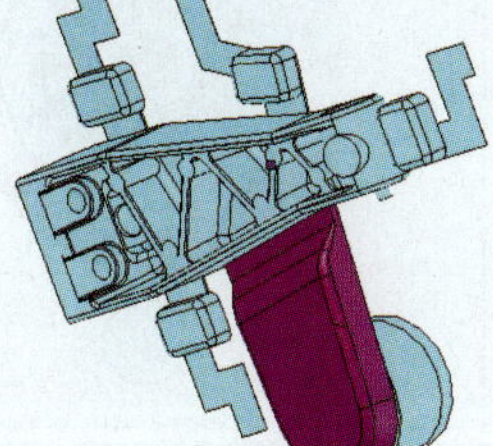

续 表

序号	分类	形式	浇注系统在制件上的位置示意（深色区）		作用
3	按形状分	环形浇口			可以引导金属液均匀充填型腔，适用于对零件表面有要求或无法设置浇口的零件
		缝隙浇口			
		点浇口			
4	按横浇道过渡区分	扇形浇道系统			可以引导金属液均匀充填型腔各部位，适用于较复杂或薄壁深腔的零件
		锥形切线浇道系统			

■ 浇注系统各部分的组成

（1）内浇口

内浇口是指横浇道到型腔的一段浇道，如图 4—13 所示。其作用是使横浇道输送出来的低速金属液加速并形成理想的流态而有顺序地充填型腔，它直接影响金属液的充填形式和制件质量，因此是一个主要浇道。

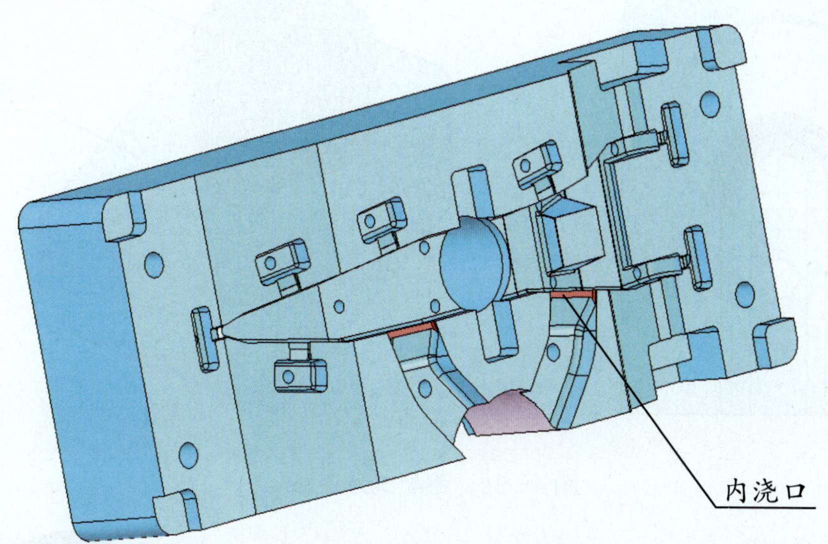

图 4—13　内浇口（深色区）

（2）直浇道

直浇道是传递金属液压力的首要部位，是指从浇口套起到横浇道为止的一段浇道，如图 4—14 所示。其尺寸可以影响金属液的流动速度、充填时间、气体的储存空间和压力损失的大小，起着使金属液平稳引入横浇道和控制金属液充填条件的作用。

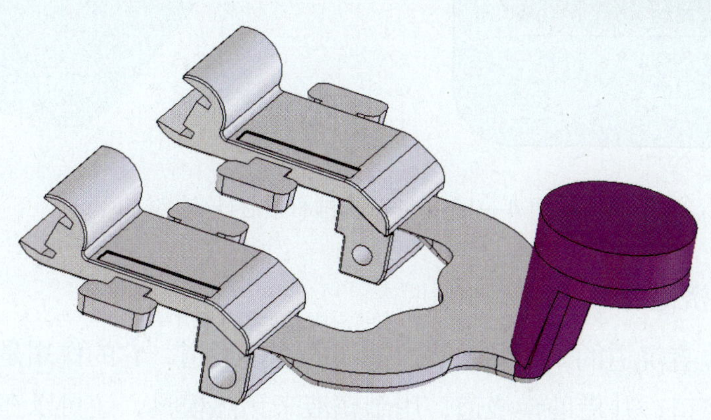

图 4—14　直浇道（深色区）

为了更好地分流金属液和带出直浇道，通常采用分流锥的结构，分流锥单独加工后装在镶块内，如图 4—15 所示。圆锥形分流锥的导向效果好、结构简单、使用寿命长，因此应用较广泛。对直径较大的分流锥，可在中心设置推杆孔，如图 4—16 所示。

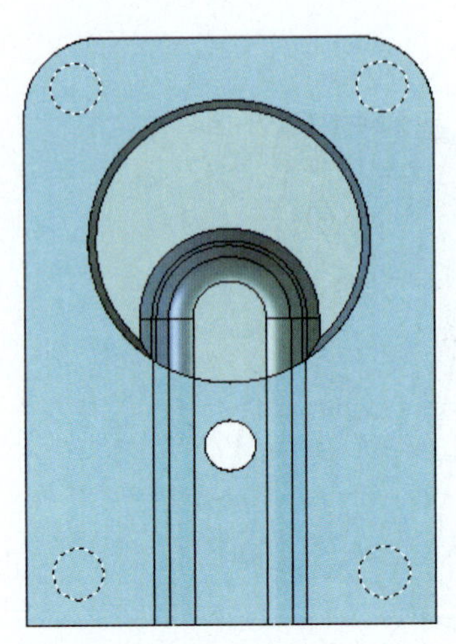

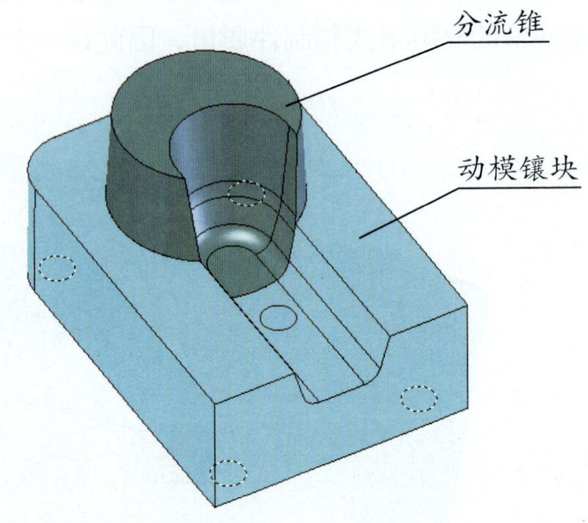

图 4—15　镶配式分流锥

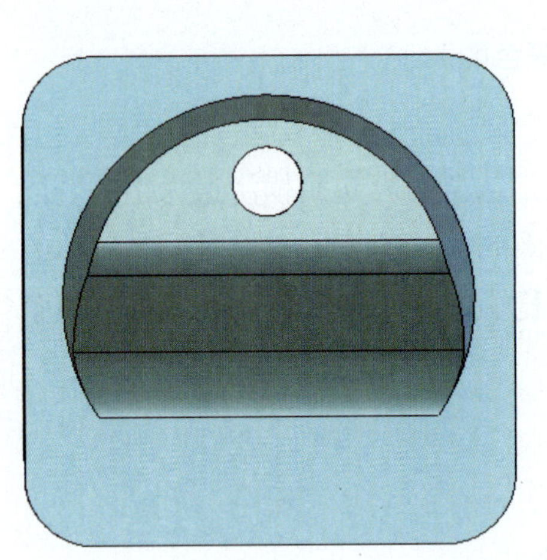

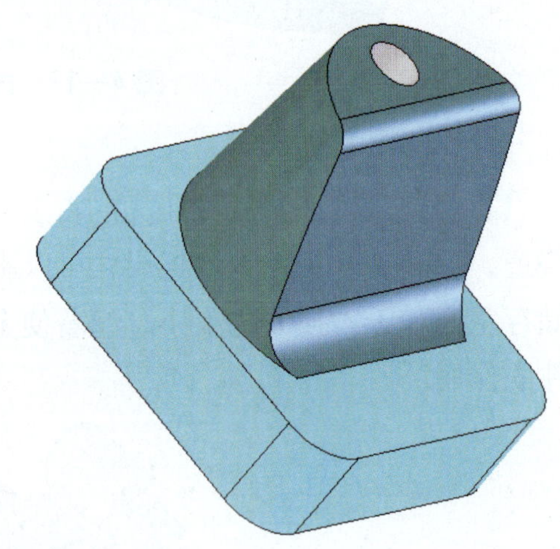

图 4—16　中心设推杆孔的分流锥

（3）横浇道

横浇道是直浇道的末端到内浇口前端的连接通道，它的作用是将金属液从直浇道引入内浇口，并借助横浇道，用金属液来预热模具，还可以在制件冷却收缩时用来补缩和传递静压力，使制件材料组织紧密，无缩孔和缺陷。

横浇道可划分为主横浇道和过渡横浇道，如图 4—17 所示。横浇道应平直或略有反向斜角，如图 4—18 所示为在制件上的位置。

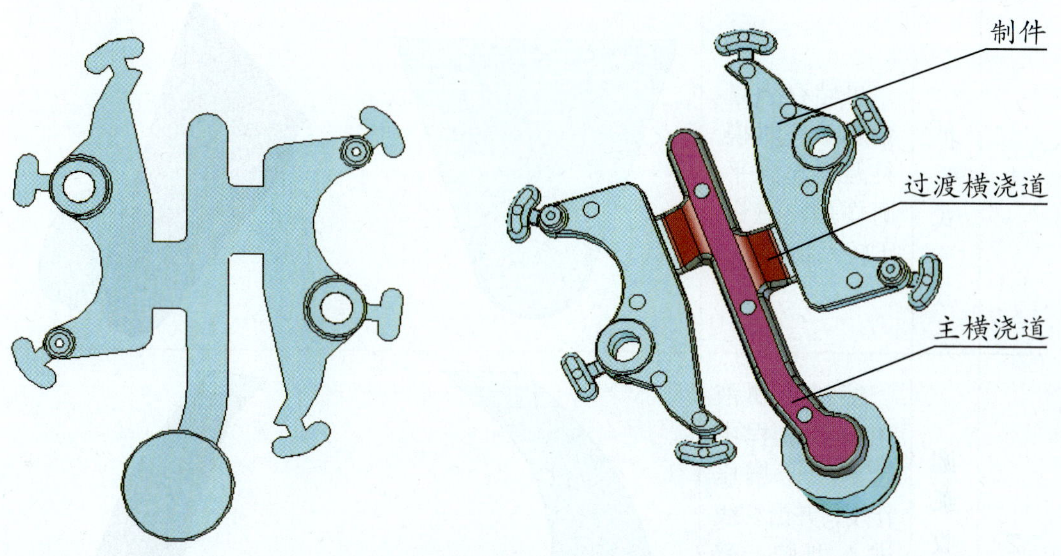

图 4—17　主横浇道和过渡横浇道

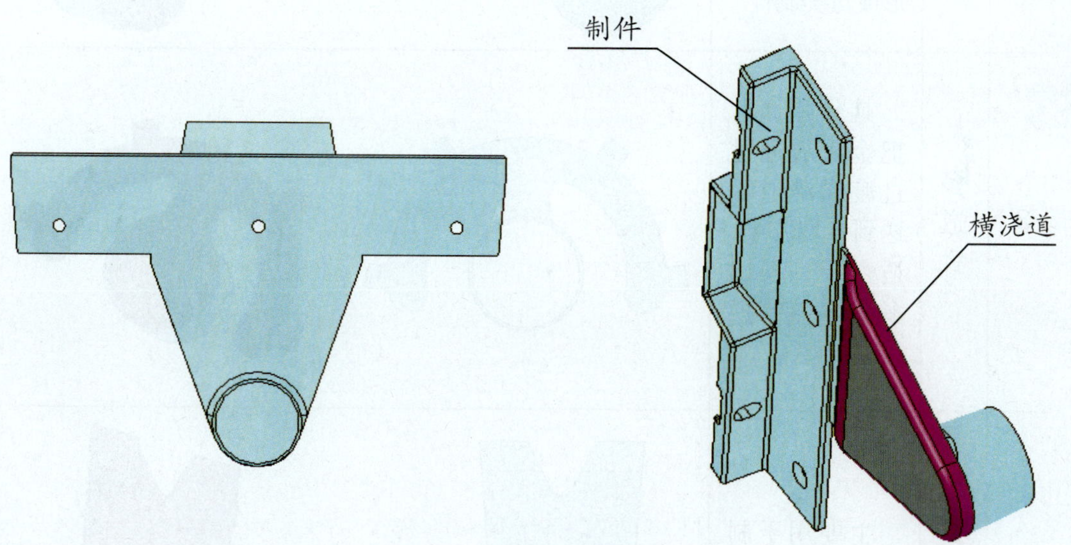

图 4—18　横浇道在制件上的位置

对于卧式压铸机，在一般情况下，横浇道在模具中应处于直浇道（余料）的正上方或侧上方，以保证金属液在压射前不过早流入横浇道，见表 4—8。

表 4—8　　卧式冷室压铸机横浇道位置

序号	形式	特点	横浇道图例（实物）
1	扩张式	可储存大量金属液，对模具温度起到平衡作用，适合于较大制件	
2	圆弧收缩式	能对金属液在充填过程中起到一个增压作用，并沿切线进入型腔，避免金属液直冲型芯，适合于圆形或盘类制件	
3	多道式	其作用是，把金属液通过过渡横浇道输送到各型腔中，适合于一模出多个零件的模具	
4	扩张分支式	主要用于制件形状较复杂的模具，能避免金属液直冲型芯	

排溢系统

排溢系统和浇注系统在整个型腔充填过程中是一个不可分割的整体。排溢系统由溢流槽和排气槽两部分组成，如图 4—19 所示。溢流槽和排气槽能使金属液在充填铸型的过程中及时排出型腔中的气体、气体夹杂物、涂料残渣及冷污金属等，以保证制件质量，消除制件的缺陷。

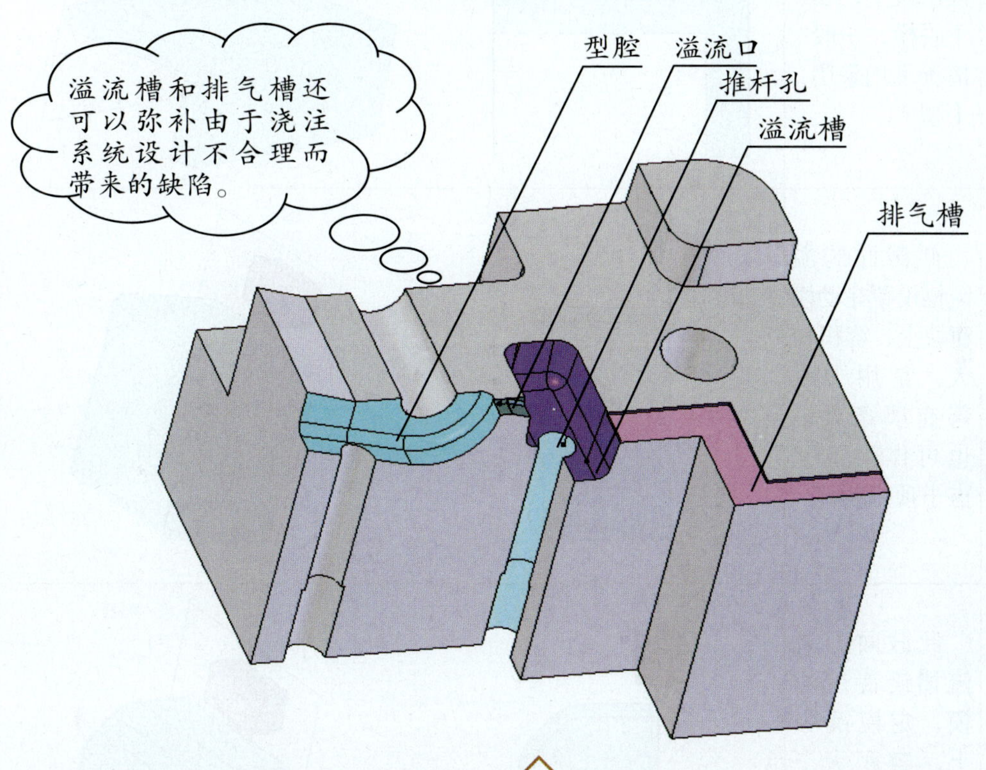

图 4—19　排溢系统组成

溢流槽（又称集渣包）

设置溢流槽的作用除了接纳型腔中的气体、气体夹杂物及冷污金属外，还可用于调节型腔局部温度、改善充填条件，必要时还可作为工艺搭子顶出制件。溢流槽的截面形状有三种类型，见表 4—9。

表 4—9　溢流槽的截面形状

种类	特点	截面形状图示
Ⅰ型	此截面的溢流槽设置在动模镶块上，易于脱模，一般情况下均采用Ⅰ型  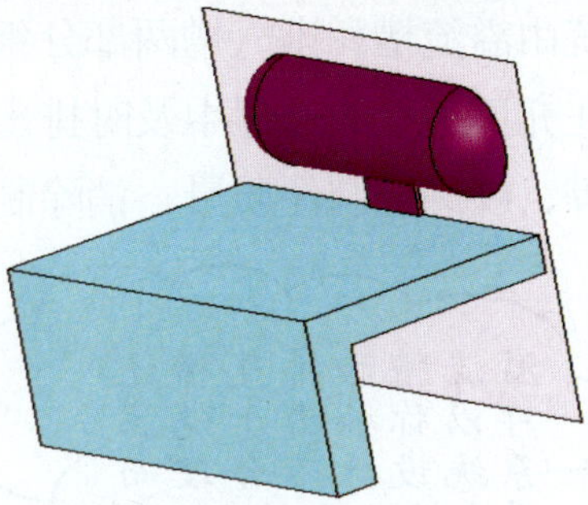	
Ⅱ型	此截面的溢流槽设置在动模镶块上，容积较大，常用于改善充填条件，也可作为工艺搭子顶出制件 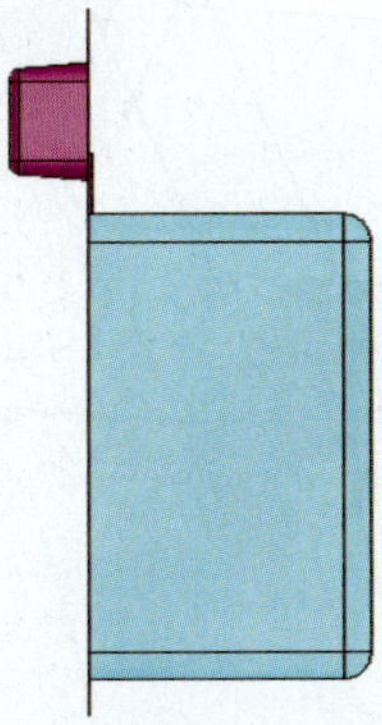 	
Ⅲ型	此截面的溢流槽设置在动模、定模镶块上，容积大，常用于改善模具热平衡，但有时会粘在定模镶块上 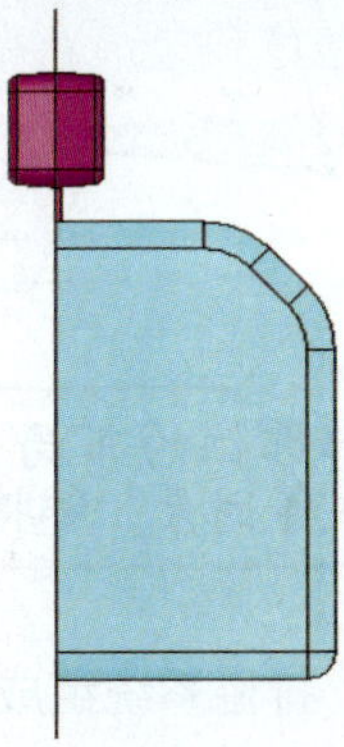 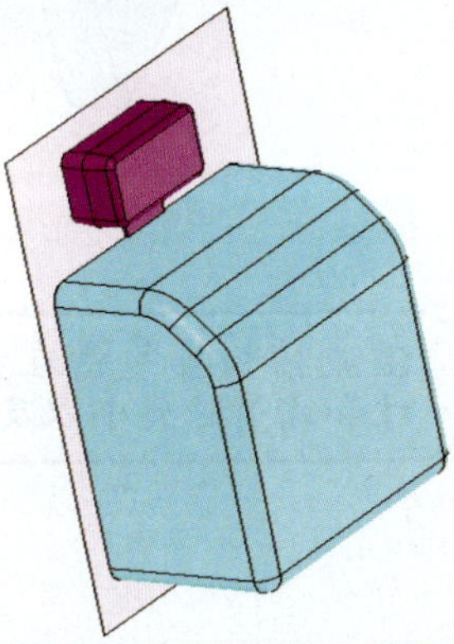	

开设溢流槽位置的选择原则：

（1）金属液在进入型腔后最先冲击的部位和型芯背面。

（2）两股或多股金属液的汇合处，容易产生涡流或氧化夹杂的部位。

（3）金属液最后充填和壁厚较薄难以充填的部位。

（4）内浇口两侧或金属液不能直接充填的死角。

（5）大平面上容易产生缺陷或型腔温度较低和排气条件不良的部位。

■ 排气槽

设置排气槽的目的是为了能排除金属液在充填过程中浇道、型腔及溢流槽内的混合气体，以防止制件中气孔缺陷的产生。排气槽一般设置在溢流槽后端，以加强溢流和排气效果，如图 4—20 所示。有时也可在型腔的合适部位单独开设排气槽，但排气槽不能被金属液堵塞，相互之间不应连通。

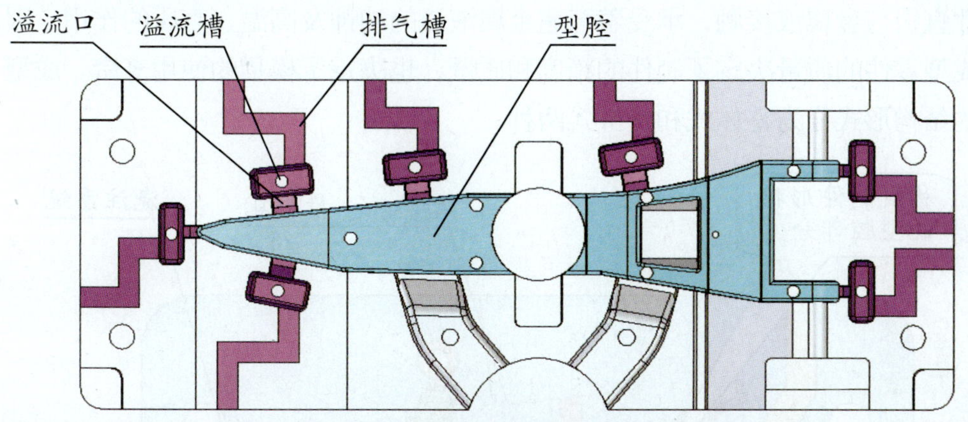

图 4—20　溢流槽尾部开设排气槽

压铸模开设排气槽的选择原则如下，排气槽在不同分型面上的位置示意如图 4—21 所示。

（1）应尽可能开设在动模的分型面上，以便于加工。

（2）排气槽应开在溢流槽的尾部，开设时要有折弯，以免废渣向外喷射。

（3）当排气量大时，可增加数量或宽度，切忌增加厚度，以防金属液向外喷射。

（4）在模具深腔处，可利用型芯和推杆的间隙排气。

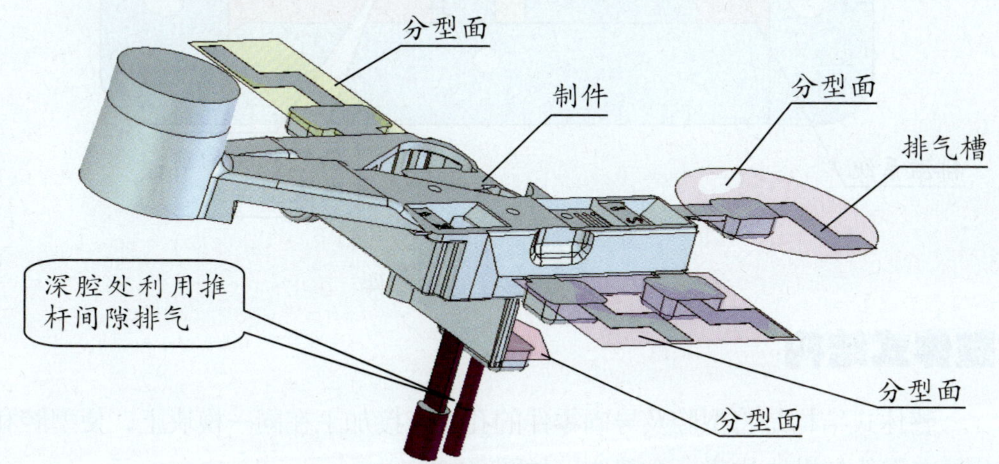

图 4—21　排气槽在不同分型面上的位置示意

第三节　压铸模成型零件的结构形式

在压铸模结构中，构成型腔以形成制件形状的零件称为成型零件。成型零件主要是指型芯和镶块，而大多数压铸模的浇注系统、排溢系统、抽芯机构的前端成型部分及推杆机构上的推杆孔也在成型零件上加工而成，如图 4—22 所示。这些零件直接与金属液接触，承受着高速金属液流的冲蚀及高温、高压的作用。因此，成型零件的质量决定了制件的精度和质量，也决定了模具的使用寿命。成型零件的结构形式分为整体式和镶拼式两种。

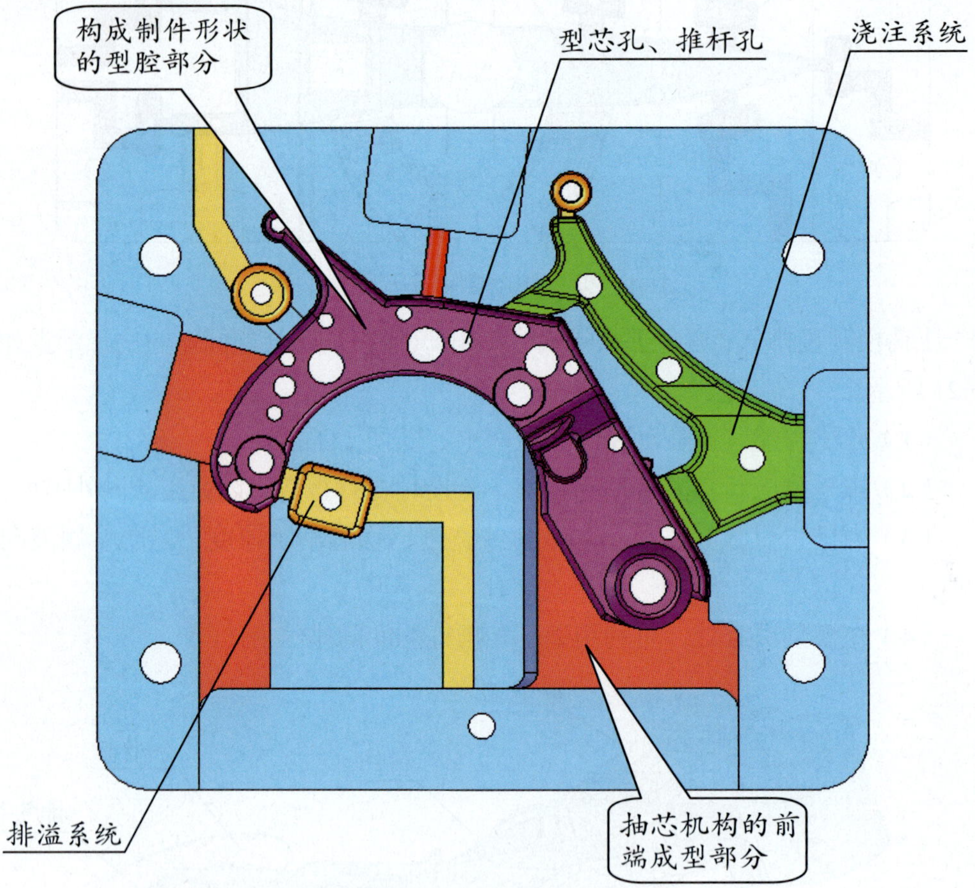

图 4—22　成型零件

整体式结构

整体式结构是将型腔及导向零件的孔，直接加工在同一模块上，使型腔和部分导向零件与模块构成一个整体，如图 4—23 所示。

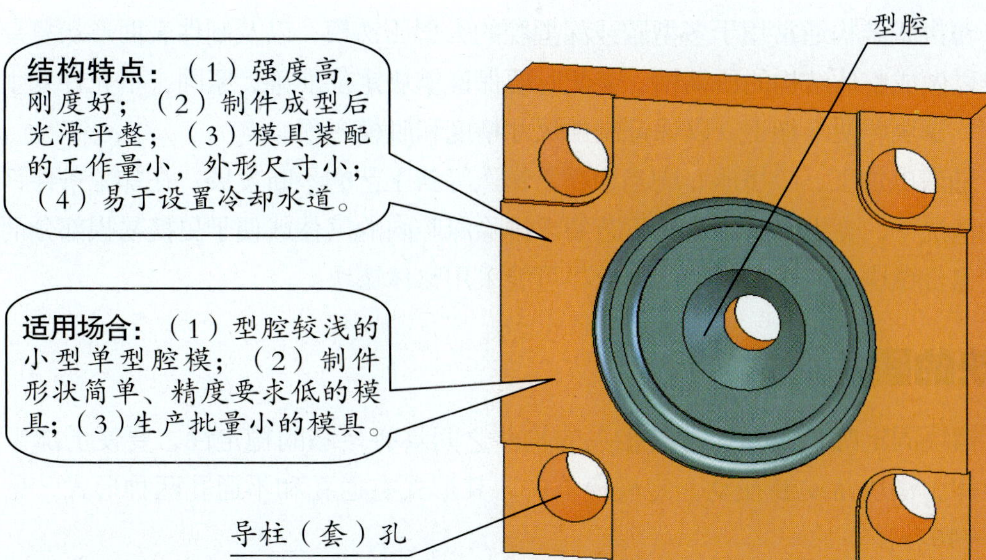

图 4—23　整体式结构

镶拼式结构

成型部分的型腔由型芯和镶块镶拼而成。镶块装入模具的动（定）模框内加以固定，构成动（定）模型腔。这种结构形式在压铸模中广泛采用，如图 4—24 所示。

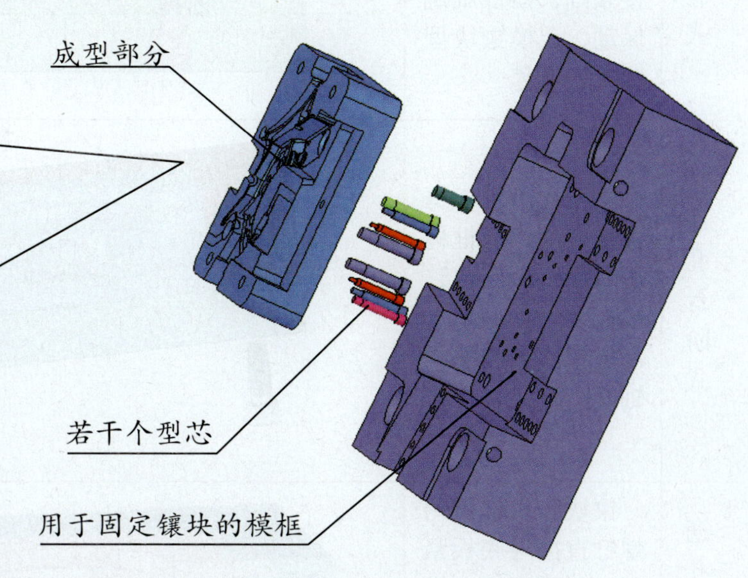

图 4—24　镶拼式结构

镶拼式结构通常用于多型腔或深型腔的大型压铸模，以及制件表面形状复杂而难以做成整体结构的压铸模。装配时要保证镶块定位准确、紧固，不允许发生位移，镶块要便于加工，以保证制件尺寸精度和脱模方便。

随着电加工、冷挤压、陶瓷型精密铸造等新工艺的不断发展，在加工条件许可的情况下，除为了满足压铸工艺要求排除深腔内的气体或便于更换易损部分而采用组合镶块外，其余成型部分应尽可能采用整体镶块。

镶块的固定形式

镶块固定时，必须保持与相关的构件之间具有足够的稳定性，要便于加工和装卸。镶块常安装在动、定模模框内，其形式有通孔和不通孔两种形式，见表 4—10。

表 4—10　　镶块的固定形式

形式	特　点	结构形式图例（剖）
不通孔式	模框为整体式，结构简单，强度高。可用螺钉与模框直接紧固，但很难确保动、定模镶块型腔的同轴度	
通孔台阶式	可用台阶与模框直接紧固，模框再用螺钉与底板连接，能有效地保证动、定模镶块型腔的同轴度，便于加工	
通孔无台阶式	镶块和模框可用螺钉直接与底板紧固，便于动、定模框一同加工，以获得较高的同轴度。主要用于型腔较深的或一模多腔的模具	

型芯的固定形式

型芯固定时，必须保持与相关构件之间有足够的强度和稳定性，以便加工和装卸，并使型芯在金属液的冲击下或制件卸除包紧力时不发生位移、弹性变形和弯曲断裂现象。

型芯普遍采用台阶式固定方式，如图 4—25、图 4—26 所示。

图 4—25　型芯固定形式

图 4—26　型芯中心设置推杆的形式（剖视图）

有台阶的异形型芯固定形式如图 4—27 所示。

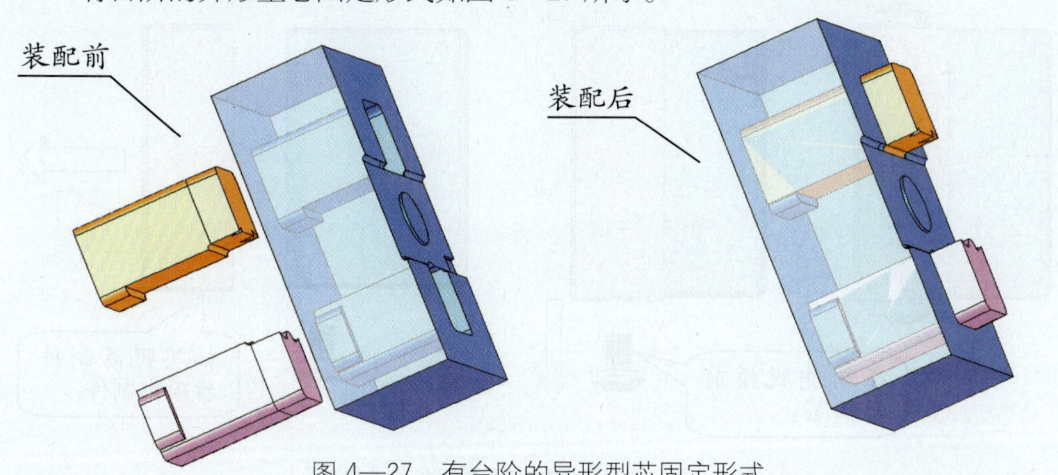

图 4—27　有台阶的异形型芯固定形式

无台阶的异形型芯固定形式如图 4—28 所示。图中两种固定形式适用于包紧力较小的型芯。

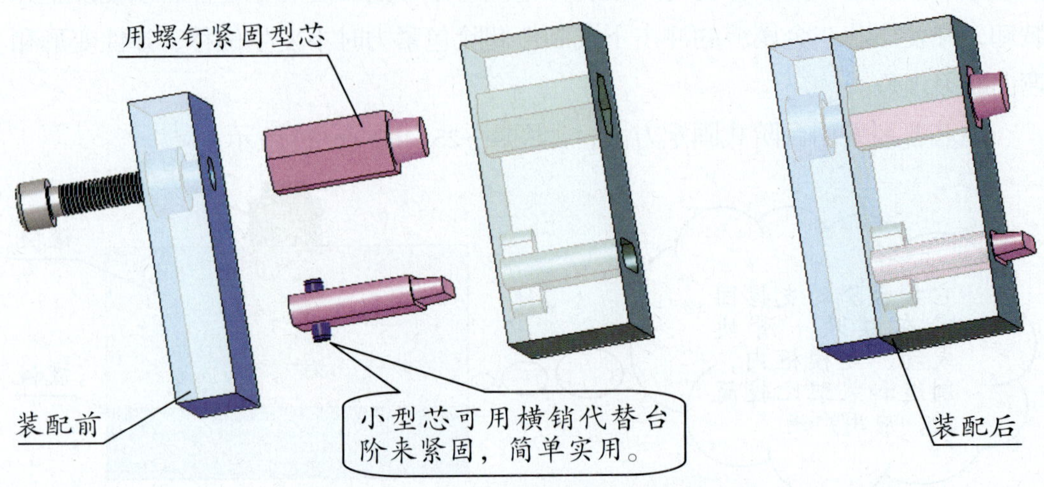

图 4—28　无台阶的异形型芯固定形式

第四节　压铸模常见的机构形式

抽芯机构

在现实生活中有许多类似于抽芯机构的物品。譬如，要打开一个盖子（相当于制件）时，必须先拧下侧面的螺钉才能拿出盖子。这个过程就相当于抽芯。抽芯机构与制件顶出分解如图 4—29 所示。

图 4—29　抽芯机构与制件顶出分解图

在模具结构中，顶出制件前，使阻碍制件脱模的侧向成型部分先脱离制件及型腔成型区的机构称为抽芯机构。抽芯在模具中的实际位置示意如图 4—30 所示。大扳手压铸模抽芯机构在模具中的位置如图 4—31 所示。

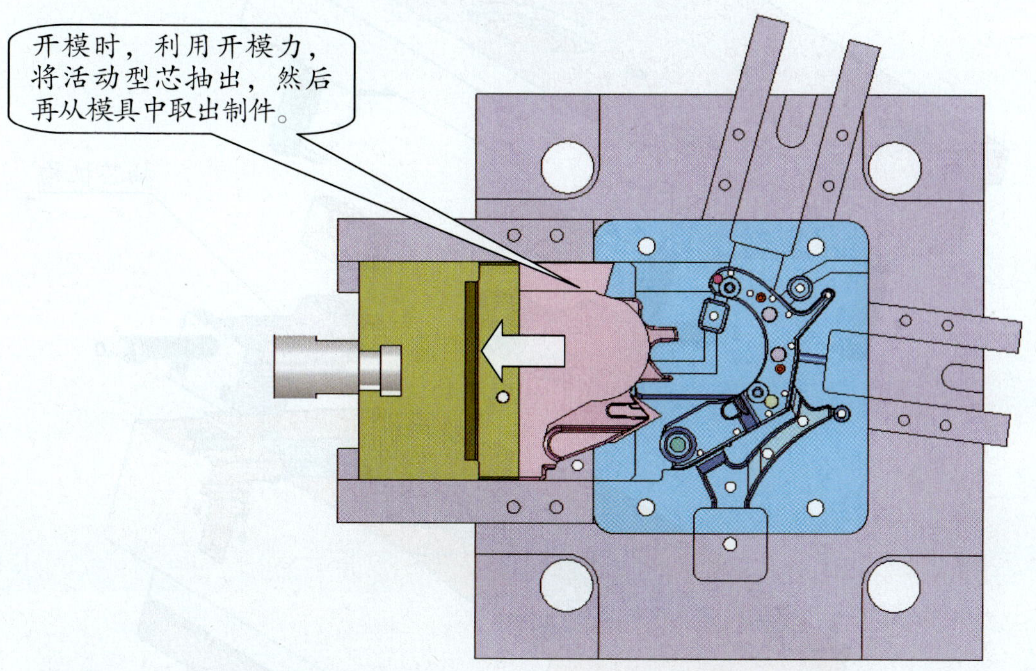

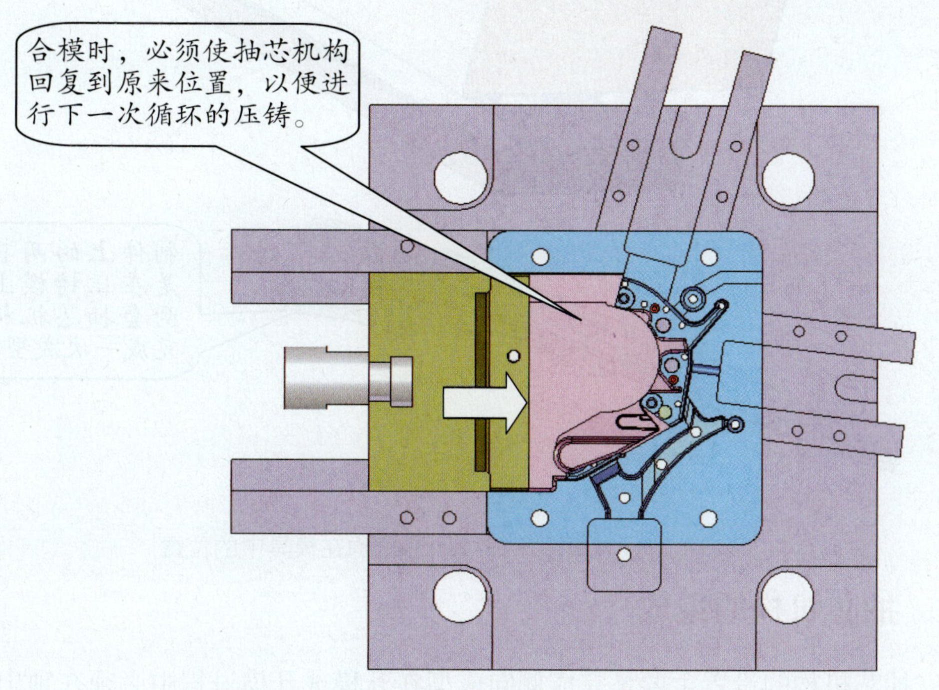

图 4—30　抽芯在模具中的实际位置

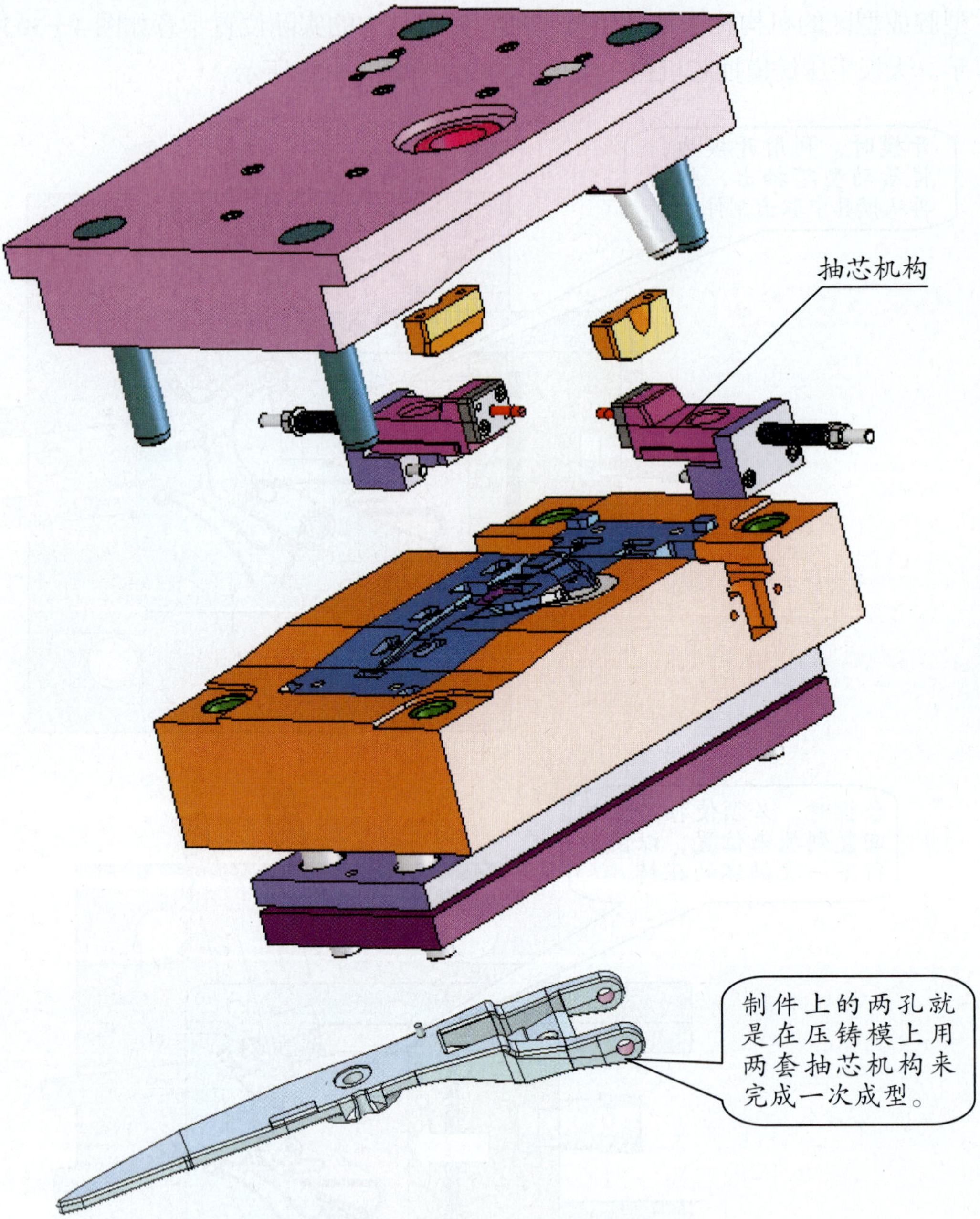

图 4—31　大扳手压铸模抽芯机构在模具中的位置

■　抽芯机构的组成

抽芯机构的设置主要是完成侧向成型在开模或开模过程中必须在顶出制件前脱离制件及型腔成型区。

抽芯机构由五个部分组成，见表 4—11。

表 4—11　　　　抽芯机构的组成部分

图　　例	组成部分	作用与功能
	成型元件	是形成制件的侧孔、凹凸表面或曲面的零件，如型芯、型块等
	运动元件	是连接并带动型芯或型块在模框滑槽内运动的零件，如滑块、斜滑块等
	传动元件	是带动运动元件作抽芯和插芯动作的零件，如斜导柱、弯形导柱、齿条、液压抽芯等
	锁紧元件	是在合模后压紧运动元件，防止压铸时受到反压力而产生位移的零件，如锁紧块、楔紧锥等
	限位元件	是限制运动元件在开模后正确定位，以保证合模时运动元件的滑动的零件，如挡块等

■　抽芯机构的形式

实际生产常采用斜导柱（斜销）、齿轮齿条及斜滑块等机械抽芯机构和液压抽芯机构，见表 4—12。

表 4—12　　　　常用的抽芯机构形式

机构形式		机构特点
机械抽芯机构	斜导柱（斜销）抽芯机构 弯形导柱（弯销）抽芯机构 齿轮齿条抽芯机构 斜滑块抽芯机构	利用压铸机的开模力和动模、定模之间的相对运动，通过抽芯机构改变运动方向，将侧向型芯抽出。其特点是机构复杂，抽芯力大，精度较高，生产效率高，易实现自动化操作，因此被广泛应用
液压抽芯机构		在模具上设置专用液压缸，通过活塞的往复运动实现抽芯与复位。其特点是传动平稳，抽芯力大，抽芯距长，适用于大中型模具或抽芯角度较特殊的场合
其他抽芯机构（很少采用）	手动抽芯机构	利用人工在开模前或在制件脱模后使用手工工具抽出侧面活动型芯。其特点是结构简单，制造容易，但劳动强度较大，生产效率低。常用于小批量或试样生产
	活动镶块模外抽芯机构	适用于比较复杂的成型部分，无法设置机械抽芯或液压抽芯机构和生产批量较小的场合。其特点是可简化模具结构，降低成本，但需备有一定数量的活动镶块，供轮换使用，工人劳动强度大

■ 斜导柱（斜销）抽芯机构的组成

在模具制造中，斜导柱抽芯机构是应用最广泛的，它的结构如图 4—32 所示。

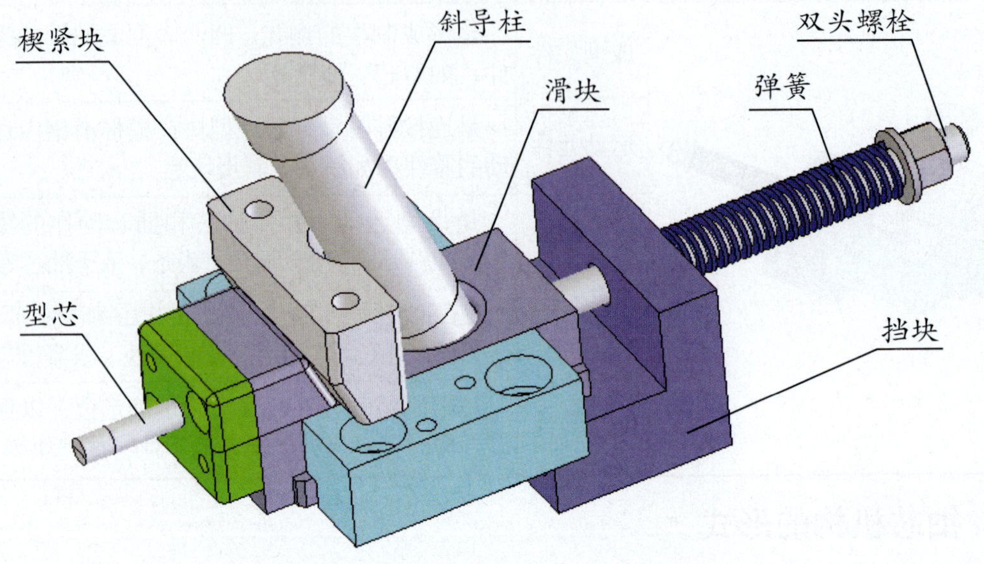

图 4—32　斜导柱抽芯机构的组成

（1）延时抽芯机构

许多模具在设计时，由于受到技术要求的限制，定模型芯较多和型腔脱模斜度较小，制件对定模型芯的包紧力较大或对于动、定模型芯包紧力相等的时候，为了保证开模时制件留在动模上并脱离定模，就要用延时抽芯机构来实现。常用的延时方式有滑块斜孔为长腰孔和斜导柱工作段小于固定端两种，如图 4—33 所示。

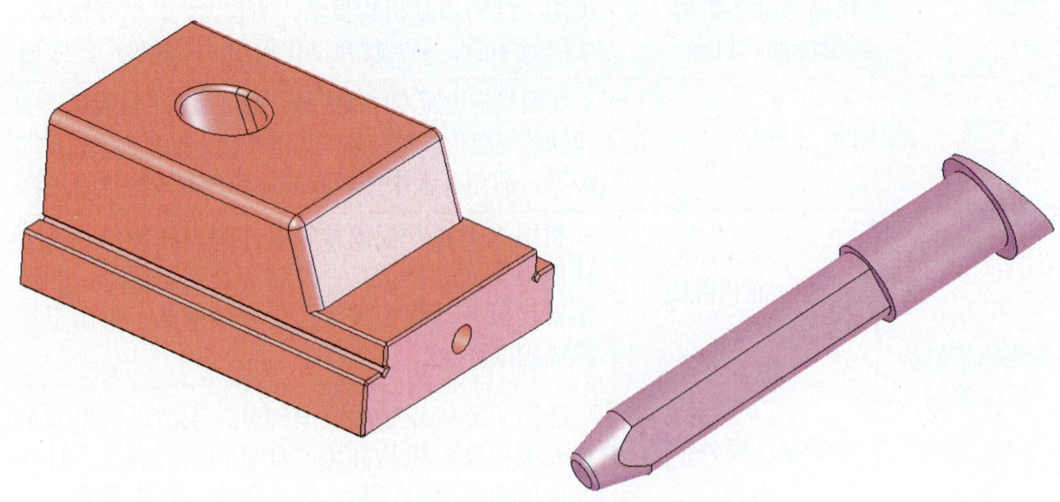

图 4—33　实现延时方式的零件

延时抽芯机构的工作原理如图 4—34 所示。

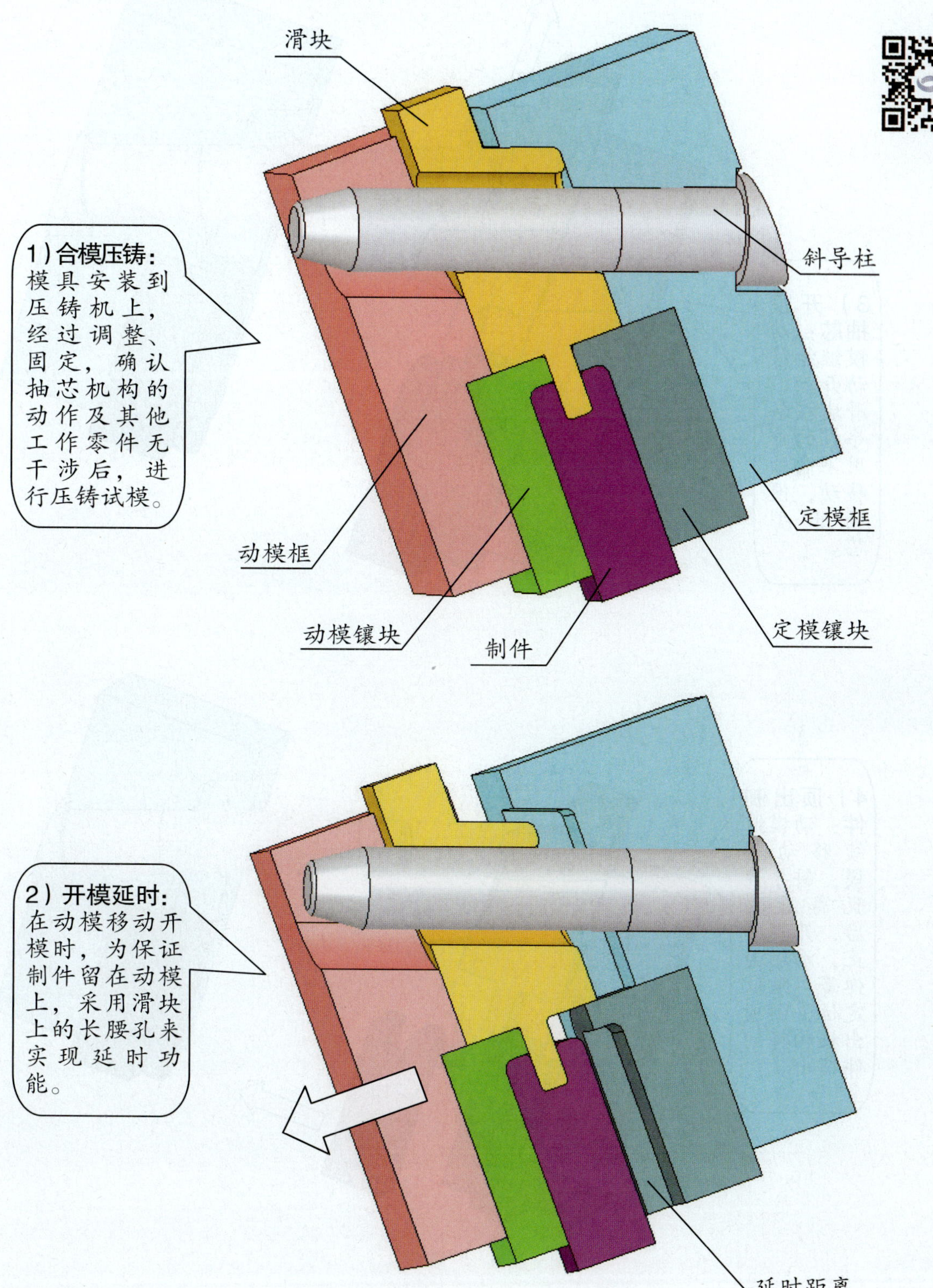

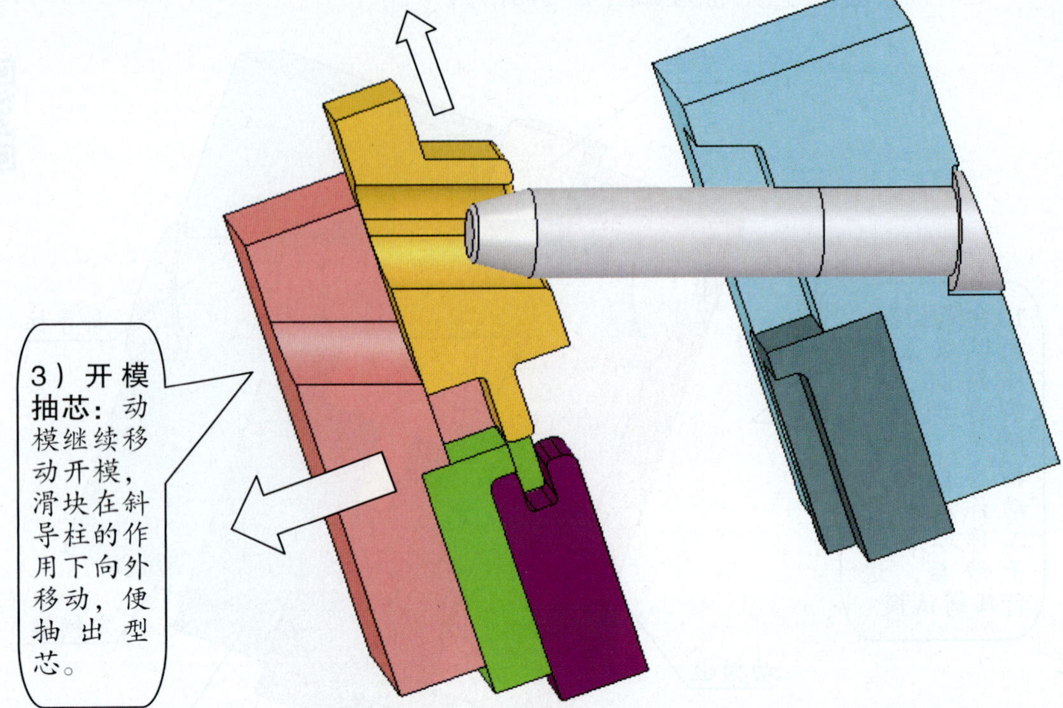

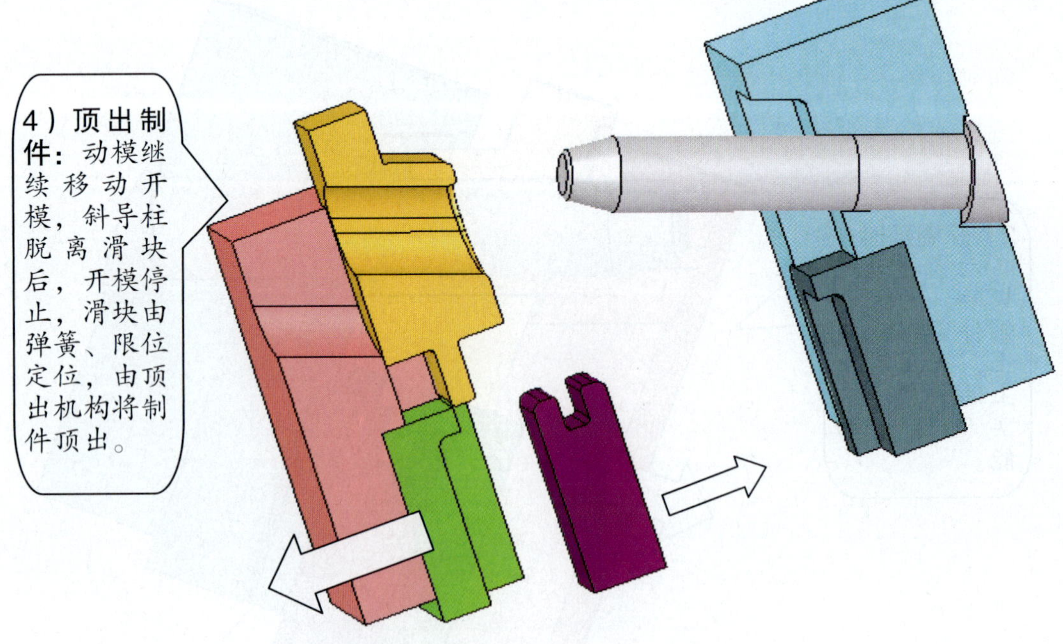

图 4—34　延时抽芯的工作原理（剖视图）

（2）斜导柱的外形结构

由于抽芯机构要克服制件收缩时对型芯的包紧力和本身运动时的各种阻力，所以，斜导柱除了要有足够的刚度外，还要有合理的外形结构，常用的外形结构见表 4—13。

表 4—13　　斜导柱外形结构

台阶式斜导柱	台阶式延时斜导柱	台阶式 120° 斜导柱	弹簧圈台阶式斜导柱
固定端直径等于工作段直径，滑块与模板的斜孔可一次加工完成	工作段直径小于固定端直径，主要用于延时抽芯	固定端台阶采用 120° 圆锥形，适用于 10° ~25° 斜导柱（斜销）	固定端台阶采用弹簧圈，简单实用，适用于抽芯力较小的场合

（3）斜导柱的安装形式

在模具中常用的安装形式如图 4—35 所示。采用这种安装形式，工作时较稳定，牢固可靠。

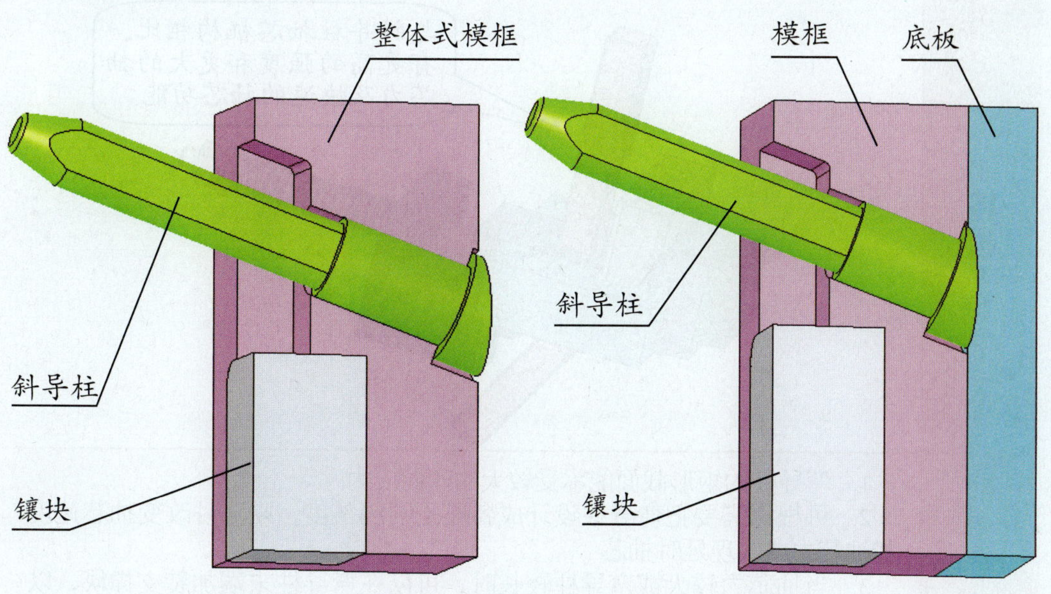

图 4—35　斜导柱的安装形式（剖视图）

（4）滑块的结构

滑块的结构及强度将直接影响到抽芯机构能否在滑槽中顺利滑动，滑块的常用结构如图 4—36 所示。

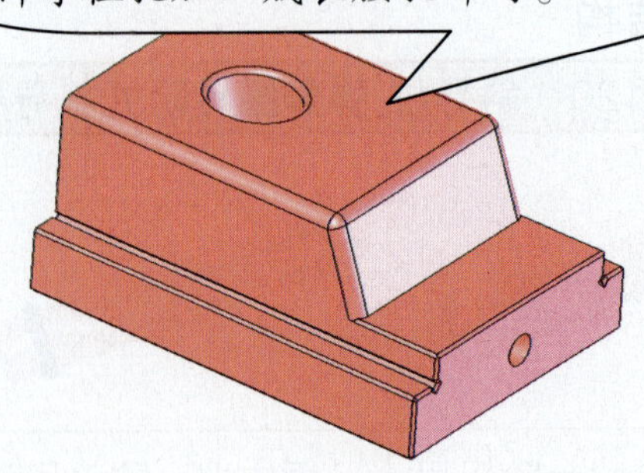

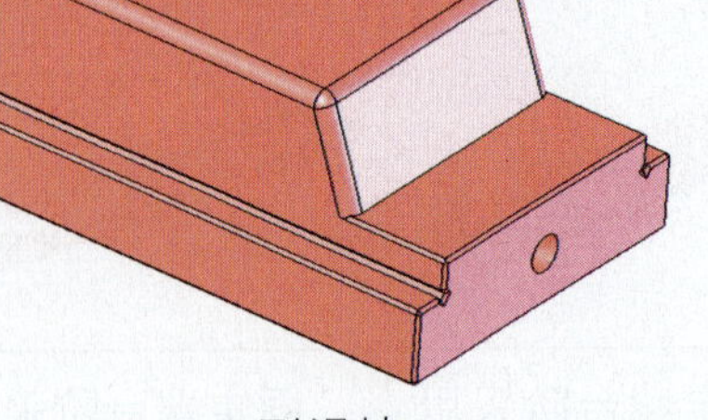

该结构适用于圆形小孔的抽芯，结构较复杂，稳定性较差。

止转键槽

T 形滑块　　　　圆形滑块

图 4—36　滑块的常用结构

■ 弯导柱（弯销）抽芯机构的组成

弯导柱抽芯机构与斜导柱抽芯机构的工作原理及结构基本相同。

（1）弯导柱抽芯机构的结构与特点（表 4—14）

表 4—14　　弯导柱抽芯机构的结构与特点

结构	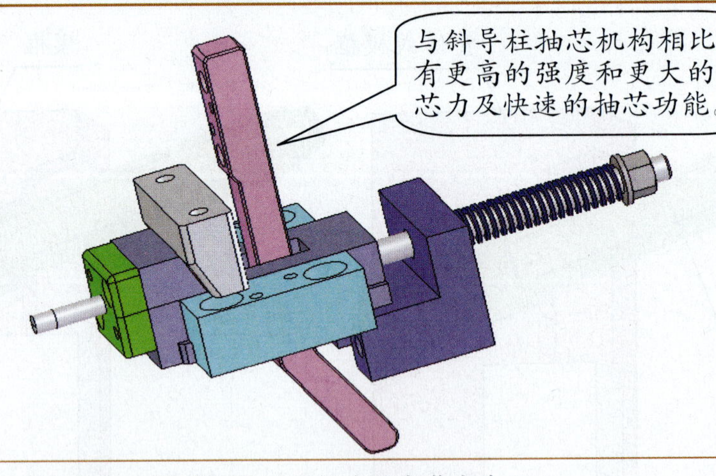
特点	1. 弯导柱的矩形截面能承受较大的弯曲应力 2. 可根据需要把弯导柱设计成各段不同的斜度，以随时改变抽芯速度和抽芯力或实现延时抽芯 3. 当抽芯力较大或弯导柱较长时，可以在弯导柱末端加装支撑块，以增加弯导柱的强度 4. 当开模取出制件后，滑块不会脱离弯导柱，所以可以省略滑块定位装置。在滑块脱离了弯导柱的情况下，则需设置定位装置 5. 弯导柱的制造困难、费时，成本高

（2）弯导柱外形结构及固定形式

为了保证弯导柱在工作时的稳定性，应使弯导柱具有一定的刚度。抽芯距越长，所受的弯曲力也越大。弯导柱的截面大多为方形和矩形。弯导柱的外形结构及固定形式见表 4—15。

表 4—15　　弯导柱的外形结构及固定形式

序号	形式	外形结构	与模框的固定形式（剖视图）	特　点
1	有延时普通型	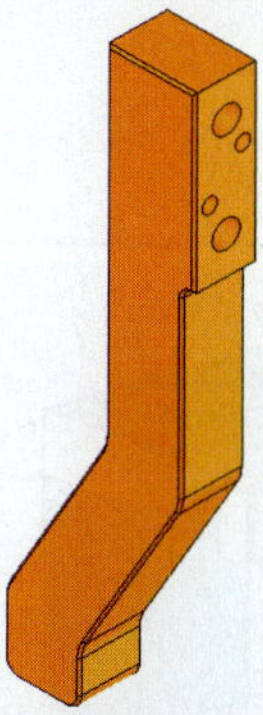	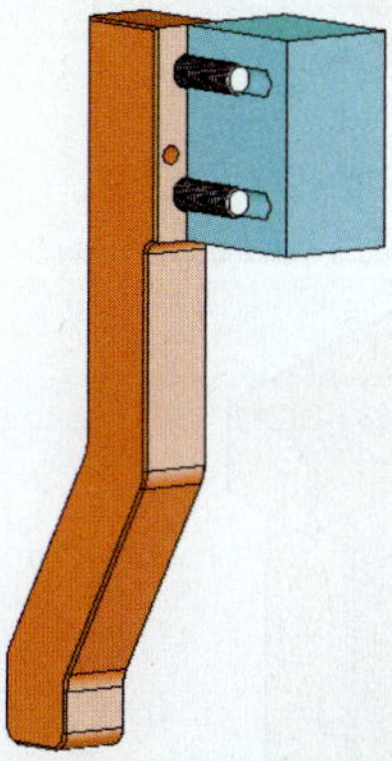	固定于定模框外侧，模框强度高，结构紧凑，但滑块较长
2	无延时加强型	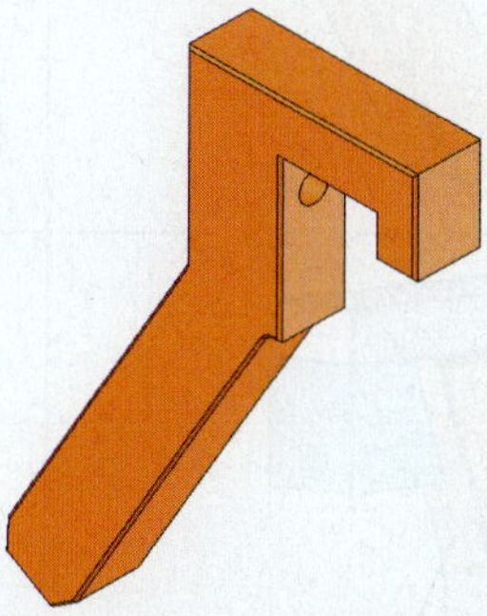	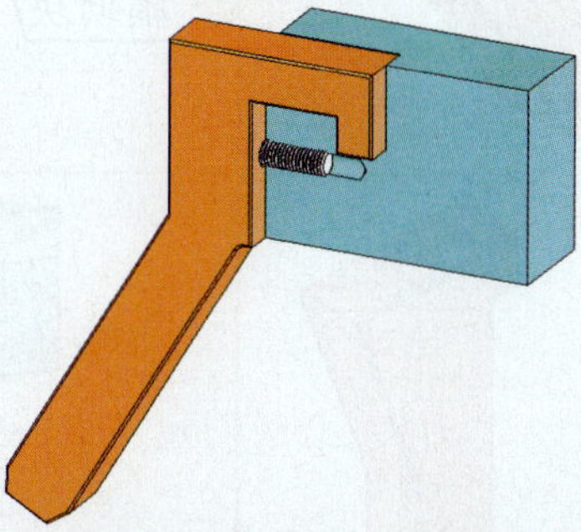	能承受较大的抽芯力，但制造加工困难，装配难度高，成本高
3	无延时轻载型（斜压块固定）	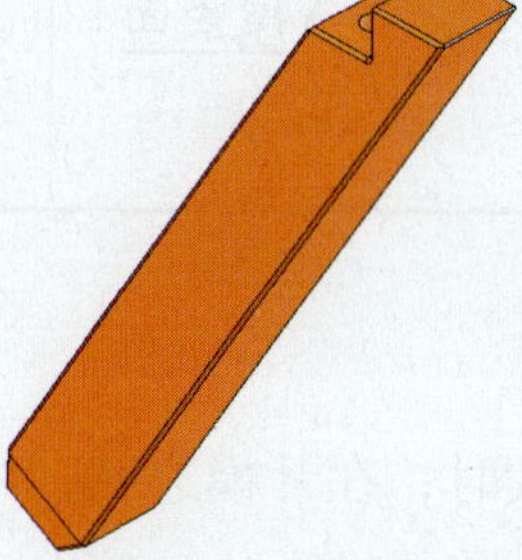	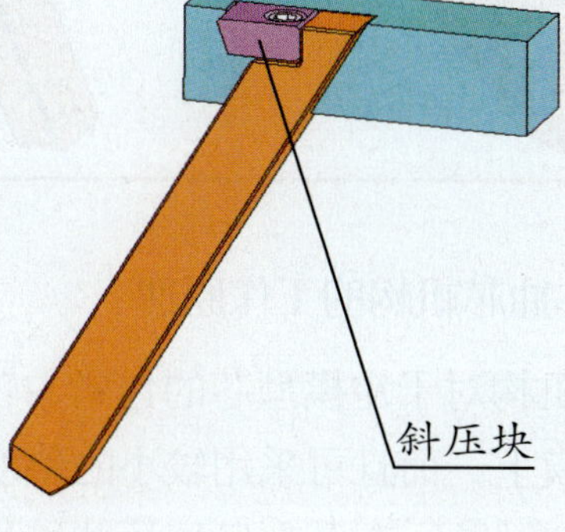 斜压块	插入模框后旋紧螺钉，通过斜压块将弯导柱固定，用于抽芯力不大的场合

续表

序号	形式	外形结构	与模框的固定形式（剖视图）	特点
4	无延时轻载型（螺钉固定）			插入模框后，用螺钉固定，但受力时稳定性差
5	有延时加强型			弯导柱与辅助块同时压入模框，可承受较大的抽芯力，稳定性较好，用于模框内部的弯形导柱
6	有延时带楔紧块型			当滑块承受的压力不大时，可以直接用带有楔紧块的弯导柱锁紧

（3）弯导柱抽芯机构的工作原理

弯导柱抽芯机构对于定模型芯的包紧力较大时，在开模之初，可采用延时方式使制件留在动模上，而且可采用较小的斜度以获得较大的抽芯力，然后用较大的斜度来实现快速抽芯。变角弯导柱抽芯机构的工作原理如图 4—37 所示。

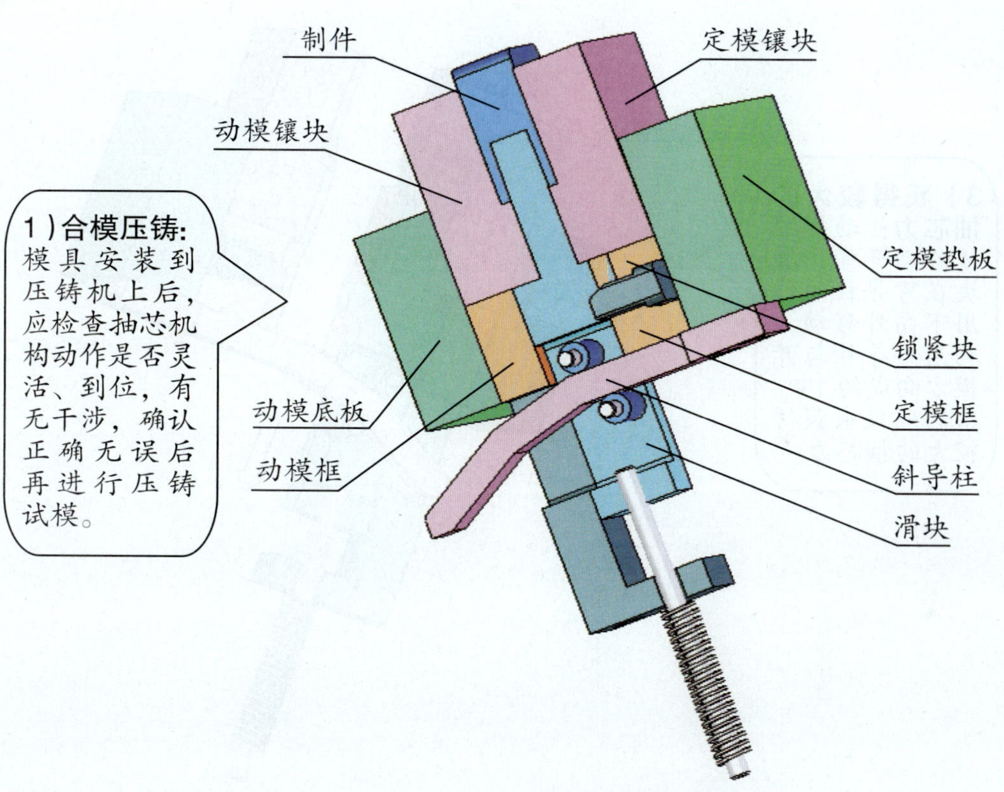
制件
定模镶块
动模镶块
定模垫板
锁紧块
定模框
动模底板
动模框
斜导柱
滑块
1）合模压铸：
模具安装到压铸机上后，应检查抽芯机构动作是否灵活、到位，有无干涉，确认正确无误后再进行压铸试模。

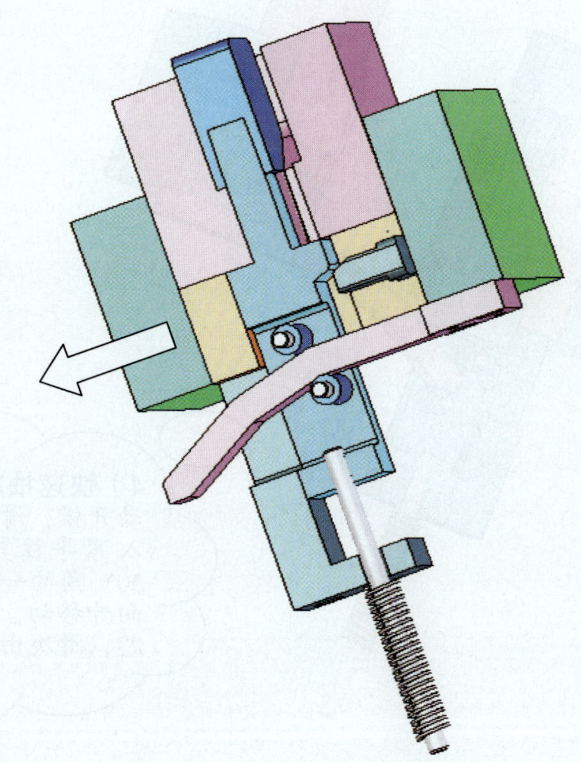
2）开模延时：
为保证制件留在动模上，在开模时利用弯导柱一段与开模方向平行的直线来实现延时功能。

3）获得较大的抽芯力：动模继续移动开模，滑块在弯导柱的作用下向外移动，利用弯导柱与开模方向成约15°角的一段来获得较大的抽芯力。

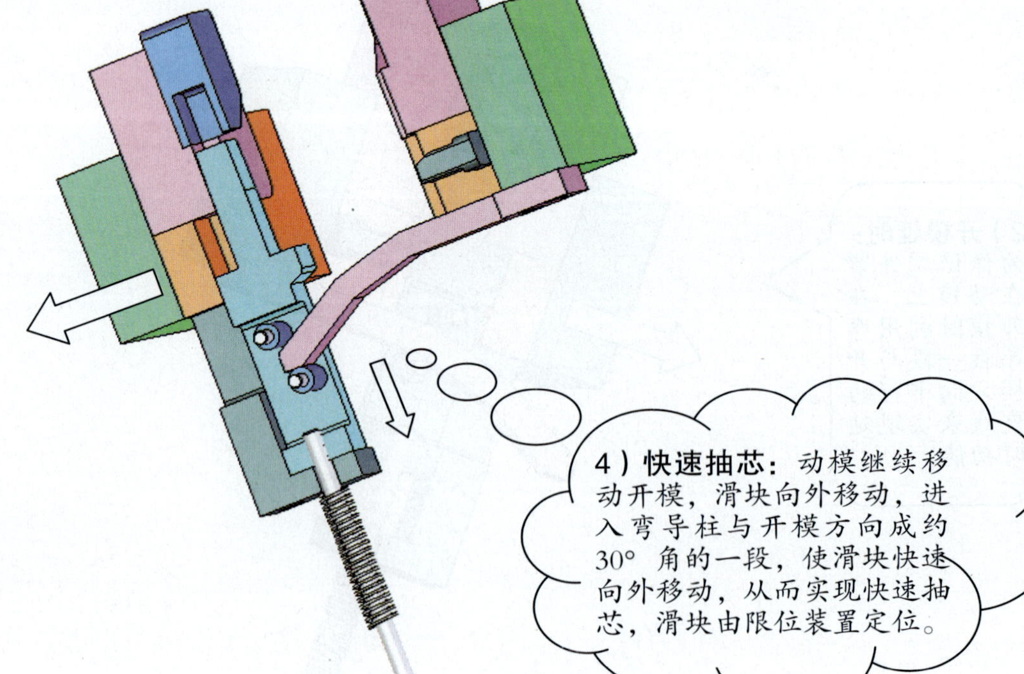
4）快速抽芯：动模继续移动开模，滑块向外移动，进入弯导柱与开模方向成约30°角的一段，使滑块快速向外移动，从而实现快速抽芯，滑块由限位装置定位。

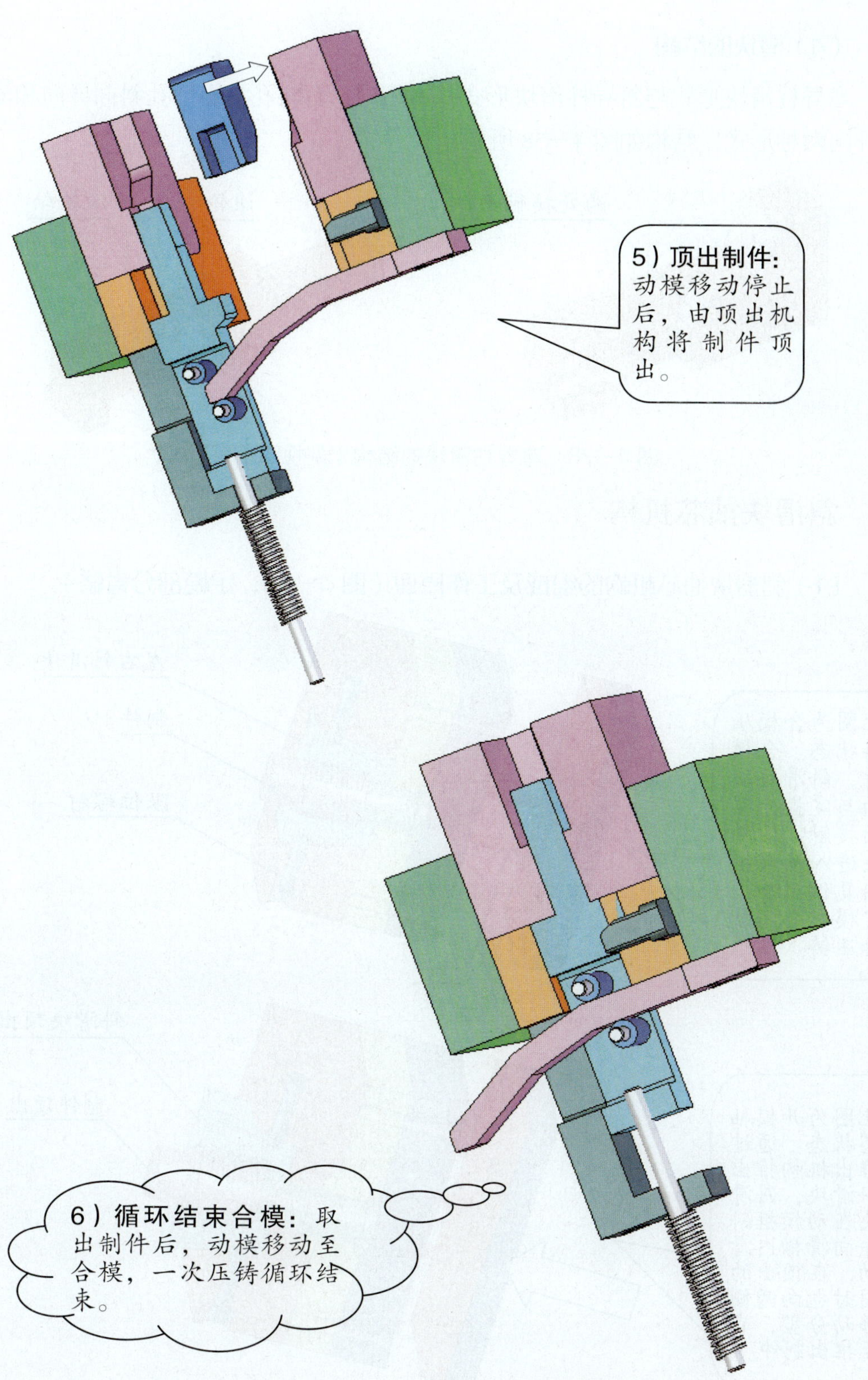

图 4—37　变角弯导柱抽芯机构的工作原理（剖视图）

（4）滑块的结构

弯导柱滑块形式与斜导柱滑块形式基本相同，有斜孔为矩形孔斜面导向和滚轮导向两种形式，结构如图 4—38 所示。

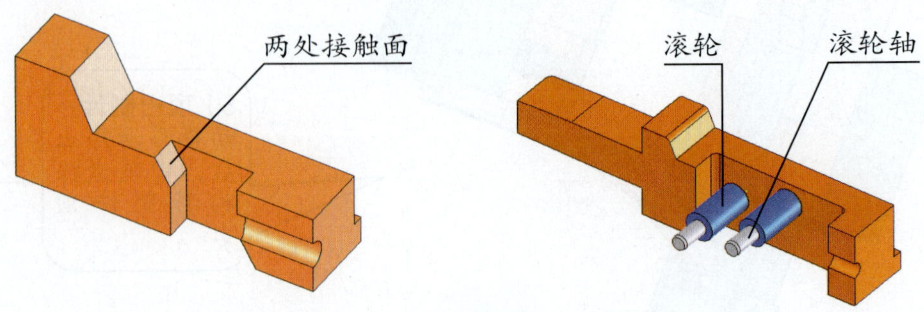

图 4—38　弯导柱滑块的结构（剖视图）

■ 斜滑块抽芯机构

（1）斜滑块抽芯机构的组成及工作原理（图 4—39，定模部分省略）

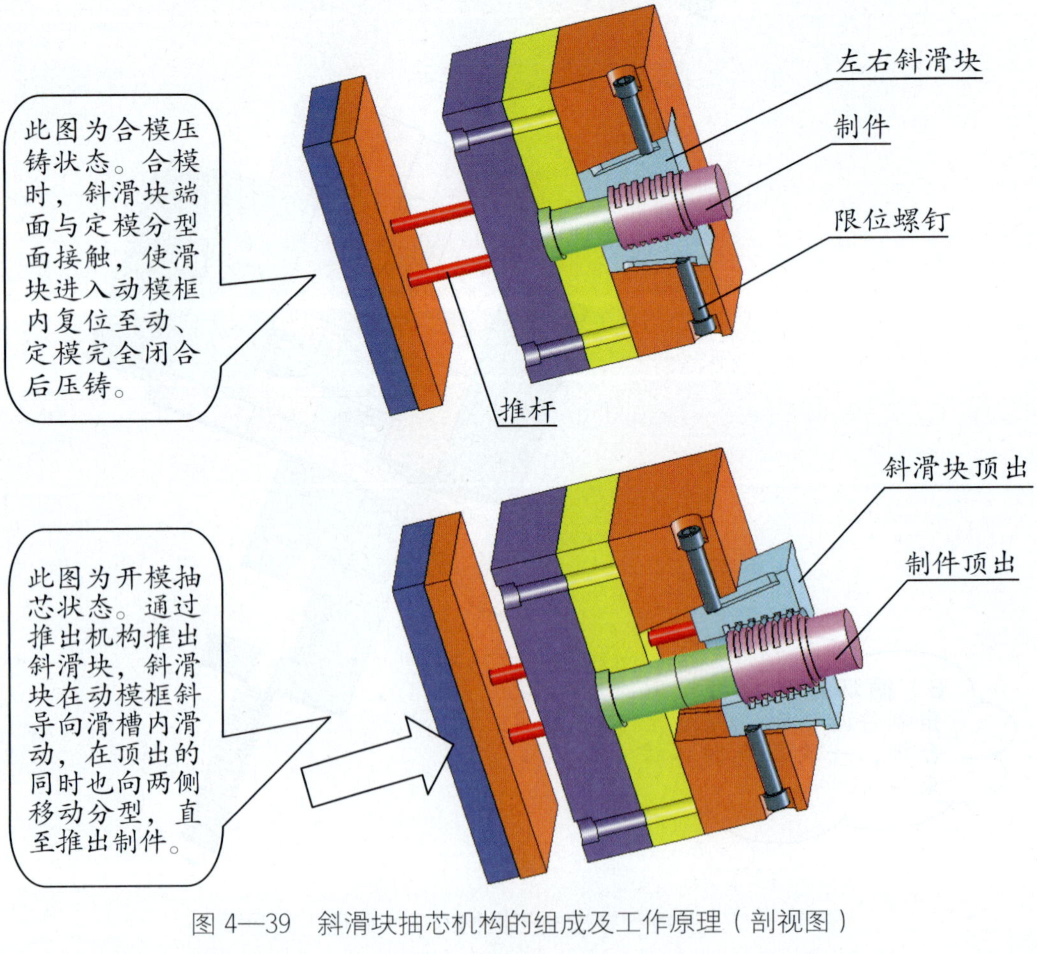

图 4—39　斜滑块抽芯机构的组成及工作原理（剖视图）

（2）斜杆式内滑块抽芯机构

斜杆式内滑块抽芯机构的工作原理如图 4—40 所示。

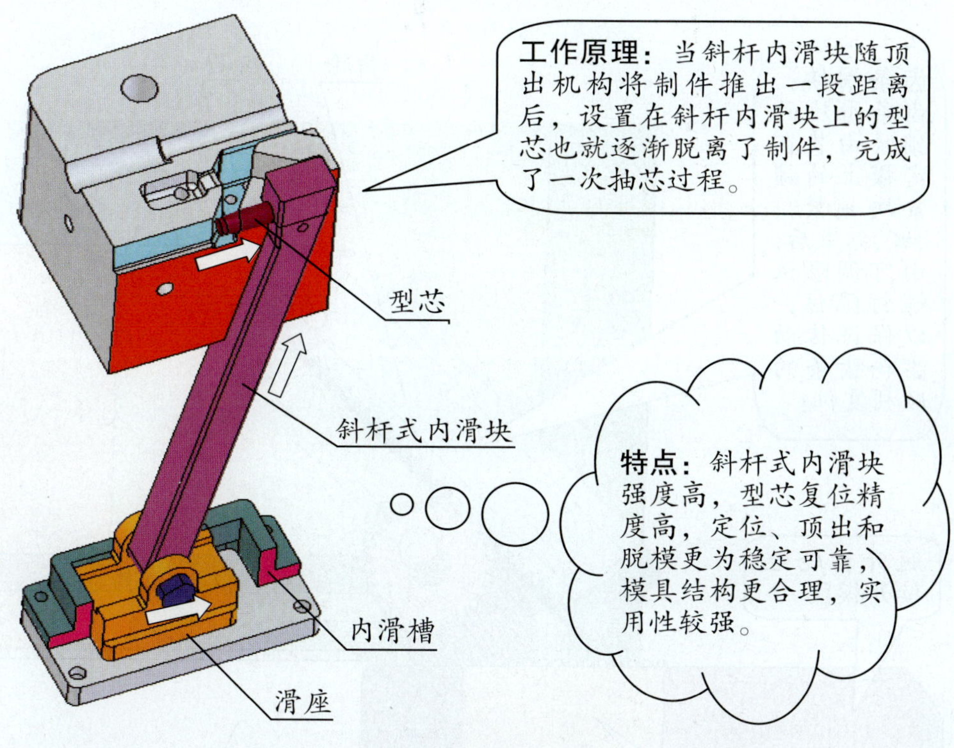

图 4—40　斜杆式内滑块抽芯机构的工作原理（剖视图）

（3）常见的斜滑块结构形式（图 4—41）

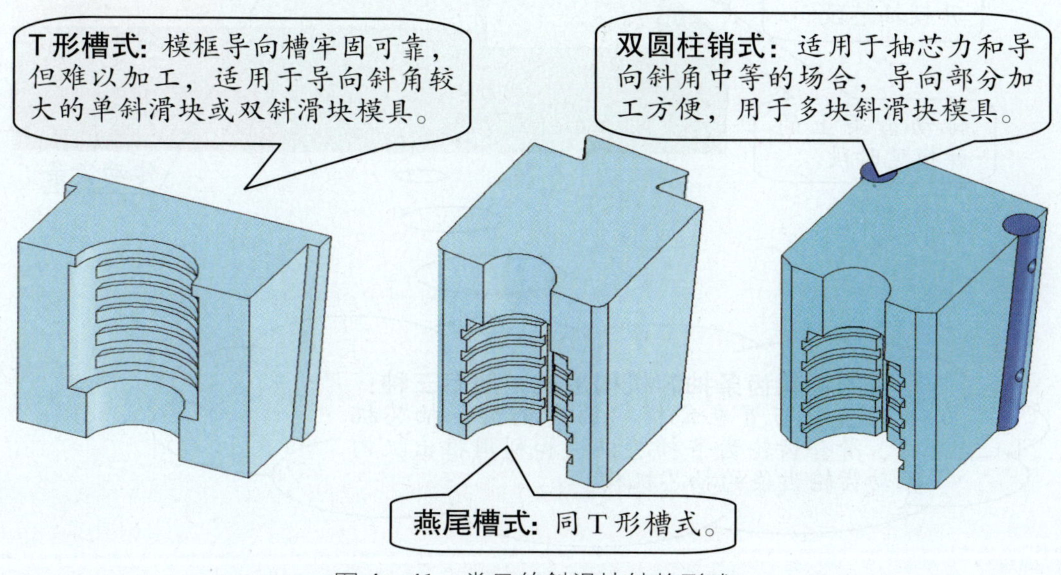

图 4—41　常见的斜滑块结构形式

■ 齿轮齿条抽芯机构

（1）齿轮齿条抽芯机构的结构组成（图 4—42）

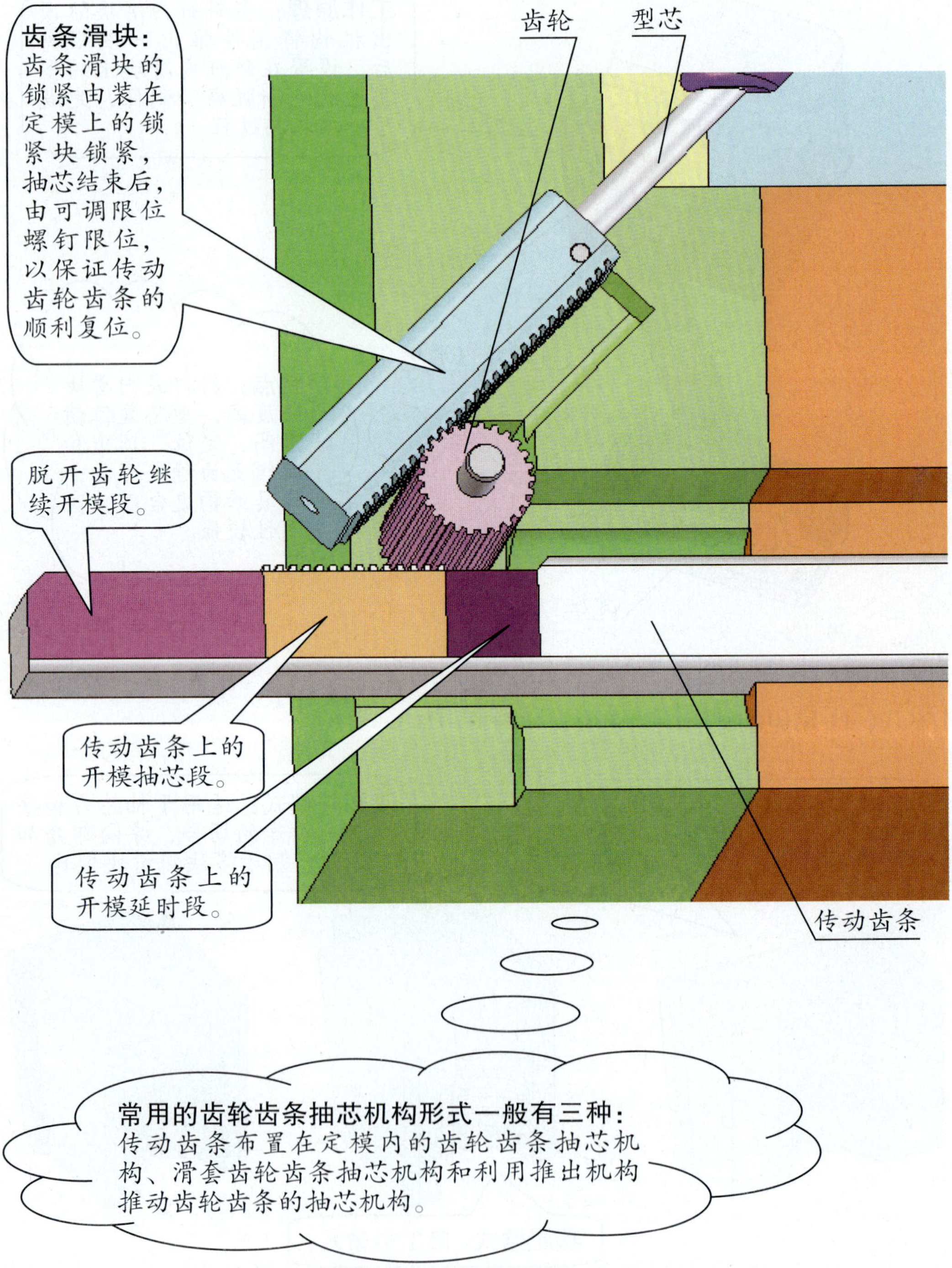

齿条滑块： 齿条滑块的锁紧由装在定模上的锁紧块锁紧，抽芯结束后，由可调限位螺钉限位，以保证传动齿轮齿条的顺利复位。

齿轮

型芯

脱开齿轮继续开模段。

传动齿条上的开模抽芯段。

传动齿条上的开模延时段。

传动齿条

常用的齿轮齿条抽芯机构形式一般有三种： 传动齿条布置在定模内的齿轮齿条抽芯机构、滑套齿轮齿条抽芯机构和利用推出机构推动齿轮齿条的抽芯机构。

图 4—42　齿轮齿条抽芯机构的结构组成

（2）齿轮齿条抽芯机构的工作原理

传动齿条布置在定模内的抽芯机构，是靠开、合模力来带动齿轮、齿条滑块的移动，从而达到抽出型芯的目的，工作原理如图 4—43 所示。

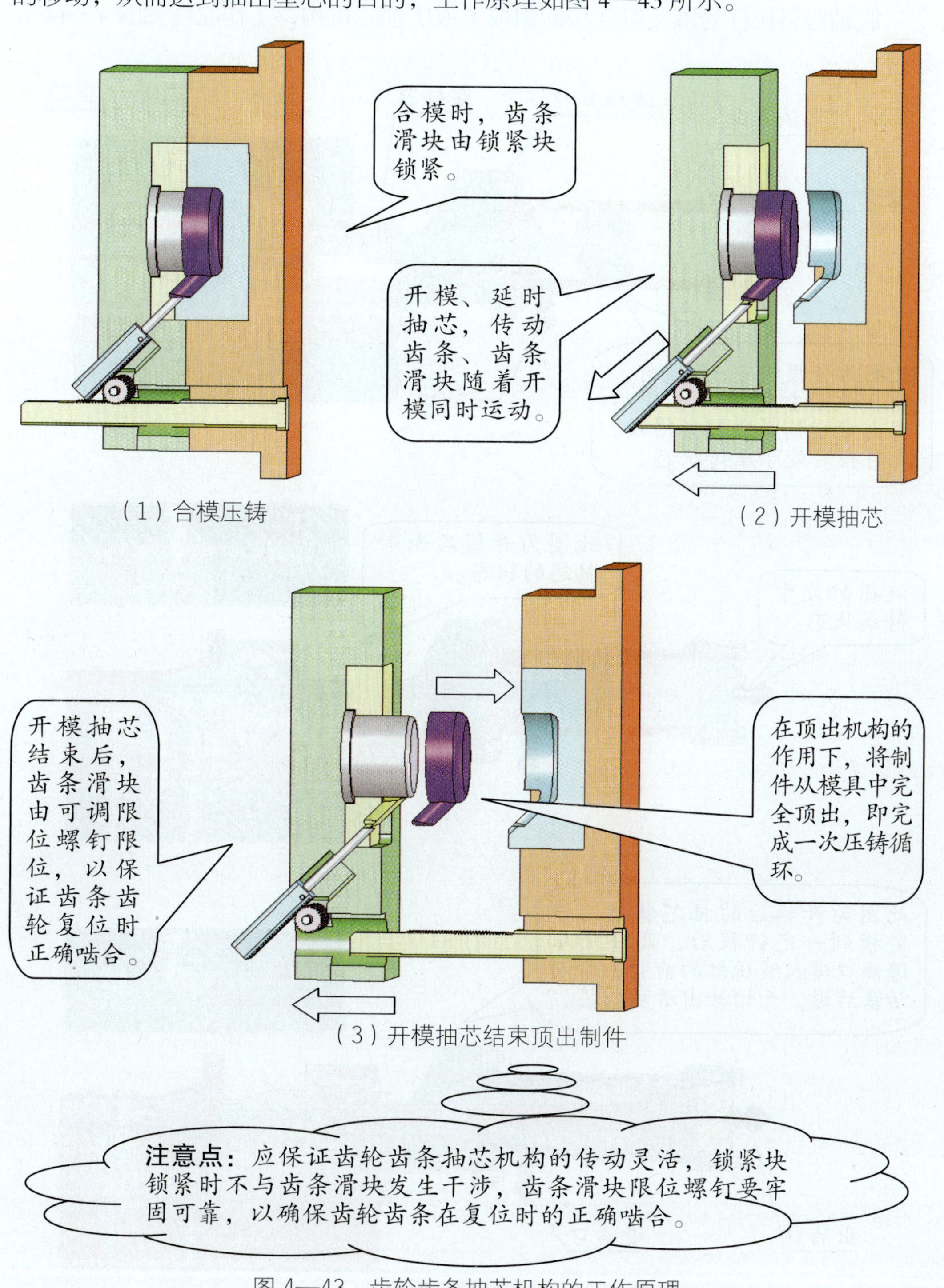

图 4—43　齿轮齿条抽芯机构的工作原理

■ 液压抽芯机构

（1）工作原理

联轴器将拉杆与液压缸连接即组成了液压抽芯机构，工作原理如图 4—44 所示。

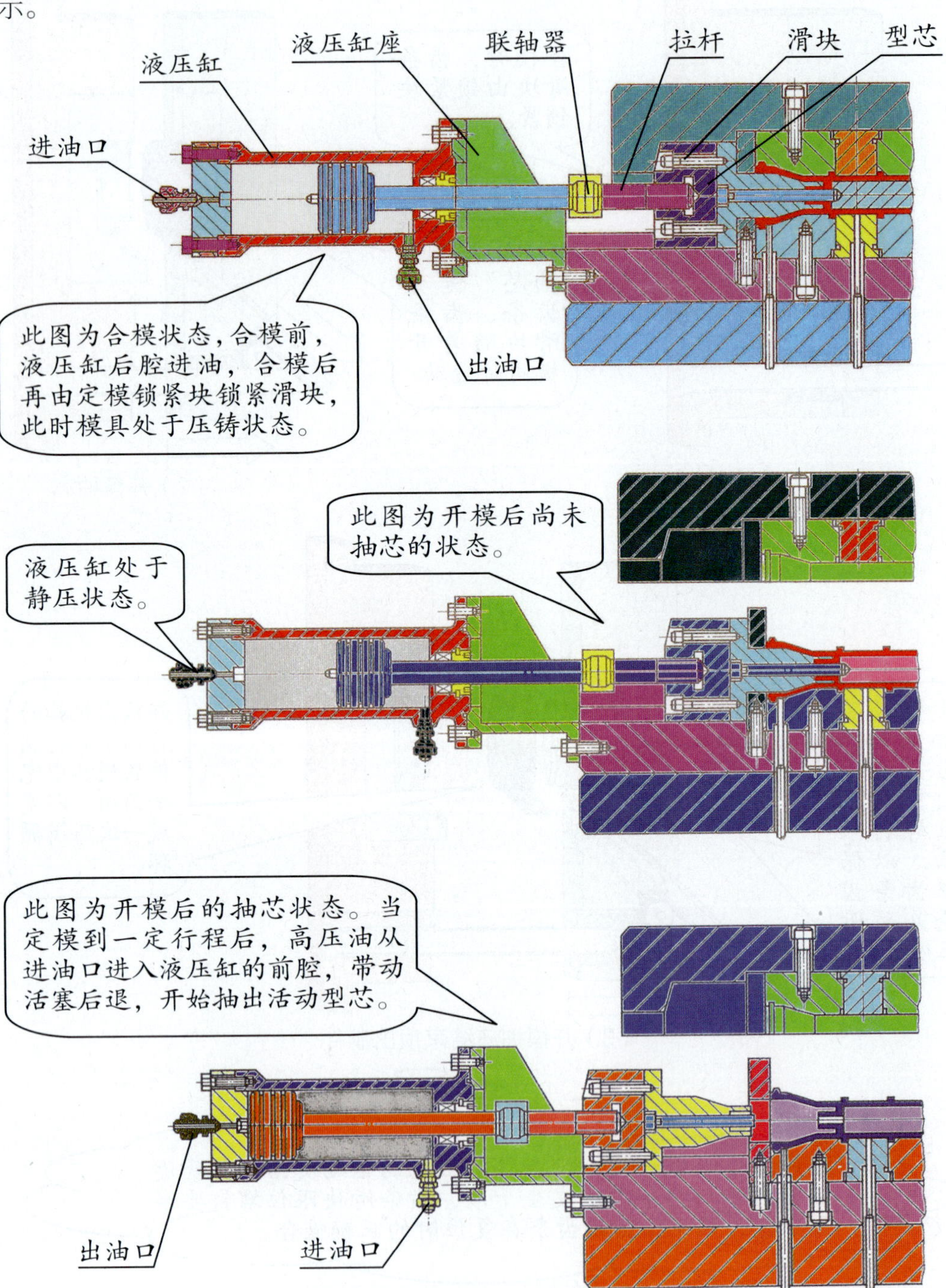

图 4—44　液压抽芯机构的工作原理

（2）液压抽芯机构的特点

1）能抽出阻力较大、抽芯距较长的型芯。

2）能通过各种角度的变化抽出任意方向上的型芯。

3）在不受机械控制的情况下可单独使用，以检查型芯的位置是否正确。

4）当液压缸压力大于型芯反压力 1/3 左右时，可以不装楔紧块。这样，可以在开模前进行抽芯，使制件不易变形。

5）用液压抽芯机构，可简化模具结构，缩小体积。

（3）液压抽芯机构的安装形式

液压缸与液压缸座多为标准件，液压缸座的一端连接在模具动模上，另一端与液压缸连接，如图 4—45 所示。通用液压缸座是按液压缸最大行程来设计，若抽芯距离较短，则应另外设置液压缸座，以便调整抽芯距离。

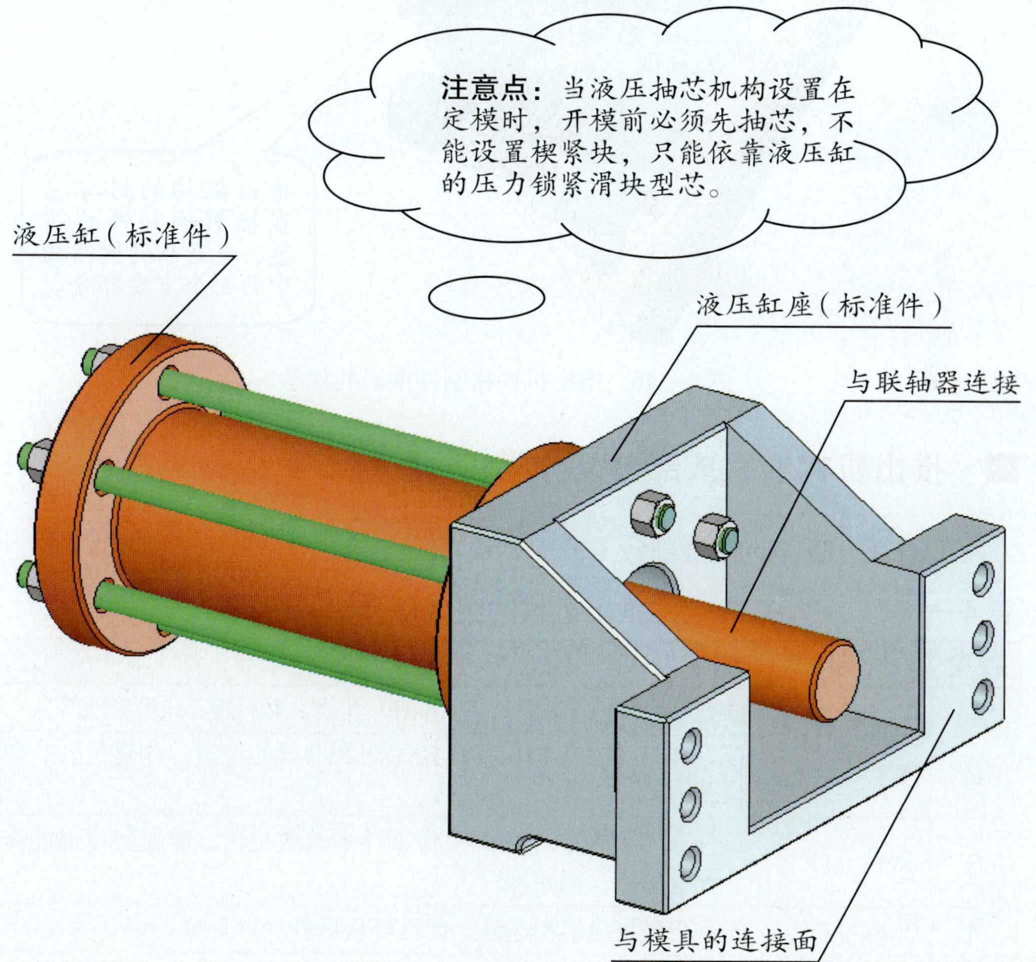

图 4—45　液压抽芯机构的安装形式

推出机构

压铸模合模压铸后，在模具型腔内形成制件，开模后，必须将制件从模具型腔中脱出，用来完成这一工序的机构称为推出机构。图 4—46 所示为推出机构将制件推出的状态。

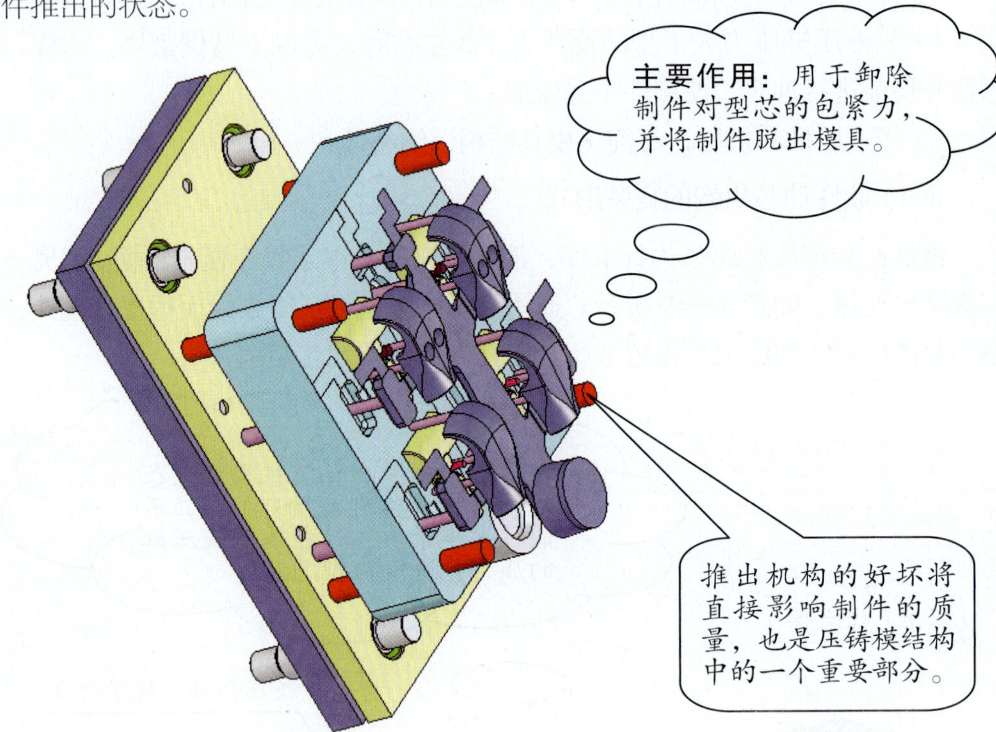

图 4—46　推出机构将制件推出的状态

■ 推出机构的组成部分及分类

（1）推出机构的组成部分（表 4—16）

表 4—16　推出机构的组成部分

序号	名　称	描　　述
1	推出元件	推出制件，使之脱模，包括推杆、推管、卸料板、成型顶块等
2	复位元件	能有效控制推出机构在合模时回到准确的位置，如复位杆、预复位装置等
3	限位元件	确保在压射力的作用下工作零件不改变位置，能起到止退的作用，如限位钉、挡圈等
4	导向元件	正确引导推出机构运动，如推杆板导柱、导套等
5	结构元件	能使各元件装配成一体并起固定的作用，如推杆固定板、推杆底板、其他连接件、辅助零件等

(2)推出机构的分类

推出机构的基本传动形式有机动推出、液压缸推出和手动推出三种。

按结构形式和动作方向分为直线推出、旋转推出和摆动推出。

按机构形式分为推杆推出、推管推出、推板推出、斜滑块推出和齿轮传动推出等。

■ 推出部位的选择

合理选择推出元件在制件上的推出部位，能保证制件的质量，如选择不当会造成制件推出时变形、推裂，影响制件基准面的精度和制件表面质量，并使制件难以取出，还会造成模具制造复杂，影响模具的使用寿命。

合理选择推出部位，能保证制件质量，简化模具结构。从图 4—47 所示的制件实例中，我们可以了解推出部位的选择原则。

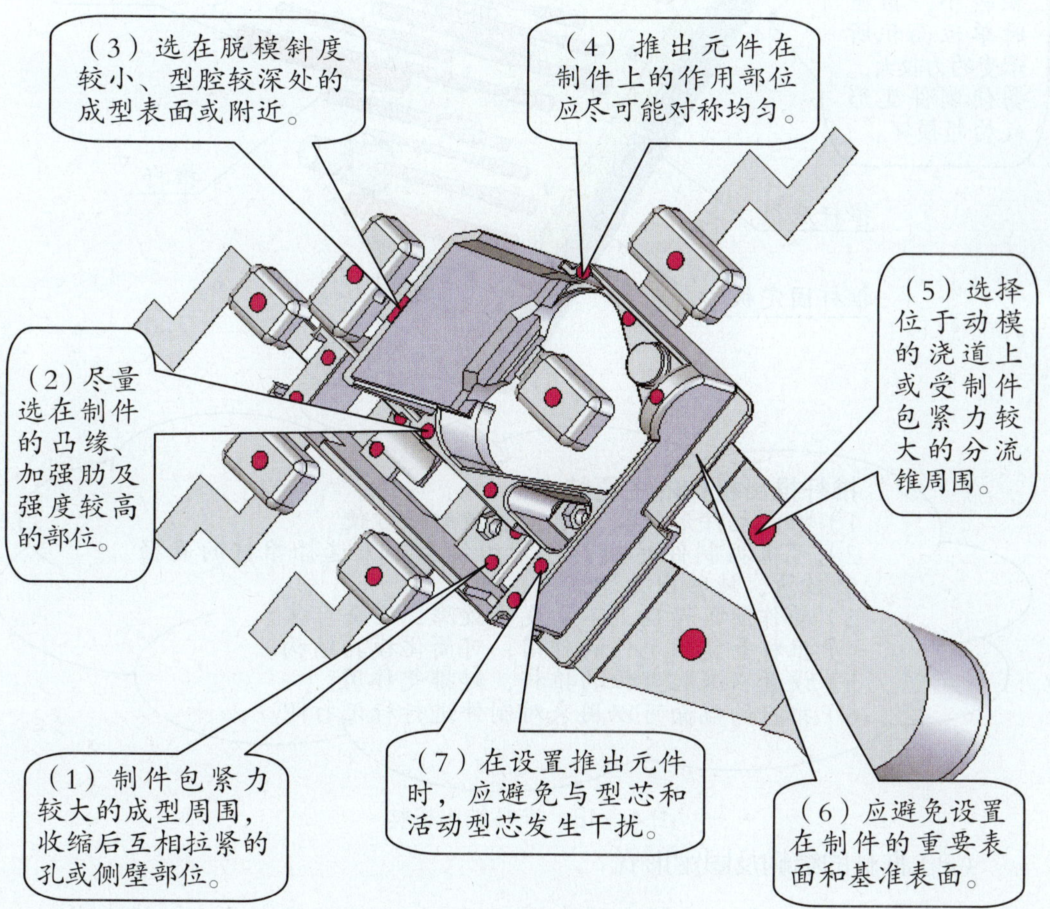

图 4—47 推出部位的选择原则

■ 推杆推出机构

（1）推杆推出机构的结构和特点

推杆推出机构大多采用圆形推杆。它形状简单，加工方便。推出机构动作简单，安全可靠，不易发生故障，故使用最广泛。推杆推出机构的结构如图 4—48 所示。

导套 导柱

由于推杆直接作用于制件表面，在制件上会留下推杆端面痕迹，影响制件的表面质量。当制件包紧力较大时，由于推杆截面积较小，推出时单位面积所承受的力较大，易使制件变形或局部损坏。

复位杆： 当每一次压铸循环结束，推杆推出机构借助复位杆，在合模后准确地恢复到原来的位置。

推杆

推杆底板

推杆固定板

推杆推出机构的主要特点：

1）推出元件形状较简单，制造维修方便。

2）可根据制件对模具包紧力的大小来选择推杆的直径和数量，使推出力均衡。

3）动作简单精确，不易发生故障，安全可靠。

4）推杆兼复位元件的作用，可简化模具结构。

5）设置在深腔部位的推杆，起排气作用。

6）推杆的端面可以用来对制件进行标记打印。

图 4—48 推杆推出机构

（2）推杆的结构及固定形式

1）推杆的结构 制件在推出时作用部位不同，推杆推出端的形状也不同，一般有平面形、圆锥形、四面形、凸面形、凹面形等形状，平面形和圆锥形是推杆推出端的基本形式，其结构如图 4—49 所示。

平面形：通常设置于制件的平面、凸台、肋部、浇注系统及溢流系统等部位，适用范围广，其中平面形—1 适用于推杆直径小于 8 mm 的场合。

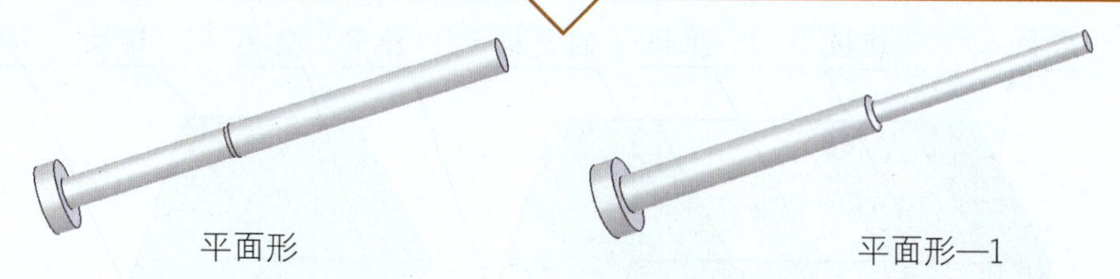

圆锥形：常用于分流锥中心孔处，既起分流又起推出直浇道的作用，其中圆锥形—1 适用于直径小于 10 mm 的场合，制件的中心点孔无须专门要求。

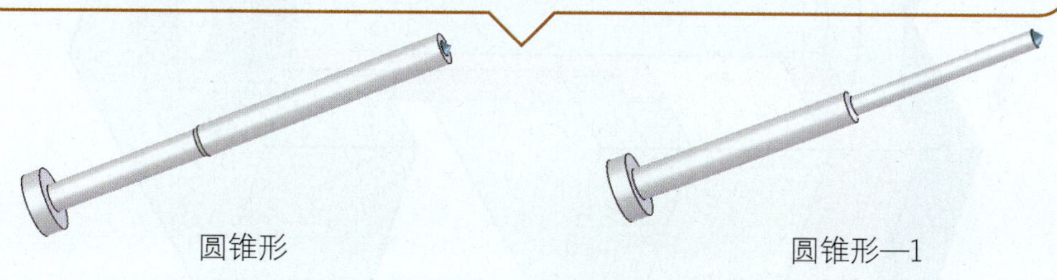

图 4—49　推杆推出端的基本形式

推杆推出端的截面形状受制件被推部位的形状条件限制，主要有圆形、方形、矩形、半圆形、扁形等，其中圆形推杆的制造和维修都很方便，因此应用最广泛。

2）推杆的固定形式　推杆的固定方法必须合理，确保加工精度，使推杆定位准确，并将推板的推出力传到推出端推出制件。复位时，推杆不得有轴向窜动，以免影响制件表面质量。生产中常用的沉入式推杆固定形式如图 4—50 所示。

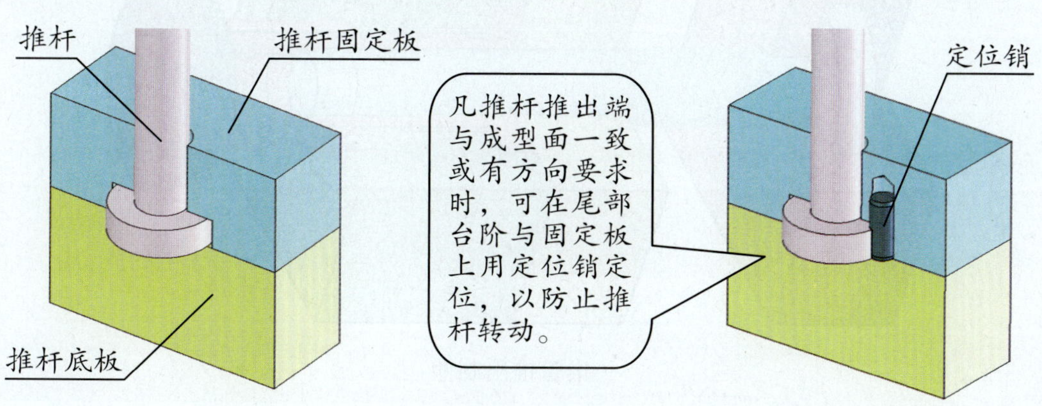

图 4—50　沉入式推杆的固定形式（剖视图）

■ 推管推出机构

推管是推杆的一种特殊结构形式，推管推出机构的运动方式、工作原理与推杆推出机构基本相同，如图 4—51 所示。

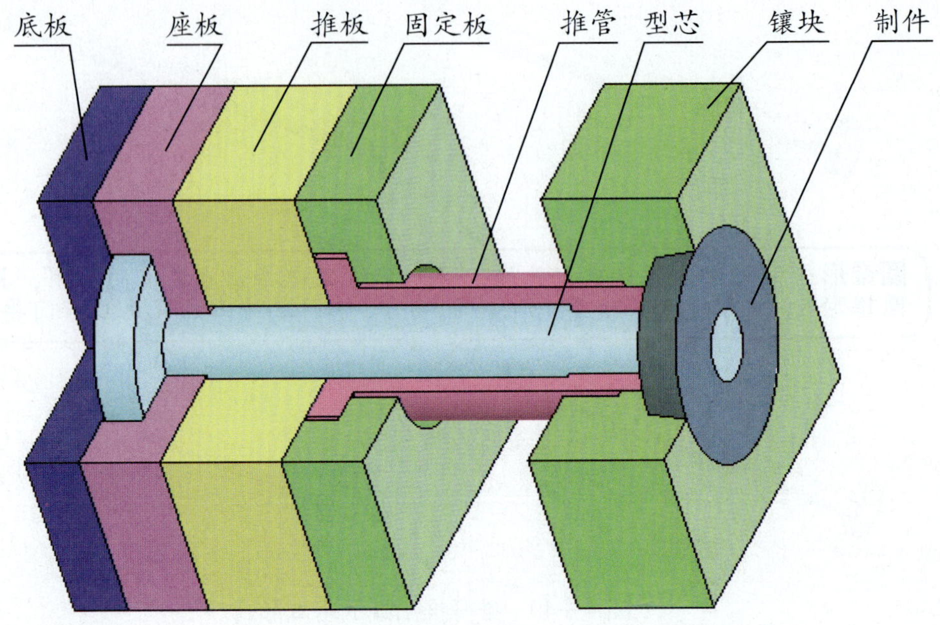

合模压铸

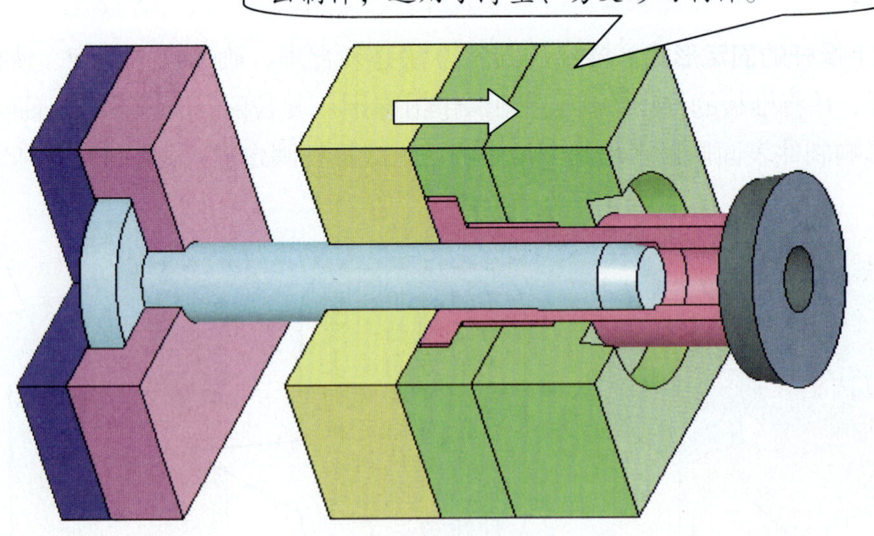

推管推出制件

图 4—51　推管推出机构的工作原理（剖视图）

■ 推板推出机构

对于制件面积较大的薄壁壳体类零件，可采用推板推出机构。图 4—52 所示为常用的整体式推板推出机构。

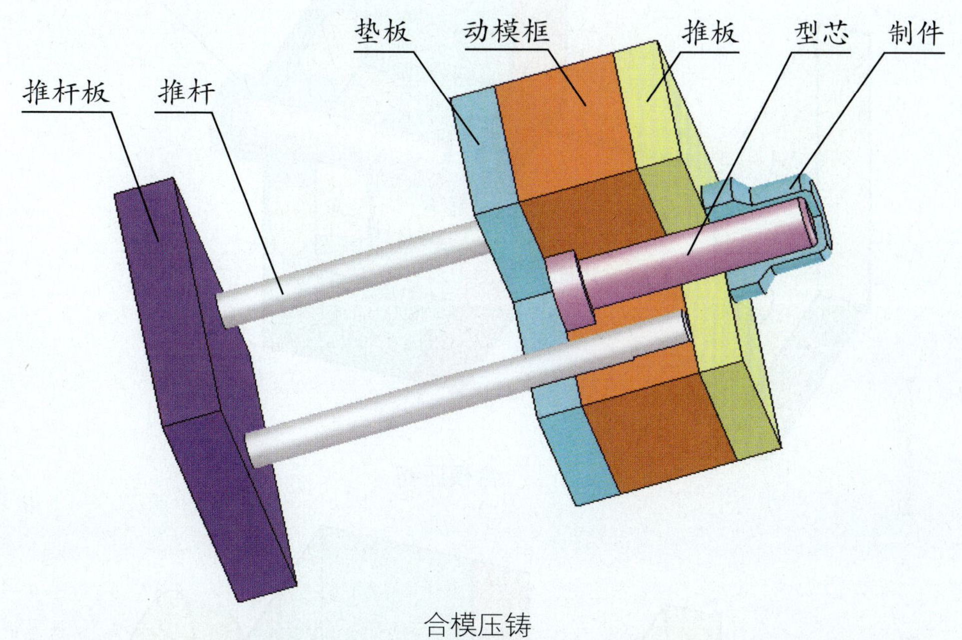

合模压铸

主要特点：作用面积大，推出力大，制件推出平稳、可靠，表面没有推出痕迹，但推板推出机构推出制件后，型芯难以喷涂涂料。

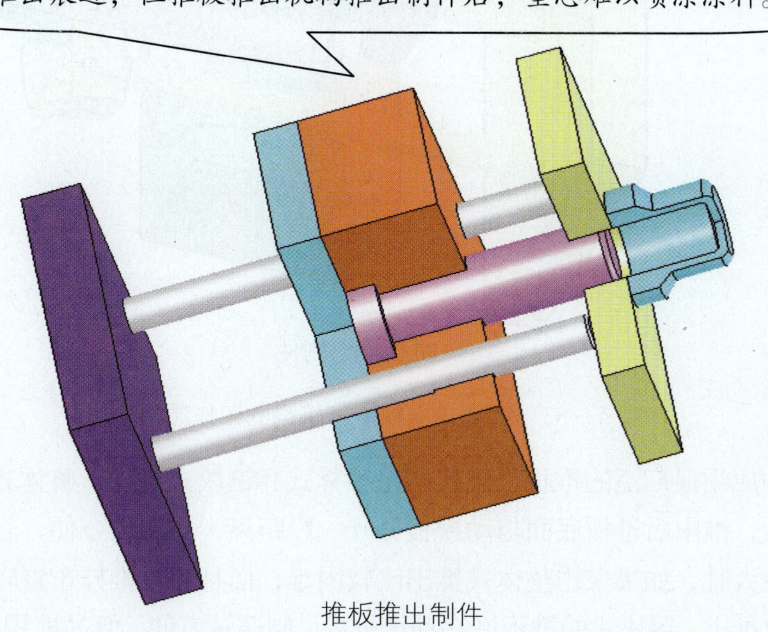

推板推出制件

图 4—52　整体式推板推出机构的工作原理（剖视图）

图 4—53 所示为镶块式推板推出机构。

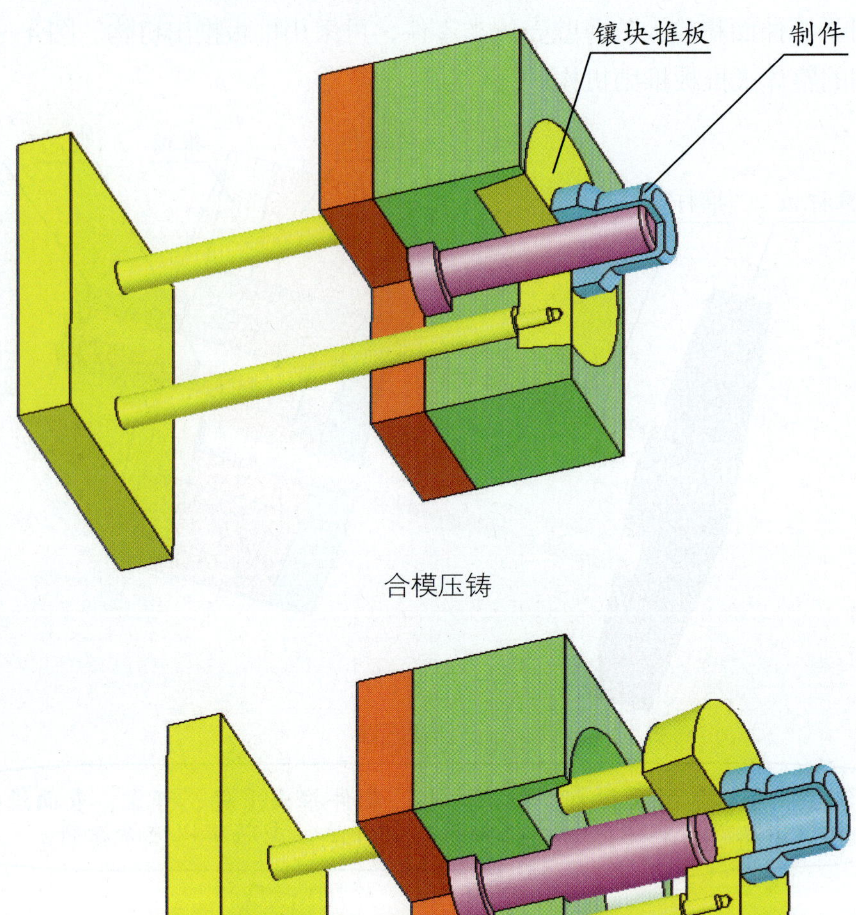

合模压铸

推板推出制件

图 4—53　镶块式推板推出机构的工作原理

生产中应用最广泛的推板推出机构是整体式和镶块式结构。整体式以整块模板作为推板，推出后推板底面与动模板分开一段距离，清理较方便，且有利于排气。制件较大时，如果采用整体式推出比较困难，而且卸料推杆布置较远，此时宜采用镶块推出。镶块式的推板嵌在动模框内，制造较方便，但易堆积金属残屑，应经常取出清理。

■ 推出机构的复位与导向

在压铸的每一个循环中，推出机构推出制件后，都必须准确地回到原来的位置，这是由推出机构的复位机构来实现，并用限位钉作最后定位，使推出机构在合模状态处于准确可靠的位置。推出机构的复位与导向如图 4—54 所示。

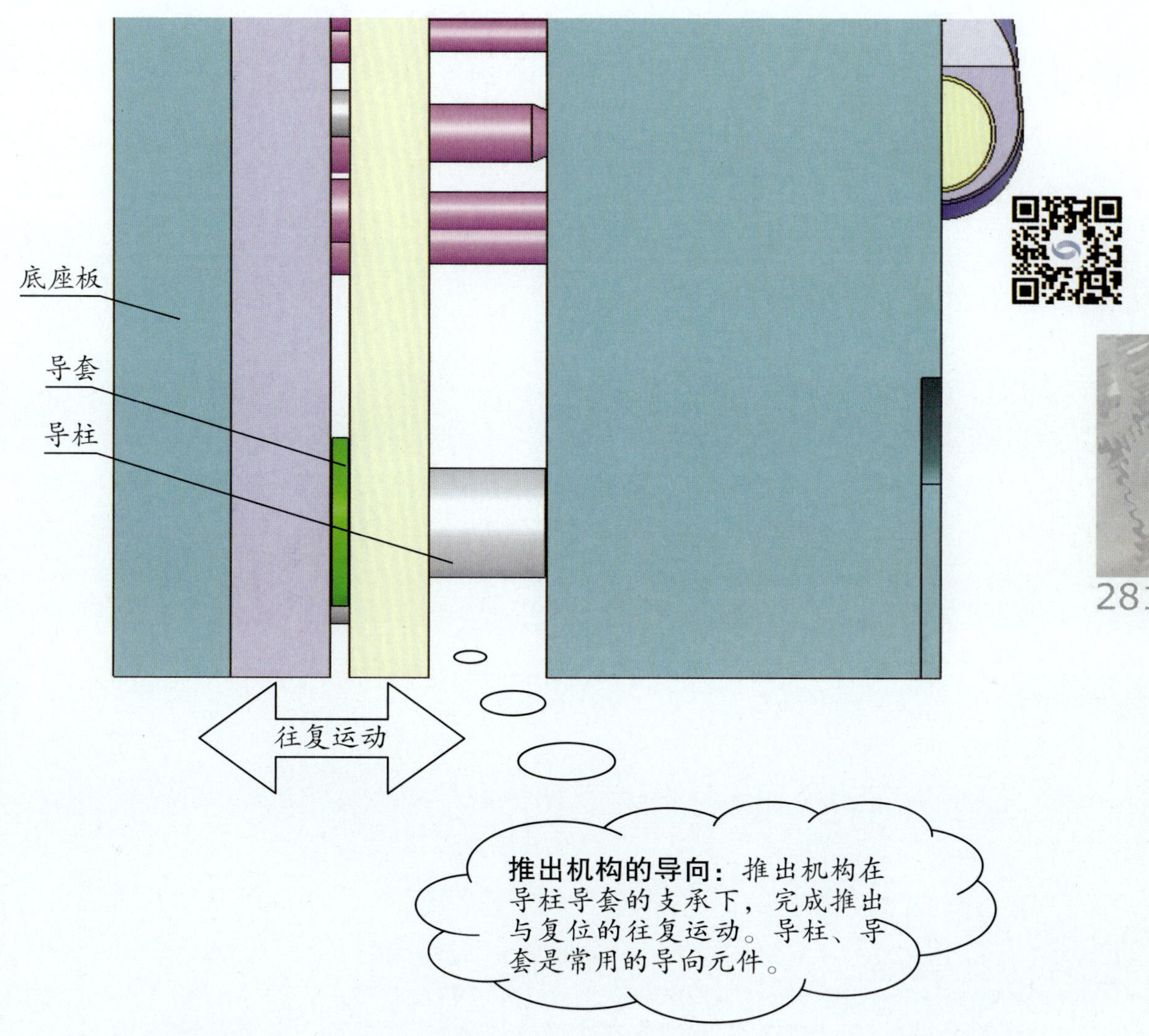

图 4—54 推出机构的复位与导向

推出机构的复位动作如下：合模时，定模分型芯面与动模分型面相接触，推动推出机构上的复位杆后退，当与底座板或限位钉相碰时停止，从而达到精确复位。